高等院校通信与信息专业规划教材

信息论与编码基础

戴善荣　编著

机 械 工 业 出 版 社

本书以Shannon信息理论为依据，分基础篇、信道编码篇、信源编码篇、网络篇共12章讲述了信息与编码理论的基本概念、基本原理和在通信及信息工程等领域的应用。内容包括：信息的定义及度量、信源及其信息量、信道及其容量、分组码、卷积码、TCM与Turbo码、离散信源无失真编码、限失真信源编码理论、信源编码实践、网络信息论初步和信息安全中的密码技术等。

本书可作为通信、计算机、信息工程等专业的教材或参考书，也可供信息领域科技工作者、工程技术人员参考。

图书在版编目（CIP）数据

信息论与编码基础/戴善荣编著．—北京：机械工业出版社，2004.10（2016.9重印）

高等院校通信与信息专业规划教材

ISBN 978-7-111-14887-6

Ⅰ．信…　Ⅱ．戴…　Ⅲ．①信息论-高等学校-教材②信源编码-编码理论-高等学校-教材③信道编码-编码理论-高等学校-教材　Ⅳ．TN911.2

中国版本图书馆CIP数据核字（2004）第067921号

机械工业出版社（北京市百万庄大街22号　邮政编码100037）

责任编辑：李馨馨　版式设计：张世琴

责任校对：李秋荣　责任印制：常天培

北京机工印刷厂印刷（三河市南杨庄国丰装订厂装订）

2016年9月第1版第5次印刷

184mm×260mm·17印张·415千字

11 001—12 200册

标准书号：ISBN 978-7-111-14887-6

定价：39.80元

高等院校通信与信息专业规划教材
编委会名单

（按姓氏笔画排序）

出 版 说 明

为了培养21世纪国家和社会急需的通信与信息领域的高级科技人才，为了配合高等院校通信与信息专业的教学改革和教材建设，机械工业出版社会同全国在通信与信息领域具有雄厚师资和技术力量的高等院校，组成阵容强大的编委会，组织长期从事教学的骨干教师编写了这套面向普通高等院校的“高等院校通信与信息专业规划教材”，并且将陆续出版。

这套教材力求做到：专业基础课教材概念清晰、理论准确、深度合理，并注意与专业课教学的衔接；专业课教材覆盖面广、深度适中，不仅体现相关领域的最新进展，而且注重理论联系实际。

这套教材的选题是开放式的。随着现代通信与信息技术日新月异地发展，我们将不断更新和补充选题，使这套教材及时反映通信与信息领域的新发展和新技术。我们也欢迎在教学第一线有丰富教学经验的教师及通信与信息领域的科技人员积极参与这项工作。

由于通信与信息技术发展迅速，而且涉及领域非常宽，在这套教材的选题和编审过程中难免会有缺点和不足之处，诚恳希望各位老师和同学提出宝贵意见，以利于今后不断地改进。

机械工业出版社

高等院校通信与信息专业规划教材编委会

前　言

本书是机械工业出版社组织编写的“高等院校通信与信息专业规划教材”中的《信息论与编码基础》教材。本书内容的组织没有像专著那样分为信息理论与编码理论两个系统。而是综合成一个以形成高效、可靠、安全的信息传输（存储）码为目标，以 Shannon 关于信息的定义与质量为基础的 Shannon 信息论（或称狭义信息论）框架结构。该框架结构由 1 个共同的基础理论即 Shannon 信息理论，和相对独立的 3 个编码理论即信源编码理论、信道编码理论和密码理论所组成。这个框架基本上涵盖了以 Shannon 信息理论为基础的所有信息编码领域。在内容选材上还包括了新近正发展的、虽不成熟但已形成研究热点的课题，如网络信息论、Turbo 码等，以及为大众所关心的音视频信源编码的应用标准介绍。

信息理论与编码理论的发展与数学密不可分，而且曾是数学的一个专门化领域，其数学基础并非为一般本科大学生所具有。因此，虽有许多优秀的专著，但并不适合作教材。从已出版的教材中可以看到不同程度的普及化努力，这些给予了作者很好的借鉴。然而作者在教学实践中仍然觉得这是一个很棘手的问题，是本课程的一个特殊性。作为教材，要求必须有一定的数学理论高度，事实上数学是一个具有严谨性和推理功能的理论工具，用它可以准确、简洁、明了地表达出定理与科学结论。但如果使用太深的数学工具，就会使读者觉得抽象、不知所云与不可接受，而起反作用。本书所要求的数学知识基础为：普通高等数学、基础概率论（古典概率论）和一般的线性代数知识。没有引用数论与近世代数等知识，也没有引入典型序列概念。对一些定理与结论的证明会因此而发生困难，只好采取应用例证与物理概念解释相结合的办法。对于像公钥密码体制那样非应用数论知识不可的，则归纳出 14 条结论予以例证，然后应用这些结论推导公钥密码算法。

与框架结构相对应，本书由基础篇、信道编码篇、信源编码篇和网络篇共 12 章组成。其中基础篇 4 章，介绍 Shannon 信息论的形成、发展和框架结构；信息的度量；信源及其信息量；信道及其容量等关于信息的基本理论。这是 Shannon 信息理论的基本知识，也是本书其余各章的共同基础。

信道编码篇由分组码（第 5 章）、卷积码（第 6 章）和 TCM 与 Turbo 码（第 7 章）组成。分组码和卷积码在理论与技术上都比较成熟，而 TCM 与 Turbo 码是正在研究发展中的两种编码技术，理论上并未完善，技术上也未成熟，但却显示出各自的优异性能，被认为是 20 世纪末在信道编码领域中具有里程碑意义的两大成就。将它们编成一章，除了两者都应用了有反馈的卷积码这个共同点外，并无更多的理论与技术上的原因，两者都是信道编码领域中正在发展的颇受关注的新技术，这是更主要的考虑。

信源编码篇除了第 8 章离散信源无失真编码，第 9 章限失真信源编码理论外，还包括第 10 章信源编码实践。这是因为信源编码的理论与技术在微电子与计算技术的催化下，使音、视频系统数码技术的发展、应用成了 20 世纪 90 年代信息领域的一大亮点，引发了人们对信息技术的关注与兴趣。在学习信源编码基本理论的同时，了解一下这些理论的应用与标准对理解抽象的理论是有益的。

将第 11 章网络信息论初步和第 12 章信息安全中的密码技术合编成网络篇，唯一的理由由它们都是网络通信中有特殊意义的课题。应该说密码理论与技术并非以网络为依托的，但网络通信离开密码技术就会失去其实用意义。至于网络信息论，显然应该是网络发展的基础，但由于理论上的困难，至今研究成果甚少，与网络的高速发展极不相称。本章对已报导的一些成果作了初步的介绍，其意义不在于应用这些结果，更在于从中可了解、发现网络信息论研究中的困难与问题。

本书每章均附有习题，以加深对基本内容的理解，难度不高，只是书本内容的直接应用。在教学中，针对不同的专业需要，应增加一些结合专业的综合练习题。

作者要感谢在编写过程中参阅过的相关著作的作者，他们的著作给作者以很大的启发与借鉴，恕不能一一举名致谢。特别要感谢王育民教授、王新梅教授、郑志航教授以及美国的 R. B. Wells 教授。作者在编写本书的过程中曾参阅过他们的著作并应用了其中的某些资料。作者还要感谢徐澄圻教授对编写大纲及书稿所提出的宝贵建议与改进意见。

尽管作者在准确性与合理性方面作了努力，但疏漏之处终难避免，祈盼指正，以便不断改进。

作　者

目　录

第3篇 信源编码篇

第4篇 网 络 篇

第1篇 基础篇

Shannon 信息论是以通信系统为基础，以概率统计为数学工具来研究信息及其交换的一门学科。Shannon 综合了前人及同时代的许多实践和理论研究成果，创立了信息研究的基础理论。本篇介绍的是信息理论中的基础内容，即关于信息的定义与度量，关于信源和信道的定性分类和定量表述。

本篇共分 4 章，第 1 章概述。介绍 Shannon 信息论的形成和发展，讨论信息论的组成与系统架构并给出本书的结构安排。第 2 章讲述信息的度量，给出自信息量、熵函数、互信息量和微分熵等的概念与测度。第 3 章与第 4 章分别讨论信源与信道的定性分类和定量表述。这些内容是本书其他各篇的共同基础，也是对信息科学具有奠基性作用的基础知识。

第1章 概 论

1.1 信息论的形成和发展

信息及其交换，几乎是伴随人类社会的产生、发展而同时进行的。然而，作为一门学科的“信息论”的建立，却是在 20 世纪 40 年代末。1948 年，C.E. Shannon 在 Bell 系统技术杂志（B. S. T. J.）上发表的著名论文“通信的数学原理”（A Mathematical Theory of Communication）是信息科学发展的起点。这篇关于现代信息论的开创性的权威著作，是在对通信系统研究的基础上论述信源和信道特性，给出了信息的定义和度量，从而为信息论的创立作出了独特的贡献。这篇论文的发表标志着信息论作为一门学科的诞生，Shannon 也因此被公认为是信息论的奠基人。

信息理论的创建与发展是以通信实践与理论为基础的。抛开对 19 世纪以前关于通信实践与理论成就的追溯，在 20 世纪 20 ~ 30 年代 Nyquist、Hartlay 和 Armstrong 的研究工作，可以说是为 Shannon 的论文作了前期工作，给予很大影响。Nyquist 在 1924 年 B. S. T. J. 杂志上发表的论文“影响电报速率的某些因素”（Certain Factors Affecting Telegraph Speed）阐明的信号带宽与信息速率之间的数量关系，至今仍然是通信系统设计的指导准则；1928 年 Hartlay 发表在 B. S. T. J. 上的论文“信息传输”（The Transmission of Information），最早研究了通信系统传输信息的能力，并引入了按等概事件定义信息量的概念；Amstrong 则于 1936 年对调频实验的研究中，得出“增大带宽可以提高抗干扰能力”的结论。20 世纪 40 年代，Shannon 在前人工作的基础上，用概率统计的方法研究通信系统，从而揭示了通信系统中传送的对象是信息，并对信息给以科学的定量描述，提出了信息熵的概念；揭示出通信系统设计的中心问题是在干扰噪声中如何有效而可靠地传送信息，指出可以用编码方法实现这一目标；还从理论上证明了通信系统可以达到的最佳性能极限。

许多与 Shannon 同时期的学者，也采用概率统计方法研究信息，其中最著名的是被誉为控制论的奠基人 N. Wiener。他从控制论和从噪声中提取信息的最佳滤波器设计角度研究信息，他提出的最佳滤波理论也因此成为通信理论的一个重要分支。由此可见，Shannon 信息论的产生，是通信理论发展的必然产物，也是同时期学者的共同成果。

在 1948 年 Shannon 论文发表之后，也曾有过信息论价值的“泡沫”现象。当时，相关论文一哄而起，大学里也开设相关课程，对信息论能使通信系统达到最佳性能寄予厚望。然而，由于信息论只给出可能达到的性能极限，却没有给出系统设计的具体方法，厚望渐渐地变成失望。在经过初期的热望和随后的失望之后，人们对信息论的认识也逐渐趋向恰当。特别是被 Shannon 指出为达到有效与可靠通信目标的编码技术的研究进展，使信息论走向实用化的发展阶段。

从逻辑上讲是编码理论导致信息理论，而信息理论给出了编码所能达到的性能极限，又促进了编码技术的发展。这就使这两个原来独立发展的理论，变得密不可分，以致融合成同一学科，本书就反映了这一融合关系。

1.2 通信系统模型

信息论源于对通信系统的研究，又服务于通信系统。Shannon 给出的通信系统模型如图 1-1 所示。这个通信系统实际上包含了信息的传输与存储两大功能。从信源发出消息，经过编码器将消息变换成适合于传输或存储的信号形式，可靠而有效地送入信道。这里的信道实际上是一种媒介，如果系统是作为通信传输功能，则信道就可能是常见的电话线，光缆，无线电磁波…的一种；如果系统是用作存储功能，则信道就可能是磁盘，光盘，磁带，…的一种，它是将消息在时间域内从现在（存储时刻）传输到将来某时刻（回放时刻）的一种通信。译码器接收信道输出的信号并将信号反变换成原来的消息送到称为信宿的信息接受器。

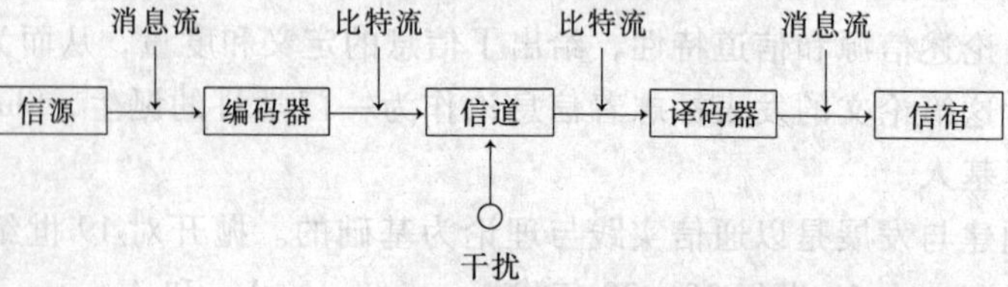

图 1-1 通信系统的基本模型

整个通信系统的要求就是希望恢复消息与原始发送消息一致，或控制失真在要求的范围之内，这就是可靠性的要求。此外，还希望作为信道的媒介质的利用率高一些。具体到传输媒介就是提高频带利用率；对存储媒介则希望能提高单位存储容量（信息容量）。这就是有效性的要求。信息论研究的主要问题是在通信系统设计中如何实现可靠性和有效性。而研究的对象就是图 1-1 中的编码器和译码器，编码器是信源编码器、纠错编码器和调制器的总称，它们的功能是将信源发出的消息变换成适合于信道传送的信号。译码器原则上是编码器的逆操作，但由于信号受到干扰而使正确译码变得很困难，并因此成为通信系统设计中的主攻点。中心问题是研究各种可实现的解调和译码方法，并且要求有较高的性能价格比。因此，与干扰作斗争就成了通信工程师的基本使命。

信道研究的中心课题是研究信道的统计特性和它的传信能力。所谓统计特性其实就是干扰的统计特性，干扰的形式与特性有各种各样，如衰落、多径、码间串扰、非线性失真、…等等。它对信号的影响方式可分为两大类。一类是由外界引入的随机干扰，如天电干扰，设备内部噪声等，他们与信号统计无关，是一种客观存在的噪声。对传输信号的影响就是把干扰加入到信号中，称之为加性干扰；另一类干扰是由于信号在传播过程中，信道的物理条件发生了变化，如温度，电离层密度等的变化，引起信号参数的随机变化，如频率色散，幅度衰减，相位偏移等。这种影响是某些随机变量与信号相乘的结果，故称之为乘性干扰。加性干扰与乘性干扰的存在是影响信道传输能力的决定因素。

信宿是信息的接收者，可以是人或设备。应该说，信息的最终接收者大部分是人。因此，在信源编码技术中，人的生理、心理特性常常被用来作为压缩数据的条件。然而在Shannon信息论中，并没有计及人的主观因素对信息的作用。这也反映出Shannon信息论的局限性。尽管它对数字通信的发展起了巨大的推动与指导作用，至今尚无更完善的理论可以取代。然而在信息时代，信息的涵义与应用已远远超出了Shannon信息论所讨论的范围，更不是本节的通信系统模型所能描述的了。对信息概念和信息理论的进一步认识和发展也是历史发展的必然。本书的讨论，将仍以图1-1的基本模型为基础来理解信息和信息理论，从而认识通信科学中已获得成功应用的技术成就。

1.3 Shannon信息论的框架与本书的编排

1.3.1 Shannon信息论的框架结构

Shannon信息论的框架结构可用图1-2表示。

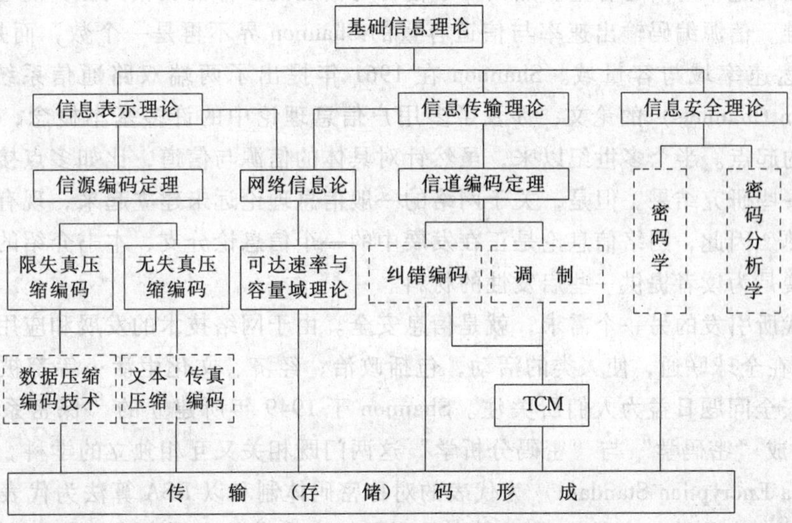

图1-2 Shannon信息论框架结构

图中在基础信息理论框之下，列出了信息表示理论、信息传输理论和信息安全理论三大块。这三大块都是Shannon信息论框架的支柱，各自都有独立的理论体系，相互间没有依赖关系。图中的虚线框表示该框所列的内容已发展成一门自成体系的学科。它们在理论上与技术上的成就都已超出基础信息论的范畴，本书只介绍其属于基础信息论的基本内容。框架结构表明，应用信息论技术的最终目标是形成传输或存储码，该码字将以高效、可靠的性能输入至信道传输或存储介质存储。这个过程，在当今的信息社会里，每时每刻都在大量地进行着。其范围之广几乎涉及到人类社会的各个方面，从家庭日常生活到宇宙航行，都离不开信息。同时，这个过程又是不被察觉地被人们所操作，因为它已被精心设计成各种简单易操作的产品。然而，作为一个科技工作者，则应该作为一种不可缺少的常识来学习、理解它。

信息表示理论是以Nyquist定理和信源编码定理为基础，将实际信源发出的信息表示成数字信号的各种理论与技术方法。其内容包括两大类：一类是以率-失真函数理论为基础的对模拟信源作数字化表示，又称为限失真压缩编码，因为该编码技术要在满足一定的保真度要求（即限失真）下，达到最低的数码率。在20世纪末，由于计算技术与微电子技术的高速发展，使各种复杂的算法的实时应用成为可能，数据压缩编码技术也就成了一门独立发展的学科，是各种数码技术与产品的基础。另一类是基于保熵编码定理对数字信源信息的无失真压缩编码。该技术根据数据符号发生的概率统计特性或符号的序列特性，用比较少的数据符号来表示原来的信源信息而不产生任何失真。在计算机数据的文本压缩与数字传真及图像编码中已广泛地采用了无失真压缩编码技术。

信息传输理论所关注的是信息传输的可靠性和信道频带的高效利用。这两方面都已发展为相对独立的理论体系，即纠错编码与调制理论。此两者联合起来统称为信道编码，其理论与技术都是基于信道编码定理而发展的。本书不包括调制理论，只在TCM介绍中略有涉及。

21世纪的通信技术已发展到网络通信时代，基于点对点通信的单信道模型的基础信息理论，已满足不了多用户、多信道的通信技术要求，网络信息论或称多用户信息论的发展已形成强烈的需求。网络信息论仍以信息表示理论与信息传输理论为基础，所研究的基本问题也仍为信源编码速率与信道容量。然而由于信源与信道的多样性及相关性，使理论研究变得非常复杂困难。信源编码输出速率与信道容量的Shannon界不再是一个数，而是一个区域，分别称为可达速率域与容量域。Shannon在1961年提出了两端双路通信系统（Two-Way Communication Channels）的论文，涉及了多用户信息理论中的许多基本概念，可以认为是网络信息论的起点。半个多世纪以来，虽然针对具体的信源与信道，比如多点接入与广播信道，得到了一些研究结果。但是，关于网络的一般信息理论远未建立起来，现有的一些结果也称不上成熟。因此，网络信息论是正在发展中的一个信息论分支，本书介绍的一些结果与思路，只能说是为读者提供一些启发性的材料。

网络时代所引发的另一个需求，就是信息安全。由于网络技术的发展和应用的普及，尤其是Internet在全球联通，使人类的活动，包括政治、经济、文化生活…等都被网络联系在一起。信息安全问题日益为人们所关注。Shannon于1949年所建立的“保密系统的通信理论”，已发展成“密码学”与“密码分析学”这两门既相关又互相独立的学科。密码学中的以DES（Data Encryption Standard）为代表的对称密码体制和以RSA算法为代表的公钥（非对称）密码体制在传输（存储）码形成中得到了切实有效的应用，成为信息安全的核心技术。由于密码学理论的数学工具要求较高，本书将放松其数学严谨性，而着重介绍原理及实际应用。密码分析将不在本书介绍。

以上对 Shannon 信息论框架结构的基本内容与相互关系的概括性介绍，对初次接触信息论的读者来说，这种总体轮廓性的了解对具体内容的学习将是有益的。

1.3.2 本书的编排

基于图 1-2 所示的框架结构，本书分基础篇（4 章），信道编码篇（3 章），信源编码篇（3 章）和网络篇（2 章），共 12 章。其中基础篇的内容是其他各篇的理论基础和必备知识，其他 3 篇则相对地比较独立，相互之间没有结构上的联系，这也是采用分篇结构的原因。信道编码篇与信源编码篇的内容比较完整，各章之间联系也比较紧密，自成体系。然而网络篇的两章只是从应用特点出发放在同一篇中。就内容与理论基础而论，它们并无太多关联，编为一篇，似乎有点勉强，也算是结构形式上的需要吧。

采用分篇结构的另一个考虑是便于作选择性的阅读或教学实施。同是一门“信息论与编码基础”课，对不同专业、不同要求和不同水平的读者来说，内容会有不同的选择。除基础篇为必读外，其他 3 篇的次序与取舍都可自由选择而不会影响学习理解。因此，对篇目的排序号，只是一种编排形式，并无先后次序的含义。全书统一的章节序号，其前后次序只在同一篇目内有意义。比如不在同一篇目内的第 8 章与第 5 章，哪一章先读都不会影响理解。但在同一编码篇内的第 5，第 6，第 7 章还是按顺序阅读为好。

随着信息时代的到来，在计算技术与微电子技术高度发达的催化作用下，信息科学与技术已转化为庞大的信息产业，推动着整个社会的进步。与此同时，人们对信息科学与技术的兴趣与关注也日益增涨。为此，作者在选材与叙述方法上，更多地采用物理概念或基础数学工具来阐明抽象的关于信息的基础理论。希望本书既能满足大学本科的教学要求，又能满足信息时代带来的社会需求，为信息科学知识的普及出一点力。

第2章　信息的度量

2.1 离散变量的自信息量

2.1.1 消息、信息与概率空间

消息是人们很熟悉的词，但信息是什么呢？Shannon等人把消息中含有不确定性的成份叫信息。让我们来分析一则有奖竞猜的新闻报导："第17届世界杯足球赛即将在日本和韩国举行，中国国家足球队首次参加。本报特组织"中国队能否进入十六强？冠军属谁家？"的有奖竞猜活动……。无疑这是一则消息，有信息吗？按Shannon关于信息的定义，要看是否有不确定性。在日本与韩国举行第17届世界杯，中国队首次参加，是早已确定了的事，不含有信息。中国队能否进入16强？冠军是谁？这完全是未知数，具有很大的不确定性，因此蕴涵很大的信息。要举办有奖竞猜活动，在见报之前，也是个未知因素，具有不确定性，故也有信息含量，但自见报开始它就是一个确知事件了。按Shannon关于信息的定义就不再有信息含量。应该强调的是以上关于信息的讨论是"对事不对人的"。举行世界杯、中国队首次参加、要举办有奖竞猜，这几件事因确定无疑而不再含有信息。当它们刚刚确定的时刻，因解除不确定性而失去信息的同时给人们带来了信息。然而信息的传播是需要媒体和时间的，因而每个人接受信息的方式与时间各不相同，可以听广播、看电视、读报纸……，也可以用语言交流。传播时间，可以是即时（实时通信）的，也可以是非实时的，甚至很久远。因此对某个人来说，这些经过时间域的传输已消除了不确定性的"过时消息"，只要他是从未知到已知，在消除不确定性的同时，仍然获得信息。这种个人感知信息，不属于Shannon信息所讨论的内容。

现在从人类感知特性来讨论消息与信息的关系。

消息是由媒体所表示的客观存在的一种事件或一种状态。这里的媒体是通常所遇到的文字、符号、声音、图像……等的通称；事件则是事物的存在、发生、变化……等的总称。消息是以媒体为载体的，总是可以为人们所感知。但消息不一定含有信息。只有当消息本身包含不确定性（如上例中中国能否进16强？冠军属谁家?）或该消息能消除某些不确定性（比如举办有奖竞猜，消除了是否举办有奖竞猜的不确定性）时，该消息才有信息。含有信息的消息是信息的载体，即信息是蕴涵于消息之中的一种数学抽象，不被人们所直接感知，人们感知的乃是含有信息的消息。这也是人们常常混淆消息与信息的缘故。另一方面，信息又是客观世界存在四大要素（物质、能量、时间和信息）之一，没有信息就没有世界，人类的生活时时都离不开信息。

可以用概率大小来描写含有不确定性的事件，比如中国队进入16强这个事件发生的可能性极小（即概率小），而概率小即不确定性大。一旦中国队进入16强这件事发生，会使中国乃至世界球迷觉得惊奇，也就产生很大信息。可见小概率事件的发生，产生大的信息量。于是，可以用事件及其发生概率联合，并用概率空间的数学术语来表述某事件发生所具

有的信息情况。

将所有含有信息的消息所代表的多种可能状态排列成一个集合 S 称为状态空间。每一种可能状态就是状态空间中的一个元素，用 E_i 表示，即

$$S = \{E_1, E_2, \cdots\cdots E_K\}$$

对每一个可能状态 E_i，赋以一个概率值 p_i 以表示可能性的大小，称为概率测度。状态空间与其对应的概率测度联合起来，构成一个概率空间，即

$$\begin{Bmatrix} S \\ P \end{Bmatrix} = \begin{Bmatrix} E_1, E_2, \cdots\cdots E_K \\ P_1, P_2, \cdots\cdots P_K \end{Bmatrix} \tag{2-1}$$

式(2-1)中的 p_i 应具有概率特性，即

$$p_i \geqslant 0 \quad i = 1, 2, \cdots, K$$

$$\sum_{i=1}^{K} p_i = 1 \tag{2-2}$$

概率空间也可以记作 $\{S, P\}$。用概率空间来定义和度量信息称为 Shannon 信息或概率信息。

2.1.2 离散变量的自信息量

用概率空间模型来表示信息源，就是一种离散信源模型。此时状态空间就是信源，其符号表用 $A = \{a_1, a_2, \cdots\cdots, a_k\}$ 表示，它是一个离散集合。各元素的概率测度集合为 $P = \{P_1, P_2, \cdots\cdots, P_K\}$，也称概率矢量。比如英文句子的符号表 $A = \{a, b, c, \cdots\cdots, z, \sqcup\}$，它含有 26 个字母及一个空格共 27 个字符，每个字符的出现是随机的，视句子而定，即具有不确定性。其统计概率记作 $p(\mathrm{a}), p(\mathrm{b}), \cdots\cdots$，用 X 记具有随机性的概率空间，则离散信源可记作

$$X = \begin{Bmatrix} a_1, a_2, \cdots\cdots, a_K \\ p_1, p_2, \cdots\cdots, p_K \end{Bmatrix} = \{A, P\}$$

其中

$$p_i \geqslant 0$$

$$\sum_{i=1}^{K} p_i = 1$$

如果随机变量 a_i 又是互相独立的，则 X 又叫离散无记忆信源，记作 d. m. s(discrete memoryless source)。

定义 2-1 用 $\log \dfrac{1}{p(a)}$ 来度量随机变量 a_i 自身具有的信息量，称作自信息量，记作

$$I(a_i) = \log \frac{1}{p(a_i)} = -\log p(a_i) \tag{2-3}$$

这是根据以上关于信息性质的讨论而作出的一种数学定义，它能定量地描述信息的一些特性，比如确定事件($p(a_i) = 1$)不含有信息；出现概率小的事件含有大的信息量；同时出现的两个事件的信息量可以相加等，正是式(2-3)所代表的数学特性。即 $p(a_i) = 1$ 时 $I(a_i) = 0$；$p(a_i)$减小则 $I(a_i)$ 增大；当 a_1, a_2 互相独立，又同时出现时 $I(a_1, a_2) = \log \dfrac{1}{p(a_1, a_2)} =$

$\log\frac{1}{p(a_1)p(a_2)}=\log\frac{1}{p(a_1)}+\log\frac{1}{p(a_2)}$。由于 $0\leqslant p(a_i)\leqslant 1$，式(2-3)还反映出自信息量要么有，要么无，但不可能为负值的特性。这也是符合以上关于信息量的定性讨论结论的。

2.1.3 信息量单位

信息量的单位由对数的底来决定。最常用的关于信息量的度量是以 2 为底的。此时用 bit（比特）作单位，取二进制单位（binary unit）之意。二进制符号只有两种可能，平等地取其中之一的概率为$\frac{1}{2}$，任一符号的出现就具有 $\log_2 2=1\text{bit}$ 的信息量。

【例 2-1】 统计独立事件的联合事件自信息。

设 64 个完全一样的球，排成 8×8 矩阵，问随机摸到第 i 行第 j 列的球的自信息量为多少 bit?

解：可以用两种方法来解这个问题。

方法 1：视在 64 个点中摸取其中之一完全是独立随机事件，共有 64 种可能。摸取第 i 行第 j 列的概率为 $p_{ij}=\frac{1}{64}$，根据定义式(2-3)，可计算出该事件的自信息为

$$-\log_2\frac{1}{64}\text{bit}=6\text{bit}$$

方法 2：把行和列分别视作彼此独立事件，即在 8 行中刚好摸到第 i 个球的概率为 $p_i=\frac{1}{8}$，而 8 列中摸到第 j 列球的概率也为 $p_j=\frac{1}{8}$。该两件事同时发生，称为联合事件，根据概率论，独立事件的联合概率可用概率乘表示即 $p_{ij}=p_i\cdot p_j$，从而联合事件的自信息量为

$$-\log_2(p_{ij})=-\log_2(p_i,p_j)=-\log_2 p_i-\log_2 p_j=(3+3)\text{bit}=6\text{bit}$$

这就是前面讨论以对数函数来定义的信息量具有可加性的结果，即独立事件的联合事件自信息等于各事件自信息之和。

若以 e 为底，用 Nat（奈特）作单位，表示取自然对数。

若以 10 为底，用 Hart（哈特）作单位，这是由 Hartly 首先采用的。

应用换底公式 $\log_2 x=\log_r x/\log_r 2$（令 r 为 e 或 10），可以得出与 bit 单位的关系为：1Nat = 1.443bit；1Hart = 3.322bit。比较常用的为 $\log_2 x=1.443\ln x$，即用自然对数来计算。

应该指出 bit 还用作二进制数的数位或简称位，它不同于信息单位“比特”。由于二元信息最为常见，比如开关的开与关；回答问题的是与否等等，用二进制数 0 与 1 来作相应的代表最为方便。即使多元信息，比如四元信息也常用两位二进制数 00，01，10，11 来分别代表四种不同状态。于是在编码与传输理论中常常应用 m 位二进制序列，并不表示该序列所代表的事件的信息量为 $m$bit。

【例 2-2】 m 位二进制序列的自信息量。

解：因为 m 位二进制数的可能状态为 2^m 种，比如 $m=3$，$2^3=8$ 即共有 000，001，010，…，111，8 种状态。随机地取其中一种的概率为 $P=\frac{1}{2^m}$，于是其中任一组出现都带来 $-\log_2 2^{-m}=m$bit 的信息量，正好等于序列长度。所以这个结果容易产生误会。应该强调，这里的 $m$bit 自

信息量是用于解除 2^m 种组合中哪一组会出现这样一个不确定度的，并不表示该 m 位长的二进制数所代表的事件所含的自信息量。比如 7 位 ASCII 码的 1100101（八进制数 145）代表字母 E，但并不表示字母 E 的自信息量为 7bit。

2.2 离散变量集的平均信息量

2.2.1 信息熵

从离散信源的概率空间数学模型 $X=\begin{Bmatrix} a_1, a_2, \cdots\cdots, a_K \\ p_1, p_2, \cdots\cdots, p_K \end{Bmatrix}$定义了离散变量 a_i 的自信息为概率 p_i 的函数，$I(a_i)=I(p_i)=-\log p_i$。那么，整个字母表 $A=\{a_1,a_2,\cdots\cdots,a_K\}$ 的平均自信息自然要对所有 K 个字母的自信息取概率平均值，也就是自信息 $I(a_i)$ 的数学期望。用 $H(X)$ 记概率空间 $X=\{A_i,P_i\}$ 所具有的平均自信息，则

$$H(X)=\sum_{i=1}^{K} p_i \log\left(\frac{1}{p_i}\right) \tag{2-4}$$

定义 2-2 随机变量 $I(a_i)$ 的数学期望称为概率空间 X 的熵（entropy），记作 $H(X)$。熵是 Shannon 借用热力学中类似概念而引入的。在信息系统中则表示该系统中每一个信息符号所含有的平均自信息或称系统平均不确定度的度量。所以熵的单位为每符号的比特数。

【例 2-3】 计算系统，$X_1=\begin{Bmatrix} a_1 & a_2 \\ 0.5 & 0.5 \end{Bmatrix}$，$X_2=\begin{Bmatrix} a_1 & a_2 \\ 0.99 & 0.01 \end{Bmatrix}$与 $X_3=\begin{Bmatrix} a_1 & a_2 \\ 0 & 1 \end{Bmatrix}$的信息熵。

解：根据定义可作下计算：

$$H(X_1)=(-0.5\log_2 0.5-0.5\log_2 0.5)\,\text{bit}=1\text{bit}$$

$$H(X_2)=(-0.99\log_2 0.99-0.01\log_2 0.01)\,\text{bit}=0.08\text{bit}$$

$$H(X_3)=(-0\log_2 0-1\log_2 1)\,\text{bit}=0\text{bit}$$

在数学理论中，$\log_2 0$ 无定义，但 $0\log_2 0$ 可以用极限理论来处理

$$\lim_{x\to 0} x\log x=\lim_{x\to 0}\frac{\log x}{1/x}=\lim_{x\to 0}\frac{1/x}{-1/x^2}=\lim_{x\to 0}(-x)=0$$

实际上，$p=0$ 与 $p=1$ 都是确定事件，不含有自信息。

显然 $H(X_1)>H(X_2)$，说明系统 X_1 比系统 X_2 的平均不确定度大，这是因为对二元系统来说。一半对一半概率情况不确定度最大。而概率统计为 0.99 与 0.01 情况，几乎为必然事件，不确定度很小。

2.2.2 熵函数性质

前面对由 K 个事件组成的概率空间 $X=\{A,P\}=\begin{Bmatrix} a_1, a_2, \cdots\cdots, a_K \\ p_1, p_2, \cdots\cdots, p_K \end{Bmatrix}$定义了熵 $H(X)=-\sum_{i=1}^{K} p_i\log p_i$。实质上，从右式可见，$H(X)$ 是概率矢量 $P=(p_1,p_2,\cdots\cdots,p_K)$ 的函数，故有时候用 $H(P)$ 代替 $H(X)$，并称为熵函数。

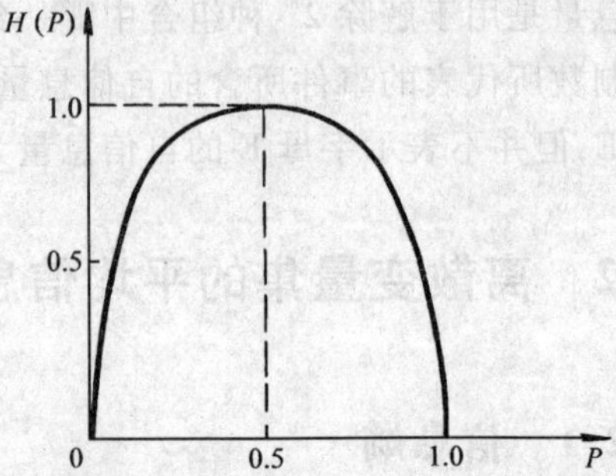

图 2-1　二元概率事件熵函数曲线

例 2-3 是二元事件概率空间，两个事件的概率分布为 P 与 $(1-P)$，熵函数可记作 $H(P)$，并有 $H(P)=p\log_2\left(\frac{1}{P}\right)+(1-P)\log_2\left(\frac{1}{1-P}\right)$，函数曲线可画出如图 2-1。该曲线在 $P=0.5$ 处 $H(P)$ 有最大值 1，在 $P=0$ 与 $P=1$ 处 $H(P)=0$ 且该两点处有垂直于 x 轴的切线（为什么?）。

由本例可以归纳出熵函数的一些重要性质，而略去其严格的数学证明。

1. 对称性

$H(P)$ 的值只与概率变量取值有关，而与分布结构无关，即与事件的对应关系无关。比如图 2-1 的二元变量熵函数图像，只与 P 值有关而与 a_1, a_2 取 P 值情况无关。推广到 K 维 P 矢量，即熵值只由矢量各分量的值确定，而与各分量的排列次序无关。

2. 非负特性

$H(P)=H(p_1,p_2,\cdots\cdots,p_K)\geqslant 0$。这是由 $0\leqslant p_i\leqslant 1$ 决定的，等号只有当其中有一个 $p_i=1$ 时才成立。

3. 极值性

图 2-1 中当 $P=0.5$ 时有一个极大值，即具有最大的不确定性。

推广到 K 维概率矢量：当 $p_1=p_2=\cdots\cdots=p_K=\frac{1}{K}$ 时，随机事件有最大的不确定性，系统有最大的信息熵。这个性质也称作最大离散熵定理：均匀分布的离散集具有最大的信息熵，即

$$H_K(P)\leqslant \log K \tag{2-5}$$

这里 $H_K(P)$ 表示 K 维概率矢量 P 的信息熵。由此可见，任何非等概分布的 K 维空间的信息熵总小于 $\log K$。

4. 确定性

由于概率变量特性 $\sum_{i=1}^{K}p_i=1$，若 K 维概率矢量 P 中有任一分量 $p_i=1$ 则系统熵函数 $H(P)=0$，如果概率空间代表离散信源，则信源就是一个确知信源，不会有信息量。

2.3 互信息量

2.3.1 联合自信息量与条件自信息量

Shannon 信息论是从通信系统研究基础上发展起来的，通信系统模型的每一个功能框都有一个输入和一个输出，而不同框的功能就是对输入作不同处理然后输出至下一个功能框。现在讨论这个处理过程的信息量关系。

设输入与输出都可用离散概率空间来描述，它们分别为 $X=\{A,P\}$ 和 $Y=\{B,Q\}$。其中 $A=\{a_i\}$，代表输入变量字符集，$P=\{p_i\}$ 为其概率测度矢量；$B=\{b_j\}$ 代表输出变量字符集，$Q=\{q_j\}$ 为其概率测度矢量。

定义 A 与 B 的联合空间为

$AB = \{a_i b_j; a_i \in A, b_j \in B, i = 1,2,\cdots,K; j = 1,2,\cdots,J\}$ 并设每组 $a_i b_j \in AB$ 出现的概率为 $P(a_i b_j)$，满足关系

$$\left.\begin{aligned} \sum_{i=1}^{K}\sum_{j=1}^{J} P(a_i b_j) &= 1 \\ P(a_i) &= \sum_{j=1}^{J} P(a_i b_j) \\ Q(b_j) &= \sum_{i=1}^{K} P(a_i b_j) \end{aligned}\right\} \tag{2-6}$$

式(2-6)第一式表示只要系统工作，则至少有一组 $a_i b_j$，$(i = 1,2,\cdots,K; j = 1,2,\cdots,J)$，会出现；第二式表示任一变量 a_i 的出现概率是 B 集合中元素能与 a_i 组合出现的所有概率之和；第三式的意义与第二式类同。

应用概率空间概念，可定义 $XY = \{AB, P(ab)\}$ 为联合概率空间，其中任一事件 ab，$a_i \in A$、$b_j \in B$ 的自信息量称为联合自信息量，并有表达式

$$I(ab) = -\log P(ab) \tag{2-7}$$

在通信系统中，人们关心的是在发送 a_i（系统的输入）经过传输输出 b_j 的概率有多大？或反之，在接收端收到 b_j 后，能以多大概率判断发送的是 a_i？由概率论可知，这是一个条件概率问题，应用条件概率表达式，在发送 a_i 条件下，b_j 出现的条件概率为

$$P(b_j \mid a_i) = \frac{P(a_i b_j)}{P(a_i)} \qquad P(a_i) > 0 \tag{2-8}$$

类似地

$$P(a_i \mid b_j) = \frac{P(a_i b_j)}{Q(b_j)} \qquad Q(b_j) > 0 \tag{2-9}$$

于是可以定义：事件 a_i 在事件 b_j 给定条件下的条件自信息量为

$$I(a_i \mid b_j) = -\log P(a_i \mid b_j) \tag{2-10}$$

它反映了在事件 b_j 发生条件下（比如接收到 b_j）关于事件 a_i 尚存有的不确定性。如果能提供这些信息量消除不确定性，则事件 b_j 的出现，就意味着 a_i 的出现。同样可定义事件 b_j 在事件 a_i 给定条件下的条件自信息量为

$$I(b_j \mid a_i) = -\log P(b_j \mid a_i) \tag{2-11}$$

2.3.2 互信息量的概念

进一步考察条件自信息量定义式(2-10)的含义，考虑三种情况：其一，如果发送 a_i 与接收 b_j 是彼此独立的事件，则接收到 b_j 并不为“发送的是 a_i 吗？”这个不确定性提供任何信息。此时 $I(a_i|b_j) = I(a_i)$，即 $I(a_i)$ 所含的不确定性并未因接到 b_j 而减少；其二，如果通信系统没有任何噪声干扰，只要接收到 b_j 就可以断定发送的一定是 a_i（确定事件），则该通信系统中字母表 $X = \{a_i\}$ 与 $Y = \{b_j\}$ 的元素间有一一对应的确定关系，于是只要接收到 Y 表中任一符号 b_j 就能“没有不确定性”地知道发送的符号 a_i，此时 $I(a_i|b_j) = 0$。或者说，接收到符号 b_j 这件事，提供了关于 a_i 的全部信息；其三一般通信系统的情况则是接收到符号 b_j 这件事，为判断发送端发的是否为 a_i 提供一些信息从而解除了一部分不确定性，但尚有一部分不确定性存在，其值就是式(2-10)的 $I(a_i|b_j)$，所提供的信息量应该为差值 $I(a_i) - I(a_i|b_j)$。若用 $I(a_i;b_j)$ 表示

“b_j 的接收”为“发送是 a_i”的判断所提供的信息量,或简述为 b_j 向 a_i 所提供的信息量,称之为事件 a_i 与事件 b_j 之间互信息量,且

$$\begin{aligned} I(a_i;b_j) &= I(a_i) - I(a_i|b_j) \\ &= [-\log P(a_i)] - [-\log P(a_i|b_j)] \\ &= \log\left[\frac{P(a_i|b_j)}{P(a_i)}\right] \\ i &= 1,2,\cdots,K; j = 1,2,\cdots,J \end{aligned} \tag{2-12}$$

2.3.3 事件互信息的性质

1. 可互易性(对称性)

对式(2-12)对数项中的分子和分母均乘以 $Q(b_j)$,且由于

$$P(a_i|b_j)Q(b_j) = P(a_ib_j) = P(b_j|a_i)\cdot P(a_i)$$

就可以得到

$$I(a_i;b_j) = \log\left[\frac{P(a_ib_j)}{P(a_i)Q(b_j)}\right] = I(b_j;a_i) \tag{2-13}$$

上式意味着事件 a_i 与事件 b_j 之间互相提供的信息量是相等的。

2. 有限性

两个事件的互信息量不会大于其中任一事件的自信息量。

由定义式(2-12),$I(a_i;b_j) = I(a_i) - I(a_i|b_j)$

$$= I(a_i) - \log\frac{1}{P(a_i|b_j)}$$

因为 $0 < P(a_i|b_j) \leqslant 1$,从而 $\log\dfrac{1}{P(a_i|b_j)} \geqslant 0$,故有

$$I(a_i;b_j) \leqslant I(a_i) \tag{2-14}$$

将 a_i 与 b_j 互换,可证明 $I(a_i;b_j) \leqslant I(b_j)$。

3. 可负性

两个事件之间,若 b_j 的出现有助于解除事件 a_i 出现的不确定性,则 $I(a_i|b_j) < I(a_i)$,使 $I(a_i;b_j) > 0$;反之若 b_j 的出现使事件 a_i 出现的可能性减少了,不确定性更大了,即 $I(a_i|b_j) > I(a_i)$,从而会使 $I(a_i;b_j) < 0$,或者说 b_j 的出现向 a_i 事件提供了负信息量。

所以两个事件之间的互信息量可为正,可为 0,也可能为负。在信息量的讨论中,这是一个很特别的结论,是仅仅发生在两个事件之间的互信息特性,下面的讨论将会看到在两个系统之间的平均互信息量就不可能为负了。

由于互信息量的概念在信息理论与通信理论中的重要性,不妨以生活中的例子来加深对其特性的理解。

设已发生的事件 b_j 代表天气的“闪电”,而 a_i 为各种与天气有关的事件,然后来讨论闪电发生条件对几种 a_i 发生的不确定性的影响。

设 a_i 为“打雷”事件。由于闪电与打雷是同一事件的两种反映,几乎是同时发生,只由于传播速度不同而感觉到有先后之分。因此,看到闪电后判断必有雷声接踵而来。这是必然事件,没有剩下不确定度了。依据式(2-12),$I(a_i|b_j) = 0$,b_j 向 a_i 提供的信息量 $I(a_i;b_j) = I(a_i) > 0$。

设 a_i 为“下雨”事件。由于闪电不一定会下雨，光打雷不下雨的情况也是常有的事。但闪电，打雷又常常是下雨的先兆，即为下雨提供了一些信息量或减少了“下雨”事件的不确定性。此时的互信息量 $I(a_i;b_j)>0$，$I(a_i|b_j)<I(a_i)$。

设 a_i 为“雾天”事件。由于闪电与雾几乎毫无关系，互为独立事件，闪电不会减少“是否有雾”这个不确定性，不提供任何关于雾的信息，所以 $I(a_i;b_j)=0$，而 $I(a_i|b_j)=I(a_i)$。

设 a_i 代表的事件为“飞机正点起飞”。飞机能否正点起飞是一种不确定性，而天气情况常常是这个不确定性的重要因素。闪电的出现增加了这种不确定性。或者说，闪电事件为正点起飞事件带来了负信息量。此时 $I(a_i|b_j)>I(a_i)$ 而互信息量 $I(a_i;b_j)<0$。

2.3.4 离散集的平均互信息量

1. 平均互信息量

上节定义了联合空间 AB 中一对事件 $a_i\in A$，$b_j\in B$ 之间的互信息量 $I(a_i;b_j)$。特别强调了是两个事件间相互提供的信息量。但实际的多元系统中，由于噪声干扰的存在，不可能存在单纯的两个事件的关系，而只能从平均的意义上去讨论两个系统之间相互提供的信息量。还是以上面讨论的 X 与 Y 两个概率空间或简单地称两个系统为例。设该两个系统构成一个通信系统，则 X 中的元素 $a_1,a_2,\cdots\cdots,a_K$ 分别以概率 $P_1,P_2,\cdots\cdots,P_K$ 发送信息输入到通信系统；Y 中的元素 $b_1,b_2,\cdots\cdots,b_J$ 分别以 $Q_1,Q_2,\cdots\cdots,Q_J$ 的概率作为接收符号从通信系统输出，如图 2-2 所示。

图 2-2 通信系统的概率空间模型

由于噪声干扰，使 X 与 Y 之间不可能有确定的一一对应关系，因此，当接收到 b_j 符号时，不能确定 X 是发哪一个符号。整个通信系统的任务就是要正确地找出 X 发出的符号，以达到可靠、有效的通信性能。从信息论的角度，就是要考察 b_j 为 $a_1,a_2,\cdots\cdots,a_K$ 提供的信息量情况，一般地选择被提供信息量最多的也就是不确定度最小，即 $I(a_i|b_j)$ 最小的一个符号，比如 a_i，为 X 发送的符号。实现对单个符号选择的方法与技术就是通信理论的任务。这里关心的问题是接收 b_j 这个事件向 X 系统平均提供多少信息量，这就要对整个字母表 A 中的符号取概率平均。由于接收 b_j 而发送 a_i 的概率为 $P(a_i|b_j)$，而由此向 a_i 提供的信息量为 $I(a_i;b_j)$，再对 $a_1,a_2,\cdots\cdots,a_i,\cdots\cdots,a_K$ 取概率平均值，即为 b_j 向 A 集合提供的平均信息量：

$$I(A;b_j)=\sum_{i=1}^{K}P(a_i\mid b_j)I(a_i;b_j)$$

$$=\sum_{i=1}^{K}P(a_i\mid b_j)\log\frac{P(a_i\mid b_j)}{P(a_i)}\tag{2-15}$$

类似地

$$I(a_i;B)=\sum_{j=1}^{J}P(b_j\mid a_i)I(a_i;b_j)$$

$$=\sum_{j=1}^{J}P(b_j\mid a_i)\log\frac{P(b_j\mid a_i)}{Q(b_j)}\tag{2-16}$$

这是发送 a_i 向接收端 B 集的元素提供的平均信息量。$I(A;b_j)$ 与 $I(a_i;B)$ 被称作事件平均互信息量，即在某事件发生能向另一个系统提供的平均信息量。那么，A,B 之间相互提供的平均信息量就是系统互信息量，记作 $I(A;B)$，可由 $I(A;b_j)$ 对 $j=1,2,\cdots\cdots,J$ 求概率和，也可以用 $I(a_i;B)$ 对 $i=1,2,\cdots\cdots,K$ 求概率和来计算：

$$\begin{aligned} I(A;B) &= \sum_{i=1}^{K} P(a_i) I(a_i;B) = \sum_{j=1}^{J} Q(b_j) I(A;b_j) \\ &= \sum_{i=1}^{k}\sum_{j=1}^{J} P(a_i b_j)\log\frac{P(a_i b_j)}{P(a_i)Q(b_j)} \\ &= I(B;A) \end{aligned} \tag{2-17}$$

在讨论事件互信息量性质 3 时曾说过系统的平均互信息量是非负的，为了在数学上证明式(2-15)、(2-16)与(2-17)都为非负，先要介绍 $\ln x$ 的一个性质。为此，画出 $\ln x$ 的函数曲线如图 2-3 所示。图中，$x=1$ 处曲线与 x 轴相交，$x>1$ 曲线在第Ⅰ象限，$x<1$ 曲线在第Ⅳ象限，且当 $x\to 0$ 时 $\ln x\to\infty$。考察 $x=1$ 时的切线斜率为

$$\left.\frac{\mathrm{d}\ln x}{\mathrm{d}x}\right|_{x=1} = 1$$

可知切线方程(点斜式)为 $y=x-1$

由此可知对所有 $x>0$ 都有不等式

$$\ln x \leqslant x-1 \tag{2-18}$$

只有当 $x=1$ 时等号才成立。

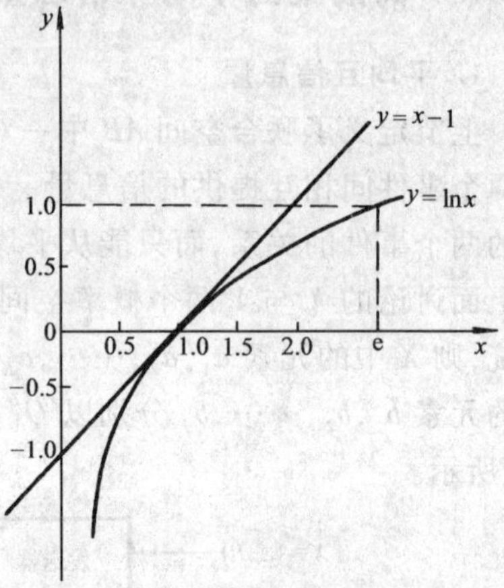

图 2-3 $\ln x$ 函数曲线

现在将式(2-17)的对数底确定为 e 并两边取负，得

$$\begin{aligned} -I(A;B) &= -\sum_{i=1}^{K}\sum_{j=1}^{J} P(a_i b_j)\ln\frac{P(a_i b_j)}{P(a_i)Q(b_j)} \\ &= \sum_{i=1}^{K}\sum_{j=1}^{J} P(a_i b_j)\ln\frac{P(a_i)Q(b_j)}{P(a_i b_j)} \end{aligned}$$

令 $x=\dfrac{P(a_i)Q(b_j)}{P(a_i b_j)}>0$ 并应用式(2-18)，则有

$$\begin{aligned} -I(A;B) &\leqslant \sum_{i=1}^{K}\sum_{j=1}^{J}\left[P(a_i)Q(b_j) - P(a_i b_j)\right] \\ &= \sum_{i=1}^{K}\left[P(a_i) - P(a_i)\right] = 0 \end{aligned}$$

从而 $I(A;B)\geqslant 0$。

等号只在 A 与 B 彼此独立时才成立，此时 $P(a_i b_j)=P(a_i)Q(b_j)$。类似地可证明式(2-15)与(2-16)为非负。从数学证明中可以看到，与定义式(2-12)的差别在于求概率的平均值。从物理概念上理解，只要两个系统不是互相独立，则一个系统中某一事件发生，从总体平均来说，总是向另一系统提供一些消除不确定性的信息。在上面关于闪电事件的例子中，设闪电是系统 A 中发生的一个事件，而打雷，下雨，下雾和飞机正点起飞为系统 B 中的事件。则闪电的发生虽给“正点起飞”事件带来负信息，使其不确定性更大了；但对其他事件，比如，对“打雷”

事件会消除全部不确定性；对“下雨”也提供了正信息，减少了不确定性。总体平均来说，闪电的发生，给系统 B 提供了有利于解除不确定性的信息，故 $I(\text{闪电};B)>0$。

2. 平均互信息量与熵函数

平均自信息量被定义为熵，平均互信息量 $I(A;B)$ 实质上也是一个熵函数，故它可以由其他熵函数来表示。实际上，在 $I(A;B)$ 表达式(2-17)中就隐含了熵函数表达式，由式(2-17)，

$$
\begin{aligned}
I(A;B) &= \sum_{i=1}^{K}\sum_{j=1}^{J}P(a_ib_j)\log\frac{P(a_ib_j)}{P(a_i)Q(b_j)} \\
&= \sum_{i=1}^{K}\sum_{j=1}^{J}P(a_ib_j)[\log P(a_ib_j)-\log P(a_i)-\log Q(b_j)] \\
&= -\sum_{i}\sum_{j}P(a_ib_j)\log\frac{1}{P(a_ib_j)}+\sum_{i}P(a_i)\log\frac{1}{P(a_i)} \\
&\quad +\sum_{j}Q(b_j)\log\frac{1}{Q(b_j)}
\end{aligned}
$$

后面两项是 X 与 Y 概率空间的自信息熵 $H(A)$ 与 $H(B)$，第一项是由联合概率 $P(a_ib_j)$ 来取平均的信息量，表示字符对 (a_ib_j) 出现的不确定性，定义它为联合空间 AB 的联合熵也叫共熵。记作 $H(AB)$，即

$$
H(AB) = \sum_{i=1}^{K}\sum_{j=1}^{J}P(a_ib_j)\log\frac{1}{P(a_ib_j)} \tag{2-19}
$$

若 A,B 彼此独立，则 $P(a_ib_j)=P(a_i)Q(b_j)$，代入式(2-19)，可得

$$
H(AB) = H(A)+H(B) \tag{2-20}
$$

(作为练习读者可自证)。一般 A,B 相关，则 $P(a_ib_j)=P(a_i)P(b_j|a_i)=Q(b_j)P(a_i|b_j)$，则又可改写式(2-19)，为

$$
H(AB) = \sum_{i=1}^{K}\sum_{j=1}^{J}P(a_ib_j)\log\frac{1}{P(a_i)}+\sum_{i=1}^{K}\sum_{j=1}^{J}P(a_ib_j)\log\frac{1}{P(b_j|a_i)}
$$

由于 $\sum_{i=1}^{J}P(a_ib_j)=P(a_i)$ 故

$$
\begin{aligned}
H(AB) &= \sum_{i=1}^{K}P(a_i)\log\frac{1}{P(a_i)}+\sum_{i=1}^{K}\sum_{j=1}^{J}P(a_ib_j)\log\frac{1}{P(b_j|a_i)} \\
&= H(A)+H(B|A)
\end{aligned} \tag{2-21}
$$

其中

$$
H(B|A) = \sum_{i=1}^{K}\sum_{j=1}^{J}P(a_ib_j)\log\frac{1}{P(b_j|a_i)} \tag{2-22}
$$

被定义为条件熵，表示联合空间 AB 中，在给定 A 条件下 B 所具有的平均自信息量或平均不确定性。按图 2-2 的通信系统概率模型，希望在发送一组 A 符号后，B 有一组确定的接收符号与之对应，则在接收一组 B 符号后，能完全确定发送的 A。$H(B|A)$ 所代表的不确定性完全由信道噪声干扰所引起的信息损失造成，因此，也被称作信道的干扰熵或散布度，表示接收符号的不确定程度。

由于 A 和 B 在联合熵中所起的作用完全是对称的，故可直接写出

$$
H(AB) = H(B)+H(A|B) \tag{2-23}
$$

其中

$$
H(A|B) = \sum_{i=1}^{K}\sum_{j=1}^{J}P(a_ib_j)\log\frac{1}{P(a_i|b_j)} \tag{2-24}
$$

也是条件熵,它表示在接收到一组符号 B 后,对判断 A 尚存的平均不确定度称作疑义度或存疑度。它总是小于原信源所具有的不确定性,即 $H(A|B)<H(A)$。

现在可以写出平均互信息量 $I(A;B)$ 与这些熵的关系如下:

$$\begin{aligned} I(A;B) &= H(A)+H(B)-H(AB) \\ &= H(A)-H(A|B) \\ &= H(B)-H(B|A) \end{aligned} \tag{2-25}$$

这些关系的物理意义请读者作为练习自行解释。在解释时应注意将 $H(x)$ 读作"x 的平均不确定度"。

式(2-25)表示的平均互信息量与熵、联合熵和条件熵之间的关系,可用图 2-4 形象地表示。

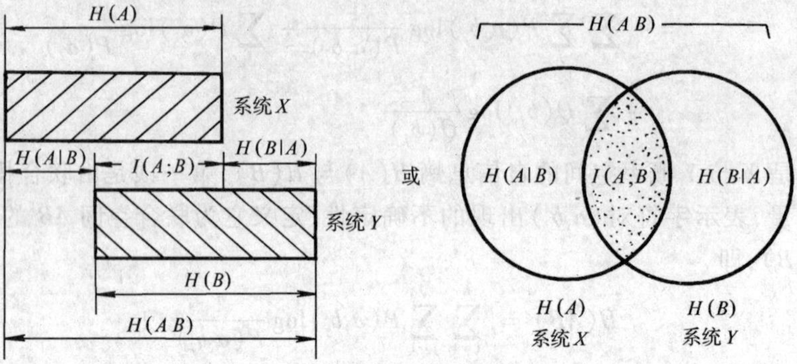

图 2-4 $I(A;B)$ 与各种熵的关系

【例 2-4】 设概率空间 $X=\begin{bmatrix}A\\P\end{bmatrix}=\begin{bmatrix}a_1 & a_2 & a_3\\ \frac{1}{2} & \frac{1}{3} & \frac{1}{6}\end{bmatrix}$ 与 $Y=\begin{bmatrix}B\\Q\end{bmatrix}=\begin{bmatrix}b_1 & b_2 & b_3 & b_4\\ q_1 & q_2 & q_3 & q_4\end{bmatrix}$ 且统计得到 $P(b_j|a_i)$ 如下:

$P(b_j\|a_i)$ (a_i \ b_j)	b_1	b_2	b_3	b_4
a_1	1/4	1/4	1/4	1/4
a_2	3/10	1/5	1/5	1/5
a_3	1/6	1/2	1/6	1/6

计算联合空间的联合熵 $H(AB)$,条件熵 $H(B|A)$ 及平均互信息量 $I(A;B)$。

1) 计算联合概率 $P(a_i,b_j)=P(a_i)\cdot P(b_j|a_i)$,结果如下:

$P(a_ib_i)$ (a_i \ b_j)	b_1	b_2	b_3	b_4
a_1	1/8	1/8	1/8	1/8
a_2	1/10	1/15	1/15	1/10
a_3	1/36	1/12	1/36	1/36

2) 计算 $H(AB)$,根据式(2-19),有

$$H(AB) = \sum_{i=1}^{3}\sum_{j=1}^{4} P(a_i b_j)\cdot \log \frac{1}{P(a_i b_j)}$$

$$= \left(4\times\frac{1}{8}\log_2 8 + 2\times\frac{1}{10}\log_2 10 + 2\times\frac{1}{15}\log_2 15 + \frac{1}{12}\log_2 12 + 3\times\frac{1}{36}\log_2 36\right)\text{bit}$$

$= 3.42\text{bit}$（每对符号）

3）计算 $H(B|A)$，根据式(2-22)有

$$H(B\mid A) = \sum_{i=1}^{3}\sum_{j=1}^{4} P(a_i b_j)\log_2 \frac{1}{P(b_j\mid a_i)}$$

$$= \left(4\times\frac{1}{8}\log_2 4 + 2\times\frac{1}{10}\log_2\frac{10}{3} + 2\times\frac{1}{15}\log_2 5 + \frac{1}{12}\log_2 2 + 3\times\frac{1}{36}\log_2 6\right)\text{bit}$$

$= 1.96\text{bit}$（每对符号）

4）计算 $I(A;B)$，根据式(2-25)可有多种算法，但都要计算 $H(A)$ 与 $H(B)$，按熵定义，

$$H(A) = \sum_{i=1}^{3} P(a_i)\log_2 \frac{1}{P(a_i)}$$

$$= \left(\frac{1}{2}\log_2 2 + \frac{1}{3}\log_2 3 + \frac{1}{6}\log_2 6\right)\text{bit}$$

$= 1.46\text{bit}$（每个符号）

为了计算 $H(B)$，先计算 $Q(b_j)$，$j=1,2,3,4$，根据概率公式

$$Q(b_j) = \sum_{i=1}^{3} P(a_i)\cdot P(b_j\mid a_i)$$

得到

$$Q(b_1) = \frac{1}{8}+\frac{3}{30}+\frac{1}{36} = \frac{91}{360}$$

$$Q(b_2) = \frac{1}{8}+\frac{1}{15}+\frac{1}{12} = \frac{33}{120}$$

$$Q(b_3) = \frac{1}{8}+\frac{1}{15}+\frac{1}{36} = \frac{79}{360}$$

$$Q(b_4) = \frac{1}{8}+\frac{1}{10}+\frac{1}{36} = \frac{91}{360}$$

从而有 $H(B) = \sum_{j=1}^{4} P(b_j)\cdot\log_2\frac{1}{Q(b_j)} = 2\text{bit}$　（每个符号）

所以算得 $I(A;B) = H(A) + H(B) - H(AB)$

$= (1.46 + 2 - 3.42)\text{bit} = 0.04\text{bit}$

也可以用其他公式计算验证。

由计算所得的 $I(A;B)$ 值很小，表明该两个概率空间之间相互提供的信息量很少，一个系统实现对解除另一系统的不确定性帮助不大。实际上从给出的条件概率表中可看出，当 a_1 出现时，出现 b_1,b_2,b_3,b_4 的概率一样，这便没有为 b_j 提供任何信息量；a_2 的出现几乎也是如此，因为$\frac{1}{5}=\frac{2}{10}$，与$\frac{3}{10}$差别也不大；只有 a_3 出现时，b_2 的出现可能最大，提供了较大信息量。

2.4 信息不增性原理

2.4.1 平均条件互信息量

信息处理已成为信息系统的一个重要环节。随着计算技术的突飞猛进,信息处理系统变得越来越复杂,其处理功能也越来越强,效果越来越好,诸如图像处理能使原本由于噪声污染的图像变得清晰;语音处理能增强语音可懂度,甚至还增加了立体声效果;还有一些特殊处理功能满足一些特殊需求,如医学图像处理,模式识别等。这就给人们一种错觉,似乎通过信息处理可以增加信息,甚至得到原本没有的信息。然而信息不增性原理指出:对信息作任何处理都会带来信息损失,处理次数越多损失越大,绝不会使信息增加。这是怎么一会事呢?原来这是互信息量的一个重要性质,可以从互信息量概念出发来讨论。

包含信息处理的系统模型如图 2-5 所示,其中 X 代表输入概率空间$\begin{Bmatrix} a_1,a_2,\cdots\cdots,a_k \\ p_1,p_2,\cdots\cdots,p_k \end{Bmatrix}$;$Y$ 代表传输(或其他转换)输出概率空间,$Y(B,Q)=\begin{Bmatrix} b_1,b_2,\cdots\cdots,b_J \\ q_1,q_2,\cdots\cdots,q_J \end{Bmatrix}$;$Z$ 也是一个概率空间,$Z(C,R)=\begin{Bmatrix} c_1,c_2,\cdots\cdots,c_L \\ r_1,r_2,\cdots\cdots,r_L \end{Bmatrix}$是处理器的输出。

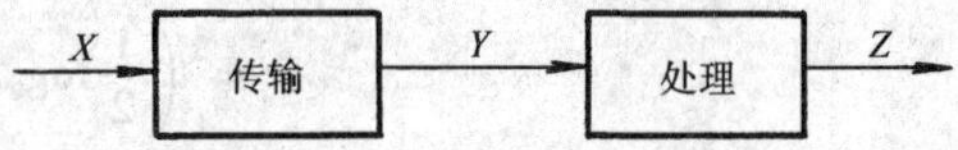

图 2-5 含信息处理的系统

可以将两个概率空间事件之间的互信息概念推广到三个概率空间中事件之间的互信息。设有联合空间 $ABC=\{a_ib_jc_m:a_i\in A,b_j\in B,c_m\in C\}$ 这里的 A、B、C 为离散事件集,它们的概率测度满足关系:

$$\sum_i\sum_j\sum_m P(a_ib_jc_m)=1 \tag{2-26}$$

$$\begin{aligned} P(a_ib_j)&=\sum_{m=1}^{L}P(a_ib_jc_m);\\ P(a_ic_m)&=\sum_{j=1}^{J}P(a_ib_jc_m);\\ P(b_jc_m)&=\sum_{i=1}^{K}P(a_ib_jc_m);\\ i=1,2,\cdots\cdots,K;j&=1,2,\cdots\cdots,J;m=1,2,\cdots\cdots,L \end{aligned} \tag{2-27}$$

及

$$\begin{aligned} P(a_i)&=\sum_j P(a_ib_j)=\sum_m P(a_ic_m);\\ Q(b_j)&=\sum_i P(a_ib_j)=\sum_m P(b_jc_m);\\ R(c_m)&=\sum_i P(a_ic_m)=\sum_j P(b_jc_m);\\ i=1,2,\cdots\cdots,K;j&=1,2,\cdots\cdots,J;m=1,2,\cdots\cdots,L \end{aligned} \tag{2-28}$$

现在来讨论在 Z 中某一事件 c_m 发生条件下,X 与 Y 集合元素间提供的互信息量。

由式(2-12)与(2-13),$I(a_i;b_j)=\log\dfrac{P(a_i\mid b_j)}{P(a_i)}=\log\dfrac{P(a_ib_j)}{P(a_i)Q(b_j)}$推广,即加上 c_m 发生这个

条件,直接可以写出

$$I(a_i;b_j \mid c_m) = \log \frac{P(a_i \mid b_j c_m)}{P(a_i \mid c_m)} \tag{2-29}$$

并定义 $I(a_i;b_j|c_m)$ 为在事件 $c_m \in C$ 发生条件下,事件 $a_i \in A$ 与 $b_j \in B$ 之间的条件互信息量。

仿照式(2-17)对式(2-29)求平均条件互信息量为

$$I(A;B \mid C) = \sum_i \sum_j \sum_m P(a_i b_j c_m) \log \frac{P(a_i \mid b_j c_m)}{P(a_i \mid c_m)} \tag{2-30}$$

$I(A;B|C)$ 表述了在集 C 给定条件下;集 A 与集 B 之间的平均条件互信息量。

考察在事件 b_j, c_m 发生条件下共同给 a_i 提供信息量。为此,根据互信息量定义式(2-12)写出联合事件 $b_j c_m$ 与 a_i 的互信息量,再对分子分母都乘以 $P(a_i|b_j)$,得:

$$\begin{aligned} I(a_i;b_j c_m) &= \log \frac{P(a_i \mid b_j c_m)}{P(a_i)} = \log\left(\frac{P(a_i \mid b_j)}{P(a_i \mid b_j)}\right)\left(\frac{P(a_i \mid b_j c_m)}{P(a_i)}\right) \\ &= \log \frac{P(a_i \mid b_j)}{P(a_i)} + \log \frac{P(a_i \mid b_j c_m)}{P(a_i \mid b_j)} \\ &= I(a_i;b_j) + I(a_i;c_m \mid b_j) \end{aligned} \tag{2-31}$$

式中第二项由式(2-29)的 c_m 与 b_j 互换所得。

式(2-30)再一次证明了互信息量可加性,即由 $b_j c_m$ 联合给出关于 a_i 的信息量等于 b_j 给出的关于 a_i 的信息量与 b_j 已知条件下的 c_m 给出的关于 a_i 的信息量之和。此结论还被推广到更多的系统之间的互信息量情况,在多用户信息论中有用。

2.4.2 信息处理定理

若对图 2-5 所示的级连系统,用 $Z = T(Y)$ 表示 Z 为 Y 经处理的输出,且该输出只与处理器的输入 Y 有关或者说 c_m 与 a_i 统计独立,则符号空间 A, B, C 之间的条件熵与互信息有如下的不等式关系(即信息处理定理):

$$H(A \mid B) \leqslant H(A \mid T(B)) = H(A \mid C) \tag{2-32}$$

$$I(A;B) \geqslant I(A;T(B)) = I(A;C) \tag{2-33}$$

只有当每个 $b_j \in B$ 有唯一的 $c_m \in C$ 与之对应时,等号成立。

证:首先说明式(2-32)与式(2-33)表达同一个意思。式(2-32)表示在 C 给定条件下,集 A 的不确定性一定大于 B 给定时 A 所具有的不确定性;而式(2-33)表示集 A 与集 C 之间互相所能提供的信息量总是小于 A 与 B 之间所能提供的信息量。因为 C 是 B 经过处理后的输出,这就意味着经信息处理后,不确定度反而增大了,或者说在处理中信息被丢失了。

再从数学表达上看,类似于式(2-21)与式(2-22)的推导过程,可以从式(2-30)得到平均条件互信息量与条件熵之间的关系式

$$I(A;B \mid C) = H(A \mid C) - H(A \mid BC) \tag{2-34}$$

对式(2-31)也应用类似式(2-17)取概率平均,得到三个系统互信息的平均值关系为

$$I(A;BC) = I(BC;A) = I(A;B) + I(A;C \mid B) \tag{2-35}$$

$$= I(A;C) + I(A;B \mid C) \tag{2-36}$$

及 $$I(A;B \mid C) \geqslant 0 \text{(平均互信息的非负性)} \tag{2-37}$$

从式(2-35)与(2-36)有 $I(A;B) = I(A;C) + I(A;B|C) - I(A;C|B)$,根据在 b_j 出现条件下

c_m 与 a_i 统计独立,应有 $I(A;C|B)=0$,即确定集 B 条件下,集 A 与集 C 之间不互相提供信息量。因此

$$I(A;B) = I(A;C) + I(A;B \mid C) \tag{2-38}$$

又因为 $I(A;B|C)\geqslant 0$,从而得到式(2-33)的结论,即

$$I(A;B) \geqslant I(A;C)$$

再应用式(2-25)于此不等式,且因 $I(A;B)=H(A)-H(A|B)$ 及 $I(A;C)=H(A)-H(A|C)$,代入便得到式(2-32)结论:$H(A|B)\leqslant H(A|C)$　　定理得证

信息处理定理,也叫信息不增性原理,其含义上面已有表述,但常有人觉得该定理与信息处理的客观效果不一致。主要原因有二:一是这里的初始信息是指输入概率空间的信息量(比如本例的 X),不包括传输过程中的噪声与干扰,而一般概念中的"处理"多是专门设计用来消除接收信号中噪声与干扰的。于是在图 2-5 中从未经处理的 Y 恢复出接收信号,其质量往往会比从经过"处理"的 Z 中恢复信号质量差。因为在 Y 空间的符号信息受噪声污染,而在 Z 空间已消除噪声的符号中能基本恢复出 X 空间发送符号的"真面目"。尽管 X 集中符号信息也可能由于处理而有所损失,但常常不被觉察。二是定理表述的信息是 Shannon 信息,即概率统计意义上的信息,而人们的感知信息并未计及。现代的信息处理技术已远超出 Shannon 信息论范畴,比如医学图像处理的伪着色;模式识别的轮廓提取、整形;立体声与环绕声的产生等等,加入了改善感知的许多信息,使人们能享受由信息处理带来的好处。但这些不属于原来输入信息,原来的信息在处理中只会损失不会增加。

2.5 连续随机变量的信息度量

2.5.1 连续随机变量的微分熵

实际通信系统中的信源与信道所遇到的很多都是连续随机变量,比如人的语音信号就是一种连续随机波形。要将语音数字化,需要经过取样、量化、编码等一系列处理过程。如果考察一个取样值,如图 2-6 的 t_m 时刻样值,它有无穷多种可能电平值,比如 1.5V,1.51V,1.2V,1.25V,……,因此它是一个连续随机变量。对于连续随机变量,习惯用大写字母 X、Y 等表示,而变量的一次实现,用小写字母表示。比如上述语音样值例中,若用 X 表示可能的取样值,则 X 的一次实现就用 x 表示。如 $x_1=1.5$,$x_2=1.51$,…,$x_i=$…,等等。

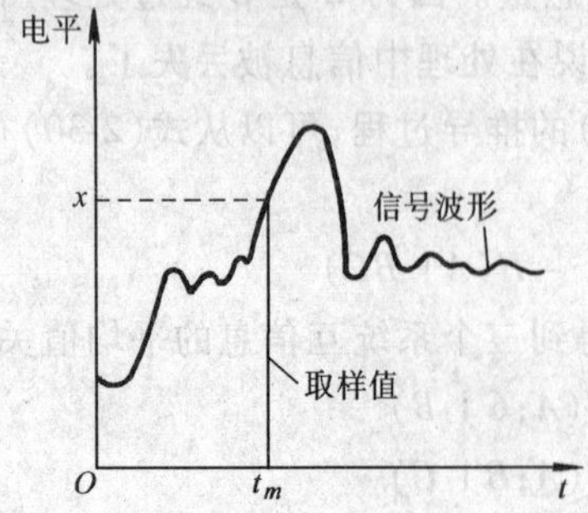

图 2-6　波形信息取样

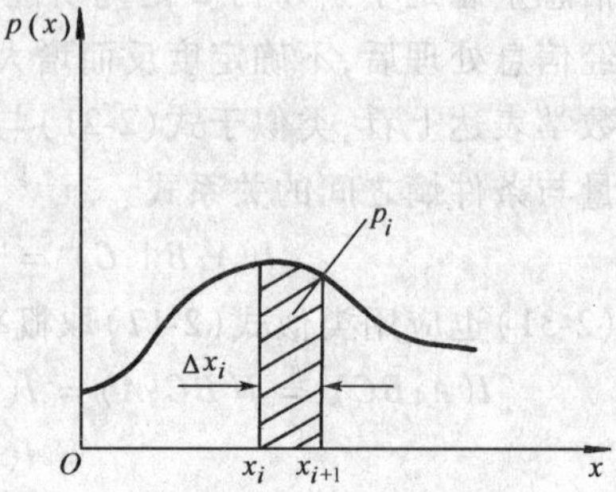

图 2-7　概率密度分布

连续随机变量的概率度量要用概率密度函数 $p(x)$，某一取值范围 $\Delta x_i=(x_i,x_{i+1})$ 发生的概率，应用积分式表示。如图 2-7 中的 $p(x)$ 函数，在 $\Delta x_i=(x_i,x_{i+1})$ 内发生的概率为

$$p_i=\int_{x_i}^{x_{i+1}}p(x)\,\mathrm{d}x$$

但为了采用离散随机变量研究方法，设在 Δx_i 内的概率密度函数都近似相等为 $p(x_i)$，则样值位于 Δx_i 内的概率可直接写成为

$$P_i=p(x_i)\cdot\Delta x_i$$

这样，连续随机变量变成了由很多 Δx_i 组成的离散随机变量。它的熵就可以仿照离散随机变量而写出

$$\begin{aligned}H(X)&=-\sum_i[p(x_i)\Delta x_i]\log[p(x_i)\Delta x_i]\\&=-\sum_i p(x_i)[\log p(x_i)]\Delta x_i-\sum_i p(x_i)[\log\Delta x_i]\Delta x_i\end{aligned}\tag{2-39}$$

先考虑第二项。当 Δx_i 划得越小，则越接近原来连续变量的情况。但当 $\Delta x_i\to 0$ 时，$\lim\limits_{\Delta x_i\to 0}(-\log\Delta x_i)\to\infty$，而 $\sum\limits_i p(x_i)\Delta x_i\equiv 1$，故此第二项在连续随机变量条件下应该是一个∞的量。这是否意味着连续随机变量 X 的熵为∞？回答是肯定的，$H(X)$ 的确为∞。因为式(2-39)是在类同于离散随机变量的熵定义下取得的表达式，是 X 的信息熵，又称之为绝对熵。

为了说明绝对熵→∞，对离散熵作另一种解释。因为离散信源的状态数是有限可数的，且熵值是平均不确定性的度量。于是可以认为熵值是为了消除不确定性所需要的"是"或"不是"的回答数(即比特数)。比如，用二进制数表示 8 个棋子如下：车(000)，马(001)，炮(010)，士(011)，相(100)，将(101)，兵(110)，卒(111)。你随机摸取一子，只要回答 3 次"是"或"不是"，便能知道摸取的是什么棋子。例如第一位为 1 吗？答是；第二位为 0 吗？答不是；第三位为 1 吗？不是；便知所摸棋子为"士"，事实上 $\log_2 8=3\text{bits}$ 的不确定性，被三次回答全部消除了。回到连续随机变量情况，对一个取样值的大小，需∞次回答才能确定，这就意味着其不确定性(熵值)是趋于∞(无穷)的。

再看式(2-39)的第一项。对 $\Delta x_i\to 0$，可用微分 $\mathrm{d}x$ 表示，Σ 改用积分，用 $h(X)$ 表示该项，有

$$h(X)=-\int_{-\infty}^{\infty}p(x)\log p(x)\,\mathrm{d}x\tag{2-40}$$

这是一个有意义的表达式，称之为微分熵；又因为根据式(2-39)，可改写 $h(X)$ 为

$$h(X)=H(X)+\lim_{\Delta x_i\to 0}(\log\Delta x_i)=H(X)-\lim_{\Delta x\to 0}\left(\log\frac{1}{\Delta x}\right),$$

即是绝对熵与一个∞项的差值，故又称之为差熵或相对熵。

2.5.2 微分熵性质

1. 微分熵不代表不确定性

如上所述，连续随机变量的熵→∞，即其有无限的不确定性，而 $h(X)$ 只是从数值上代表无穷大的熵值与一个形如 $\lim\limits_{\Delta x\to 0}\left(\log\dfrac{1}{\Delta x}\right)$ 的无穷大量之差。由于对所有连续随机变量绝对熵的运算中都含有这个固定的∞量，这就使得差值 $h(X)$ 有相对地代表 $H(X)$ 的意义，并且具有熵的

量纲及许多与离散熵一样的性质,特别是仍能像离散情况那样表征两个概率空间之间的互信息量,因而在连续随机变量信息研究中起重要作用。

2. $h(X)$ 不具有非负性

因为 $h(X)$ 实际上只代表两个正的大数差值,因此,其值可正、可负,也可能为0。

【例 2-5】 令 X 是在区间 $[a,b]$ 上的均匀分布的随机变量,求 $h(X)$。

解:因为均匀分布,x 的概率密度函数为

$$p(x)=\begin{cases}\dfrac{1}{b-a} & x\in[a,b]\\ 0 & \text{其余}\end{cases} \tag{2-41}$$

应用式(2-40)

$$h(X)=\int_a^b\frac{1}{b-a}\log(b-a)\,\mathrm{d}x=\log(b-a) \tag{2-42}$$

可见当 $b-a>1$ 时 $h(X)>0$;$b-a=1$ 时 $h(X)=0$;$b-a<1$ 时 $h(X)<0$。

3. $h(X)$ 值与坐标系有关

由于 $h(X)$ 是由积分式定义的,而积分值与所取的坐标系有关,同一个积分函数,在直角坐标系与极坐标系中的积分,结果是不一样的。即使在同一个坐标系,采用不同的坐标尺度,结果也不一样。

【例 2-6】 上例的均匀分布随机变量,若坐标尺度缩小 k 倍,$y=kx$,相当于区间值扩大 k 倍,即从 $[a,b]$ 变为 $[ka,kb]$,求微分熵 $h(Y)$。

解:

$$p(y)=\begin{cases}\dfrac{1}{k(b-a)} & y\in[ka,kb]\\ 0 & \text{其余}\end{cases}$$

应用式(2-40)

$$\begin{aligned}h(Y)&=\int_{ka}^{kb}\frac{1}{k(b-a)}\log[k(b-a)]\,\mathrm{d}y=\log[k(b-a)]\\&=\log k+\log(b-a)=h(X)+\log\left(\frac{\mathrm{d}y}{\mathrm{d}x}\right)\end{aligned} \tag{2-43}$$

相当于 $h(X)$ 加上一项 $\log\left(\frac{\mathrm{d}y}{\mathrm{d}x}\right)$。积分学中关于变量替换知识告诉我们,若对坐标变换加以 Jacobian 修正,它们应该是等效的。本例中,尺度缩小后的坐标,用 y 表示,则坐标变换关系为 $kx=y$,$\mathrm{d}x=\frac{1}{k}\mathrm{d}y$,则(2-42)应变换为

$$h(Y)=\int_{ka}^{kb}\frac{1}{(b-a)}\log[(b-a)]\cdot\frac{1}{k}\mathrm{d}y=\log[(b-a)] \tag{2-44}$$

与式(2-42)相同。其中 $\frac{1}{k}=\frac{\mathrm{d}x}{\mathrm{d}y}$ 就是一维坐标的 Jacobian 系数。设 $a=1$,$b=3$,$k=2$,则式(2-42)得 $h(X)=1\text{bit}$;由式(2-43)得 $h(X)=(1+1)\text{bits}=2\text{bits}$;而式(2-44)得 $h(Y)=h(X)=1\text{bit}$。

【例 2-7】 显示出一个连续随机变量的微分熵与采用的坐标系有关。除非对坐标作 Jacobian 变量替换,否则对不同的坐标系,或同一坐标系采用不同的坐标尺度,其微分熵都会不同。那末是否意味着微分熵就没有任何意义了呢?不是的,因为信息论所关心的是互信息量的问

题，而互信息量的表达式都是由熵函数的差值计量的，正好将由于采用不同坐标而引起的附加项抵消了。因此，微分熵 $h(X)$ 仍然是计算互信息量的基础。

2.5.3 连续随机变量的互信息量

在信息论研究的主要课题中，无论是信源编码理论、信道编码理论或是信道容量，互信息量都是主角。由于离散随机变量的互信息量关系式(2-25)都是两个熵相减，连续随机变量定义式(2-39)中的∞项及式(2-43)中由不同坐标引起的附加项在减法中都被抵消，因此可以从式(2-25)直接推广到连续随机变量情况，只要将 $H(\cdot)$ 换成 $h(\cdot)$ 即可。其物理解释也基本不变，即代表了两个系统之间互相所能提供的信息量。因为虽然 $h(X)$ 已不代表整个系统的不确定性，但从差值意义上看，它仍代表了两个系统的不确定性关系。即实质上互信息量 $I(X;Y)$ 仍代表 $H(\cdot)$ 之间的差值关系，而不是 $h(X)$ 关系。

两个连续随机变量集 X 与 Y 之间的平均互信息量 $I(X;Y)$ 可表示为

$$\begin{aligned} I(X;Y) &= h(X) - h(X|Y) \\ &= h(Y) - h(Y|X) \\ &= h(X) + h(Y) - h(XY) \end{aligned} \tag{2-45}$$

其中

$$h(X) = \int_{-\infty}^{\infty} p(x)\log\frac{1}{p(x)}\mathrm{d}x \tag{2-46}$$

$$h(Y) = \int_{-\infty}^{\infty} p(y)\log\frac{1}{p(y)}\mathrm{d}y$$

$$p(y) = \int_{-\infty}^{\infty} p(xy)\,\mathrm{d}x = \int_{-\infty}^{\infty} p(x)p(y|x)\,\mathrm{d}x \tag{2-47}$$

$$h(XY) = \iint_{-\infty}^{\infty} p(xy)\log\frac{1}{p(xy)}\mathrm{d}x\mathrm{d}y \tag{2-48}$$

$$h(X|Y) = \iint_{-\infty}^{\infty} p(xy)\log\frac{1}{p(x|y)}\mathrm{d}x\mathrm{d}y \tag{2-49}$$

$$h(Y|X) = \iint_{-\infty}^{\infty} p(xy)\log\frac{1}{p(y|x)}\mathrm{d}x\mathrm{d}y \tag{2-50}$$

这里的概率密度函数定义及关系都由概率论给出。

与离散变量情况相类似，$I(X;Y)$ 具有非负性及对称性。

2.5.4 连续随机变量的最大熵

当离散集的各符号为等概率分布时，有最大熵为 $\log K$，其中 K 为集的符号数。连续集的微分熵也有最大值，但是受约束条件限制。不同的约束条件，有不同的最大熵，常见的约束条件有峰值功率受限与平均功率受限。

1. 峰值功率受限（幅值受限）

【例 2-8】 设连续随机变量 x 的幅值受限于域 (a,b)，且要满足概率密度函数的归一性条件，即在 (a,b) 域内有

$$\int_a^b p(x)\,\mathrm{d}x = 1 \tag{2-51}$$

问什么样的 $p(x)$ 能使 $h(X)$ 达到极大值。

解：这是一个求条件极值的问题，可用 Lagrangian 乘子法。其步骤为：

1）设定乘子并由约束条件构建一个辅助函数 $F(y)$，其中 $y=p(x)$；

2）对 $F(y)$ 解无条件极值问题；

3）由约束条件确定乘子，得解。

根据约束条件式(2-51)，具体解法为：

1）设乘子为 λ，$F(y)=h(X)+\lambda\int_a^b y\mathrm{d}x=-\int_a^b y\log y\mathrm{d}x+\lambda\int_a^b y\mathrm{d}x$

2）应用含参数积分的导数运算法则令

$$\frac{\partial F(y)}{\partial x}=\int_a^b\left\{\frac{\partial}{\partial y}[-y\log y+\lambda y]\right\}\mathrm{d}x$$

$$=\int_a^b\{-\log y-1+\lambda\}\mathrm{d}x=0$$

令 $-\log y-1+\lambda=0$ 可得一特解，取 log 为自然对数得 $\ln y=\lambda-1$

即 $$p(x)=\mathrm{e}^{\lambda-1}$$

3）将此解代入约束方程式(2-51)，得

$$\int_a^b p(x)\mathrm{d}x=\int_a^b\mathrm{e}^{\lambda-1}\mathrm{d}x=\mathrm{e}^{\lambda-1}(b-a)=1$$

得到乘子 λ 的解为 $\lambda=\ln\left(\frac{1}{b-a}\right)$

由此可见 $p(x)=\frac{1}{b-a}$ 时 $h(X)$ 达到极值。

此时 $$h(X)=-\int_a^b\frac{1}{b-a}\log\left(\frac{1}{b-a}\right)\mathrm{d}x=\log(b-a) \tag{2-52}$$

与离散变量情况一样，但这里有条件限制的。

2. 平均功率受限

若限定变量 x 的平均功率 $\leqslant P$，可以证明当概率密度函数为 Gaussian 分布时，有最大微分熵 $h(X)=\ln\sqrt{2\pi eP}$。

Gaussian 分布的平均功率常用 σ^2 表示，则最大微分熵常常表示为

$$h(X)=\ln(\sigma\sqrt{2\pi e}) \tag{2-53}$$

即连续随机变量集中，在方差相同为 σ^2 条件下，所有的各种概率密度分布函数，其微分熵 $h(X)\leqslant\ln(\sigma\sqrt{2\pi e})$，仅当分布为 Gaussian 时，等号成立。

证明方法、步骤与幅值受限情况相同，只是具体的积分运算不同。读者可作为习题练习。

如果连续随机变量是噪声，上述关于最大熵定理告诉我们，若平均噪声功率确定，但不知噪声分布时，可以用 Gaussian 分布来研究最佳抗噪系统，因为正态分布产生的干扰最大。这就是研究通信系统时，常常假设噪声为 Gaussian 分布的原因。

2.6 小结

信息的度量是 Shannon 信息论的基础，有了对信息的确切定义与测度，信息科学才得以建

立与发展。单个事件的自信息以该事件出现概率的倒数取对数来度量,其值的大小表示该事件出现的不确定性的大小。概率小表示不确定性大,即事件出现的可能性小,如果该事件发生了,就有很大的信息量,这是关于信息度量的基本概念。信息熵 $H(X)$ 是随机变量集 X 的平均信息量,在所有信息论表达式中,它应该被解读为平均不确定性,才能较好地理解表达式的物理意义。

两个事件的互信息是一个很重要的物理量,是离散系统中唯一可能有负值的量。负的互信息会使单个事件的不确定性更大,但两个离散系统间的平均互信息量不会有负值,这一点值得注意。

信息不增性原理或称信息处理定理是信息处理的一个原则性定理,不同于信号处理。信号处理技术常常会改善某些信号特性,比如改善视觉或听觉效果等,这并非增加了信息。有时候恰恰是去除了一些不必要信息的结果。要从信息量代表不确定性的基本定义出发来理解丢失的信息是不可能被恢复的原理。

从概率统计意义上来定义、度量信息是 Shannon 信息论的基本特征,也因此具有它的局限性。它不能用来度量所有具有信息特征领域的信息,诸如生物学、心理学、遗传工程学、基因工程和语义学被称为非概率信息。如何测度非概率信息,正是有待进一步研究、发展的课题。

2.7 习题

1. 掷一对无偏的骰子,若告诉你得到的总的点数为 a)7;b)12。试问各得到了多少信息量?

2. 经过充分洗牌后的一付扑克(含 52 张牌),试问:

(1) 任一特定排列所给出的信息量是多少?

(2) 若从中抽取 13 张牌,所给出的点数都不相同时得到多少信息量?

3. 设有一非均匀骰子,若其任一面出现的概率与该面上的点数成正比,试求各点出现时所给出的信息量,并求掷一次平均得到的信息量。

4. 设同时发送两个信号 A 与 B,若 A 被收到的概率是 0.8,B 被收到的概率为 0.4,现在接收端只收到一个 A 信号,问有多少信息量?

5. 某校入学考试中有 1/4 考生被录取,3/4 考生未被录取。被录取的考生中有 50% 来自本市,而落榜生中有 10% 来自本市。所有本市的考生都学过英语,而外地落榜生中以及被录取的外地考生中都有 40% 学过英语。

(1) 当已知考生来自本市时,给出多少关于考生是否被录取的信息?

(2) 当已知考生学过英语时,给出多少有关考生是否被录取的信息?

(3) 以 x 表示是否落榜,y 表示是否为本市学生,z 表示是否学过英语,x、y 和 z 取值为 0 或 1。求 $H(X)$,$H(Y|X)$,$H(Z|YZ)$。

6. 在两组人中进行民意测验,组 A 中的人有 50% 讲真话(T),30% 讲假话(F),20% 拒绝回答(R)。而组 B 中有 30% 讲真话,50% 讲假话和 20% 拒绝回答。选 A 组进行测验的概率为 P,若以 $I(P)$ 表示给定 T、F 或 R 条件下得到的有关消息来自组 A 或组 B 的平均信息量,试求 $I(P)$ 的最大值。(提示:设集合 $X=\{A,B\}$,$Y=\{\mathrm{T},\mathrm{F},\mathrm{R}\}$ 而 $I(P)=I(X;Y)$ 求极值)

7. 设 x 为 $[0,\infty]$ 上分布的连续随机变量,且满足

$$\int_0^{\infty} xQ(x)\,\mathrm{d}x = S$$

求实现最大相对熵的分布及相应的熵值。

8. 两个一维随机变量的概率分布密度函数 $p(x)$ 分别为图 2-8a 和图 2-8b 所示，问哪一个熵值大？

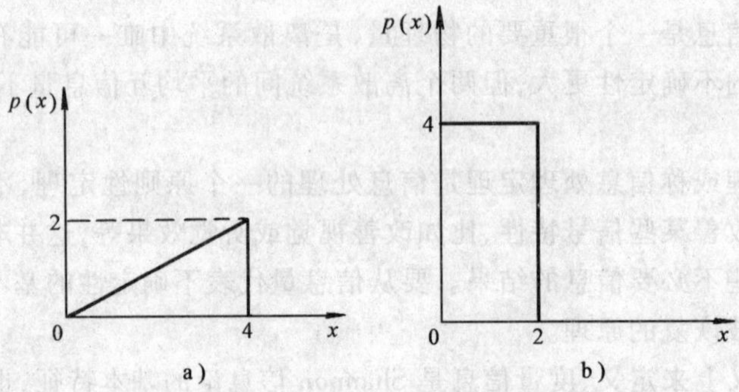

图 2-8 概率分布密度函数

9. 设连续随机变量的概率密度分布函数为 $g(x)=\dfrac{1}{\sigma\sqrt{2\pi}}\mathrm{e}^{\frac{-(x-m)^2}{2\sigma^2}}$，其中 σ^2 为方差，m 为均值，计算该随机变量的微分熵 $h(x)$。

10. 证明：若随机信号的平均功率限定为 P 时，则当信号幅度的概率密度分布函数为 Gaussian 时，有最大熵为 $h(X)=\ln\sqrt{2\pi \mathrm{e}P}$。

$\left(\text{提示：此时的约束条件有两个：} \int_{-\infty}^{\infty} g(x)\,\mathrm{d}x = 1 \text{ 及} \int_{-\infty}^{\infty}(x-m)^2 g(x)\,\mathrm{d}x = P\text{。并可应用积分公式} \int_{-\infty}^{\infty}\mathrm{e}^{-a^2x^2}\mathrm{d}x = \frac{\sqrt{\pi}}{2a}\right)$

第 3 章　信源及其信息量

3.1　信源分类

信源就是信息的源头，它可以是人、生物、机器或其他事物。通信的根本问题就是将信源发出的信息通过合适的传输媒介，在接收端能精确地或按某种精度要求重现出来。为此，在信源端需要解决两个问题：一个是如何定量地描述信源，即如何计算信源的信息量；另一个是如何有效地表示信源的输出或者说信源信息的载体形式，即信源编码问题。第二个问题将在信源编码篇详细讨论。本章讨论第一个问题，并且将按不同的信源特征来分别讨论。本节先讨论信源按其发出的信息符号特征的分类。

（1）离散信源与连续信源。信源发出各种形式的消息符号，它或为离散符号形式，如书信、文稿、计算机输出代码等等；或为连续的信号，如人发出的声音、各种图像信号、遥测波形等。发出离散符号形式的信源称之为离散信源；产生连续波形信号的信源称之为连续信源。

（2）无记忆信源。消息中是否含有信息，则要看它是否具有不确定性，即各符号的出现是否具有随机性。为此，必须研究信源的统计特性。设离散信源输出符号取自有限字母集 $A=\{a_1, a_2, \cdots, a_K\}$，而输出序列为 $\cdots u_{-2}, u_{-1}, u_0, u_1, u_2\cdots$ 其中 $u_n\in A$，代表 n（n 为整数）时刻的输出符号，它为随机变量，在集 A 中随机地选取。因此该信源具有信息量。若随机序列的符号 u_n 彼此独立，该信源就称作无记忆源。

（3）简单信源。若 u_n 彼此统计独立，且服从同一概率分布。即任何时刻 n，取字母 a_K 的概率 $P(u_n=a_i)=p_i, i=1,2,\cdots,K$，且满足 $\sum\limits_{i=1}^{K}p_i=1$，则称该信源为简单信源，常记作 i. i. d.（independent，identify，discrete）信源。这是一个最简单又最基本的信源，常作为信源的基础模型。

（4）有记忆信源。若信源输出符号彼此相关，则称有记忆信源，即当前输出符号的概率特性与前面输出符号有关。所以要应用联合概率空间来表征有记忆源，常用条件概率来表示符号间关系的统计特性。

（5）m 阶记忆源。某时刻输出的符号只与该时刻前有限个信源符号有关，则称此信源为有限记忆信源。若相关的信源符号数为 m，则称之为 m 阶记忆源。

（6）Markov 信源。在有限记忆源中，若可以用有限状态 Markov 链的数学工具来描述，又称为 Markov 源。此时的条件概率用状态转移概率表示。Markov 信源模型既接近实际信源，又有比较成熟的数学工具。因此，常常作为有记忆信源的代表模型。

（7）连续源与波形源。若信源输出是连续随机变量，即每时刻输出符号的值域为一连续区间（a，b），其中 a、b 甚至可以为 ∞，但输出时刻是离散的，因而称之为时间离散的连续源，也简称为连续源。若信源输出不仅其值域为连续区间，而且时间上也是连续的，则根本上就是一个波形信号（数学表述为随机过程），故称为随机波形信源，或简称为波形源。

3.2 信源概率模型与熵函数

在第 2 章中，对一般的随机变量定义了概率空间。如果将随机变量特定为信源的输出变量，则概率空间的定义也可用来表征一个信源。

对于 i. i. d. 信源，其概率空间就是

$$[X,P] = \begin{bmatrix} a_1, a_2, \cdots, a_K \\ p_1, p_2, \cdots, p_K \end{bmatrix} \tag{3-1}$$

式中，$a_i \in A$ 是信源的符号空间，而 $p_i \leqslant P$ 是信源符号的概率测度。于是，如式（2-3）所定义，每个符号的自信息为 $-\log p_i$，取其概率平均值就是 i. i. d. 信源的熵

$$H(P) = -\sum_{i=1}^{K} p_i \log p_i \tag{3-2}$$

这里，用 $H(P)$ 代替 $H(X)$ 是因为实际上信源熵只是 P 的函数，且只与符号个数 K 有关，与信源符号并不相干。称数 K 为信源的基数（Cardinality），它代表信源的一个属性。信源符号分布决定了该信源所含的平均不确定性，由式（2-5）与图 2-1 可知，均匀分布的信源有最大熵，即有最大的不确定性。

对于连续信源，其统计特性由概率密度函数 $p(x)$ 描述，x 在实数域 R 的概率函数则由积分式 $\int_R p(x)\,\mathrm{d}x$ 给出，所以连续信源的概率空间模型为

$$[X,P] = \begin{bmatrix} X: R\ \text{域或区间}(a,b) \\ P: p(x), \text{满足} \int_R p(x)\,\mathrm{d}x = 1 \end{bmatrix} \tag{3-3}$$

正如在连续随机变量的信息度量中已详细讨论过的一样，连续信源的熵会趋向∞，只能用微分熵（相对熵）来描述相对值，即

$$h(X) = -\int_{-\infty}^{\infty} p(x) \log p(x)\,\mathrm{d}x \tag{3-4}$$

但 $h(X)$ 不称作信源的不确定性。

对于更接近实际情况的有记忆信源，其概率模型与熵函数都比较复杂，只能选择比较成熟的数学模型即 Markov 模型作代表，并将另立一节来讨论。

3.3 Markov 信源

3.3.1 Markov 过程与状态转移图

实际信源中，常常是前面部分的消息符号对即将出现的消息符号有很大的影响。在计算机汉字输入系统中的所谓联想输入、智能输入等就是应用这种前后关联特性的。在英语字典中，可以发现以字母 Q 为首的词条，其后面接着出现字母 U 的概率几乎为 1，它可用条件概率 $P(U \mid Q) \cong 1$ 表示。这就是前面定义过的有记忆信源的例子。如果 i 时刻字符出现的概率与前面已出现的 m 个字符有关，则称之为 m 阶记忆源，其数学模型恰好与 m 阶 Markov 过程相对应。

如何用 Markov 过程来描述有记忆信源呢？仍用离散信源符号表 $A = \{a_1, a_2, \cdots, a_K\}$ 代表

有记忆信源，该信源输出一个时间序列 $S=(u_1,u_2,\cdots,u_t,)$，其中每个符号都取自符号表 A，即 $u_t\in A$。如果条件概率 $P(u_t \mid u_{t-1},u_{t-2},\cdots,u_1)$ 只取决于时刻 t 以前 m 个符号，以致于

$$P(u_t \mid u_1,u_2,\cdots,u_{t-1}) = p(u_t \mid u_{t-m},u_{t-m+1},\cdots,u_{t-1}) \tag{3-5}$$

则由符号表 A 所代表的信源被称为 m 阶 Markov 信源，它是一个 Markov 过程。

由 m 个符号所组成的符号串 $S_t=(u_{t-1},u_{t-2},\cdots,u_{t-m})$ 被称作该 Markov 过程在时刻 t 的状态。因为符号表有 K 个符号，故 m 阶 Markov 过程应有 K^m 种可能状态。如果对该 K^m 种状态编号为 1，2，…，K^m，并用 $q_n(t)$ 表示时刻 t 第 n 种状态的可能概率，则该信源在时刻 t 的状态概率分布可表示为一个概率矢量

$$\boldsymbol{Q}_t = [q_1(t),q_2(t),\cdots,q_{K^m}(t)]$$

对于 t 时刻的任何一种状态，下一时刻 $t+1$，都有 K 种可能的状态出现，到底哪一种状态为 S_{t+1}，则要由信源在下一时刻输出的符号 a_i 而确定。如果用 $p_{i\mid j}$ 表示当前状态 j 转变到下一时刻状态为 i 的条件概率，则下一时刻 $t+1$ 的状态概率分布由如下的 $K^m\times K^m$ 阶转移概率矩阵所控制

$$\boldsymbol{P}_{A\mid Q} = \begin{bmatrix} p_{1\mid 1} & p_{2\mid 1} & \cdots & p_{K^m\mid 1} \\ p_{1\mid 2} & p_{2\mid 2} & \cdots & p_{K^m\mid 2} \\ \vdots & \vdots & & \vdots \\ p_{1\mid K^m} & p_{2\mid K^m} & \cdots & p_{K^m\mid K^m} \end{bmatrix} \tag{3-6}$$

该矩阵必须满足概率条件

$$\sum_{i=1}^{K^m} P_{i\mid j} = 1 \tag{3-7}$$

于是 $t+1$ 时刻状态的概率分布为

$$\boldsymbol{Q}_{t+1} = \boldsymbol{Q}_t \boldsymbol{P}_{A\mid Q} \tag{3-8}$$

现在以日常生活的天气变化预测为例说明以上抽象的数学模型。设信源符号 a_1 表示下雨，a_2 表示下雪，a_3 表示晴天，则每日出现的一种天气情况称一种状态 S。如果昨天下雪，今天晴天，猜猜明天的天气状态如何？现将状态按时间顺序排列，分别以 S_1、S_2、S_3 记 3 天的天气情况，则 $S_1=a_2$，$S_2=a_3$，猜明天的天气状态如何就是预测 S_3。如果信源为无记忆，则 S_3 是随机的，与 S_1、S_2 无关；如果信源为一阶记忆，则只与前一天状态有关。由于前一天的天气可能为 a_1、a_2 或 a_3，则当天的天气情况会有不同的预测。由于预测仅仅是一种可能性估计，故用条件概率来表示，列表如表 3-1 所示。其中 $P(a_i \mid a_j)$ 表示昨天为状态 $S_1=a_j$，今天为 $S_2=a_i$ 的概率。这是条件概率 $P(S_i \mid S_j)$ 的一种，它共有 9 种可能的实现，代表 9 种不同可能性的预测。实际上就是式（3-6）$\boldsymbol{P}_{A\mid Q}$ 的一个实例。

从表 3-1 可见：今天是晴天（即状态为 a_3），明天为下雨（a_1）、下雪（a_2）或晴天（a_3）的可能性分别为 $P(a_1 \mid a_3)$、$P(a_2 \mid a_3)$ 和 $P(a_3 \mid a_3)$。

表 3-1 的具体数字一般要由气象部门根据多种因素统计而定，这里为了举例，给出具体数据如下：

$$P(a_1 \mid a_1) = 1/3, P(a_2 \mid a_1) = 1/3, P(a_3 \mid a_1) = 1/3$$

$$P(a_2 \mid a_1) = 1/4, P(a_2 \mid a_2) = 1/2, P(a_3 \mid a_2) = 1/4$$

$$P(a_1 \mid a_3) = 1/4, P(a_2 \mid a_3) = 1/4, P(a_3 \mid a_3) = 1/2$$

表 3-1 一次预测条件概率

条件概率 $P(s_i\|s_j)$		当天状态 S_i		
		a_1	a_2	a_3
前一天状态 s_j	a_1	$P(a_1\|a_1)$	$P(a_2\|a_1)$	$P(a_3\|a_1)$
	a_2	$P(a_1\|a_2)$	$P(a_2\|a_2)$	$P(a_3\|a_2)$
	a_3	$P(a_1\|a_3)$	$P(a_2\|a_3)$	$P(a_3\|a_3)$

该数据表明，若前一天下雨，第二天下雨、下雪或晴天可能性一样；若前一天下雪或晴天，则第二天仍下雪或晴天的可能性大，约占 50% 概率，而改变天气的可能性仅为 1/4。由此看来，例子中预测明天仍为晴天，可能性为 1/2。

以上这一段话，也可以用图来描述，称为状态转移图或 Shannon 线图，如图 3-1 所示。图中圆圈表示 3 种天气状态 a_1、a_2、a_3；有向线段表示状态转移方向，其旁注的分数表示该转移发生的可能性或转移概率。圆圈边上带箭头的小圈表示状态的自返（即下一状态仍为原状态不变），分数标注表示状态自返的概率。

状态转移图简单明了地显示出状态转移的可能性。比如，今天天气是晴天相当于处在图 a_3 状态，则可以预见明天下雨的可能性为 1/4，下雪的可能也是 1/4，而仍为晴天的可能性为 1/2，有一目了然的感觉。

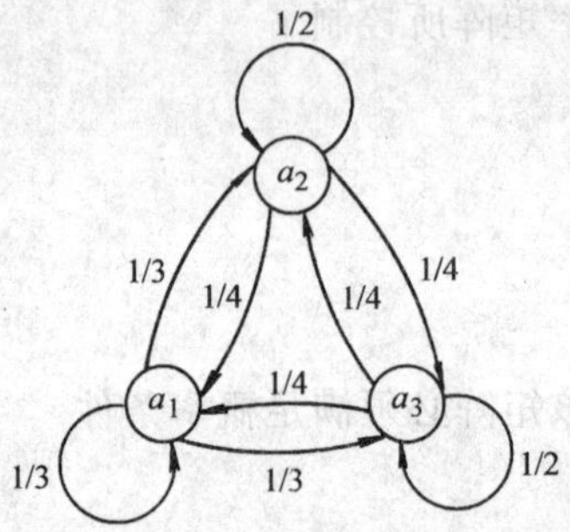

图 3-1 状态转移图

除了用状态转移图来描述 Markov 信源的记忆特性，式(3-6) 的矩阵实际上也是一种描述，并且由此可以方便地进行一些数学处理。比如上述预测例子，除了查表与线图外，利用 $\boldsymbol{P}_{A|Q}=\begin{bmatrix}1/3 & 1/3 & 1/3\\ 1/4 & 1/2 & 1/4\\ 1/4 & 1/4 & 1/2\end{bmatrix}$ 及式（3-8）可以方便地得出

$$\boldsymbol{Q}_{t+1}=(0,0,1)\begin{bmatrix}1/3 & 1/3 & 1/3\\ 1/4 & 1/2 & 1/4\\ 1/4 & 1/4 & 1/2\end{bmatrix}=(1/4,1/4,1/2)$$

其中 $\boldsymbol{Q}_t=(0,\ 0,\ 1)$ 是已知当天为晴天状态的概率矢量，而 $\boldsymbol{Q}_{t+1}$ 就是第二天的各种天气预报概率分布。3 种天气都有可能，只是仍为晴天的概率最大，与上面两种描述方法结论一致。

【例 3-1】 一个有记忆的二元信源，用符号 0、1 表示信源状态。设记忆性能符合一阶 Markov（也称简单 Markov）过程，已知其条件概率为 $P(0|0)=0.75, P(1|0)=0.25, P(0|1)=0.5, P(1|1)=0.5$。写出转移矩阵并画出状态转移的 Shannon 线图。

解： 根据式（3-6），设 $S_1=0$、$S_2=1$，则转移矩阵为

$$\boldsymbol{P}_{A|Q}=\begin{bmatrix}0.75 & 0.25\\ 0.5 & 0.5\end{bmatrix}$$

Shannon 线图如图 3-2 所示。其中有向线段上标注的概率值前面的“0/”或“1/”表示发生转移的条件，即出现什么信源符号时产生转移。

【例 3-2】 设信源 A 是记忆特性为二阶 Markov 过程，已知其条件概率为

$$P(0|00)=P(1|11)=0.9, P(1|00)=P(0|11)=0.1$$

$$P(1 \mid 01) = P(0 \mid 01) = P(0 \mid 10) = P(1 \mid 10) = 0.5$$

写出转移矩阵并画出 Shannon 线图。

解：由于二阶记忆特性，任何时刻发出什么符号只与前面两个符号有关，与更前面的符号无关。前面两个符号组成的状态共有四种：00、01、11、10，分别用 S_1、S_2、S_3、S_4 表示。每种状态后接可能的信源输出符号仍为 0 或 1。因此，从一种状态出发只能转移到其中两种状态。比如从状态 01 出发，其后继状态只能是 10 和 11，而不可能是 00 与 01。能转移到的状态出现的概率则由 0 或 1 出现的条件概率确定，转移不到的状态出现的概率为 0，其状态转移图如图 3-3 所示，其状态转移矩阵元素会出现 0，即

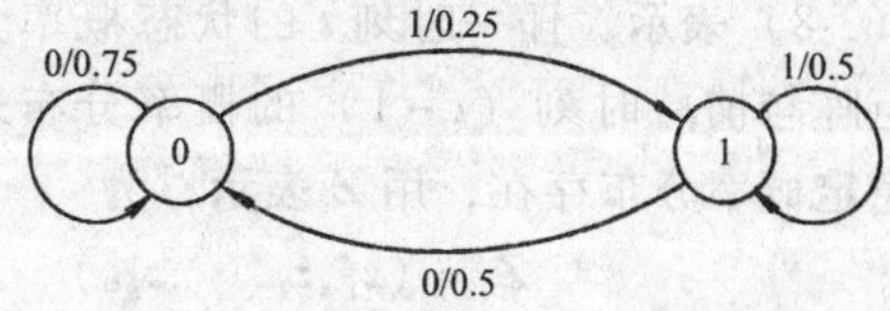

图 3-2　一阶 Markov 信源的 Shannon 线图

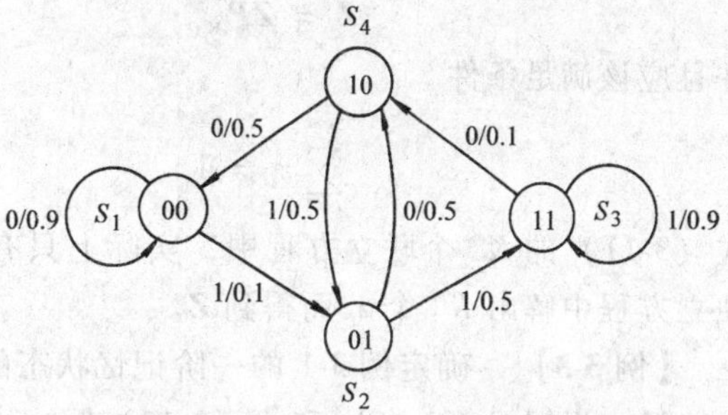

图 3-3　二阶 Markov 信源 Shannon 线图

$$\boldsymbol{P}_{A|Q} = \begin{bmatrix} 0.9 & 0.1 & 0 & 0 \\ 0 & 0 & 0.5 & 0.5 \\ 0 & 0 & 0.9 & 0.1 \\ 0.5 & 0.5 & 0 & 0 \end{bmatrix}$$

可见，当记忆阶数增加时，转移矩阵的阶数会按指数增加。

3.3.2　遍历 Markov 信源及稳定分布

对某一类 Markov 信源作长时间的状态观察，发现各个状态出现的频度保持稳定，称其状态频度分布为一个稳定分布，与初始条件无关。对任意初始条件，由状态 S_i 出发经过 n 次转移，其中有 J 次转移到 S_j，则 S_j 出现的频度为 J/n。若对任意小的 ε 存在 z_j 使

$$\lim_{n\to\infty} P\left\{ \left| \frac{J}{n} - z_j \right| > \varepsilon \right\} = 0 \tag{3-9}$$

称 z_j 为状态 S_j 发生频度的一个极限值，又称为极限概率，则该系统有极限分布或稳定分布。

一个 Markov 信源，若以状态链的任意一个状态出发，经过有限次转移，总可以到达状态链内的任何一个状态，且不管初始状态如何，系统将随着时间的推移而进入一个极限分布。称这一类的 Markov 信源为遍历 Markov 源。除此以外，还有很多其他类型的 Markov 过程。例如图 3-4 表示的是一种非遍历性的图（图中略去了信源符号与概率值的标注）。这里有很多很特别的状态或状态集。比如状态 1 只要出了此状态就永远不能再回到此状态，故称其为过渡状态；又比如由某几个状态组成的子集如 $c_1 = \{6\}$，$c_2 = \{2, 3\}$ 及 $c_3 = \{4, 5, 6\}$ 组成的子集，是只进不出的。只要一进入到该子集中，尽管在子集内可以互相通达，但再也不能到达集外的状态，称为状态闭集；其中在子集内可以互相通达的闭集又称为既约状态集，如 c_2 为既约集，而 c_3 不是既约集，因为不能从状态 6 到达 4、5 状态。这些过程都是 Markov 过程理论所要研究的内容，但并不适合于实际信息源的建模研究。因此，不再更多地去深究其他许多关于 Markov 过程的理论，只关心适合于信息系统研究建模的遍历 Markov 过程。这样在信源编码领域中所引用的遍历 Markov 过程就不再包含过渡状态、闭集以及两

个以上的分离的既约状态集。如果实际信源中遇有非遍历的情况，就得另行处理。

现在讨论如何确定 Markov 信源的极限分布概率。如式（3-8）表示，任一时刻 t 的状态概率分布都可通过转移矩阵与前一时刻（$t-1$）的概率分布来计算。设系统有稳定概率分布存在，用 $\mathbf{Z}$ 表示，为

$$\mathbf{Z} = (z_1, z_2, \cdots, z_{K^m}) \tag{3-10}$$

则根据定义，再转移一次还是该分布不变，由式（3-8）得

$$\mathbf{Z} = \mathbf{Z}\mathbf{P}_{A|Q} \tag{3-11}$$

并且应该满足条件

$$\sum_{i=1}^{K^m} z_i = 1 \tag{3-12}$$

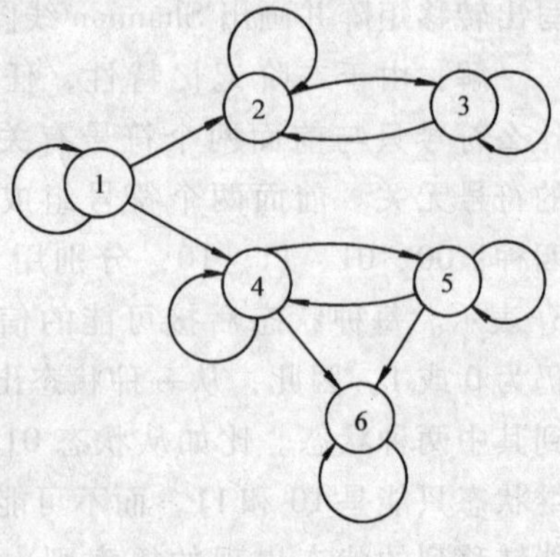

图 3-4　非遍历 Markov 过程

式（3-11）的 K^m 个联立方程中，实际上只有 K^m-1 个独立，加上式（3-12）就能从 K^m 个独立方程中解出 K^m 个 z_i 而得到 $\mathbf{Z}$。

【例 3-3】　确定例 3-1 的一阶记忆状态的稳定分布。

解：根据式（3-11）和式（3-12）写出

$$(z_1, z_2)\begin{bmatrix} 0.75 & 0.25 \\ 0.5 & 0.5 \end{bmatrix} = (z_1 z_2)$$

展开得

$$\left.\begin{aligned} 0.75z_1 + 0.5z_2 = z_1 \\ 0.25z_1 + 0.5z_2 = z_2 \end{aligned}\right\}$$

两方程式实际上只表示一种关系 $z_2 - 0.5z_1 = 0$，必须与式（3-12），即 $z_1 + z_2 = 1$ 联立才能解出，得 $z_1 = 2/3$，$z_2 = 1/3$。

该结果表明，按题给的记忆信源条件，经过多次条件转移后，最终状态为 0 的概率为 2/3，而状态为 1 的概率为 1/3。

【例 3-4】　计算表 3-1 给出的转移矩阵的极限矩阵（稳定分布）。

解：设稳定分布为 $\mathbf{Z}=$（z_1，z_2，z_3），由式（3-11）与式（3-12）得到

$$(z_1, z_2, z_3)\begin{bmatrix} \frac{1}{3} & \frac{1}{3} & \frac{1}{3} \\ \frac{1}{4} & \frac{1}{2} & \frac{1}{4} \\ \frac{1}{4} & \frac{1}{4} & \frac{1}{2} \end{bmatrix} = (z_1\ z_2\ z_3)$$

与

$$z_1 + z_2 + z_3 = 1$$

联立，可解得

$$\mathbf{Z} = \left[\frac{3}{11}, \frac{4}{11}, \frac{4}{11}\right]$$

3.3.3　遍历 Markov 信源的熵

由 Markov 信源的定义可知，信源输出的消息序列中，各消息符号之间是相关的，存在相互依赖关系。一般情况下，从不同的初始状态出发，信源发出的符号序列也会不同。可

见，某 l 时刻的输出，虽只与该时刻的信源状态有关，而与以前的状态无关，但实际上却要一直追溯到信源初始状态和初始发出的符号。因此，一般 Markov 信源的熵应该是一种条件熵的极限值。一般情况下，求这种极限值是比较复杂的。我们还是讨论简单且实用的遍历 Markov 信源的熵，此种信源有稳定的和初始状态无关的状态分布。

根据第 2 章式（2-22）关于条件熵的定义，若给定信源状态 S_j，其条件熵可以由对每个信源符号条件自信息取平均而得到，即

$$H(A \mid S_j) = -\sum_{i=1}^{K} P(a_i \mid S_j)\log P(a_i \mid S_j) \tag{3-13}$$

其中，$S=\{u_1, u_2, \cdots, u_l\}$ 是信源输出符号的时间序列；$P(a_i \mid S_j)$ 为 S_j 状态下输出符号 a_i 的条件概率。由于字母 a、S 并无实际含义，只是代表信源符号与状态符号而已，有意义的是序号 i 与状态 j，故略去 a、S，只用 i，j 分别代表不同的输出字母与不同的状态。并用 I 代表自信息，即 $I(i \mid j) = -\log P(a_i \mid S_j)$，则上式可以改写为

$$H(A \mid j) = +\sum_{i=1}^{K} P(i \mid j) I(i \mid j) \tag{3-14}$$

式（3-14）是在特定的状态 s_j 条件下，计算各信源符号的平均条件信息量。对一个 Markov 信源来说，其可能状态有多个，不失一般性，假设状态数为 J。一阶 Markov 信源的状态数就是信源符号集元素个数，故 $J=K$；而对 m 阶 Markov 信源来说，就有 K^m 种状态，即 $J=K^m$。对遍历的 Markov 信源，每个状态都有一个稳定的概率 z_i 出现，它们满足概率关系式

$$\sum_{j=1}^{J} z(s_j) P(s_i \mid s_j) = z(s_i) \triangleq z_i \tag{3-15}$$

$$\sum_{i=1}^{J} z_i = 1 \tag{3-16}$$

式中，$\triangleq$ 表示“记作”之意；$P(S_i \mid S_j)$ 是状态 S_j 条件下出现状态 S_i 的条件概率（转移概率）。对所有可能状态作概率平均，便可得到在任意状态下每个信源符号的平均信息量

$$H(A) = \sum_{j=1}^{J} z_j H(A \mid j) \tag{3-17}$$

这就是遍历 Markov 信源的熵，即每个信源符号具有的平均信息量。

由式（3-17）与式（3-14）可见，Markov 信源熵，由状态个数（反映记忆阶数）J 与在各种状态条件下信源符号出现的条件概率（反映相关程度）$P(a_i \mid s_j)$ 确定。

【例 3-5】 续例 3-2，根据图 3-3 所示的状态转移关系，计算该二元二阶 Markov 信源熵。

解： 由式（3-17）可知，先要求出每个状态出现概率 z_j，根据式（3-15）及状态转移矩阵有

$$z_1 = 0.9z_1 + 0.5z_4$$
$$z_2 = 0.1z_1 + 0.5z_4$$
$$z_3 = 0.5z_2 + 0.9z_3$$
$$z_4 = 0.5z_2 + 0.1z_3$$

实际上，4 个方程中只有 3 个独立方程，即可以从任意 3 个方程迭代得出其余一个方程，还

须应用式（3-16），得

$$z_1 + z_2 + z_3 + z_4 = 1$$

则可解得

$$z_1 = z_3 = \frac{5}{12}, \quad z_2 = z_4 = \frac{1}{12}$$

然后从式（3-17）与式（3-14）解出 $H(A)$。可先从式（3-14）解出 $j = 1, 2, 3, 4$ 时，$H(A \mid j)$ 有

$$H(A \mid 1) = (-0.1\log_2 0.1 - 0.9\log_2 0.9)\text{bit} = 0.47\text{bit}$$
$$H(A \mid 2) = (-0.5\log_2 0.5 - 0.5\log_2 0.5)\text{bit} = 1\text{bit}$$
$$H(A \mid 3) = H(A \mid 1)$$
$$H(A \mid 4) = H(A \mid 2)$$

由式（3-17）得

$$H(A) = \frac{5}{12}[H(A \mid 1) + H(A \mid 3)] + \frac{1}{12}[H(A \mid 2) + H(A \mid 4)] \approx 0.56\text{bit}$$

【例 3-6】 如图 3-5 所示的二元三状态二阶 Markov 信源，其转移矩阵为

$$\boldsymbol{P}_{A \mid Q} = \begin{bmatrix} 0.1 & 0 & 0.9 \\ 0.5 & 0 & 0.5 \\ 0 & 0.2 & 0.8 \end{bmatrix}$$

试计算该信源的熵。

解：三个状态二阶 Markov 设为 $S_1 = 11$，$S_2 = 01$，$S_3 = 10$。

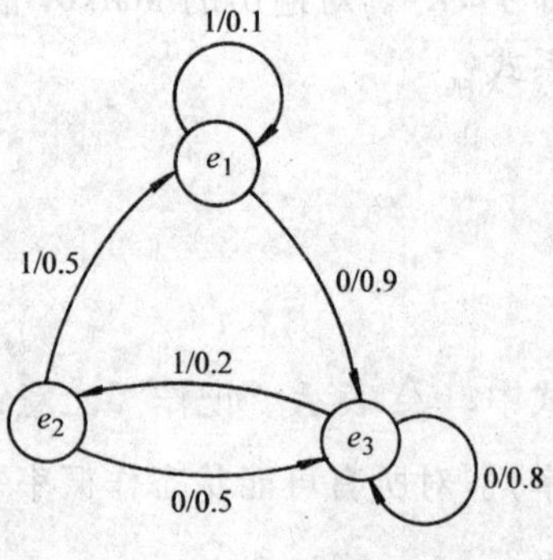

图 3-5　二元三状态二阶 Markov 信源

1）计算各状态下信源熵：

$$H(A \mid S_1) = (-0.1\log_2 0.1 - 0.9\log_2 0.9)\text{bit} = 0.47\text{bit}$$

类似地，有

$$H(A \mid S_2) = (-0.5\log_2 0.5 - 0.5\log_2 0.5)\text{bit} = 1\text{bit}$$
$$H(A \mid S_3) = (-0.8\log_2 0.8 - 0.2\log_2 0.2)\text{bit} = 0.72\text{bit}$$

2）计算各状态的稳定分布：

设 S_1、S_2、S_3 的稳定分布分别为 z_1、z_2、z_3，则

由
$$(z_1, z_2, z_3)\begin{bmatrix} 0.1 & 0 & 0.9 \\ 0.5 & 0 & 0.5 \\ 0 & 0.2 & 0.8 \end{bmatrix} = (z_1, z_2, z_3)$$

及

$$z_1 + z_2 + z_3 = 1$$

联立解得

$$z_1 = \frac{5}{59}, \quad z_2 = \frac{9}{59}, \quad z_3 = \frac{45}{59}$$

3）解出信源熵：

$$H(A) = z_1 H(A \mid S_1) + z_2 H(A \mid S_2) + z_3 H(A \mid S_3)$$
$$= \left(\frac{5}{59} \times 0.47 + \frac{9}{59} \times 1 + \frac{45}{59} \times 0.72\right)\text{bit} = 0.74\text{bit}$$

3.4 扩展信源的概念

3.4.1 无记忆扩展信源

以上几节对离散信源的讨论是按信源每次输出单个信源符号情况进行的，主要是根据这些信源符号出现的概率计算信源所含的平均自信息量，即信源熵。在有记忆信源情况下，则由条件概率（或称转移概率），利用 Markov 链数学模型进行讨论，并给出了遍历 Markov 信源熵计算方法。

在实际应用中，信源输出常常会有一组一组地输出情况。事实上，在信源符号编码传输时，常常是这样的。比如，一般电传码（明码电报）都是“5 单元码”，即以 5 个二进制符号代表一个十进制数，然后再由 4 个十进制数代表一个汉字。如“苏州”的明码为“5685，1558”而其中的数字 5、6…，又由二进制码元 1 和 0 按某种编码规则构成。邮电码常按加权的“五中取二”码构成，即码字的五位中有两位为 1，而 1 所在位置的权值相加就是十进制数字值。五个权值自左至右分别为 0、1、2、4、7。比如 5 的码字为 01010（即 1 + 4 = 5）；6 的码字为 00110（即 2 + 4 = 6）；…。类似的例子还有很多，大家所熟知的 ASCII 码则是以字节为单位输出的。如果把每次输出的一组字符用一个符号代表，这些新的符号的集合就组成了一个新的与原信源等效的信源，称为无记忆信源的扩展信源。其中每一组所含原有信源符号个数称为扩展次数。上例的 5 单元码称作二元无记忆信源的 5 次扩展源。因为所有的 5 个二元符号组成的不同的码字共有 2^5 种，而邮电码只用 5 次扩展源中仅有两个“1”的 10 种，分别代表 0，1，2，…，9，而其余 22 种弃之不用，这就有一定的检错能力了。（为什么？）八元 ASCII 码就是二元无记忆源的 8 次扩展信源。由此可见，用扩展信源的概念来讨论分组编码输出的二元无记忆信源，是很方便的。首先讨论扩展源的概率空间表达式。

采用第 2 章的记法来讨论。如果一个离散无记忆信源 Z，其字符集为 $A = \{a_1, a_2, \cdots, a_K\}$，其概率空间为

$$\begin{bmatrix} X \\ P \end{bmatrix} = \begin{bmatrix} a_1, a_2, \cdots, a_K \\ p_1, p_2, \cdots, p_K \end{bmatrix}$$

$$\sum_{i=1}^{K} p_i = 1 \tag{3-18}$$

它的 N 次扩展源 Z^N 字符集共有 K^N 种符号，每个符号由 N 个 a_k 组成，$a_k \in A$。因此，也可用 N 维随机矢量 $\boldsymbol{x}_i = (a_{i1}\ a_{i2} \cdots a_{iN})$ 来表示，其中 $\boldsymbol{x}_i$ 表示 K^N 个符号中任一个，而 a_{i1}，a_{i2}，…，a_{iN} 都选自字母集 A。于是 X 的 N 次扩展信源 X^N 的概率空间可表示为

$$\begin{bmatrix} X^N \\ P(\boldsymbol{x}_i) \end{bmatrix} = \begin{bmatrix} \boldsymbol{x}_1, \boldsymbol{x}_2, \cdots, \boldsymbol{x}_{K^N} \\ P(\boldsymbol{x}_1), P(\boldsymbol{x}_2), \cdots, P(\boldsymbol{x}_{K^N}) \end{bmatrix} \tag{3-19}$$

式中，$P(\boldsymbol{x}_i)$ 是随机矢量 $\boldsymbol{x}_i$ 的出现概率。由于组成矢量 $\boldsymbol{x}_i$ 的各分量都选自 A，且彼此统计独立（无记忆），故有

$$P(\boldsymbol{x}_i) = P(a_{i1}) \cdot P(a_{i2}) \cdot \cdots \cdot P(a_{iN})$$

$$i = 1, 2, \cdots, K^N \tag{3-20}$$

且 $$\sum_{i=1}^{K^N} P(\boldsymbol{x}_i) = 1$$

而 $P(a_{i1}), P(a_{i2}), \cdots, P(a_{iN})$ 的值，可由式（3-18）找出与 a_{i1}，a_{i2}，…，a_{iN} 相应的字符的概率而定。比如，若 a_{i2} 对应于 A 集合中字符 a_j，则由式（3-18）有 $P(a_{i2}) = p_j$。

有了概率空间表示，就可以得到 N 次扩展信源的熵为

$$H(X^N) = -\sum_{i=1}^{K^N} P(\boldsymbol{x}_i)\log P(\boldsymbol{x}_i) \tag{3-21}$$

用上式概率关系来计算 $H(X^N)$ 比较繁复，直接采用联合熵与条件熵的关系会比较直观。由扩展信源定义，可以设想有 N 个与原信源符号表一样的符号表。为了区别，按序分别记作 A_1，A_2，…，A_N。在这些符号表中随机地各取一个符号组成一个 N 维矢量 $\boldsymbol{x}_j$，共有 K^N 种不同取法，就有式（3-21）中的 K^N 个矢量。因此，这些矢量的平均不确定性也可由该 N 个字符表组成的联合系统的平均不确定性来度量，即扩展信源 X^N 的熵便可以视作由上述 N 个字符表所代表的信源组成的联合熵。根据第 2 章中式（2-21）与式（2-23）推广，扩展源的不确定性为 A_1 源不确定性与 A_1 发生条件下，其他联合源的不确定性之和。即

$$H(X^N) = H(A_1A_2\cdots A_N) = H(A_1) + H(A_2A_3\cdots A_N \mid A_1)$$

右边第二项再以 A_2 发生为条件展开为

$$H(A_2A_3\cdots A_N \mid A_1) = H(A_2 \mid A_1) + H(A_3\cdots A_N \mid A_1A_2)$$

依次继续处理，最后可得表达式

$$H(A_1A_2\cdots A_N) = H(A_1) + H(A_2 \mid A_1) + H(A_3 \mid A_1A_2) + \cdots + H(A_N \mid A_1A_2\cdots A_{N-1}) \tag{3-22}$$

这个结果也被称为联合熵的链律（Chain Rule）。右边各项除了第一项为原信源熵外，其余各项都是条件熵。由于条件熵总是小于原信源的熵，故有关系

$$H(A_1A_2\cdots A_N) \leqslant \sum_{i=1}^{N} H(A_i) \tag{3-23}$$

仅当各个 A_i 彼此独立时等号成立。以上构建的无记忆扩展信源的各 A_i 正好是彼此独立且每个 $H(A_i) = H(X)$，所以等号成立。由此可知，无记忆信源的 N 次扩展信源熵为原信源熵的 N 倍即

$$H(X^N) = \sum_{i=1}^{N} H(A_i) = NH(X) \tag{3-24}$$

【例 3-7】 有一个 i. i. d. 信源，概率空间为

$$\begin{bmatrix} X \\ P \end{bmatrix} = \begin{bmatrix} a_1 & a_2 & a_3 \\ \dfrac{1}{2} & \dfrac{1}{4} & \dfrac{1}{4} \end{bmatrix}$$

计算该信源的二次扩展源的概率空间及信源熵。

解：首先，可以验证 $\sum_{K=1}^{3} p_K = \dfrac{1}{2} + \dfrac{1}{4} + \dfrac{1}{4} = 1$

其次，二次扩展源 X^2 共有 $K^N = 3^2 = 9$ 种符号，它们为（排序随意）：

$\boldsymbol{X}_1 =$（a_1a_1），$\boldsymbol{X}_2 =$（a_1a_2），$\boldsymbol{X}_3 =$（a_1a_3），$\boldsymbol{X}_4 =$（a_2a_1），$\boldsymbol{X}_5 =$（a_2a_2），$\boldsymbol{X}_6 =$（a_2a_3），$\boldsymbol{X}_7 =$（a_3a_1），$\boldsymbol{X}_8 =$（a_3a_2），$\boldsymbol{X}_9 =$（a_3a_3）。

因为信源 X 是无记忆源，故可由式（3-20）写出扩展源的概率分布为

$P(\boldsymbol{X}_1)=P(a_1)\cdot P(a_1)=\frac{1}{4},P(\boldsymbol{X}_2)=\frac{1}{8},P(\boldsymbol{X}_3)=\frac{1}{8},P(\boldsymbol{X}_4)=\frac{1}{8},P(\boldsymbol{X}_5)=\frac{1}{16},$

$P(\boldsymbol{X}_6)=\frac{1}{16},P(\boldsymbol{X}_7)=\frac{1}{8},P(\boldsymbol{X}_8)=\frac{1}{16},P(\boldsymbol{X}_9)=\frac{1}{16}$

故概率空间表示为

$$\begin{bmatrix} X^2 \\ P(\boldsymbol{X}_i) \end{bmatrix}=\begin{bmatrix} \boldsymbol{X}_1 & \boldsymbol{X}_2 & \boldsymbol{X}_3 & \boldsymbol{X}_4 & \boldsymbol{X}_5 & \boldsymbol{X}_6 & \boldsymbol{X}_7 & \boldsymbol{X}_8 & \boldsymbol{X}_9 \\ \frac{1}{4} & \frac{1}{8} & \frac{1}{8} & \frac{1}{8} & \frac{1}{16} & \frac{1}{16} & \frac{1}{8} & \frac{1}{16} & \frac{1}{16} \end{bmatrix}$$

计算信源熵来验证一下关系式（3-23）。

未扩展信源熵为

$H(X)=\left(\frac{1}{2}\log_2 2+2\cdot\frac{1}{4}\cdot\log_2 4\right)\text{bit}=1.5\text{bit}$ 即平均每个符号 a_i 的不确定度为 1.5bit。

扩展信源熵按式（3-21）为

$$H(X^2)=\left(\frac{1}{4}\log_2 4+4\cdot\frac{1}{8}\log_2 8+4\cdot\frac{1}{16}\log_2 16\right)\text{bit}=3\text{bit}$$

即平均每个符号 $\boldsymbol{X}_i$ 的不确定度为 3bit。实际上扩展源的每一个符号由两个统计独立的非扩展源的符号组成，而且并不因为扩展而使不确定度有所增减。因此，$H(X^2)$ 正好是 $H(X)$ 的 2 倍。推广至 N 次扩展有 $H(X^N)=NH(X)$，也正是式（3-24）的结论。可见式（3-24）与式（3-21）是等效的。

【例 3-8】 设无记忆信源为二元集 $A(0,1)$ 且等概率发生 0，1。计算全部 5 单元码所组成的扩展信源的熵。

解：全部 5 单元码有 $2^5=32$ 个（不是只取二个“1”的邮电码），每个码字都可以看成一个矢量，用式（3-21）来计算较繁琐，用式（3-24）则很简单，只要计算原信源熵

$$H(A)=\frac{1}{2}\log_2 2+\frac{1}{2}\log_2 2=1\text{bit}$$

从而可得

$$H(X^5)=5\cdot H(X)=5\text{bit}$$

如果对 5 单元码再加一个奇偶校验位，变成 6 单元码，问该扩展信源的熵如何？（设该校验位为 b，且 b 为前 5 位码元模 2 加），留作读者思考。

3.4.2 Markov 扩展信源

从无记忆扩展的讨论中知道，引入扩展信源的概念，仅仅是对信源的一种不同的描述方法，并不改变原符号集中各元素所具有的平均信息量。那末，对有记忆的 Markov 信源，其扩展信源又有什么样的特性呢？

对于 m 阶 Markov 信源 X，设其字符表为 $A=\{a_1, a_2, \cdots, a_K\}$，应用式（3-5）的记法，用 $u_1, u_2, \cdots, u_t\cdots$ 记信源输出序列，$u_i\in A$，有

$$P(u_t \mid u_1,u_2,\cdots,u_{t-1})=P(u_t \mid u_{t-m},u_{t-m+1},\cdots,u_{t-1}) \tag{3-25}$$

即 s_t 的出现概率，由前 m 时刻出现符号所形成的状态决定，与更早时刻的字符无关。对于 N 次扩展源是一种新的源，记作 $X^N=T$，它的符号表也更新为 K^N 个矢量 $\boldsymbol{t}_i$，每个矢量 $\boldsymbol{t}_i$ 都

由 N 个 A 中的符号组成，于是新的扩展信源的符号集可表示为 $T=\{\boldsymbol{t}_1,\boldsymbol{t}_2,\cdots,\boldsymbol{t}_{K^N}\}$。作为信源的概率空间，还需要确定信源符号的概率分布，然后可以讨论信源 T 的熵。

与无记忆扩展信源不同的是，现在的信源有 m 阶记忆特性，即当前的输出与前 m 个输出有关。那么，对符号表 T 来说，n 时刻的输出 $\boldsymbol{w}_n(\boldsymbol{w}_n\in T)$ 下标 n 是输出时序，不是符号表排序，为区别起见，用 $\boldsymbol{w}$ 代替 $\boldsymbol{t}$（类同于用 u 代替 a）。如何来反映原信源的记忆特性呢？即如何处理 m 与 N 的关系呢？

用整数 Q 记 $\frac{m}{N}$ 比值，若能整除，则 $Q=\frac{m}{N}$；若不能整除，则 Q 代表大于 $\frac{m}{N}$ 的最小整数。这就使得 Q 个 T 集符号一定包含有 $\geqslant m$ 个 A 集合符号。由式（3-25）可知，由 T 集符号组成的时间序列 $\boldsymbol{w}_1$，$\boldsymbol{w}_2$，…，$\boldsymbol{w}_n$，…中每个符号出现的概率只与其前面的 Q 个符号有关，这就表明扩展信源 T 是 Q 阶 Markov 信源，其条件概率可表示为：

$$P(\boldsymbol{w}_n\mid\boldsymbol{w}_1,\boldsymbol{w}_2,\cdots,\boldsymbol{w}_{n-1})=P(\boldsymbol{w}_n\mid\boldsymbol{w}_{n-Q},\boldsymbol{w}_{n-Q+1},\cdots,\boldsymbol{w}_{n-1})\tag{3-26}$$

其中每个 $\boldsymbol{w}_i$ 都由 N 个 $u_i(u_i\in A)$ 组成，即 $\boldsymbol{w}_n=(u_{n1},u_{n2},\cdots,u_{nN})$。因此，将式（3-26）中的 $\boldsymbol{w}_i$ 展开写出并应用 m 阶 Markov 的条件概率系式（3-25），就可以计算式（3-26）所表示的扩展信源的条件概率。这里不去写出一般表达式，以具体的 m，N 数值来计算式（3-26），只是一种条件概率相乘，运算并不复杂。得到了条件概率以后，就可以按一般的 Markov 信源来处理了。

关于 Markov 信源的研究，由于相应的数学工具比较成熟，因此研究成果比较丰富，本节只给出了一些基本概念。关于 Markov 扩展信源，以下几个结论值得注意。

（1）当 $m=QN$ 时，原 m 阶 Markov 信源经扩展变成 Q 阶 Markov 信源。特别当 $Q=1$ 即 $m=N$ 时，m 阶 Markov 源经 N 次扩展成一阶 Markov 源（也称简单 Markov 信源）。因此有结论：m 阶稳定的 Markov 信源经 m 次扩展可变成简单 Markov 信源。此时式（3-26）变为

$$P(\boldsymbol{w}_n\mid\boldsymbol{w}_1,\boldsymbol{w}_2,\cdots,\boldsymbol{w}_{n-1})=P(\boldsymbol{w}_n\mid\boldsymbol{w}_{n-1})\tag{3-27}$$

（2）当 $m<N$ 时，尽管 Q 仍取为 1，但式（3-27）表示的不是简单 Markov 信源了，因为实际上包含有 N 个原信源符号 a_i 的矢量 $\boldsymbol{w}_i$ 已不属于原 m 阶 Markov 信源的一个状态了，但以上讨论的处理方法仍有效。

（3）对 m 阶 Markov 信源 X 的 N 次扩展源 X^N，它的熵是信源 X 熵的 N 倍，即

$$H(X^N)=NH(X)\tag{3-28}$$

这个结论从形式上与无记忆扩展信源熵式（3-24）是一样的，但 $H(X)$ 含义不同，这里的 $H(X)$ 代表有记忆的 m 阶 Markov 信源熵。详细的数学证明请参考相关文献。

3.5 小结

本章主要内容是介绍信源及其研究模型与信息度量。信源就是信息的产生者，种类繁多，所以需要进行分类并建立数学模型。根据信源发出的信息符号的特征进行分类与建模，可以分为连续信源与离散信源，无记忆信源与有记忆信源。离散的无记忆信源是最简单，也

是最基本的信源。在以后的编码与传输信道研究中，常常作为典型信源进行研究，因而也是信息论中最常用的一种信源。然而，实际信源却往往是连续的，有记忆的，于是要引入 Markov 数学模型。

对信源的研究模型主要是采用概率空间，即将信源的符号表及符号表中的符号概率对应地列出，构成概率空间 $\begin{bmatrix} X \\ P \end{bmatrix} = \begin{bmatrix} a_1, & a_2, & \cdots, & a_K \\ p_1, & p_2, & \cdots, & p_K \end{bmatrix}$ 其中 X 表示信源的随机变量，而 a_1，a_2，…，a_K 为信源发出信息的符号集合，下标为列表序号，并非时间排序。为区别起见，往往将信源发出的符号时间序列表示成 u_1，u_2，…，u_t，…；每个 $u_t \in A$，即时间序列 $S = \{u_1, u_2, \cdots, u_t, \cdots\}$ 的每个元素都取自符号表集合 $A = \{a_1, a_2, \cdots, a_K\}$ 中的元素；$P = \{p_1, p_2, \cdots, p_K\}$ 则表示了信源符号概率分布，它有一个很重要的性质，即 $\sum_{i=1}^{K} p_i = 1$。其物理意义为：只要系统在工作，则信源在任何时刻总是在输出信源符号，尽管各个符号发生的概率各不相同。一个信源的熵就是所有信源符号自信息的概率平均值，它表示每个信源符号所具有的平均不确定度。

连续信源也用概率空间来描述，但却有质的差别。符号空间的连续性导致概率函数的表达式的概率密度函数的积分以及信源熵的微分形式。尤其应强调的是微分熵并不代表信源的不确定性，只代表相对不确定度。

引入 Markov 链作为研究有限记忆信源的数学工具，能用 Markov 链描述的信源被称为 Markov 信源。Markov 信源的研究要建立状态的概念；状态转移及转移矩阵的概念；稳定状态分布以及遍历性的概念；计算遍历 Markov 信源的熵。

扩展信源的概念是对某些以符号串形式输出的信源的一种有效的描述方法。m 阶 Markov 信源的 m 次扩展源便是一种简单 Markov 源，这是研究 Markov 信源的一种有效方法。一般 N 次扩展的信源熵是其相应的信源熵的 N 倍。

3.6 习题

1. 写出以下各符号集的基数：

(1) $A = \{0,1,2,3\}$

(2) A = {猫,狗,鼠}

(3) A = {中国的直辖市}

(4) A = {x 为 $2 \leqslant x < 40$ 的素数}

2. 一个二元信源的符号概率分别为 $p_0 = 0.9$，$p_1 = 0.1$，计算该信源熵。

3. 两个信源的基数分别为 $K_A = 4$，$K_B = 3$，它们的联合概率分布如表 3-2 所示，求：

(1) $H(A)$

(2) $H(B)$

(3) $H(AB)$

(4) 条件熵 $H(A|B)$ 与 $H(B|A)$

表 3-2

$P(ab)$	b_0	b_1	b_2
a_0	0.10	0.08	0.13
a_1	0.05	0.03	0.09
a_2	0.05	0.12	0.14
a_3	0.11	0.04	0.06

4. 已知英语印刷品的各字符概率统计如表 3-3 所示，试计算英语字符表熵值的高界。

字符	概率	字符	概率	字符	概率
A	0.0642	J	0.0008	S	0.0514
B	0.0127	K	0.0049	T	0.0796
C	0.0218	L	0.0321	U	0.0228
D	0.0317	M	0.0198	V	0.0083
E	0.1031	N	0.0574	W	0.0175
F	0.0208	O	0.0632	X	0.0013
G	0.0152	P	0.0152	Y	0.0164
H	0.0467	Q	0.0008	Z	0.0005
I	0.0575	R	0.0484	空格	0.1859

（提示：设每个字符的使用是统计独立时为高界。）

5. 一个四元信源符号表为 $A=\{$起，0，1，止$\}$，该信源特性如下：

- 起符后必有 0 或 1。
- 任何时刻，0 与 1 都等概率发生。
- 0 与 1 后面接止符的概率为 0.1。
- 止符后总是接起符。

试画出状态转移图并计算每种状态的稳定概率分布。

6. 写出上题的转移矩阵并计算其一阶 Markov 信源熵。

7. 设无记忆信源为二元集 $A=\{0,1\}$，0 或 1 为等概发生，计算由 5 单元码加 1 位奇偶校验位的 6 次扩展信源的熵。校验位 $b=\sum_{5}\oplus$，即前 5 位码元的模 2 和。

8. 设有一离散无记忆信源 X，概率空间为 $\begin{bmatrix} X \\ P \end{bmatrix}=\begin{bmatrix} x_1, & x_2, & x_3 \\ \frac{1}{2}, & \frac{1}{4}, & \frac{1}{4} \end{bmatrix}$，写出该信源的二次扩展信源的概率空间及计算扩展源的熵 $H(X^2)$；并由此验证 $H(X^2)=2H(X)$。

9. Markov 信源如图 3-6 所示。

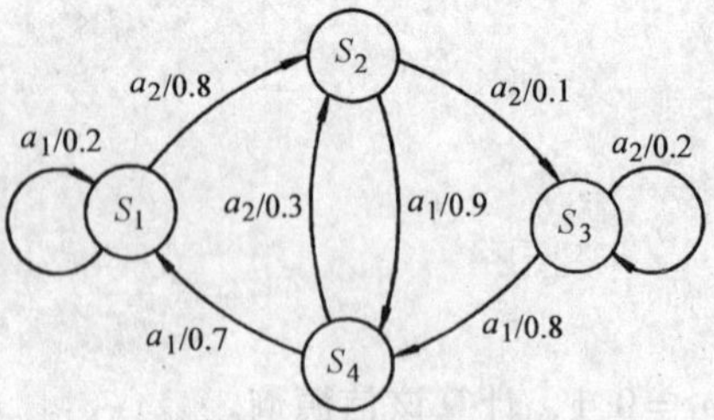

图 3-6

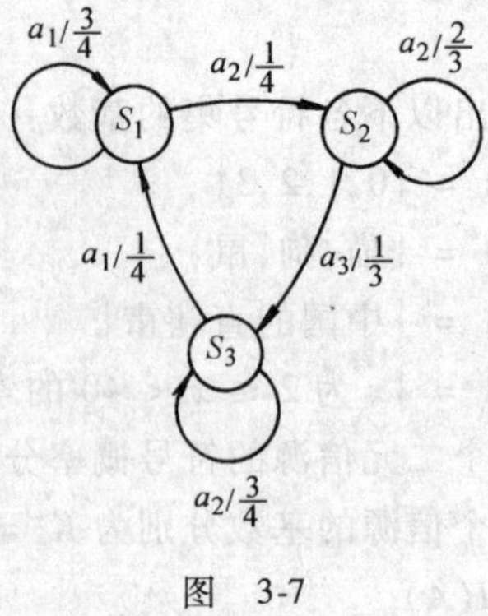

图 3-7

（1）求稳态概率分布。

（2）求稳态分布下字母序列 $a_1a_2a_2a_1a_1$ 出现的概率。

10. Markov 信源如图 3-7 所示。

（1）求稳态分布状态的概率分布。

（2）求信源的熵。

第 4 章　信道及其容量

4.1　信道模型与信道分类

4.1.1　信道模型

信道是传输信息的媒质或通道。信道有输入端与输出端。输入端接受物理事件，输出端则送出受扰的输入事件。任何一种物理事件的产生和观测总是伴随着能量的变化的。因此，信道的存在意味着变化的能量可以通过一种媒质将输入端发生的物理事件传送给观察事件的设备。

例如，一对导线，若其一端有一电源能产生各种不同的电流或电压的时间函数（一般称为电信号），另一端接上能测量输出电流或电压随时间变化的记录设备，就构成一个信道。一对辐射和接收电磁波的发送和接收天线及中间的传输媒质就构成一个无线信道。

由于存在干扰，一个输入物理事件不能以原样出现在信道输出端，而总是以一定的概率变成各种可能的输出事件，所以观察者只能从统计观点进行判断。这样，信道模型实际上又是一个变换器，如图 4-1 所示。它将输入事件 x 变成输出事件 y。输入事件的集合以 X 表示，输出事件的集合以 Y 表示。x 变成 y 以条件概率分布 $p(y_j \mid x_k)$ 或条件概率密度 $p(y \mid x)$ 描述。

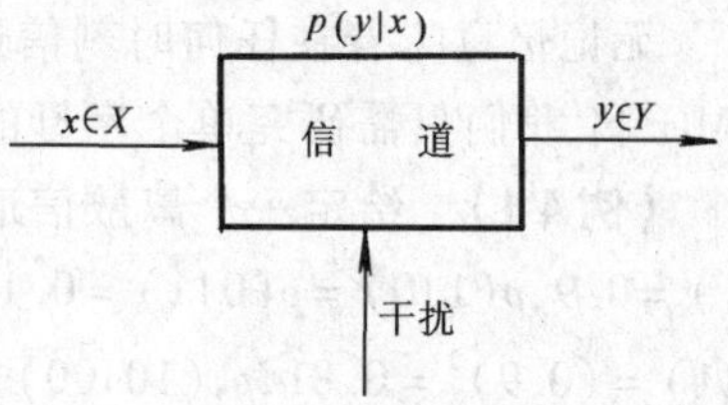

图 4-1　信道功能模型

4.1.2　信道分类

信道可以按多种不同的方法进行分类。根据信道输入和输出集合的连续与否可分为：

（1）离散信道。输入 X 和输出 Y 均为离散事件集，集中事件的个数可为有限的或无限的，相应地叫作有限离散信道和无限离散信道。一般多为有限情况。离散信道有时也称作数字信道。

（2）连续信道。输入 X 和输出 Y 都是连续事件集，又称为模拟信道。

（3）半连续信道。输入和输出集合中，一个是离散的、一个是连续的情况。若输入是离散的，输出为连续的就称作输入离散输出连续信道。这是实际中常会碰到的信道。

（4）时间离散的连续信道。信道输入和输出为有限或可数无限个取自连续集 X 和 Y 的序列 $(x_1, x_2, \cdots, x_N)$ 和 $(y_1, y_2, \cdots y_N)$，其中 $x_n \in X, y_n \in Y$ 的值是连续的。

（5）波形信道（时间连续信道）。信道的输入和输出都是时间的实函数 $x(t)$ 和 $y(t)$ 。此时干扰也可以看作是时间的连续函数 $z(t)$ 。

此外，根据输入和输出集合的个数及统计特性等又可分为：两端（两用户）信道；多端（或多用户）信道；恒参信道；随参信道；无记忆和有记忆信道及对称信道和非对称信道等。

4.2 离散无记忆信道

4.2.1 转移概率矩阵与信道线图

设离散信道的输入集合 $X=\{1,2,\cdots,K\}$，相应的概率分布为 $\{p_x\}$，输出集合为 $Y=\{1,2,\cdots,J\}$。信道输入字母序列设为 $\boldsymbol{x}=(x_1,x_2,\cdots,x_n,\cdots,x_N)$，$x_n\in X$，相应的输出字母序列为 $\boldsymbol{y}=(y_1,y_2,\cdots,y_n,\cdots,y_N)$，$y_n\in Y$ 信道的特性可由转移概率表示，即当给定输入字母序列 $\boldsymbol{x}$，输出序列为 $\boldsymbol{y}$ 时，信道由条件概率或转移概率

$$p(\boldsymbol{y}|\boldsymbol{x})=p(y_1,y_2,\cdots,y_M|x_1,x_2,\cdots,x_N) \tag{4-1}$$

表征。

若离散信道对任意长为 N 的输入和输出序列有

$$p(\boldsymbol{y}\mid\boldsymbol{x})=\prod_{n=1}^{N}p(y_n\mid x_n) \tag{4-2}$$

则称它为离散无记忆信道，简记为 DMC。概率空间表示为$\{X,p(y_n|x_n),Y\}$其中 $p(y_n|x_n)$ 是信道第 n 时刻输入为 x_n，输出为 y_n 的条件概率或转移概率。

无记忆意味着在任何时刻信道的输出只与此时信道输入有关，而与以前的输入无关。在 DMC 下，我们只需研究单个字母的传送。

【例 4-1】 给定一个离散信道如图 4-2 所示。当输入字符序列长 $N=1$ 时有 $p(0|0)=p(1|1)=0.9$，$p(1|0)=p(0|1)=0.1$。当 $N=2$ 时有 $p_2(00|00)=p_2(11|11)=(0.9)^2=0.81$，$p_2(10|00)=p_2(01|00)=p_2(01|11)=p_2(10|11)=0.9\times0.1=0.09$，$p_2(11|00)=p_2(00|11)=(0.1)^2=0.01$。这是一个离散无记忆恒参信道，且常称作二元对称信道，简称为 BSC。

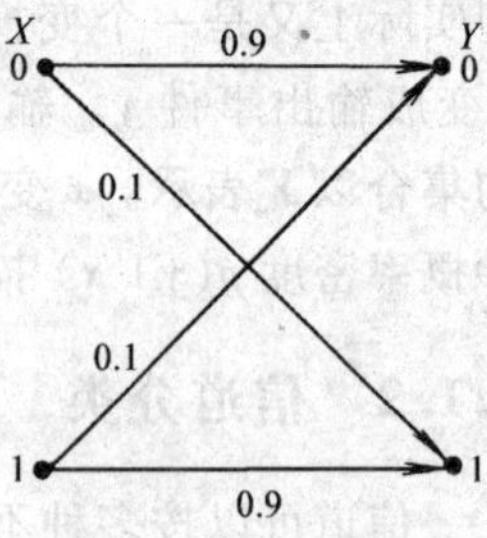

图 4-2 二元离散信道

一个信道，若给定输入分布$[P_X]$和转移分布$[P_{Y|X}]$，则输出概率分布为

$$[Q_Y]=[P_X]\cdot[P_{Y|X}] \tag{4-3}$$

展开矩阵表示为

$$[q_{y1},q_{y2},\cdots,q_{yM}]=[p_{x1},p_{x2},\cdots,p_{xN}]\begin{bmatrix}p_{(y_1|x_1)} & p_{(y_2|x_1)} & \cdots & p_{(y_M|x_1)}\\ \vdots & \vdots & & \vdots\\ p_{(y_1|x_N)} & p_{(y_2|x_N)} & \cdots & p_{(y_M|x_N)}\end{bmatrix} \tag{4-4}$$

对 DMC 有每个输出字符的概率

$$q_y=\sum_{x\in X}p_x\cdot p(y\mid x) \tag{4-5}$$

即第 j 个输出字母出现的概率为

$$q_{yj}=\sum_{x\in X}p_x\cdot p(y_j\mid x) \tag{4-6}$$

与信源一样，也可采用线图来直观地表示信道矩阵，如图 4-3 所示。它是由输入字符至输出字符之间的矢线及在线上标注条件概率来表示转移关系的。

信道矩阵的第 i 行表示输入为 x_i 时，所有可能的输出字符的概率，故应有关系

$$\sum_{j=1}^{M} p(y_j \mid x_i) = 1 \tag{4-7}$$

在线图上的相应关系为：由任一个 x_i 发出的所有矢线上标注的条件概率和为 1。

【例 4-2】 设信道输入为等概二元符号集 $X=\{0,1\}$，输出集 Y 为三元符号集 $Y=\{y_1,y_2,y_3\}$，已知信道的转移概率矩阵为

$$[P_{Y|X}] = \begin{bmatrix} 0.8 & 0.15 & 0.05 \\ 0.05 & 0.15 & 0.8 \end{bmatrix}$$

写出输出集 Y 的概率分布，并画出线图。

解： 二元等概 $p_{x1}=p_{x2}=0.5$ 按式(4-4)有

$$[q_{y1}, q_{y2}, q_{y3}] = [0.5, 0.5]\begin{bmatrix} 0.8 & 0.15 & 0.25 \\ 0.05 & 0.15 & 0.8 \end{bmatrix} = [0.425, 0.15, 0.425]$$

线图如图 4-4 所示。

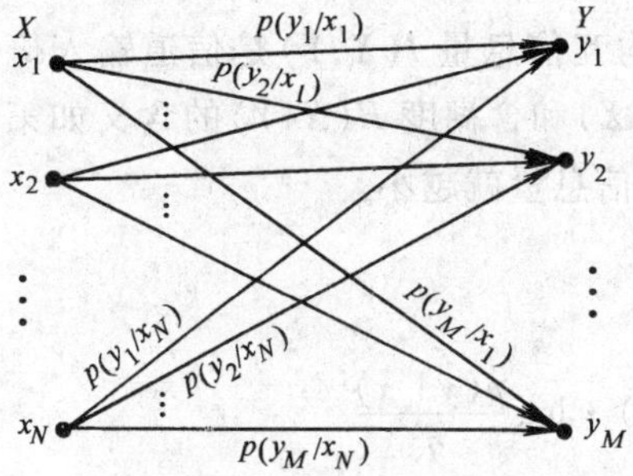

图 4-3　信道线图

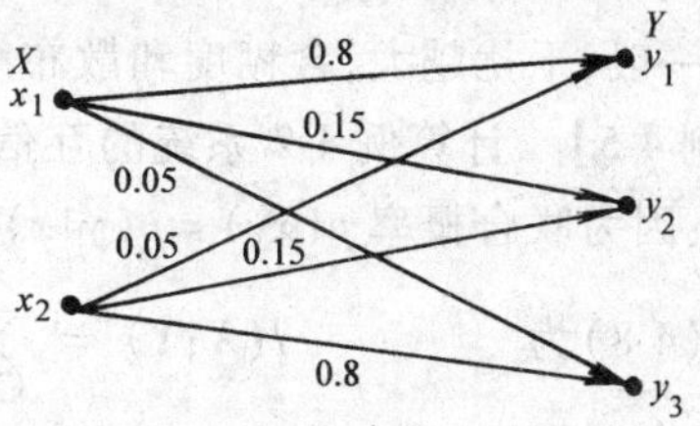

图 4-4　例 4-2 线图

4.2.2　信道的输出熵与互信息

信道输出符号的平均不确定性或称输出集 Y 的每一个符号的信息度量就是熵 $H(Y)$。

$$H(Y) = \sum_{y \in Y} q_y \log(1/q_y)$$

【例 4-3】 计算例 4-2 中输出集 Y 的熵并与输入集 X 的熵作比较。

解： $H(Y) = -[2 \times 0.425\log_2(0.425) + 0.15\log_2(0.15)]\text{bit} = 1.45\text{bit}$

而
$$H(X) = -2 \times 0.5\log_2(0.5)\text{bit} = 1\text{bit}$$

可见现在的 $H(Y) > H(X)$。

第 2 章曾多次强调信息熵是不确定性的度量，现在经过信道以后的信息量增加了，增加的信息原本不利于确定信源符号，也就是第 2 章中曾谈到负互信息量的例子。究其原因，从图 4-4 的输入输出结构看，它们并非 1 对 1，而是 1 对 3。可见编码过程本身的随机性是一个原因。此外，信道在传输过程中，受无法控制的随机噪声的影响，也是产生多余的、无用且有害的信息的原因。这些多余信息增加了对信源所发送符号的不确定性。

【例 4-4】 在例 4-2 中，设输出集 $Y=\{0,1\}$ 并有信道矩阵为 $[P_{Y|X}] = \begin{bmatrix} 0.08 & 0.02 \\ 0.05 & 0.95 \end{bmatrix}$，计算 $H(Y)$ 并与 $H(X)$ 比较之。

解:应用式(4-4)算出 $Q_Y=[0.515,0.485]$故 $H(Y)=0.99935$ 这里小数后多保留几位,便于与 $H(X)=1$ 比较。发现 $H(Y)<H(X)$。

这两个例子说明,经过信道的传输,$H(Y)$可能多了,也可能少了,即增加了信息(不一定有用),或丢失了信息。但还看不出对解除 X 源发送符号的不确定性的影响,而解除不确定性,准确判断信源 X 所发送的符号,是通信的最终目标。那末究竟是什么能为 X 提供信息呢?为此需要重温第 2 章中定义的互信息量概念。

当我们研究联合空间 XY 时,由第 2 章的结果可得信道输出与输入之间的平均互信息量为

$$\begin{aligned}I(X;Y) &= \sum_{x\in X}\sum_{y\in Y}p_x\cdot p(y\mid x)\log\frac{p(y\mid x)}{\sum\limits_{x\in X}p_x\cdot p(y\mid x)}\\ &= \sum_{x\in X}\sum_{y\in Y}p(xy)\log\frac{p(xy)}{q_y p_x} = H(Y)-H(Y\mid X)\\ &= H(X)-H(X\mid Y)\end{aligned}\tag{4-8}$$

由上式可知,当信道输入为 X,接收端得到的平均互信息量 $I(X;Y)$是信道输入概率和信道转移概率的函数。式中 $H(X)$、$H(Y)$、散布度 $H(Y|X)$和含糊度 $H(X|Y)$的含义如第 2 章中所述。一般,干扰越大,含糊度和散布度越大,传输的信息量就越小。

【例 4-5】 计算例 4-2 系统的互信息量。

解:因为联合概率 $p(xy)=p(y|x)\cdot p_x$

改写式(4-8)为 $$I(X;Y) = \sum_{x\in X}p_x\sum_{y\in Y}p(y\mid x)\cdot\log\frac{p(y\mid x)}{q_y}$$

若令 $I(Y;x)$表示右边第二个$\sum$式,即

$$I(Y;x) = \sum_{y\in Y}p(y\mid x)\cdot\log\frac{p(y\mid x)}{q_y}\tag{4-9}$$

称它为部分互信息(partial mutual information),它表示某一个信源符号 x 与接收字符集 Y 之间互相提供的信息量。则式(4-8)又可用 $I(Y;x)$表示为

$$I(X;Y) = \sum_{x\in X}p_x I(Y;x)\tag{4-10}$$

即用部分互信息在 X 全集概率求和,就得到系统的互信息量。

由例 4-2 得到的$[Q_Y]$及$[P_{Y|X}]$并用式(4-9)计算 $I(Y;x)$如下:

$$I(Y;0) = 0.8\log_2\frac{0.8}{0.425}+0.15\log_2\frac{0.15}{0.15}+0.05\log_2\frac{0.05}{0.425}=0.57566$$

$$I(Y;1) = 0.05\log_2\frac{0.05}{0.425}+0.15\log_2\frac{0.15}{0.15}+0.8\log_2\frac{0.8}{0.425}=0.57566$$

由式(4-10)可得

$$I(X;Y) = 0.5\times I(Y;0)+0.5\times I(Y;1) = 0.57566\text{bit}$$

上面计算过程发现由于 $\log_2\dfrac{0.15}{0.15}=0$,故第二项为 0。其实 y_2 并不为 X 提供任何信息量。因为发 0 与发 1 在接收端输入 y_2 的概率都是 0.15,而发送端发 0 与发 1 的概率又是一样的。故当收到 y_2 时,对判定发 0 或发 1 没有提供任何信息。由此可见输出集 Y 只有 y_1,y_3 为输入

字符的判断提供信息，y_2 信息无用，该信道是一个信息丢失率很高的信道。

那末例 4-4 情况是否会好些，因为 $H(Y)$ 与 $H(X)$ 很接近，下面通过计算来看。

【例 4-6】 计算例 4-4 系统的互信息量。

解：与例 4-5 类似，应用式（4-9）与（4-10），有

$$I(X;Y) = 0.5 \times \left[0.98\log_2\left(\frac{0.98}{0.515}\right) + 0.02\log_2\left(\frac{0.02}{0.485}\right) + 0.05\log_2\left(\frac{0.05}{0.515}\right) + 0.95\log_2\left(\frac{0.95}{0.485}\right)\right]\text{bit} = 0.78543\text{bit}$$

看来，接收端 $H(Y)$ 虽接近 1，但是为 X 提供的信息还是很有限的。$H(Y)$ 并不能代表信道性能。为了能为 X 提供足够的信息，需要进一步研究信道特性，以求 $I(X;Y)$ 有最大值，这就是信道容量问题。

4.2.3 DMC 信道的容量

信源向信道发一个符号，被称作为信道的一次应用。信道容量就是信道的每次应用所能传送的最大平均信息量，也就是最大的平均互信息量，故其单位为 bit/符号。由式（4-8），$I(X;Y)$ 是信源 X 的概率分布 p_x 与信道的转移概率 $p(y|x)$ 的函数。信道转移概率往往是客观存在的，可以统计测量而得，但很难控制，而信源的输入分布比较容易控制。因此，现在研究信道给定，即 $\{p(y|x)\}$ 给定下，如何选择输入分布 $\{p_x\}$ 使传输的信息量 $I(X;Y)$ 达到最大。于是可写出离散无记忆信道的信道容量定义为：

$$C \triangleq \max_{\{p_x\}} I(X;Y) \tag{4-11}$$

即找一种输入分布，使每个符号所能含有的平均互信息量为最大值。此时的输入分布称为最佳分布。

当输入分布为最佳分布时，由 C 的定义式可知，信道容量只是信道转移概率 $p(y|x)$ 的函数。

信道容量表示了信道传送信息的最大能力，这个量在信息论研究中有重要意义。以后将要证明，传送的信息率 R 必须小于信道容量 C，否则传送过程中会造成信息损失，出现错误。若 $R<C$ 就可通过编码方法保证将全部信息几乎无误地传送给收端。

如何来控制输入分布呢？从式(4-9)所定义的部分互信息来直观地考虑，在给定输入分布下，若某个输入 x_k 与所有输出事件之间的平均互信息量大于其它任一输入与所有输出之间的平均信息量，我们就可以通过更经常地采用这个特定输入 x_K（即加大 p_{xK}）来增大 $I(X;Y)$。但这样做实际上也改变了输出分布 Q_Y，从而会改变每个输入与所有输出之间的平均互信息量。虽通过足够多次的调整输入概率分布，就可使每个概率不为零的输入与所有输出之间的平均互信息 $I(x;Y)$ 任意接近。但是，由于互相影响关系较复杂，实现有一定难度。

有一个 Kulm-Tucker 定理，给出输入分布 $[P_X]$ 能达到 DMC 信道容量的充要条件（简称为 K-T 条件），这里不加证明地给出该定理。

定理：输入概率矢量 $\boldsymbol{P}_X = \{p_{x1}, p_{x2}, \cdots, p_{xK}\}$ 达到转移概率为 $\{p(y|x)\}$ 的 DMC 容量 C 的充要条件是

$$\begin{aligned} I(x;Y) &= C \quad \text{对所有的 } p_x > 0 \\ I(x;Y) &\leqslant C \quad \text{对所有的 } p_x = 0 \end{aligned} \tag{4-12}$$

其中，$I(x;Y)$由式(4-9)定义。

此定理给出了由直观设想得到的迭代计算信道容量的根据。事实上一种有效的数值计算法已由 Blahut 与 Arimoto 各自在 1972 年提出，称为 Arimoto-Blahut 算法。该算法能以任何精度和有限步迭代算出 DMC 的信道容量。

该算法的要点之一是引入一个反向信道，如图 4-5 所示，并将转移概率视为独立变量。其中，X、Y、p_x、q_y 及 $p(y|x)$ 等都同前面的定义。而 $\varphi(x|y)$ 称作反向条件概率，不是独立变量而是由 p_x 与 $p(y|x)$ 所确定。

$$\varphi(x \mid y) = \frac{p_x p(y \mid x)}{q_y} = \frac{p_x p(y \mid x)}{\sum_{x \in X} p_x p(y \mid x)} \tag{4-13}$$

但在处理中将它视作独立变量，且应满足概率变量条件

$$\varphi(x \mid y) \geqslant 0$$
$$\sum_{x \in X} \varphi(x \mid y) = 1 \tag{4-14}$$

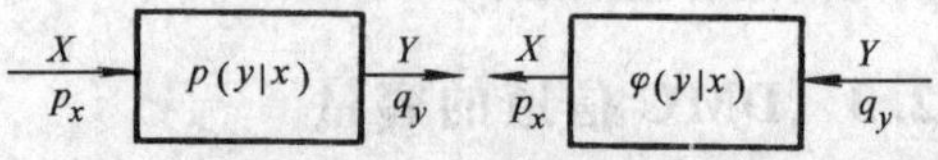

a)　　b)

图 4-5　正向信道与反向信道
a) 正向　b) 反向

引入反向条件概率 $\varphi(x|y)$ 以后，X 与 Y 之间的互信息量式(4-8)可用 $\varphi(x|y)$ 定义，

$$I(X;Y) = \sum_{x \in X} \sum_{y \in Y} p_x p(y \mid x) \log \frac{p(y \mid x)}{q_y}$$

$$= \sum_{x \in X} \sum_{y \in Y} p_x p(y \mid x) \log \frac{\varphi(x \mid y)}{p_x} \triangleq I(P_x, \Phi) \tag{4-15}$$

这里 $I(X;Y)$ 可以形式上认为是输入概率分布矢 $\boldsymbol{P}_x = (p_{x1}, p_{x2}, \cdots, p_{xK})$ 及反向信道转移概率分布集合 $\boldsymbol{\Phi} = \{\varphi(x|y)\}_{\substack{x \in X \\ y \in Y}}$ 的函数，并记作 $I(\boldsymbol{P}_x, \boldsymbol{\Phi})$。由定义式(4-15)可见，若所有 $\varphi(x|y)$ 都满足式(4-13)，则 $I(X;Y)$ 与 $I(\boldsymbol{P}_x, \boldsymbol{\Phi})$ 完全相等，此时的 $\boldsymbol{\Phi}$ 就是最佳的。但若 $\varphi(x|y)$ 作为独立变量，则可以证明(证明略)在 $\boldsymbol{P}_x$ 固定条件下，任何的 $\boldsymbol{\Phi}$ 集合都有以下的不等式成立。

$$I(X;Y) \geqslant I(\boldsymbol{P}_x, \boldsymbol{\Phi}) \tag{4-16}$$

这就使重复迭代变得简单可行。因为 $\boldsymbol{P}_x$ 与 $\boldsymbol{\Phi}$ 被视为互相独立，变量不再受式(4-13)约束，就不存在迭代时互相影响的困难而可以交替地固定一个变量，对另一个变量求极大值，直至得到满足一定的精度要求(实际为式(4-13)的逼近程度)的最大 $I(X;Y)$，就是信道容量，即

$$C = \max_{P_x} \max_{\Phi} I(\boldsymbol{P}_x, \boldsymbol{\Phi}) \tag{4-17}$$

该算法要点之二便是相对精度的控制。式(4-17)给出了迭代逼近的步骤，即首先固定一个 $\boldsymbol{P}_x$，寻找能使 $I(\boldsymbol{P}_x, \boldsymbol{\Phi})$ 最大的 $\boldsymbol{\Phi}$，这一步可以直接利用式(4-13)简单地实现，因为上面已讨论过，满足式(4-13)的 $\varphi(x|y)$ 就是最佳的。若用上角标(i)表示迭代顺序($i = 0, 1, 2, \cdots$)，则可得出 $\boldsymbol{\Phi}^{(i)}$ 的分量表达式为

$$\varphi^{(i)}(x \mid y) = \frac{p(x \mid y) p_x^{(i)}}{\sum_{x \in X} p_x^{(i)} p(y \mid x)} \quad (\text{对所有 } x, y) \tag{4-18}$$

然后，固定所得的 $\boldsymbol{\Phi}^{(i)}$，寻找能使 $I(\boldsymbol{P}_x, \boldsymbol{\Phi})$ 最大的 $\boldsymbol{P}_x^{(i+1)}$。这一步麻烦一点，需要由式(4-15)对 p_x 求条件极值来解出 $\boldsymbol{P}_x^{(i+1)}$ 的分量 $p_x^{(i+1)}$，其结果为

$$p_x^{(i+1)} = \frac{\exp\{\sum_{y \in Y} p(y \mid x) \ln \varphi^{(i)}(x \mid y)\}}{\sum_{x \in X} \exp\{\sum_{y \in Y} p(y) \ln \varphi^{(i)}(x \mid y)\}} \tag{4-19}$$

将式(4-18)与(4-19)的结果代入(4-15)，便得到信道容量的第 $i+1$ 次逼近值 $C^{(i+1)}$

$$C^{(i+1)} = I(\boldsymbol{p}_x^{(i+1)}, \boldsymbol{\Phi}^{(i)}) \tag{4-20}$$

将 $C^{(i+1)}$ 与第 i 次逼近值 $C^{(i)}$ 比较进行精度控制，要求

$$|C^{(i+1)} - C^{(i)}| \leqslant \varepsilon, (\varepsilon > 0 \text{ 为要求的精度值}) \tag{4-21}$$

综上迭代算法如下：

1) $i=0$，取初值 $\boldsymbol{P}_x^{(0)} = \left\{\frac{1}{k}\right\}$，即初始分布为均匀分布；给定 $p(y|x)\Big|_{\substack{x \in X \\ y \in Y}}$；

2) 由式(4-18)计算 $\varphi^{(i)}(x|y)\Big|_{\substack{x \in X \\ y \in Y}}$，得到 $\boldsymbol{\Phi}^{(i)}$；

3) 由式(4-19)计算 $p_x^{(i+1)}\Big|_{x \in X}$，得到 $\boldsymbol{P}_x^{(i+1)}$；

4) 由(4-20)计算 $C^{(i+1)}$；

5) 若 $|C^{(i+1)} - C^{(i)}| \leqslant \varepsilon$，则 $C = C^{(i+1)}$；$\boldsymbol{p}_x = \boldsymbol{p}_x^{(i+1)}$；

6) 否则令 $i = i+1$，去 2)。

【例 4-7】 下面是用 Arimoto-Blahut 算法对 6 种不同的信道转移概率矩阵计算的结果，取 $\varepsilon = 10^{-7}$，并计算出均匀分布信源时各信道的互信息量。给出信道转移概率矩阵为：

a) $[P_{Y|X}] = \begin{bmatrix} 0.98 & 0.02 \\ 0.05 & 0.95 \end{bmatrix}$ b) $[P_{Y|X}] = \begin{bmatrix} 0.8 & 0.2 \\ 0.05 & 0.95 \end{bmatrix}$ c) $[P_{Y|X}] = \begin{bmatrix} 0.8 & 0.2 \\ 0.1 & 0.9 \end{bmatrix}$

d) $[P_{Y|X}] = \begin{bmatrix} 0.6 & 0.4 \\ 0.01 & 0.99 \end{bmatrix}$ e) $[P_{Y|X}] = \begin{bmatrix} 0.8 & 0.2 \\ 0.3 & 0.7 \end{bmatrix}$ f) $[P_{Y|X}] = \begin{bmatrix} 0.8 & 0.15 & 0.05 \\ 0.05 & 0.15 & 0.8 \end{bmatrix}$

计算结果如下：

信道容量	发符号概率分布	收符号概率分布	均匀分布下 $I(X;Y)$
a) $C=0.78585$，	$P_x=[0.51289\quad 0.4871]$，	$Q_Y=[0.52698\quad 0.47302]$，	$I(X;Y)=0.78543$
b) $C=0.48130$，	$P_x=[0.46761\quad 0.53239]$，	$Q_Y=[0.4007\quad 0.5993]$，	$I(X;Y)=0.47955$
c) $C=0.39775$，	$P_x=[0.4824\quad 0.5176]$，	$Q_Y=[0.4377\quad 0.5623]$，	$I(X;Y)=0.39731$
d) $C=0.36877$，	$P_x=[0.4238\quad 0.5762]$，	$Q_Y=[0.26\quad 0.74]$，	$I(X;Y)=0.36145$
e) $C=0.191238$，	$P_x=[0.510\quad 0.490]$，	$Q_Y=[0.555\quad 0.445]$，	$I(X;Y)=0.191165$
f) $C=I(X;Y)=0.57566$，	$P_x=[0.5\quad 0.5]$，	$Q_Y=[0.425\quad 0.15\quad 0.425]$。	

由该例数据可发现，由于不同的信道转移概率矩阵，计算出的信道容量差别甚大，可见代表信道特性的转移矩阵对信道容量有决定性影响；而信源分布尽管有最佳分布的存在，其实影响并不是很大，若用均匀分布去代替，差别不很显著。更为特别的是 f)，信道容量就是信源均匀分布时的互信息量，这是由于其信道矩阵特殊，此信道称为对称信道，也是重要而又简单的

一种信道,将在下节讨论。

该算法的要点之三是需要从理论上去证明迭代过程是收敛的并能达到所要求的与信道容量的逼近程度,这样的算法才算有效。有一个定理正是回答以上要求的。该定理说,算法的无穷多次迭代结果有极限,为

$$\lim_{i\to\infty}|C-C^{(i)}|=0 \tag{4-22}$$

这就保证了迭代算法最终必将给出任意接近于信道容量的解。

4.2.4 对称 DMC

对称信道在通信系统设计中是一种重要的信道,尽管许多实际应用调制系统,如多电平正交振幅调制(QAM),很难实现真正的对称性,然而人们在设计时总是企图去接近对称性。其原因除了在理论与实际应用中的许多特点外,很重要的一点是其信道容量常常要比与之相对等的非对称信道的容量大。这一点可以从例 4-7 的 f)信道看出来。

【例 4-8】 如果对例 4-7 的 f)信道作一点微小的改动,而失去对称性,即设$[p(y|x)]=\begin{bmatrix}0.79 & 0.16 & 0.05\\0.05 & 0.15 & 0.8\end{bmatrix}$,计算相应各项。结果为 $C=0.57125$,$P_x=[0.50095,0.49905]$,$Q_Y=[0.4207,0.1550,0.4243]$,$I(X;Y)=0.5712$。可看到$[p(y|x)]$如此微小的改变,却使信道容量几乎有 1% 的减少。

由此例再一次说明信道矩阵对信道容量的影响比较敏感,而在均匀分布信源条件下对称信道的信道容量最大。那末,什么样的信道是对称信道呢?

定义:若信道转移概率矩阵$[p_{y|x}]$中所有行矢都是第一行的一种置换就称信道关于输入为对称的。

显然,若信道关于输入为对称的,则有

$$H(Y|X)=H(Y|x)=-\sum_{y\in Y}p(y|x)\log p(y|x) \tag{4-23}$$

若信道转移矩阵$[p_{y|x}]$中所有列都是第一列的一种置换,就称信道关于输出为对称的。

定义:若信道关于输出为对称,则当输入事件等概,即 $p_x=1/K$ 时,有

$$q_y=\sum_{x\in X}p_xp(y|x)=\frac{1}{K}\sum_{x\in X}p(y|x) \tag{4-24}$$

由于列矢量各分量之和 $\sum_{x\in X}p(y|x)$ 与 y 无关,所以对所有 y,有 $q_y=\frac{1}{J}$。此时必有

$$\sum_{x\in X}p(y|x)=\frac{K}{J} \tag{4-25}$$

定义:若信道转移概率矩阵$[p_{y|x}]$的每一行都是第一行的置换,每一列都是第一列的置换,此时信道关于输入和输出都是对称的,称它为对称信道。

应当指出,对称信道下有 $J=K$。

现在来考察一下例 4-2,也即例 4-7f)情况,信道矩阵$[p_{y|x}]$第二行是第一行的置换,所以关于输入为对称的。但列的情况有点特别,第三列是第一列的置换,中间一列两元素相等,也可看成为行置换,若将输出集 Y 分成两个子集即列 1,3 与列 2,该两子集的转移矩阵分别为

$\begin{bmatrix}0.8 & 0.5\\0.5 & 0.8\end{bmatrix}$和$\begin{bmatrix}0.15\\0.15\end{bmatrix}$,而每个子集的行与列都是其第一行与第一列的置换。定义此类信道为准对称信道。准对称信道应用更广泛,对称信道可认为是只有一个子集的特例。从例 4-7f)计算结果已经发现,该信道在输入分布为等概率分布时,达到信道容量。

可以证明,这个结论对所有准对称信道都成立,即有

定理:实现准对称 *DMC* 信道容量的输入分布为等概分布。

证:由式(4-9)部分互信息量为

$$I(x;Y) = \sum_{y\in Y} p(y\mid x)\cdot\log\frac{p(y\mid x)}{q_y}$$

在输入等概率时,$p_x=\dfrac{1}{K}$(K 仍为信源符号表总符号数),故 $q_y = \sum_{x\in X} p_x\cdot p(y\mid x) = \dfrac{1}{K}\sum_{x\in X}p(y\mid x)$ 对所有的 y 都一样。又当 Y 被划分多个子集 S 时,$\sum_{y\in Y}$ 也可分为两步进行,先在各子集 S 内求和,再将各子集相加,于是

$$I(x;Y) = \sum_{S}\sum_{y\in S} p(y\mid x)\log\frac{p(y\mid x)}{\frac{1}{K}\sum_{x\in X}p(y\mid x)} \tag{4-26}$$

由于准对称条件,在各子集内都是行置换的,即各行元素都相同,只是排列次序不同。故此,不管哪个 $x\in X$,$I(x;Y)$都是一样的,这就满足了 K—T 条件,定理得证。

对称信道是只有一个 S 的一种特例,由于 q_y 对所有 $y\in Y$ 都一样,故可以写成 $q_y=\dfrac{1}{J}$(J 仍为输出符号表的符号个数)。

故其信道容量

$$\begin{aligned}C = I(x;Y) &= \sum_{y\in Y}p(y\mid x)\log(Jp(y\mid x))\\ &= \log J + \sum_{y\in Y}p(y\mid x)\log p(y\mid x)\end{aligned} \tag{4-27}$$

【**例 4-9**】 K 元对称信道,如图 4-6 所示,其信道转移概率矩阵为

$$p(y_j\mid x_k) = \begin{cases}1-p & \text{当 } k=j\\ p/(K-1) & \text{当 } k\neq j\end{cases}\quad k,j=0,1,\cdots,K-1$$

其中 p 称作错误概率。显然,此信道对于输入和输出都是对称的,简称它为 KSC 信道,由式(4-27)知,其信道容量

$$\begin{aligned}C &= \log K + (1-p)\log(1-p) + p\log\frac{p}{K-1}\\ &= \log K - H(p) - p\log(K-1)\end{aligned} \tag{4-28}$$

其中

$$H(p) = -p\log p - (1-p)\log(1-p) \tag{4-29}$$

它是概率分布为$\{p,1-p\}$的二事件集的熵。当 $K=2$ 时就得到了二元对称信道,以 BSC 表示,其信道容量为

$$C = 1 - H(p) \tag{4-30}$$

BSC 的容量 C 随 p 的变化曲线在图 4-7 中给出，当 $p=0$，即无错误时，$C=1\text{bit}/$符号。随着干扰的加大，即概率 p 增加，信道容量减小，特别当 $p=1/2$ 时，$C=0\text{bit}/$符号。当 $p>1/2$ 时，我们可将判决结果取补，即 $0\to1$ 和 $1\to0$。所得结果和 $p<1/2$ 情况一样，信道容量曲线和 $p=1/2$ 点对称。因而，我们只需研究 $p\leqslant1/2$ 的情况。

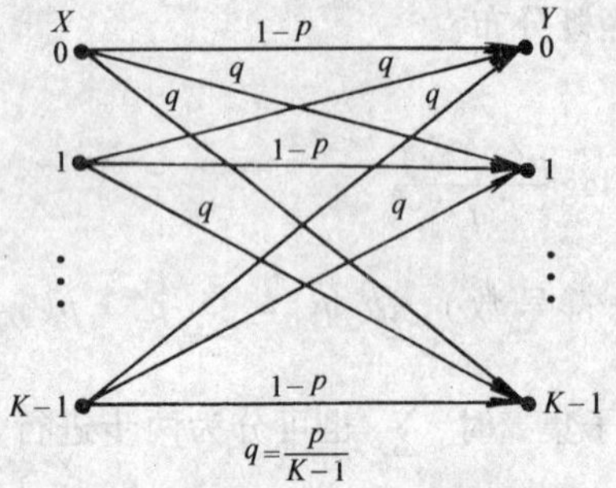

图 4-6　K 元对称信道

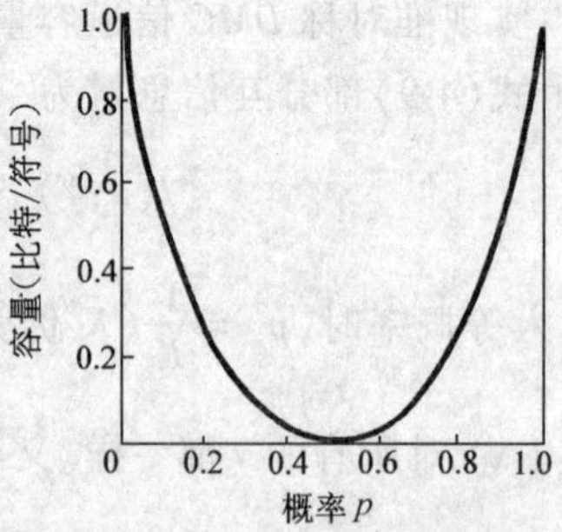

图 4-7　BSC 信道容量与 p 关系曲线

【例 4-10】　设信道转移概率矩阵为

$$[p_{y|x}] = \begin{bmatrix} 1-p-q & q & p \\ p & q & 1-p-q \end{bmatrix}$$

可表示成如图 4-8 的线图。显然，它是准对称信道。达到信道容量的输入分布应为等概分布，即 $p_{x_0}=p_{x_1}=1/2$，此时输出分布为 $q_{y_0}=q_{y_2}=(1-q)/2$

$$q_{y_1}=q$$

$$\begin{aligned} I(x=0;Y) &= I(x=1;Y) \\ &= (1-p-q)\log\frac{1-p-q}{(1-q)/2} + q\log\frac{q}{q} + p\log\frac{p}{(1-q)/2} \\ &= (1-p-q)\log(1-p-q) + p\log p - (1-q)\log\frac{1-q}{2} \end{aligned}$$

所以，信道容量为

$$C = (1-p-q)\log(1-p-q) + p\log p - (1-q)\log\frac{1-q}{2} \tag{4-31}$$

该信道称作二元对称删除信道。在实际中，当我们对接收的二元信号无把握作肯定或否定判决时，常引入符号 E 作为删除符号，它表示这个字符的判决有问题，即作为存疑处理。一般情况下，当连续干扰用非二元量化表示时常称作软判决。引入删除是最简单的一种软判决，但比二元判决（常称作硬判决）更能有效地提取信息。有删除的译码可等待得到更多信息后再作判决或者就作为误判告诉用户。

上例中，若 $p=0$ 就称为二元纯删除信道，如图 4-9 所示，其转移概率矩阵为

$$[p_{y|x}] = \begin{bmatrix} 1-q & q & 0 \\ 0 & q & 1-q \end{bmatrix} \tag{4-32}$$

信道容量可由式(4-31)简化而得

$$C = 1 - q \tag{4-33}$$

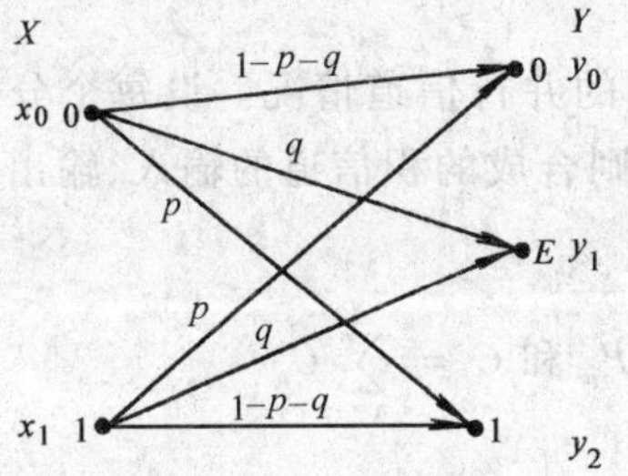

图 4-8　二元对称删除信道

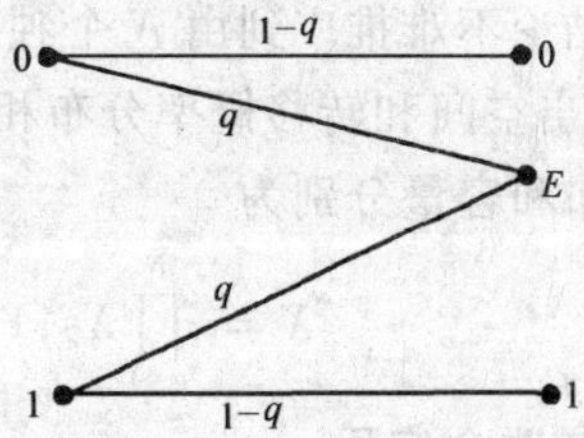

图 4-9　二元纯删除信道

4.2.5　组合信道

在分析了离散信道的基础上,可以来分析信道的一些组合应用情况。实际中常常会碰到两个或更多个信道组合在一起使用的情况。例如,待发送的消息比较多时,可能要用两个或更多个信道并行地传送,有时消息会依次地通过几个信道级连传送。如无线中继信道,有时将两个以上信道联合应用。在研究较复杂的信道时,往往也可以把它分解成几个简单的、已经解决的信道的组合。这使我们可以用已有的结果解决新的问题。以下将分别介绍三种组合方式。

1. 信道并行应用

设有两个互相独立的离散信道 1 和 2,如图 4-10 所示。它们的输入空间是 X_1 和 X_2,输出空间是 Y_1 和 Y_2。X_1 的字母集为 $a_1,a_2,\cdots,a_k$,X_2 的字母集为 $a'_1,a'_2,\cdots,\boldsymbol{a}'_K$。$Y_1$ 的字母集为 $b_1,b_2,\cdots,b_J$,Y_2 的字母集为 $b'_1,b'_2,\cdots,b'_J$。信道 1 和信道 2 的输入概率分布、转移概率分布和输出概率分布分别为 p_x 和 p'_x,$p(y|x)$和 $p(y'|x')$及 q_y 和 $q_{y'}$。信道 1 和信道 2 的容量分别为

$$C_1 = \max_{P_{X_1}} I(X_1;Y_1)$$

$$C_2 = \max_{P_{X_2}} I(X_2;Y_2)$$

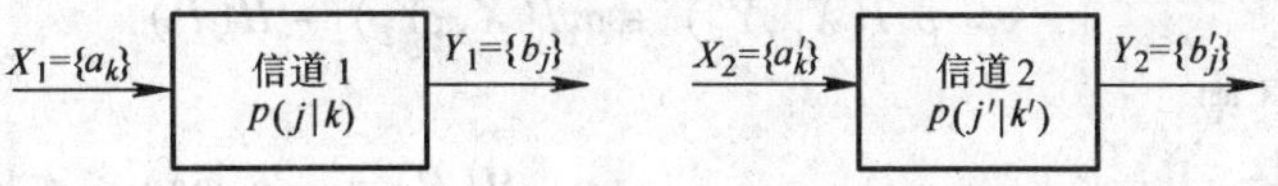

图 4-10　独立并行信道

定义:若信道 1 和信道 2 同时分别传送信息,则组合信道的输入集由所有有序对(x,x')组成,其中 $x\in X_1,x'\in X_2$,数学术语称之为笛卡尔乘积,即组合信道输入集 $X=X_1\times X_2$。输出集由所有有序对(y,y')组成,$y\in Y_1,y'\in Y_2$,即输出集 $Y=Y_1\times Y_2$。由(xx')到(yy')的转移概率 $p(xx'|yy')=p(y|x)p(y'|x')$。Shannon 称这样组合成的信道为信道 1 和信道 2 的独立并行信道或积信道,以 pxp'表示。信道 1 和信道 2 称作积信道的分信道。

关于信道容量只要将定义 X_1,X_2,Y_1,Y_2 的各种概率表达式代入

$$I(X;Y)=I(X_1X_2;Y_1Y_2)$$

可以证明积信道输入和输出之间的平均互信息量不大于各分信道输入和输出之间平均互信息量之和。由此得

$$C\leqslant C_1+C_2$$

只有在两个信道独立,即 $p(yy'|xx')=p(y|x)p(y'|x')$条件下,等号成立。这相当于要求 $P_{xx'}=P_xP_{x'}$,即要求两个分信道的输入彼此独立。独立并行信道的容量为各分信道容量之和即

$$C=C_1+C_2 \tag{4-34}$$

这样,对于积信道的最佳利用是将两个信道独立地使用,并使每个分信道的输入分布为最佳,

就能保证(4-34)式实现。

上述结论不难推广到由 N 个独立信道的输入构成的并行信道情况。设每个分信道的输入空间、输出空间和转移概率分布相应为 X_n、Y_n 和 P_n，则合成的积信道的输入、输出空间及转移概率分布和容量分别为

$$X = \prod_{n=1}^{N} X_n, Y = \prod_{n=1}^{N} Y_n, P = \prod_{n=1}^{N} P_n \text{ 和 } C = \sum_{n=1}^{N} C_n \tag{4-35}$$

2. 信道联合应用

若任一单位时间可随机地选用信道 1 或信道 2 中的一个(两者不能同时选用)。选用信道 1 的概率为 p_1，选用信道 2 的概率为 p_2，且

$$p_1 + p_2 = 1$$

组合信道的输入空间为 $X = X_1 \cup X_2$，输出空间 $Y = Y_1 \cup Y_2$。转移概率分布为 $\{p(y|x), p(y'|x')$：对所有 $x \in X_1, x' \in X_2, y \in Y_1, y' \in Y_2\}$。Shannon 称此组合信道为和信道或并信道，以 $P = p_1 + p_2$ 表示。

和信道的互信息为

$$\begin{aligned} I(X;Y) &= \sum_{x,y} p_1 p_x p(y \mid x) \log \frac{p(y \mid x)}{p_1 q_y} + \sum_{x',y'} p_2 p_{x'} p(y' \mid x') \log \frac{p(y' \mid x')}{p_2 q_{y'}} \\ &= p_1 \sum_{x,y} p_x p(y \mid x) \log \frac{p(y \mid x)}{q_y} + p_2 \sum_{x',y'} p_{x'} p(y' \mid x') \log \frac{p(y' \mid x')}{q_{y'}} \\ &\quad - p_1 \log p_1 - p_2 \log p_2 \\ &= p_1 I(X_1;Y_1) + p_2 I(X_2;Y_2) + H(P) \end{aligned} \tag{4-36}$$

其中

$$H(P) = -p_1 \log p_1 - p_2 \log p_2 \tag{4-37}$$

信道 1 和信道 2 的和信道的容量 C 可对 $I(X;Y)$ 取极大值而得出如下关系

$$2^C = 2^{C_1} + 2^{C_2}$$

或

$$C = \log_2[2^{C_1} + 2^{C_2}] \tag{4-38}$$

该结果可推广到 N 个独立信道的和信道的情况，即若各分信道输入、输出空间、转移概率和容量分别为 X_n、Y_n、P_n 和 C_n，则和信道容量为

$$C = \log\left(\sum_{n=1}^{N} 2^{C_n}\right) \tag{4-39}$$

每个信道被使用的概率为

$$P_n = 2^{C_n - C} \tag{4-40}$$

3. 信道级连应用

若将信道 1 的输出作为信道 2 的输入，信道 1 的输入集就是组合信道的输入集，信道 2 的输出集就是组合信道的输出集。称这样组成的信道为级连信道，又称串行信道。

显然，若信道 1 和信道 2 级连，则要求信道 1 的输出集和信道 2 的输入集相同。给定信道 1 和信道 2 的转移概率 $p(y|x)$ 和 $p(y'|x')$，级连信道的转移概率为

$$p(y \mid x) = \sum_{y} p(y \mid x) p(y' \mid x' = y) \tag{4-41}$$

这样,我们就得到一个新的离散信道,其输入集为 X_1,输出集为 Y_2,转移概率矩阵为 $\{p(y|x)\}$。它的信道容量就可按离散信道容量计算方法计算了。

在级联条件下的容量,可能会以水管级连类比,以为合成信道容量为 $C=\min\{C_1,C_2\}$,但事实上上式并不成立。由式(4-41)可以看出,通过级连后的转移概率 $p(y'|x)$ 趋于两个信道转移概率的平均值,因而传信能力将减小。可以证明,若将 N 个转移概率相同的离散信道依次级连,当 $N\to\infty$ 时,级连信道容量将趋于 0。

4.3 离散无记忆扩展信道

4.3.1 N 次扩展信道的转移概率矩阵

第 3 章中已讨论过 N 次扩展信源的概念,它是将 N 个信源符号连接成串作为一个新的符号,并由所有可能的新符号组成一个新的信源,称之为 N 次扩展信源。若信源 X 的符号集为 $A=\{a_1,a_2,\cdots,a_K\}$,则新的信源 X^N 的符号集 $A^N=\{\alpha_1,\alpha_2,\cdots,\alpha_{K^N}\}$ 即有 K^N 个符号组成,其中每个 α 都是 N 个 a 符号串,可记作 $\alpha_k=a_{k1}a_{k2}\cdots a_{kN}$。如果原来信道输出 Y 的符号集为 $B=\{b_1,b_2,\cdots,b_J\}$,也按 N 个符号组成串,成为新的符号 β 而组成,新的输出 Y^N 的符号集 $\beta^N=\{\beta_1,\beta_2,\cdots,\beta_{J^N}\}$,共有 J^N 个 β 符号,$\beta_j=b_{j1}b_{j2}\cdots b_{jN}$。$N$ 次扩展信道就是以新符号集 X^N 中元素为输入变量,以 Y^N 中元素为输出变量的一种信道模型。若以 $P(\beta|\alpha)$ 记输入为 $\alpha(\alpha\in X^N)$ 而输出为 $\beta(\beta\in Y^N)$ 的转移概率,则该信道模型与线图可表示如图 4-11。

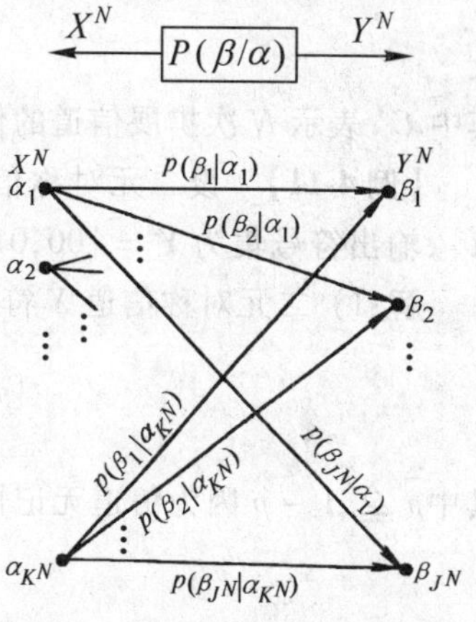

图 4-11 N 次扩展信道模型与线图

信道转移矩阵为

$$
[P_{Y^N|X^N}]=[P(\beta|\alpha)]
=\begin{pmatrix}
p(\beta_1|\alpha_1) & p(\beta_2|\alpha_1) & \cdots & p(\beta_{J^N}|\alpha_1)\\
p(\beta_1|\alpha_2) & p(\beta_2|\alpha_2) & \cdots & p(\beta_{J^N}|\alpha_2)\\
\vdots & \vdots & & \vdots\\
p(\beta_1|\alpha_{K^N}) & p(\beta_2|\alpha_{K^N}) & \cdots & p(\beta_{J^N}|\alpha_{K^N})
\end{pmatrix}
\tag{4-42}
$$

这是一个 $K^N\times J^N$ 阶矩阵,且有

$$
\sum_{j=1}^{J^N}p(\beta_j\mid\alpha_k)=1\quad k=1,2,\cdots,K^N \tag{4-43}
$$

当信道无记忆时,可从未扩展信道转移概率矩阵

$$
[P_{Y|X}]=\begin{pmatrix}
p(b_1|a_1) & p(b_2|a_1) & \cdots & p(b_J|a_1)\\
p(b_1|a_2) & p(b_2|a_2) & \cdots & p(b_J|a_2)\\
\vdots & \vdots & & \vdots\\
p(b_1|a_K) & p(b_2|a_K) & \cdots & p(b_J|a_K)
\end{pmatrix}
$$

方便地得出

$$P(\beta_j \mid \alpha_k) = \prod_{i=1}^{N} p(b_{ji} \mid a_{ki}) \qquad \begin{array}{l} k = 1,2,\cdots,K^N \\ j = 1,2,\cdots,J^N \end{array} \tag{4-44}$$

4.3.2 N 次扩展信道的容量

首先要看互信息表达式，根据式(4-8)

$$I(X^N;Y^N) = \sum_{\alpha \in X^N}\sum_{\beta \in Y^N} p_\alpha \cdot p(\beta \mid \alpha) \log \frac{p(\beta \mid \alpha)}{\sum_{\alpha \in X^N} p_\alpha \cdot p(\beta \mid \alpha)} \tag{4-45}$$

当信道为无记忆时，式(4-44)成立。

当信源 A 为无记忆时，则 X^N 分布

$$P_\alpha = \prod_{i=1}^{N} p_{xi} \tag{4-46}$$

当信源和信道都是无记忆时，就相当于 N 个独立信道并行应用的情况。如 4.2.5 节所讨论，此时有

$$I(X^N;Y^N) = \sum_{i=1}^{N} I(X_i;Y_i) \tag{4-47}$$

及

$$C^N = NC \tag{4-48}$$

其中 C^N 表示 N 次扩展信道的信道容量，而 C 表示未扩展的无记忆信道容量。

【例 4-11】 设二元对称信道的无记忆二次扩展信道的输入符号集为 $X^2 = \{00,01,10,11\}$，输出符号集为 $Y^2 = \{00,01,10,11\}$讨论其转移概率矩阵与信道容量。

解:1) 二元对称信道 X 符号集 $A = \{0,1\}$，Y 符号集 $B = \{0,1\}$。信道矩阵为

$$[P_{Y|X}] = \begin{bmatrix} 1-p & p \\ p & 1-p \end{bmatrix} \triangleq \begin{bmatrix} \bar{p} & p \\ p & \bar{p} \end{bmatrix}$$

其中$\bar{p} \triangleq 1-p$ 因为信道无记忆，由式(4-44)

$$P(\beta_j \mid \alpha_k) = \prod_{i=1}^{N} p(b_{ji} \mid a_{ki})$$

其中 $k = 1,2,3,4; j = 1,2,3,4$ 及 $N = 2$

按条件 $\alpha_1 = a_{11}a_{12} = 00, \alpha_2 = a_{21}a_{22} = 01, \alpha_3 = a_{31}a_{32} = 10, \alpha_4 = a_{41}a_{42} = 11$

以及 $\beta_1 = b_{11}b_{12} = 00, \beta_2 = b_{21}b_{22} = 01, \beta_3 = b_{31}b_{32} = 10, \beta_4 = b_{41}b_{42} = 11$

故 $P(\beta_1|\alpha_1) = P(b_{11}|a_{11}) \times P(b_{12}|a_{12}) = \bar{p}^2$

$P(\beta_2|\alpha_1) = P(b_{21}|a_{11}) \times P(b_{22}|a_{12}) = \bar{p}p$

$P(\beta_3|\alpha_1) = P(b_{31}|a_{11}) \times P(b_{32}|a_{12}) = p\bar{p}$

$P(\beta_4|\alpha_1) = P(b_{41}|a_{11}) \times P(b_{42}|a_{12}) = p^2$

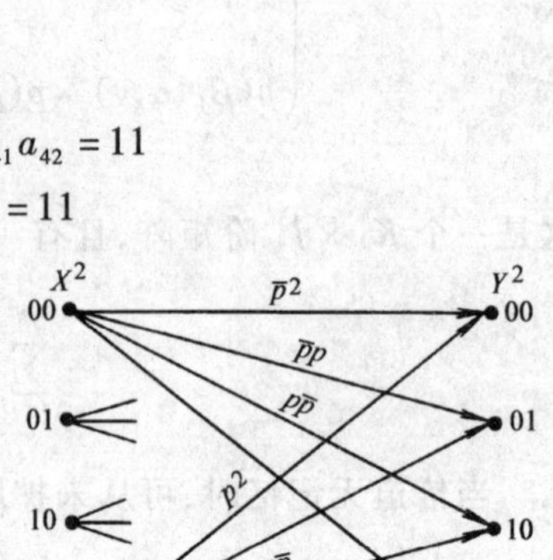

图 4-12 二次扩展信道线图

最终可得二次扩展信道矩阵为

$$P_{Y^2|X^2} = \begin{bmatrix} \bar{p}^2 & \bar{p}p & p\bar{p} & p^2 \\ \bar{p}p & \bar{p}^2 & p^2 & p\bar{p} \\ p\bar{p} & p^2 & \bar{p}^2 & \bar{p}p \\ p^2 & p\bar{p} & \bar{p}p & \bar{p}^2 \end{bmatrix} \tag{4-49}$$

这是一个对称矩阵,并可画出线图如图 4-12。

2) 未扩展信道容量为二元对称信道之容量,由例 4-9 知 $C=1-H(p)$,其中 $H(p)=-p\log p-(1-p)\log(1-p)$,由于扩展信道仍然为一个对称信道,且 $J=4$,由式(4-28)可计算其信道容量为

$$\begin{aligned} C^2 &= \log 4+\bar{p}^2\log\bar{p}^2+2p\bar{p}\log(p\bar{p})+p^2\log p^2 \\ &= \log 4+2\bar{p}^2\log\bar{p}+2p\bar{p}(\log p+\log\bar{p})+2p^2\log p \\ &= \log 4+2\bar{p}(\bar{p}+p)\log\bar{p}+2p(\bar{p}+p)\log p \end{aligned}$$

用 $\bar{p}=1-p$ 代入,得

$$C^2=2+2(1-p)\log(1-p)+2p\log p=2C$$

这结果与直接应用式(4-48)是一致的。

4.4 连续信道的容量

连续信号仍然是人们面对的主要信号形式,传输连续信号的信道叫连续信道,现在就来讨论连续信道的容量。

4.4.1 时间离散连续信道

对一个连续信号波形,比如语音信号,可以按 8kHz 取样成时间离散的连续样值信号,如图 4-13。所谓连续样值是指样值的可能值为无限多种。但可能有一定的概率分布,用概率密度函数 $p(x)$ 表示;输入一个 x_i 值,经过信道传输在接收端输出的 y 也是一个连续分布的随机值,用条件概率密度函数 $p(y|x_i)$ 来表示 y 值的分布情况。图 4-14 是假设这些分布都是正态条件下的示意图。该图表示在 n 时刻发送一个样值 x_n,在接收端的 y 值有 ∞ 多种可能,若为正态分布,则均值 $\bar{y}_n$ 的可能性最大。若接收到的 y 值是在带有阴影线区域,则很难判断发送的是 x_n 或 x_m。尽管曲线表明这种可能性很小,但必须在通信系统设计中解决。(具体解决方法不是本书的内容,请参看有关通信系统的书。这里主要关心信道的容量。)

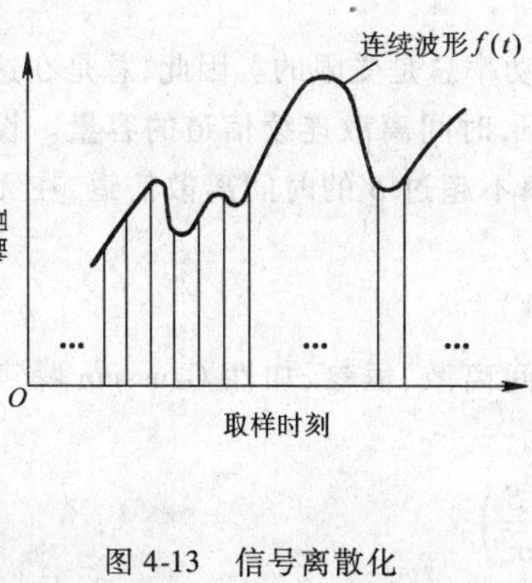

图 4-13 信号离散化

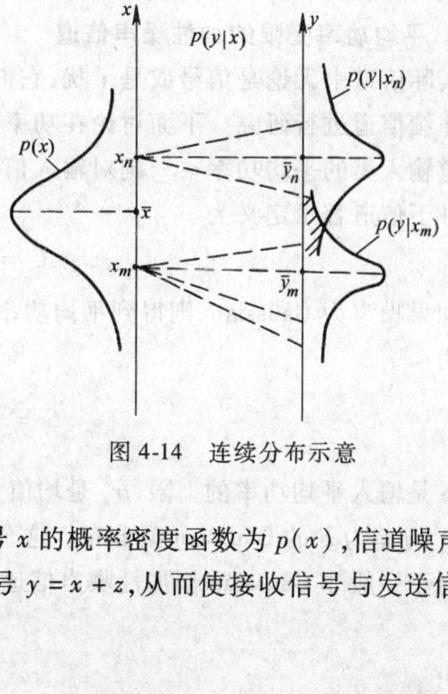

图 4-14 连续分布示意

1. 加性噪声信道

加性噪声信道模型如图 4-15 所示。设发送信号 x 的概率密度函数为 $p(x)$,信道噪声 z 的概率密度函数为 $p(z)$,加性模型的特点是:接收信号 $y=x+z$,从而使接收信号与发送信号的

差别仅是噪声 z,这就使 x 发生下 y 的条件概率密度 $p(y|x)$ 可由 $y-x=z$ 的概率密度表示,即

$$p(y|x)=p(y-x)=p(z) \tag{4-50}$$

比如,若 $p(z)$ 为均值为 0,方差为 σ_z^2 的正态分布,则加性噪声条件下图 4-12 中的 $p(y|x_n)$,$p(y|x_m)$ 等也是正态分布

$$p(y|x)=p(z)=\frac{1}{\sqrt{2\pi\sigma_z^2}}\exp\left(-\frac{z^2}{2\sigma_z^2}\right) \tag{4-51}$$

而且 x 与 z 是统计独立的,这种信道又叫加性 Gaussian 信道。

讨论信道容量是要在所有输入分布条件下求发送集与接收集之间的最大互信息。由于 x,y 的连续性,它们的集合 X 与 Y 也无穷大,设信道是平稳分布的(也称恒参信道),则所有讨论可不顾及初始条件。应用第 2 章式(2-45)与本章式(4-50),集 X 与 Y 之间的互信息为

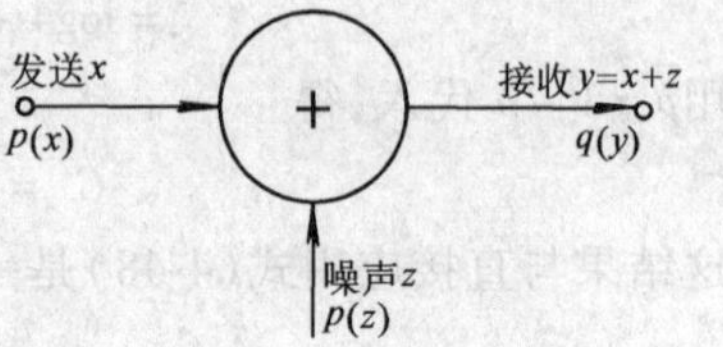

图 4-15 加性噪声模型

$$I(X;Y)=h(X)-h(X|Y)=h(Y)-h(Y|X)=h(Y)-h(z) \tag{4-52}$$

正如第 2 章中讨论的,$h(\cdot)$ 并不是 $H(\cdot)$,不能把 $h(\cdot)$ 解释为不确定性的度量,它们的值有可能为无穷大。

比如设输入集 X 的概率密度函数也是均值为 0,方差为 σ_x^2 的正态分布,变量之和仍为 Gaussian 分布的随机变量。所以 $y=x+z$ 的概率密度是均值为 0,方差为

$$\sigma_y^2=\sigma_x^2+\sigma_z^2 \tag{4-53}$$

的 Gaussian 分布。由式(2-53)可知

$$h(Y)=\log(\sqrt{2\pi e\sigma_y^2}) \tag{4-54}$$

又根据式(4-52)可得互信息为

$$I(X;Y)=\log(\sqrt{2\pi e\sigma_y^2})-\log(\sqrt{2\pi e\sigma_z^2})=\frac{1}{2}\log\left(1+\frac{\sigma_x^2}{\sigma_z^2}\right) \tag{4-55}$$

$I(X;Y)$ 表示信道输入与输出之间的互信息量,如果输入功率不加限制,式(4-55)有可能为任意大值,当然这不能反映实际信道的性能。

2. 平均功率受限的加性噪声信道

实际信道中无论是信号或是干扰,它们的能量和功率总是受限的。因此,总是在这种约束下对连续信道进行研究。下面讨论在功率受限情况下,时间离散连续信道的容量。设时间离散信道输入集的平均功率 $\leqslant S$,则对输入信号平均功率不超过 S 的时间离散信道,在无记忆平稳条件下信道容量定义为

$$C=\max_{p(x)} I(X;Y) \tag{4-56}$$

如果噪声为 Gaussian,则得到平均功率受限的时间离散、恒参、加性 Gaussian 噪声信道的容量为

$$C=\frac{1}{2}\log\left(1+\frac{S}{\sigma_n^2}\right) \tag{4-57}$$

其中 S 是输入平均功率的上限,σ_n^2 是均值为 0 的 Gaussian 噪声的方差。最佳输入分布就是均值为 0、方差为 S 的 Gaussian 型分布。这个结论由式(2-53)及式(4-55)直接推论而得出。

对于一般非 Gaussian 型加性噪声信道容量的计算相当复杂,往往只能给出上、下限。在平

均功率受限条件下，令输入平均功率≤S，信道加性噪声平均功率为σ^2，则有下述结论：

对平均功率受限的时间离散的恒参加性噪声信道容量C满足

$$\frac{1}{2}\log\left(1+\frac{S}{\overline{\sigma}^2}\right)\leqslant C\leqslant\frac{1}{2}\log\left[\frac{S+\sigma^2}{\overline{\sigma}^2}\right] \tag{4-58}$$

其中$\overline{\sigma}^2$是噪声集z的熵功率，其表达式为

$$\overline{\sigma}^2=\frac{1}{2\pi e}2^{2h(z)} \tag{4-59}$$

因为只要知道$\overline{\sigma}^2$就能写出熵$h(z)=\frac{1}{2}\log(2\pi e\,\overline{\sigma}^2)$而得名。

式(4-59)说明，在给定噪声功率下，Gaussian 干扰是最坏的干扰，在它作用下的信道容量最小。如果信道干扰统计特性未知，把干扰看作是 Gaussian 分布来设计系统就比较安全。

4.4.2 时间连续的连续信道

1. 信道模型

上一节已经研究了时间离散的连续信道模型。在实际中我们会常常碰到连续时间函数通过信道传送。信道中的干扰也是连续的随机函数，这就需要更一般的信道模型。

若信道的输入和输出是任意的时间函数，就称作是波形信道或时间连续的连续信道。

以$x(t)$表示信道的输入，$y(t)$表示信道的输出，$z(t)$为信道噪声。若信道输出可表示成如下关系式

$$y(t)=x(t)+z(t) \tag{4-60}$$

就称为加性波形信道。

本节将主要研究这类信道。对于任意给定的$x(t)$，信道的输出将主要由信道噪声决定。一般假定$z(t)$的均值为零，则$y(t)$的均值将等于$x(t)$的均值。在有限通信时间段$[0,T]$上，若$x(t)$、$y(t)$都是平方可积函数，它们可通过一组完备正交函数集$\{\varphi_1(t),\varphi_2(t),\cdots,\}$展开成

$$x(t)=\sum_n x_n\varphi_n(t)\qquad 0\leqslant t\leqslant T \tag{4-61}$$

$$y(t)=\sum_n y_n\varphi_n(t)\qquad 0\leqslant t\leqslant T \tag{4-62}$$

式中

$$x_n=\int_0^T x(t)\varphi_n(t)\,dt \tag{4-63}$$

$$y_n=\int_0^T y(t)\varphi_n(t)\,dt \tag{4-64}$$

【例 4-12】 常用的 Fourier 级数展开式，就是应用完备正交的三角函数集

$$\sqrt{\frac{1}{T}},\sqrt{\frac{2}{T}}\cos n2\pi f_1t,\sqrt{\frac{2}{T}}\sin n2\pi f_1t,n=1,2,\cdots$$

其中$f_1=\frac{1}{T}$，而有限时间段取$\left[-\frac{T}{2},\frac{T}{2}\right]$。设函数$f(t)$在此时间段内是平方可积函数，即

$$\int_{-T/2}^{T/2}|f(t)|^2dt<\infty \tag{4-65}$$

则函数 $f(t)$ 就可用 Fourier 级数表示为

$$f(t) = a_0\sqrt{\frac{1}{T}} + \sum_{n=1}^{\infty}\left(a_n\sqrt{\frac{2}{T}}\cos n2\pi f_1 t + b_n\sqrt{\frac{2}{T}}\sin n2\pi f_1 t\right) \tag{4-66}$$

其中

$$a_0 = \int_{-T/2}^{T/2} f(t)\sqrt{\frac{1}{T}}\mathrm{d}t$$

$$a_n = \int_{-T/2}^{T/2} f(t)\sqrt{\frac{2}{T}}\cos n2\pi f_1 t\mathrm{d}t \qquad n = 1,2,\cdots \tag{4-67}$$

$$b_n = \int_{-T/2}^{T/2} f(t)\sqrt{\frac{2}{T}}\sin n2\pi f_1 t\mathrm{d}t \qquad n = 1,2,\cdots$$

正如大家所熟知的，a_0, a_n, b_n 被称作 Fourier 系数，它们不是时间函数而是频率函数。因此，可以用正交函数展开式来表示信号并讨论其信道传输特性。这些讨论实际上是在频域中进行的。这些函数反映信号所包含的频率成份，称之为信号频带。式(4-66)表示有无穷多项之和，说明包含有无穷多的频率成分，即占有∞频带。但实际上并不需要，也不可能用∞带宽的信道去传输，因为对于很高频率分量，式(4-67)表示的 a_n, b_n 也很小，常常可以忽略不计。只需计入有限的频率成分，此时的信号，称为带限(频带有限)信号。在时间和频带均有限时，输入输出序列可用有限频率分量近似地表示成离散的随机变量序列

$$\boldsymbol{x} = (x_1, x_2, \cdots, x_N)$$

$$\boldsymbol{y} = (y_1, y_2, \cdots, y_N)$$

在接收端，由式(4-62)恢复成时域信号。由于信道可通过条件概率密度函数 $P_N(\boldsymbol{y}|\boldsymbol{x})$ 描述。若对任意输入信号，其分布密度 $P_N(x)$ 给定时，输入、输出函数 $x(t)$ 和 $y(t)$ 在 $0 \leqslant t \leqslant T$ 的互信息量可写成

$$I_T[x(t);y(t)] = \lim_{N\to\infty} I(\boldsymbol{x};\boldsymbol{y}) \tag{4-68}$$

再设信道干扰 $z(t)$ 是加性白 Gaussian 噪声，简记为 AWGN，它的功率谱均匀地分布在比信号带宽的频带上。则在 $0 \leqslant t \leqslant T$ 内，噪声也可通过正交函数集 $\{\varphi_1(t), \varphi_2(t), \cdots,\}$ 表示成

$$z(t) = \sum_n z_n \varphi_n(t) \tag{4-69}$$

其中

$$z_n = \int_0^T z(t)\varphi_n(t)\mathrm{d}t \tag{4-70}$$

对于双边功率谱密度为 $N_0/2$(在 $(-\infty, 0)$ 与 $(0, +\infty)$ 频率范围内功率谱密度都为 $N_0/2$)的白 Gaussian 噪声，其各分量 $z_1, z_2, \cdots$ 是彼此统计独立，均值为 0、方差为 $N_0/2$ 的 Gaussian 随机变量。此时输出 $y(t)$ 的各正交展开分量为

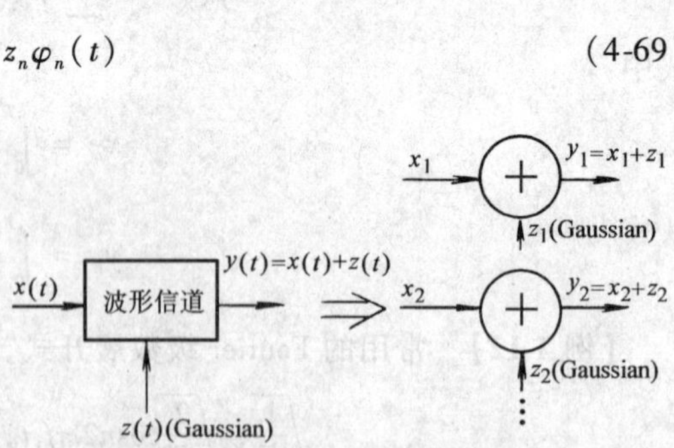

图 4-16 按时间展开的并行信道组合模型

$$y_n = x_n + z_n \tag{4-71}$$

这样，一个时间连续的信道，只要干扰是 AWGN 的，就可化为如图 4-16 所示的时间上展开的并

行信道的组合模型。

2. 信道容量

现在就根据图 4-16 的信道模型讨论平均功率与频带都受限的 AWGN 信道容量。

设信道传送带限$[0,W]$的时间连续信号 $x(t)$；信道噪声也相应地定义为单边功率谱密度 N_0 的加性 Gaussian 白噪声；若在$[0,T]$时间内，信道输入功率不超过 S，噪声功率可由带宽计算为 WN_0，则图 4-16N 个信道中的每个信道容量都可由式(4-57)确定，只要用$\frac{WN_0}{N}$代替 σ_n^2，S/N 代替 S，得

$$C_n = \frac{1}{2}\log\left(1 + \frac{S}{WN_0}\right) \tag{4-72}$$

应用信道并行组合的结论，可以得到总的信道容量

$$C = NC_n = \frac{N}{2}\log\left(1 + \frac{S}{WN_0}\right)$$

由正交展开定理(Nyquist 定理)知，在$[0,T]$时限及$[0,W]$带限条件下的一个随机输入 $x(t)$ 正交展开时，它可用 $N=2TW$ 个系数近似地限定。将 $N=2TW$ 代入上式

$$C = TW\log\left(1 + \frac{S}{N_0W}\right)$$

一般都是取单位时间的信道容量，它常常代表数据速率的意义。此时，便得到著名的关于信道容量的 Shannon 公式

$$C = W\log\left(1 + \frac{S}{N_0W}\right)\text{bit/s} \tag{4-73}$$

该公式相当精确地给出 AWGN 信道在带宽和时间都受限条件下的信道容量。同时也清晰地反映出信道容量 C 与信噪比 $S/(N_0W)$ 的数量关系。特别当 $W\to\infty$ 时有

$$C_\infty = \lim_{W\to\infty} W\log\left(1 + \frac{S}{WN_0}\right) = \frac{S}{N_0}\log e = 1.44\left(\frac{S}{N_0}\right)\text{bit/s} \tag{4-74}$$

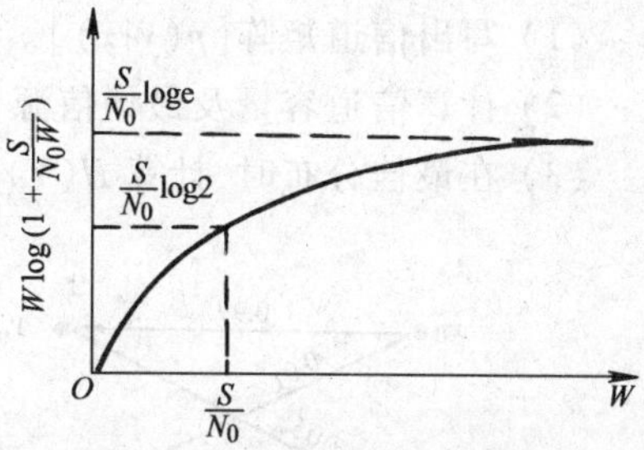

图 4-17 C 随频带 W 的变化曲线

C 随频带 W 的变化曲线如图 4-17 所示。在开始阶段，C 随 W 增长较快；当 W 超过 S/N_0 点后，随 W 的增长速度下降；在 $W\to\infty$ 时，C 趋近于它的渐近值 $C_\infty=1.44(S/N_0)$。

4.5 小结

信道及信道容量是 Shannon 信息论的基本概念之一，也是通信理论与工程所研究的基本问题之一。本章所关注的只是几种信道的简单模型及其容量的计算，特别是离散无记忆对称信道及组合信道的处理和容量计算。目的在于建立关于信道的研究方法及关于信道容量的基本概念。没有涉及如何实现这些模型及其容量的问题。

关于信道容量和信源最佳分布的 Arimoto-Blahut 算法是按几个要点方式介绍的。目的是

除了能用计算机编程实现算法，还要掌握其思路要点。尤其是将具有函数关系的参量视作独立变量来处理，从而引出按精度逼近的迭代算法，值得效仿。

连续信道是比较接近实际应用的一种信道模型，关于频带与输入功率有限的假设也是比较符合实际的。唯有噪声干扰模型很难符合实际，也太复杂。在讨论中应用 AWGN（加性 Gaussian 白噪声）模型是一种最好的选择。AWGN 模型不仅数学处理方便，也大概地符合许多实际场合。更重要的是从理论已经证明它的一种极限特性，比如最大熵，最坏干扰等等。这就使研究结果具有界定特征，从而对实际系统设计有指导意义。在 AWGN 假设条件下得出的关于信道容量的 Shannon 公式，从数量上给出了信道容量、带宽与信噪比之间的换算关系，在实际通信系统的设计中，发挥了很大的指导作用，使系统设计能得到最佳的折衷。卫星转发信道，由于增加信噪比不易，而以增大带宽来保证容量便是一例。

本章的讨论都是基于信道概率转移矩阵，也即输入输出符号转移概率或称条件概率的。这些条件概率代表了信道的综合性能，这是客观存在的，从而需要努力去认识去测试。同时，又需要人们设法控制改善，即采取一些技术措施（比如，编码技术，调制技术等等），以达到满意的通信效果，而后者正是学习信息理论、通信理论等课程的目的与使命。

4.6 习题

1. 由概率转移线图表示的 DMC 信道如图 4-18，写出信道转移概率矩阵，$[p(y|x)]$，并指出是不是对称信道？

2. 一个 DMC 信道转移线图如图 4-19

（1）写出信道矩阵$[p(y|x)]$。

（2）计算信道容量及最佳信源分布。

（3）在最佳分布时，计算 $H(Y)$ 及 $I(X;Y)$。

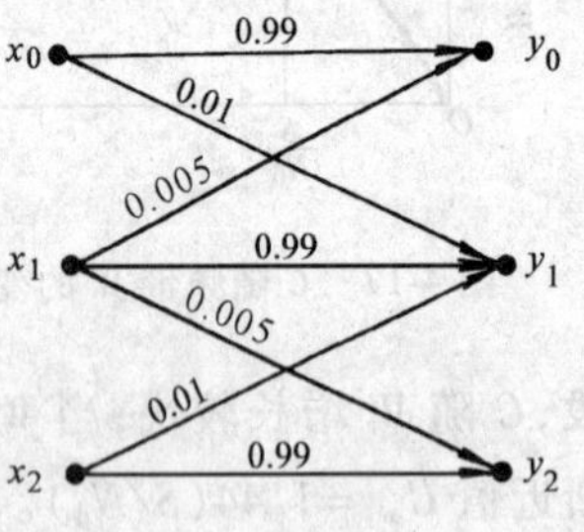

图 4-18

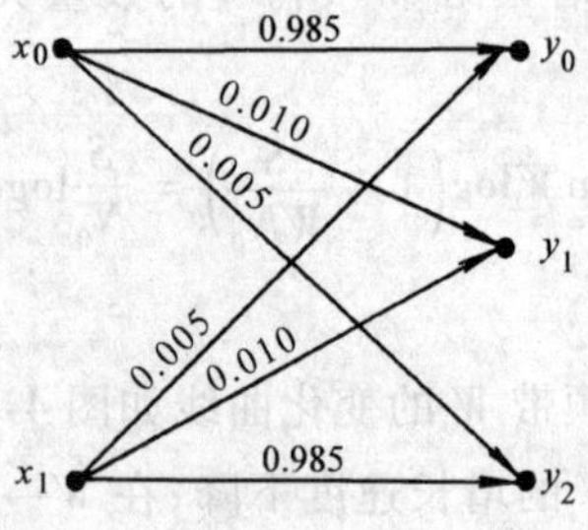

图 4-19

3. 图 4-20 所示信道是否对称？计算对称与准对称信道的容量。

4. 用 K-T 条件找出上题中其余信道的容量及最佳分布。

5. 计算由下述转移概率矩阵给定的 DMC 的容量。

a) $\begin{bmatrix} 1-p & p & 0 \\ 0 & 1-p & p \\ p & 0 & 1-p \end{bmatrix}$

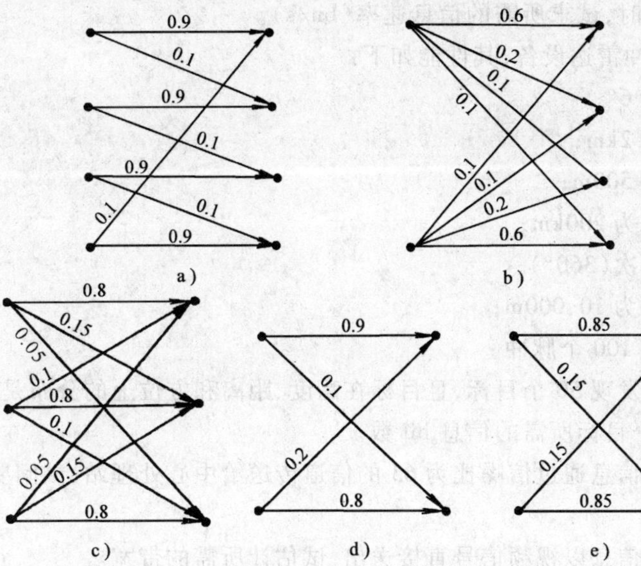

图 4-20

b) $\begin{bmatrix} \frac{1-p}{2} & \frac{1-p}{2} & \frac{p}{2} & \frac{p}{2} \\ \frac{p}{2} & \frac{p}{2} & \frac{1-p}{2} & \frac{1-p}{2} \end{bmatrix}$

c) $\begin{bmatrix} 1-p & p & 0 \\ p & 1-p & 0 \\ 0 & 0 & 1 \end{bmatrix}$

6. 计算下述矩阵给定的 DMC 的容量。

$$\begin{bmatrix} 1-p_1 & p_1 \\ p_2 & 1-p_2 \end{bmatrix}$$

7. 求图 4-21 中的 DMC 的容量及最佳输入分布。

8. 写出例 4-7 使用的算法的计算机程序，并以该例数据验算之。

9. 用上题之计算机程序计算

$[p(y|x)] = \begin{bmatrix} 0.6 & 0.3 & 0.1 \\ 0.3 & 0.1 & 0.6 \end{bmatrix}$ 及

$[p(y|x)] = \begin{bmatrix} 0.6 & 0.3 & 0.1 \\ 0.1 & 0.3 & 0.6 \end{bmatrix}$ 的信道容量及最佳信源分布，并用第二个信道验证 K-T 条件。

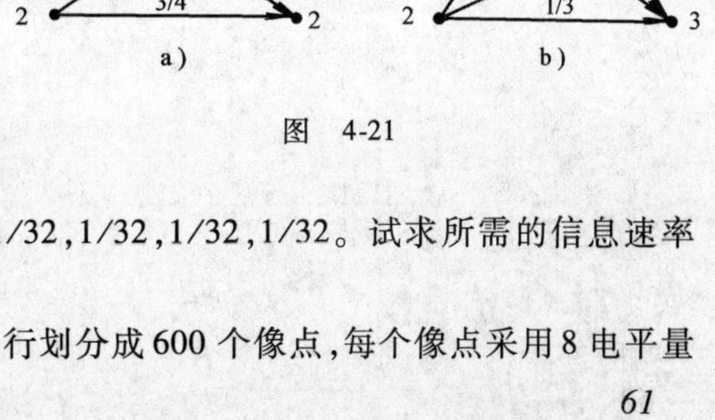

图 4-21

10. 一个 PCM 语音通信系统，若信号带宽为 $W=4000\text{Hz}$，采样频率为 $2W$ 且采用 8 级幅度量化，各级出现的概率为 1/2，1/4，1/8，1/16，1/32，1/32，1/32，1/32。试求所需的信息速率(bit/s)。

11. 在数字电视编码中，若每帧为 500 行，每行划分成 600 个像点，每个像点采用 8 电平量化，且每秒传送 30 帧时，试求所需的信息速率（bit/s）。

12. 设有一单脉冲雷达设备，其性能如下：

- 方位分辨率为 6°；
- 距离分辨率为 2km；
- 高度分辨率为 500m；
- 最大作用距离为 200km；
- 每分钟扫描一次（360°）；
- 最大作用高度为 10,000m；
- 每秒重复发送 100 个脉冲。

若假定一次扫描最多发现 50 个目标，且目标在高度、距离和方位上的分布是等概的。试求：

（1）为表示 50 个目标所需的信息 bit 数。

（2）若将获得的信息通过信噪比为 63 的信道传送给中心处理站，试问要求的带宽最少为多少 Hz。

（3）若要将距离信息以视频信号直接送出，试估计所需的带宽。

13. 若以 $R=10^5$bit/s 的速率通过一个带宽为 8kHz、信噪比为 31 的连续信道传送，可否实现？

14. 给定系统的带宽为 W，噪声功率谱密度为 N_0。试证明传送 1bit 信息所需的最小能量为 $0.693WN_0$（瓦）。若要 $S/WN>4000$（保证电视传送质量），其中 S 是信号功率，证明所需的信号能量至少为此最小值的 490 倍。

15. 设信号功率为 S，信道带宽为 W，噪声功率谱密度为 N_0。若接收机有一滤波器，其频率特性为

$$H(f)\begin{cases} >0 & |f|<W \\ =0 & \text{其他} \end{cases}$$

试求：

（1）滤波器可输出的最大信息量。

（2）若滤波器有电阻元件时情况如何？

第2篇 信道编码篇

信息理论与纠错编码理论是20世纪40年代后期几乎同时产生的信息领域中的具有划时代意义的两个基本理论。它们奠定了数字化时代信息技术发展的理论基础。前四章讨论了Shannon信息理论的基本概念和理论，本篇则要讨论纠错编码的基本理论和方法。R. W. Hamming被公认为是这个理论的开创者。

前面关于信道容量的讨论中，在假设信道无噪声干扰的条件下，给出信道的每一次应用（即传送一个信道符号）所能无差错传送的最大信息率即信道容量。但实际信道都是有噪声干扰的，在传输过程中会发生错误。为了达到无差错的信息传输，就要采用纠错编码的技术措施，此时传送的信息率就要降低。Shannon的有噪信道编码定理指出，只要信息率低于信道容量，就存在有一种纠错编码方法，使译码的差错概率任意小。定理给出了无差错传输的理论依据，但并没有给出实现的方法。纠错编码理论就是研究如何设计性能接近编码定理的编码和译码的方法和理论，以实现数据能无误地通过信道进行传输。因此，纠错编码也常常被称作信道编码。但实际上信道编码还应该包括数据传输码（Data Transmission Code，DTC），DTC更多时候被称作数字编码调制，其功能为适应物理信道的频谱特性、定时同步要求等客观条件而进行的一种码型设计或载波调制。因此，整个数据传输系统是由信源编解码器、纠错编解码器、数据传输编解码器（数字modem）和信道所组成，如图1所示。由于信源的多样性（如语音、图像的特性不同）和信道的差异（如无线移动信道与光纤信道参数差异），图中的3个编码器的任务就是要对信源与信道作出最佳的协调，以达到高速、可靠的信息传输的目的。本篇只讨论其中的ECC（Error-Correcting Code）模块。

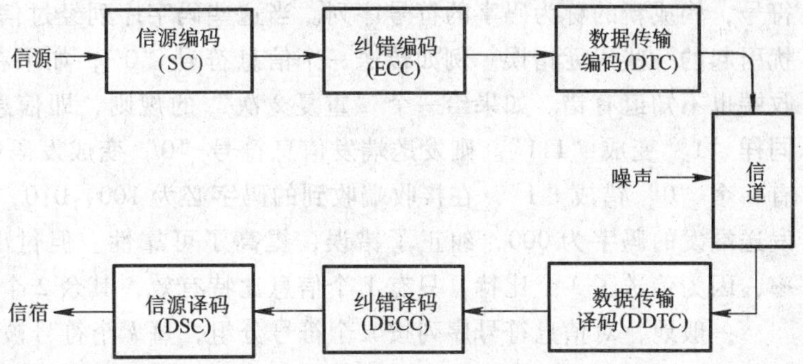

图1 数字通信系统功能框图

本篇包括5，6，7三章。第5章介绍线性分组码的基本概念和主要类型，如Hamming码，循环码，BCH码等的基本原理与构造方法，以及基本的译码原理和译码方法。在章首还介绍了Shannon的第二编码定理（有噪信道编码定理）和关于纠错编码的一些基本概念。第6章介绍卷积码的基本原理及应用最广的Viterbi译码算法的基本思想。关于为提升卷积码的码率而采用的删余技术，也在本章作基本原理的介绍。第7章是两个重要的应用无限脉冲响应（Infinite Impulse Respense，IIR）编码器的码类。一个叫TCM（Trellis-Coded Modulation），是ECC与DTC联合编码器，有很好的编码增益，在宽带高速数据传输中得到广泛应用。另一个叫Turbo码，是Shannon随机编码思想的一种实现，在第3代移动通信体制中，被确定为纠错码标准之一。由于这两种码类的理论较为复杂且尚未完善，本章只作概念性介绍。

第5章　分　组码

5.1　编码定理与纠错码的基本概念

5.1.1　编码定理与差错控制方式

1. 编码定理

通信的目的是要向对方高速、可靠地传送消息。然而对一个确定的信道，可靠与高速常常是矛盾的。高速必然要使每个数据码元所占的时间短，导致代表数据的脉冲波形变窄，能量减少，从而抗干扰能力变弱，产生译码错误的可能性增加，这就使传送信息的可靠性下降。为了提高可靠性，就要采取一种技术措施，叫做纠错编码。

纠错编码技术的基本思想是对随机发生的无规则的信息符号序列，按某种规则加上一些符号，构成新的称为码字的符号序列。当这些码字序列经过信道传送，便能发现、纠正由干扰引起的一些码元错误。例如传送一个信息符号“0”，如果在传送中被干扰错成“1”，接收端也不知道有错。如果给一个“重复2次”的规则，即信息符号“0”变成码字“000”；同样“1”变成“111”。则发送端发信息符号“0”变成发码字“000”。如果在传送过程中有一个“0”错成“1”，在接收端收到的码字必为100，010，001中的一个，而且可以判定发送端发的码字为000，纠正了错误，提高了可靠性。但付出的代价是降低了传送的信息率，因为传送了3个比特，只有1个信息比特有效，其余2个是多余的。

一般地，对信息符号序列按 k 个符号分组，每 k 个符号被编码成 n 个符号的码字，则每传送一个码字只有 k 个信息符号有效，其余（$n-k$）个符号只起校验作用。称比值

$$R = k/n$$

为信息率或编码速率，简称为码率，它表征为了纠错所付出的代价。那末，对于一个容量为 C 的信道，若要作无错误的信息传送，应付出多大的代价？即 R 可以取什么样的值？Shannon 编码定理（或称第二定理）回答了这个问题。

定理（有噪信道编码定理）：设离散无记忆信道 $[X, p(y|x), Y]$ 的信道容量为 C，当编码信息率 $R<C$ 时，总可以找到一种编码和相应的译码方法，使译码的错误概率任意小。

逆定理：若编码信息率 $R>C$，则不存在能使译码错误概率任意小的编码方法。

Shannon 用随机地选取被称为典型序列的编码方法，证明该定理。此后，又有许多学者给出更严格、更一般化的证明，但直到1993年 Turbo 码出现之前，没有一个编码方法能实现定理所给出的编码性能。本书不讨论这些复杂的证明过程，而是把编码定理作为合理设计实际通信系统的理论依据，并在第7章介绍 Turbo 码的基本思想。

2. 差错控制方式

所有的数字通信系统，如通信、雷达、遥控遥测、广播电视、数据存储及数据交换等，原理上都可归结成图1-1所示的功能框图。只是对于不同的实际应用系统，实现各功能框的

方式方法也各不相同。在数字通信中，利用纠错码和检错码进行差错控制的方式大致有以下几类：

（1）重传反馈方式（ARQ）

这种方式纠错功能是由发端重传发送信息来完成的。发送端发送的码字只具有发现错误（又叫检错）的功能。接收端收到通过信道传来的码字后，由译码器判决收到的码序列中有无错误，并把判决结果发回给发送端（反馈）。发送端根据反馈信息，把接收端认为有错的消息再发一次（重传），直到接收端认为正确接收为止。

该工作方式的重传次数与信道状态有关。若信道状态很差，则会处于反复重传状态，使传送消息的连贯性和实时性很差，不适用于语音、连续图像等信息传输。另外，从设备上需要有一个反馈信道，并且信源输出可控。但因为发现错误要比纠正错误容易得多，所以该方式的编译设备简单且整个系统的纠错能力极强，能获得极低的误码率，适用于实时性要求不强而准确率要求很高的数据业务。同时，也能适应情况复杂信道如短波无线信道，散射信道等的应用。

（2）前向纠错方式（FEC）

利用 FEC 方式进行差错控制，发送端发送的码字序列应具有纠正错误的能力。接收端通过译码器不仅能发现传输错误，而且还能发现错在哪一位，并改正错误。可见，纠错功能完全在接收端完成，不需要发送端参与，因此不要反馈信道，能适用于一个对多个的同播通信且实时性好，是广播电视、移动电话、网络通信等的基本差错控制方式。但是译码设备比较复杂，由于需要更多的校验码元，编码效率较低，影响传输速率的提高。随着计算技术与微电子技术的高速发展，这两个缺点正在迅速的转变，因此在实际的数字通信系统中 FEC 方式被越来越广泛地使用，也是本篇讨论的主要内容。

（3）混合纠错方式（HEC）

这种方式的发送端码字被设计成兼有检错和纠错功能。在接收端，首先检验错误情况，如果错误在纠错能力之内，则自动纠错。如果超出了设计的码字纠错能力，则检测错误并用 ARQ 方式要求发端重传纠错。这种方式，实际上是对纠错性能、设备复杂性与实时性要求的一种折衷，是值得重视的一种方式。其理论与技术与前面两种相同。

上述 3 种方式，都要用编码来赋以差错控制功能。不论是自动纠错或是只检错然后通过反馈重传来纠错的码字，统称之为纠错编码。本篇讨论将按照对信息元处理方法的不同来分类，分为分组码和卷积码两大类。

分组码是把信源输出的信息序列，以 k 个码元分组，在编码器里把这 k 个信息元按一定规则产生 r 个校验（监督）元，输出一个长为 $n=k+r$ 个码元的码组，并用 (n,k) 表示，其中 n 表示码长，k 表示信息元个数。因此，每一码组的校验元仅与本组的信息元有关，而与别组的信息元无关。

卷积码也把信息序列分段（帧）、每段为 k_0 个（k_0 一般比分组码的 k 小）信息元。每个信息段经编码器输出 n_0 个码元（$n_0>k_0$）的码段。与分组码不同的是该码段中的（n_0-k_0）个校验元不仅与本段的信息元有关，而且还与前 m 段的信息元有关。因此，卷积码用 (n_0, k_0, m) 来表示。

本章讨论分组码。

5.1.2 码字的纠错能力

在数字通信中，为了能在接收端发现和纠正信息传输中产生码元的错误，发端需对所传输的完全随机的数字序列赋以某些规律性，这个过程称为编码。首先，把信息序列按 k 位长度分成信息码组，即每组由相继的 k 位信息数字组成。然后，编码器按照预定的规律性设计的运算规则，把信息码组变换成为 n 位（$n>k$）长的码字，编码术语称 n 位长为 n 重。因为信息组长 k 位，故共有 2^k 个不同的信息组，则应有 2^k 个码字分别与它们一一对应。

一个 n 重的码字，数学上可以用矢量来表示：

$$\boldsymbol{C}=(c_{n-1},c_{n-2},\cdots,c_1,c_0)$$

所以码字又称码矢。用 $R=k/n$ 表示码字中信息位所占的比重，叫做编码效率或信息率，简称码率。R 越大，码的效率越高。R 是衡量码性能的一个重要参数。一般 R 大，校验元少。因此，纠错能力弱。研究编码技术的目的之一就是寻找码率高且纠检错能力强的编码方法。为了描述码的纠检错能力，要用到以下的一些基本概念。

1. 许用码组

对 k 位信息排列，共有 2^k 种信息组。如果把它们都当作码字来发送，则没有纠、检错能力。因为所有的错误结果（称为错误图样）仍然是 2^k 个码字中的一个。编码成 n 位以后，所有可能的码字共有 2^n 组。只取其中含有信息码组的 2^k 个码组作为码字，称为许用码组。其余 2^n-2^k 码组为禁用码组。只要错误图样属于禁用码组，就可发现有错。这就使经过编码后的码字具有了检错能力。

2. 码距

（n，k）线性码能发现或纠正接收码组中错误码元的个数，叫做码的检错或纠错能力。码字能检、纠错的必要条件是：码字在一些码元发生错误之后，不再属于许用码组。这就希望各码字之间应有足够的差别。用以表示码字间差别的参数，称为码字间的汉明距离。即在（n，k）线性码中，两个码字 $\boldsymbol{U}$、$\boldsymbol{V}$ 之间对应码元位置上符号取值不同的个数，称为码字 $\boldsymbol{U}$、$\boldsymbol{V}$ 之间的汉明距离，简称距离或 H 距，用 d（$\boldsymbol{U}$，$\boldsymbol{V}$）表示。例如，$\boldsymbol{U}=(10101)$，$\boldsymbol{V}=(01100)$，则 $d(\boldsymbol{U},\boldsymbol{V})=3$。

在（n，k）线性码的码字集合中，任意两个码字间距离最小值，称为码的最小距离 $d_{\min}$。若 $\boldsymbol{C}^{(i)}$ 和 $\boldsymbol{C}^{(j)}$ 是任意两个码字，则码的最小距离可表示为

$$d_{\min}=\min_{i\neq j}\{d(\boldsymbol{C}^{(i)},\boldsymbol{C}^{(j)})\},\quad i,j=0,1,\cdots,2^k-1 \tag{5-1}$$

码的最小距离是衡量码的抗干扰能力（检、纠错能力）的重要参数。码的最小距离越大，码的抗干扰能力就越强。

码字中非 0 码元符号的个数，称为码字的汉明重量，简称码字重量或 H 重，用 W 表示。线性分组码字集合 $\boldsymbol{C}_I$ 中，各个码字 W 的最小值，称为码 $\boldsymbol{C}_I$ 的最小重量 $W_{\min}$，表示式为

$$W_{\min}=\min\{W(V),V\in\boldsymbol{C}_I,W\neq 0\} \tag{5-2}$$

可以证明线性分组码的最小距离等于它的最小重量。

3. 最小码距与纠错能力的关系

一般的说，线性码的最小距离越大，意味着任意码字之间的差别越大，则码的检、纠错能力越强。如果一个线性码能检出 $\leqslant e$ 个码元的任何错误图样，我们就说码的检错能力为 e；如果线性码能纠正 $\leqslant t$ 个码元的任意错误图样，就说它的纠错能力为 t。

我们给出一些定理而不加证明，只用几何意义加以说明。

定理：（n，k）线性码能纠 t 个错误的充要条件是码的最小距离为

$$d_{\min} = 2t + 1 \text{ 或 } t = \left[\frac{d_{\min} - 1}{2}\right] \tag{5-3}$$

上述定理的几何意义如下：若以线性码的每个码矢在 n 维线性空间中对应点为中心，以码的纠错能力 t 为半径作球，如图 5-1。由于任意两个球心间的距离都大于或等于 $2t+1$，因此所有球都不相交或相切。当某个码字中包含 $<t$ 个错误时所得接收码矢量在 n 维空间中对应的点，仍在以原发送码矢为球心的球内，即最靠近原发送码字，而远离其他任何码字，于是可以正确译码。

定理：（n，k）线性码能发现接收码字 $\boldsymbol{R}$ 中 e 个错误的充要条件是码的最小距离为

$$d_{\min} = e + 1 \text{ 或 } e = d_{\min} - 1 \tag{5-4}$$

如图 5-2 所示，在 n 维空间中，以任意码矢 $\boldsymbol{U}$、$\boldsymbol{V}$ 为球心，以 e 为半径作球，由于 $d_{\min}$ 大于 e，故任何球都不会把其他球心（码矢）包含进去。所以，当码矢中发生 $\leqslant e$ 个错误时，接收码矢不会落在以发送码矢为球心的球外，则不会变成其他码矢。但各球是相交的，当接收码矢 $\boldsymbol{R}$ 落入两球重叠区时，就无法区分 $\boldsymbol{R}$ 是属于哪个球，因而只能发现错误，而无法判断原发送的是哪个码字，即不能纠正错误。

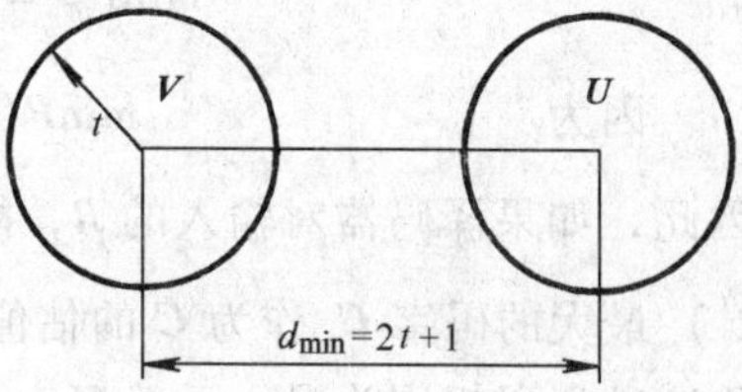

图 5-1　纠错能力的几何说明图

定理：（n，k）线性码能纠 t 个错误并能发现 e 个错误（$e>t$）的充要条件是码的最小距离为

$$d_{\min} = t + e + 1 \text{ 或 } t + e = d_{\min} - 1 \tag{5-5}$$

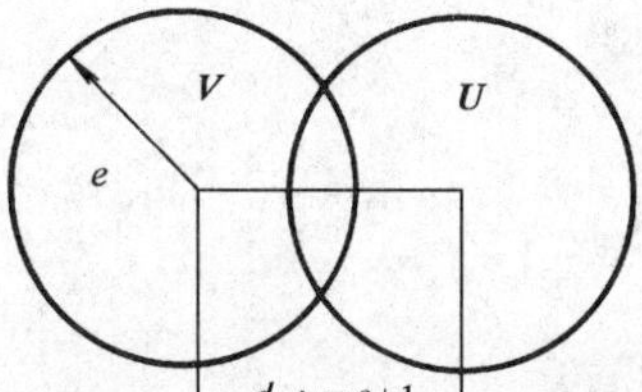

图 5-2　检错能力几何示意图

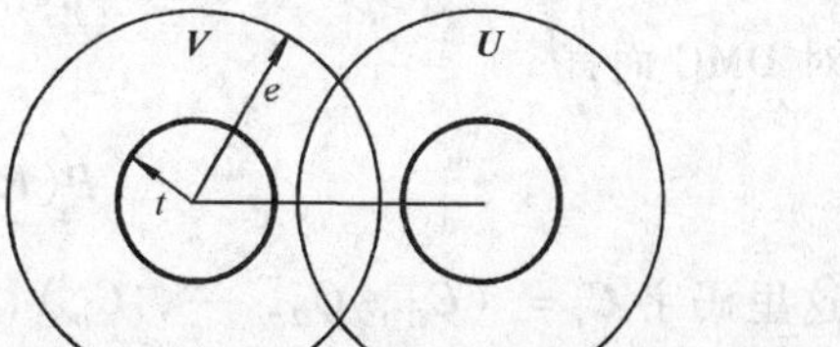

图 5-3　区分纠错和检错的示意图

如图 5-3 所示，粗线球面是纠正 t 个错的球面，细线球面代表检 e 个错误的球面。当接收码矢 $\boldsymbol{R}$ 中不包含错误或 $\leqslant t$ 个错误时，$\boldsymbol{R}$ 将落在粗线球内或球上，因而把 $\boldsymbol{R}$ 纠成原发送码矢。当接收码矢 $\boldsymbol{R}$ 包含 $>t$ 个而 $\leqslant e$ 个错误时，$\boldsymbol{R}$ 不会落在任何码字的纠错球面内。代表纠错范围的粗线球面和代表检错范围的细线球面没有相交或相切，于是可将纠错和检错区分开来。

5.1.3　译码准则

1. 最大后验概率译码

译码器的基本任务就是根据一套译码规则，由接收序列 $\boldsymbol{R}$ 给出与发送的信息序列 $\boldsymbol{M}$ 最接近（最好是相同）的估值序列 $\hat{\boldsymbol{M}}$。由于 $\boldsymbol{M}$ 与码字 $\boldsymbol{C}$ 之间存在一一对应关系，所以这等价

于译码器根据 $\boldsymbol{R}$ 产生一个 C 的估值序列 $\hat{\boldsymbol{C}}$。显然，当且仅当 $\hat{\boldsymbol{C}}=\boldsymbol{C}$ 时 $\hat{\boldsymbol{M}}=\boldsymbol{M}$，这时译码器正确译码。

如果译码器输出的 $\hat{\boldsymbol{C}}\neq\boldsymbol{C}$，则译码器产生了错误译码。之所以产生错误译码是由于：信道干扰很严重，超过了码本身的纠错能力；或者由于译码设备的故障。当给定接收序列 R 时，译码器的条件译码错误概率定义为：

$$P(\boldsymbol{E}\mid\boldsymbol{R}) = P(\hat{\boldsymbol{C}}\neq\boldsymbol{C}\mid\boldsymbol{R})$$

所以译码器的错误译码概率

$$P_{\boldsymbol{E}} = \sum_{R} P(\boldsymbol{E}\mid\boldsymbol{R})P(\boldsymbol{R})$$

$P(\boldsymbol{R})$ 是接收 $\boldsymbol{R}$ 的概率，与译码方法无关，所以译码错误概率最小的最佳译码规则是使

$$\min P_{\boldsymbol{E}} = \min_{R} P(\boldsymbol{E}\mid\boldsymbol{R}) = \min_{R} P(\hat{\boldsymbol{C}}\neq\boldsymbol{C}\mid\boldsymbol{R})$$

因为

$$\min P(\hat{\boldsymbol{C}}\neq\boldsymbol{C}\mid\boldsymbol{R})\Rightarrow\max P(\hat{\boldsymbol{C}}=\boldsymbol{C}\mid\boldsymbol{R}) \tag{5-6}$$

因此，如果译码器对输入的 R，能在 2^k 个码字中选择一个使 $P(\hat{\boldsymbol{C}}_i=\boldsymbol{C}\mid\boldsymbol{R})$（$i=1, 2, \cdots, 2^k$）最大的码字 $\boldsymbol{C}_i$ 作为 $\boldsymbol{C}$ 的估值序列 $\hat{\boldsymbol{C}}$，则这种译码规则一定使译码器输出错误概率最小，称这种译码规则为最大后验概率译码。

2. 最大似然译码

由 Bayes 公式

$$P(\boldsymbol{C}_i\mid\boldsymbol{R}) = \frac{P(\boldsymbol{C}_i)P(\boldsymbol{R}\mid\boldsymbol{C}_i)}{P(\boldsymbol{R})}$$

可知，若发端发送每个码字的概率 $P(\boldsymbol{C}_i)$ 均相同，且由于 $P(\boldsymbol{R})$ 与译码方法无关，所以

$$\max_{i=1,2,\cdots,2^k} P(\boldsymbol{C}_j\mid\boldsymbol{R})\Rightarrow\max_{i=1,2,\cdots,2^k} P(\boldsymbol{R}\mid\boldsymbol{C}_i) \tag{5-7}$$

对 DMC 而言

$$P(\boldsymbol{R}\mid\boldsymbol{C}_i) = \prod_{i=1}^{n} p(r_i\mid C_{ij}) \tag{5-8}$$

这里码字 $\boldsymbol{C}_i=(C_{i1}, C_{i2}, \cdots, C_{in})$，$i=1, 2, \cdots, 2^k$。

一个译码器的译码规则若能在 2^k 个码字集合 $\boldsymbol{C}$ 中选择某一个 $\boldsymbol{C}_i$ 使式（5-7）成为最大，则这种译码规则称为最大似然译码（MLD），$P(\boldsymbol{R}\mid\boldsymbol{C})$ 称为似然函数，相应的译码器称为最大似然译码器。由于 $\log_b x$ 与 x 是单调关系，因此式（5-7）与式（5-8）可写成

$$\max_{i=1,2,\cdots,2^k} \log_b P(\boldsymbol{R}\mid\boldsymbol{C}_i) = \max_{i=1,2,\cdots,2^k} \sum_{j=1}^{n} \log_b p(r_i\mid c_{ij}) \tag{5-9}$$

称 $\log_b P(\boldsymbol{R}\mid\boldsymbol{C})$ 为对数似然函数或似然函数。对于 DMC 信道，MLD 是使译码错误概率最小的一种最佳译码准则或方法，但此时要求发端发送每一码字的概率 $P(\boldsymbol{C}_i)(i=1,2,\cdots,2^k)$ 均相等，否则 MLD 不是最佳的。在以后讨论中，都认为 $P(\boldsymbol{C}_i)$ 均近似相等。

3. 大数判决译码

以重复码为例。重复码是 $k=1$ 的 $(n, 1)$ 码，它的编码规则（即在 2^n 个 n 重中挑选 $2^k=2^1$ 个码字的规则）是 $(n-1)$ 个校验元是信息元的重复，设信息元为 C_{n-1}，则校验元 $C_i=C_{n-1}$（$i=0, 1, 2, \cdots, n-2$）。由于信息组只有 $2^k=2$ 组：0 和 1，因此相应的许用码字

只有两个（00…0）和（11…1）。设它们通过 BSC 传输，信道的转移概率为 P_e。

通常情况下，$P_e \leqslant 0.5$，因此在传输中没有错误的可能性比出现错误的可能性大，出现一个错误的可能性比出现两个错误的可能性大，等等。也就是说信道错误图样 E 中出现重量最轻的图样可能性最大。MLD 译码器就是由接收到的 R 在 2^k 个码字集中，寻求与 R 的汉明距离最小的码字 $\boldsymbol{C}_i$，为最可能发送的码字而接收，这就是最小汉明距离译码（或称最近临区译码）。（试证明：在 DMC 中，最小汉明距离译码就是 MLD。）在重复码情况下这种译码方案就是根据收到序列中 0 和 1 的多少，来判断信息组是 0 还是 1，若接收序列中 1 的个数大于 $n/2$，则判为 1；否则，判为 0。这种译码方案就是大数判决准则译码。

当 n 是奇数时，按照这种大数准则译码方法，译码器总可以很快地作出是 0 还是 1 的判决。当 n 是偶数时可能出现以下情况，即接收序列中“1”的个数和“0”的个数刚好相等，此时若按大数准则无法作出判断，造成译码失败，这种译码称为不完备译码。而 n 为奇数情况下的译码（即译码器一定作出是哪一个信息组的判决）称为完备译码。译码失败只表明译码器无法给出明确判断，但并不等于译码错误，而已表明接收序列中存在错误。此时，如果与 ARQ 系统相结合，则可以利用此信息要求对方重发该组信息，直到译码器作出明确判决为止。下面具体说明重复码的抗干扰能力。

（1）（1，1）码。这种码 $n=1$，$k=1$，$d=1$，$R=1$，显然无任何抗干扰能力。设 BSC 中的 $P_e=0.1$，则这种码的误码率仍为 0.1。

（2）（2，1）重复码。该重复码的两个许用码字是（00）和（11），$d_0=2$，码率 $R=1/2$。若用不完备译码（并与 ARQ 结合）则译码错误为 $P_e^2=10^{-2}$。也就是说只有当（00）错成（11）或（11）错成（00）时，才造成译码错误。而（01）和（10）不是许用码字，不会造成译码错误。因此，这个码能发现传输中的一个错误，但不能自动纠正。

（3）（3，1）重复码。显然，它的两个码字是（000）和（111），$d_0=3$，$R=1/3$。设发的是（000），若收到的是（001）或（010）或（100），则根据大数译码准则正确地判为（000），译出信息组为 0。若收到的是（011），（101），（110），（111）中之一，则造成译码错误，错判信息组是 1。因此，该码若用完备译码能纠正序列中的 1 个错误，设正确译码概率为 Q，此时译码错误概率

$$P_E = 1 - Q = 1 - \left[(1-P_e)^3 + 3P_e(1-P_e)^2\right] = 2.8 \times 10^{-2}$$

也就是误码率由 0.1 减至 2.8×10^{-2}。

若该码不用作纠错，而采用不完备译码用作检错，则可以发现两个错误，与 ARQ 系统结合后，译码错误概率减至 $P_e^3=10^{-3}$，即 3 个码元都错时，译码错误。

（4）（4，1）重复码。显然，该码的 $d_0=4$，$R=1/4$。由于 n 是偶数，故只能采用不完全译码。它的纠错能力如下：

① 能纠正一个错误同时发现两个错误。若发送的是（0000），则错一个时，根据大数准则可正确判断发送的是 0 信息组。若错两个变成（0011），（1100），（1010），（0101），（1001），（0110）之一时，则译码器无法作出判决，而指出发生了两个错误。仅在变成了（1110），（0111），（1011），（1101）和（1111）时，译码器才作出错误译码。因此，这时的译码错误概率

$$P = P_e^4 + 4P_e^3(1-P_e) = 3.6 \times 10^{-4}$$

② 若仅用来检错，则可检测 $e=d_0-1=3$ 个错误。显然，若发送的是（0000），则仅

在变成（1111）时，才产生错误译码，而其他情况均能正确译码或发现错误。因此，此时的译码错误概率 $P=P_e^4=10^{-4}$。

(5)(5，1) 重复码。(5，1) 码的 $d_0=5$，$R=1/5$。它的纠错能力如下：

① 能纠正两个随机错误，这时的译码错误概率

$$P=1-\left[(1-P_e)^5+\binom{5}{1}P_e(1-P_e)^4+\binom{5}{2}P_e^2(1-P_e)^3\right]=1-0.993=7\times10^{-3}$$

因此，传送信息组0、1的错误概率从0.1降至千分之七，约降低了两个数量级。

② 若仅用来检错，则能发现 $e=d_0-1=4$ 个错误。若与ARQ系统结合进行纠错，则译码错误概率大约为 $P=P_e^5=10^{-5}$。

5.2 线性分组码

5.2.1 一致监督方程和一致监督矩阵

如上所述，编码就是给已知信息组按预先规则添加监督码元，以构成码字。最简单的编码就是奇偶监督码，对于偶监督码，它的监督位等于全部信息码的模2和。也就是常说的码字中有偶数个1，则监督位为0；若有奇数个1，则监督位为1，使正确的接收码字各位的模2和为0。将此规则加以推广，在 k 个信息位之后附加 $r(r=n-k)$ 个监督码元，每个监督位是其中某些信息位的模2和。即 $(n-k)$ 个附加码元是由信息码元按某种规则设计的线性方程的运算产生，则称为线性分组码（linear block code）。这种将所有信息位放在前而校验位置于后的线性分组码，称为线性分组系统码，其结构如图5-4所示。

信息位	校验位

图5-4 系统码结构

以（7，3）线性分组码为例。信息分组长度 $k=3$，在每一信息组后加上4个监督，每个码元取值为“0”或“1”。设该码的码字为（C_6，C_5，C_4，C_3，C_2，C_1，C_0），其中 C_6，C_5，C_4 是信息；C_3，C_2，C_1，C_0 是监督，设监督可按下面方程组计算：

$$\left.\begin{aligned}C_3&=C_6+C_4\\C_2&=C_6+C_5+C_4\\C_1&=C_6+C_5\\C_0&=C_5+C_4\end{aligned}\right\}\tag{5-10}$$

式（5-10）为线性方程组，它确定了由信息得到监督的规则，称为监督方程或校验方程。由于所有码字都按同一规则确定，因此式（5-10）称为一致监督方程或一致校验方程，这种编码方法称为一致监督编码或一致校验编码。由于一致监督方程是线性的，即监督元与信息元之间是线性运算关系，所以由线性监督方程所确定的分组码是线性分组码。

根据式（5-10），每给出一个3位信息组，就可编出一个7位的码字。例如，信息组为101，即 $C_6=1$，$C_5=0$，$C_4=1$，代入式（5-10）得到 $C_3=0$，$C_2=0$，$C_1=1$，$C_0=1$。即由信息组101编出码字1010011。同理可求出其他7个信息组相对应的码字，如表5-1所示。

为了运算方便，可用矩阵形式表示式（5-10），将式（5-10）移项使等号右边为0，得到

表 5-1 （7，3）码信息组相对应的码字

信 息 组	对应码字	信 息 组	对应码字	信 息 组	对应码字
000	0000000	011	0111010	110	1101001
001	0011101	100	1001110	111	1110100
010	0100111	101	1010011		

$$\begin{bmatrix}1011000\\1110100\\1100010\\0110001\end{bmatrix}\begin{bmatrix}C_6\\C_5\\C_4\\C_3\\C_2\\C_1\\C_0\end{bmatrix}=\begin{bmatrix}0\\0\\0\\0\end{bmatrix} \tag{5-11}$$

令

$$\boldsymbol{C} = [\,C_6C_5C_4C_3C_2C_1C_0\,]$$
$$\boldsymbol{0} = [\,0\,0\,0\,0\,]$$

$$\boldsymbol{H} = \begin{bmatrix}1011000\\1110100\\1100010\\0110001\end{bmatrix} \tag{5-12}$$

于是式（5-11）可写作

$$\boldsymbol{H}\boldsymbol{C}^{\mathrm{T}} = \boldsymbol{0}^{T} \text{ 或 } \boldsymbol{C}\boldsymbol{H}^{\mathrm{T}} = \boldsymbol{0} \tag{5-13}$$

式中，$\boldsymbol{C}^{\mathrm{T}}$、$\boldsymbol{H}^{\mathrm{T}}$、$\boldsymbol{0}^{\mathrm{T}}$ 分别表示矩阵 $\boldsymbol{C}$、$\boldsymbol{H}$、$\boldsymbol{0}$ 的转置矩阵。系数矩阵 $\boldsymbol{H}$ 的后四列组成一个 4 × 4 阶单位子阵，用 $\boldsymbol{I}_4$ 表示，H 的其余部分用 $\boldsymbol{Q}$ 表示，即

$$\boldsymbol{Q} = \begin{bmatrix}101\\111\\110\\011\end{bmatrix},\boldsymbol{I}_4 = \begin{bmatrix}1000\\0100\\0010\\0001\end{bmatrix} \text{及 } \boldsymbol{H}_{(7,3)} = [\,\boldsymbol{Q}\boldsymbol{I}_4\,] \tag{5-14}$$

推广到一般情况，对（n，k）线性分组码，每个码字中 $r(r = n - k)$ 个监督元与信息元之间的关系可由下面的线性方程组确定

$$\begin{cases}h_{11}C_{n-1} + h_{12}C_{n-2} + \cdots + h_{1n}C_0 = 0\\ h_{21}C_{n-1} + h_{22}C_{n-2} + \cdots + h_{2n}C_0 = 0\\ \qquad\cdots\\ h_{r1}C_{n-1} + h_{r2}C_{n-2} + \cdots + h_{rn}C_0 = 0\end{cases} \tag{5-15}$$

令上式的系数矩阵为 $\boldsymbol{H}$，码字行矢量为 $\boldsymbol{C}$，即

$$\boldsymbol{H} = \begin{bmatrix}h_{11} & h_{12} & \cdots & h_{1n}\\ h_{21} & h_{22} & \cdots & h_{2n}\\ & \cdots & \cdots & \\ h_{r1} & h_{r2} & \cdots & h_{rn}\end{bmatrix} \tag{5-16}$$

$$C = [C_{n-1}C_{n-2}\cdots C_0]$$

于是式（5-15）可写成

$$HC^{\mathrm{T}} = 0^{\mathrm{T}} \text{ 或 } CH^{\mathrm{T}} = 0 \tag{5-17}$$

对 H 各行进行初等变换，将后 r 列化成单位子阵，于是得到

$$H = \begin{bmatrix} q_{11} & q_{12} & \cdots & q_{1k} & 1 & 0 & \cdots & 0 \\ q_{21} & q_{22} & \cdots & q_{2k} & 0 & 1 & \cdots & 0 \\ & & & \cdots & & & & \\ q_{r1} & q_{r2} & \cdots & q_{rk} & 0 & 0 & \cdots & 1 \end{bmatrix} = [QI_r] \tag{5-18}$$

初等变换所得的后面 r 列是一个单位子阵的监督矩阵 H，称为监督矩阵 H 的标准形式。H 阵的一般形式都可通过行的初等变换化成标准形式。利用标准形式的 H 阵进行编译码是方便的，是一种常用形式。

显然，H 阵的每一行都代表一个监督方程，它表示与该行中“1”相对应的码元的模 2 和为 0。因而 H 的标准形式还说明了相对应的监督元是由哪些信息元决定的。H 阵的 r 行代表 r 个监督方程，也表示由 H 所确定的码字有 r 个监督元。那么为了得到确定的码字，r 个监督方程（或 H 阵的 r 行）必须是线性独立的，这要求 H 阵的秩为 r。

5.2.2 线性分组码的编码与译码

1. 一致监督矩阵与生成矩阵

对于线性分组码而言，任意两个码字之和仍是一个码字，这一特性称为线性码的封闭性。(n, k) 线性码是 n 维线性空间 V_n 中的一个 k 维子空间 V_k。在这个 k 维子空间中，一定存在 k 个线性独立的码字：$g_1, g_2, \cdots, g_k$。那么，任何码字 C 都可以表示为这 k 个码字的一种线性组合，即

$$C = m_{k-1}g_1 + m_{k-2}g_2 + \cdots + m_0 g_k \tag{5-19}$$

式中，m_i 取 0 或 1 代表信息位。将式（5-19）写成矩阵形式得

$$C = [m_{k-1}m_{k-2}\cdots m_0]\begin{bmatrix} g_1 \\ g_2 \\ \cdots \\ g_k \end{bmatrix} = mG \tag{5-20}$$

其中 $m = [m_{k-1}, m_{k-2}, \cdots, m_0]$ 是待编码的信息组，G 是一个 $k \times n$ 阶矩阵

$$G = \begin{bmatrix} g_1 \\ g_2 \\ \cdots \\ g_k \end{bmatrix} = \begin{bmatrix} g_{11} & g_{12} & \cdots & g_{1n} \\ g_{21} & g_{22} & \cdots & g_{2n} \\ & \cdots & \cdots & \\ g_{k1} & g_{k2} & \cdots & g_{kn} \end{bmatrix} \tag{5-21}$$

而 G 中每一行 $g_i = (g_{i1}, g_{i2}, \cdots, g_{in})$ 都是一个码字。对每一个信息组 m，由矩阵 G 都可求得 (n, k) 线性码对应的码字。因而矩阵 G 生成了 (n, k) 线性码，所以称 G 为 (n, k) 线性码的生成矩阵。由式（5-19）可知，(n, k) 线性码的每一个码字都是生成矩阵 G 的行矢量的线性组合。

通过初等变换，可以将 G 化成前 k 列是单位阵的标准形式

$$G=\begin{bmatrix}1 & 0 & \cdots & 0 & p_{11} & p_{12} & \cdots & p_{1(n-k)}\\ 0 & 1 & \cdots & 0 & p_{21} & p_{22} & \cdots & p_{2(n-k)}\\ & & & & \cdots & & & \\ 0 & 0 & \cdots & 1 & p_{k1} & p_{k2} & \cdots & p_{k(n-k)}\end{bmatrix}=[\boldsymbol{I}_k\boldsymbol{P}] \tag{5-22}$$

若将式（5-22）代入（5-20）可得码矢 C 的前 k 位与后 $n-k$ 位分别为

$$\left.\begin{aligned}C_{n-i}&=m_{k-i},i=1,2,\cdots,k\\ C_{n-(k+1)}&=m_{k-1}p_{1j}+m_{k-2}p_{2j}+\cdots+m_0p_{kj},j=1,2,\cdots,n-k\end{aligned}\right\} \tag{5-23}$$

该式表明，信息组以不变的形式出现在码字的前 k 位，后 $r=n-k$ 位为监督位，也就是线性系统分组码。

（n，k）线性码的 G 和 H 之间有非常密切的关系。由于生成矩阵 G 的每一行都是码字，所以 G 的每一行都满足 $HC^{\mathrm{T}}=0^{\mathrm{T}}$，则有

$$HG^{\mathrm{T}}=0^{\mathrm{T}},\text{或 }GH^{\mathrm{T}}=0 \tag{5-24}$$

因此，线性码的生成矩阵 G 和监督矩阵 H 的行矢量彼此正交。并且由式（5-24）得

$$P=Q^{\mathrm{T}}\text{ 或 }P^{\mathrm{T}}=Q$$

由此可得

$$G=[I_kP]=[I_kQ^{\mathrm{T}}]\text{ 或 }H=[QI_r]=[P^{\mathrm{T}}I_r] \tag{5-25}$$

因此，线性系统码的监督矩阵 H 和生成矩阵 G 之间可以相互直接转换。

现以（7，4）线性分组码为例，说明（n，k）线性码的编码过程。设码矢为

$$C=[C_6C_5C_4C_3C_2C_1C_0]$$

监督矩阵为

$$H_{(7,4)}=\begin{bmatrix}1110100\\0111010\\1101001\end{bmatrix},\text{其中 }Q=\begin{bmatrix}1110\\0111\\1101\end{bmatrix}$$

由 $HC^{\mathrm{T}}=0^{\mathrm{T}}$，得监督元方程

$$\left.\begin{aligned}C_2&=C_6+C_5+C_4\\ C_1&=C_5+C_4+C_3\\ C_0&=C_6+C_5+C_3\end{aligned}\right\}$$

根据（5-25）式，得到生成矩阵为

$$G_{(7,4)}=[I_4Q^{\mathrm{T}}]=\begin{bmatrix}1000101\\0100111\\0010110\\0001011\end{bmatrix}$$

根据 $C=mG$，将不同的信息码矢 m 与 $G_{(7,4)}$ 作矩阵乘法，便得到码矢 C。

由上例可见，按生成矩阵和监督矩阵计算所得的监督元是一致的，所以生成矩阵和监督矩阵只是描述同一码结构的不同方式而已。

2. 译码与伴随式

译码是编码的逆过程。通过译码检测或纠正码字传输中的错误，这是纠错编码的目的，错误检测原理如下。

监督矩阵既可以用来生成监督位，也可以用来检测接收码字中的错误。当收到一个码字 $\boldsymbol{R}$，可用监督矩阵 $\boldsymbol{H}$ 来检验 $\boldsymbol{R}$ 是否满足监督方程，即 $\boldsymbol{HR}^{\mathrm{T}}=\boldsymbol{0}^{\mathrm{T}}$ 是否成立。若关系成立，则认为 $\boldsymbol{R}$ 是一个码字；否则判码字在传输过程中发生错误。因此，$\boldsymbol{HR}^{\mathrm{T}}$ 的值是否为 $\boldsymbol{0}^{\mathrm{T}}$ 成为判断接收字是否出错的依据。

定义： $\boldsymbol{S}=\boldsymbol{RH}^{\mathrm{T}}$ 或 $\boldsymbol{S}^{\mathrm{T}}=HR^{\mathrm{T}}$ 称为接收字的伴随式，或监督子，或检验子。

接收字 $\boldsymbol{R}$ 可以看作发送码字 $\boldsymbol{C}$ 和错误图样 $\boldsymbol{E}$ 之和，即 $\boldsymbol{R}=\boldsymbol{C}+\boldsymbol{E}$，于是伴随式

$$\boldsymbol{S}^{\mathrm{T}}=\boldsymbol{HR}^{\mathrm{T}}=\boldsymbol{H}(\boldsymbol{C}+\boldsymbol{E})^{\mathrm{T}}=\boldsymbol{HC}^{\mathrm{T}}+\boldsymbol{HE}^{\mathrm{T}}$$

由于 $\boldsymbol{HC}^{\mathrm{T}}=\boldsymbol{0}^{\mathrm{T}}$，故

$$\boldsymbol{S}^{\mathrm{T}}=\boldsymbol{HE}^{\mathrm{T}} \tag{5-26}$$

由上述分析得出结论：

(1) 伴随式仅与错误图样有关，而与发送的码字无关，即伴随式仅由错误图样决定。

(2) 伴随式是错误的判别式：若 $\boldsymbol{S}=\boldsymbol{0}$，判无错，接收字是一个码字；否则判有错。

(3) 不同的错误图样对应不同的伴随式。对于二元码，伴随式是 $\boldsymbol{H}$ 阵中与错误码元位置相对应列之和。

只要假设一个错误图样，比如 $E=$ (0010001)（即 C_0 与 C_4 码元有错），应用式 (5-26) 就可验证此结论。

从结论还可以引出纠错译码的概念。设只发生一位错误，则错误图样 E 中只有一个“1”。此时的伴随式就是 $\boldsymbol{H}$ 阵中与 $\boldsymbol{E}$ 中“1”的位置相对应的列，或反过来说：只错 1 位的接收码字 $\boldsymbol{R}$ 的伴随式是 $\boldsymbol{H}$ 阵中的一列，该列的位置就是 $\boldsymbol{R}$ 中发生错误的码元位置，即可纠正。这也就是 1950 年 Hamming 提出纠一个错误线性码的思想，称之为 Hamming 码。至于纠多个错误码元的译码要复杂得多了，可参阅有关专著。

3. Hamming 码的监督矩阵

上面已提到 Hamming 码可以纠正一个错误，编译码很简单，故应用甚广。从其纠错译码的原理可看出对监督矩阵的构造方法。首先要求 $\boldsymbol{H}$ 阵的任两列线性无关，即任意两列既不可相同，也不可成比例；其次要求 $\boldsymbol{H}$ 阵中没有全 0 的列。在 (n, k) 线性码中，监督元个数 $r=n-k$，故 $\boldsymbol{H}$ 阵每列有 r 个元素，最多只能有 2^r-1 种互不相同的非 0 列。对于某一确定的 r（正整数），监督矩阵 $\boldsymbol{H}$ 便被确定为 $r\times(2^r-1)$ 阶，至于各列的排列，原则上可随意。但从应用方便出发，通常有两种排列方式。一种是按 $\boldsymbol{H}$ 的标准形式：$\boldsymbol{H}=[\boldsymbol{QI}_r]$，这种排列容易作 $\boldsymbol{H}$ 与 $\boldsymbol{G}$ 的转换，且编出的码字为系统码格式。另一种是 r 重的二进制列按它所代表的十进数次序从 1 ~ (2^r-1) 自左向右排列，这种排法，伴随式 $\boldsymbol{S}$ 的值正好就是错误位，容易纠错。

总之，(n, k) 线性分组码的监督矩阵是 $n-k$ 行，n 列，对于 (n, k) Hamming 码而言，$n=2^n-1$ 列包含了所有 $n-k=r$ 位的二进制非 0 矢量。例如，当 $r=3$ 时，(7, 4) 码的监督矩阵包含了 (001) (010) (011) (100) (101) (110) (111) 共 7 列。按 $[\boldsymbol{QI}_r]$ 排法，有

$$\boldsymbol{H}=\begin{bmatrix}1110100\\0111010\\1101001\end{bmatrix} \tag{5-27}$$

且很容易得到生成矩阵 $\boldsymbol{G}$ 为

$$G = \begin{bmatrix} 1000101 \\ 0100111 \\ 0010110 \\ 0001011 \end{bmatrix} \tag{5-28}$$

按十进数次序排法有

$$H = \begin{bmatrix} 0 & 0 & 0 & 1 & 1 & 1 & 1 \\ 0 & 1 & 1 & 0 & 0 & 1 & 1 \\ 1 & 0 & 1 & 0 & 1 & 0 & 1 \end{bmatrix} \tag{5-29}$$

如果计算得 $\boldsymbol{S} = \begin{bmatrix} 1 \\ 0 \\ 1 \end{bmatrix}$，则便可知接收码矢 $\boldsymbol{R}$ 中第 5 位有错，在第 5 位加一个“1”即可纠错。

有了监督矩阵，Hamming 码的编译码方法可按前面讨论的线性码方法一样进行。

5.3 循环码

5.3.1 循环过程的数学表达式

循环码（cyclic code）是线性分组码的一个子集，应用甚广，它有如下特征：若 $\boldsymbol{C} = [C_{n-1}, C_{n-2}, \cdots, C_0]$ 是循环码的一个码字，则经过移位后的码字 $[C_{n-2}, C_{n-3}, \cdots, C_0, C_{n-1}]$ 仍是一个码字。于是 $\boldsymbol{C}$ 的所有循环移位后的结果均是码字。根据循环特征，循环码有多种简单而有效的编码、译码算法与硬件结构。本节将着重介绍循环码的基本特性。

在处理循环码前，先引入码多项式的概念。任意一个 n 位长的码字 $\boldsymbol{C} = [C_{n-1}, C_{n-2}, \cdots, C_0]$，都可以用一个幂次小于等于 $n-1$ 的以码矢各分量为系数的多项式表示：

$$C(p) = C_{n-1}p^{n-1} + C_{n-2}p^{n-2} + \cdots + C_1 p + C_0 \tag{5-30}$$

对于二进制循环码，多项式系数为 0 或 1。

可用 P 乘以码多项式 $C(P)$ 来表示“左移”操作，即

$$pC(p) = C_{n-1}p^{n} + C_{n-2}p^{n-1} + \cdots + C_1 p^2 + C_0 p$$

由于该多项式的幂次为 n（当 $C_{n-1}=1$），它不能代表一个码字。应将 C_{n-1} 从左边移出而放之于最低位（右边），C_{n-2} 为最高位系数，这个操作可用 $pC(p)$ 除以 p^n+1，得

$$\frac{pC(p)}{p^n+1} = C_{n-1} + \frac{C_1(p)}{p^n+1} \tag{5-31}$$

其中

$$C_1(p) = C_{n-2}p^{n-1} + C_{n-3}p^{n-2} + \cdots + C_0 p + C_{n-1} \tag{5-32}$$

可以看出，多项式 $C_1(p)$ 代表 $[C_{n-2}, C_{n-3}, \cdots, C_0, C_{n-1}]$，这正好是码字 C 循环移位一次的结果。由于 $C_1(p)$ 是 $pC(p)$ 除以 p^n+1 的余式，记作 $C_1(p) \equiv pC(p) \bmod (p^n+1)$，符号“≡”表示“同余”关系。

同理，若 $C(p)$ 代表循环码的一个码字，则 i 次循环 $p^iC(p) \bmod (p^n+1)$ 也同样是循环码的一个码字，可以写出

$$p^iC(p) = Q(p)(p^n+1) + C_i(p) \tag{5-33}$$

其中多项式余式 $C_i(p)$ 代表循环 i 次后的码字，而 $Q(p)$ 代表商式。

5.3.2 循环码的生成多项式

设 $g(p)$ 是一个 $n-k$ 次的多项式，同时它也是 p^n+1 的一个因式，此外定义幂次小于等于 $k-1$ 的多项式

$$X(p) = x_{k-1}p^{k-1} + x_{k-2}p^{k-2} + \cdots + x_1 p + x_0 \tag{5-34}$$

其中 $[x_{k-1}, x_{k-2}, \cdots, x_0]$ 代表 k 位信息组。显然，$X(p)g(p)$ 的积是一个幂次小于等于 $n-1$ 的多项式，可以用来代表一个 n 位长的码字。注意到总共有 2^k 个可能的 $X_i(p)$，所以对于给定 $g(p)$，共有 2^k 个可能的码字。每个码字多项式可表示为

$$C_m(p) = X_m(p)g(p) \tag{5-35}$$

其中 $m=1, 2, \cdots, 2^k$。

由此可见，具有循环特征的码字可以由 2^k 个幂次小于等于 $n-1$，并可被 $g(p)$ 整除的多项式集合 $\{C_m(p)\}$ 表示。$g(p)$ 被称作生成多项式，是多项式 p^n+1 的一个 $n-k$ 次的因式，也是所有码多项式中幂次最低的码多项式。生成多项式也是一个码字，是对应于信息码 00…01 的一个码字。

以 $n=7$ 的循环码为例，为找出生成多项式，对多项式 p^7+1 作因式分解

$$p^7 + 1 = (p+1)(p^3+p^2+1)(p^3+p+1) \tag{5-36}$$

为了生成（7，4）循环码，我们可利用以下两个多项式中的任一个

$$g_1(p) = p^3+p^2+1 \text{ 或 } g_2(p) = p^3+p+1 \tag{5-37}$$

分别用 $g_1(p)$ 和 $g_2(p)$ 生成的码字集合是一致的。

（7，3）码是（7，4）码的对偶码，它可以由幂次为 4 的 p^7+1 多项式的因子产生。用 $h_1(p)$ 和 $h_2(p)$ 表示该两个生成多项式

$$h_1(p) = (p+1)(p^3+p+1) = p^4+p^3+p^2+1 \tag{5-38}$$

$$h_2(p) = (p+1)(p^3+p^2+1) = p^4+p^2+p+1 \tag{5-39}$$

表 5-2 和表 5-3 分别列出了由 $g_1(p)$ 生成的(7,4) 码和由 $h_1(p)$ 生成的(7,3) 对偶码。

表 5-2 （7，4）循环码

信息位	码字	信息位	码字	信息位	码字
0000	0000000	0110	0101110	1100	1011100
0001	0001101	0111	0100011	1101	1010001
0010	0011010	1000	1101000	1110	1000110
0011	0010111	1001	1100101	1111	1001011
0100	0110100	1010	1110010		
0101	0111001	1011	1111111		

表 5-3 （7，3）对偶码

信息位	码字	信息位	码字	信息位	码字
000	0000000	011	0100111	110	1001110
001	0011101	100	1110100	111	1010011
010	0111010	101	1101001		

$(n,\ k)$ 循环码的生成矩阵 $\boldsymbol{G}$ 可以由任意 k 个线性独立的码字组成。一个简单的办法就是取 k 个线性独立的多项式 $p^{k-1}g(p), p^{k-2}g(p), \cdots, pg(p), g(p)$，则幂次小于等于 $n-1$ 并可被 $g(p)$ 整除的任何码字都可以由这组多项式的线性集合表示。

例如，由生成多项式 $g_1(p) = p^3 + p^2 + 1$ 产生的 $(7,4)$ 循环码的生成矩阵可以通过以下多项式获得

$$p^i g_1(p) = p^{3+i} + p^{2+i} + p^i \quad 其中\ i = 3,2,1,0$$

于是得到

$$\boldsymbol{G}_1 = \begin{bmatrix} 1101000 \\ 0110100 \\ 0011010 \\ 0001101 \end{bmatrix} \tag{5-40}$$

由生成多项式 $g_2(p) = p^3 + p + 1$ 产生 $(7,4)$ 循环码的生成矩阵是

$$\boldsymbol{G}_2 = \begin{bmatrix} 1011000 \\ 0101100 \\ 0010110 \\ 0001011 \end{bmatrix} \tag{5-41}$$

由 $g(p)$ 生成多项式产生的 (n,k) 循环码的对偶码是由 $h(p)$ 生成多项式产生的 $(n,n-k)$ 循环码，其中 $g(p)h(p)$ 满足

$$g(p)h(p) = p^n + 1$$

因为 $g(p)h(p) \equiv 0 \bmod (p^n + 1)$，多项式 $g(p)$ 和 $h(p)$ 互为正交。于是 $p^i g(p) p^j h(p)$ 对任意 i 和 j 都互为正交。但 $g(p)h(p)$ 各自对应的矢量只有在其中一个矢量元素反序排列时，这两矢量才互为正交。上述情况同样适用于 $p^i g(p)$ 和 $p^j h(p)$ 各自对应的矢量，于是 (n,k) 循环码的监督矩阵可以通过将其对偶码的生成矩阵的每行元素反序排列获得。

例：由 $g_1(p)$ 生成的 $(7,4)$ 循环码的对偶码是由 $h_1(p)$ 生成的 $(7,3)$ 循环码。该 $(7,3)$ 循环码的生成矩阵的每一行对应多项式 $p^i h_1(h)$，$i=2,1,0$，于是

$$\boldsymbol{G}_{h1} = \begin{bmatrix} 1110100 \\ 0111010 \\ 0011101 \end{bmatrix} \tag{5-42}$$

由式(5-40)给出生成矩阵的 $(7,4)$ 的监督矩阵由 $\boldsymbol{G}_{h1}$ 每行反序排列构成。

$$\boldsymbol{H}_1 = \begin{bmatrix} 0010111 \\ 0101110 \\ 1011100 \end{bmatrix} \tag{5-43}$$

注意到 $\boldsymbol{H}_1$ 的列矢量包含除 0 以外全部 7 个长度为 3 的矢量。它完全符合 $(7,4)$ 汉明码监督矩阵的描述。于是 $(7,4)$ 循环码就是 $(7,4)$ 汉明码，能纠正一个错误。

5.3.3 系统码形式的循环码

系统码形式的循环码，其生成多项式与监督矩阵都取标准形式，即

$$\boldsymbol{G} = [\boldsymbol{I}_k \boldsymbol{P}]$$

对于信息码 $\boldsymbol{m} = (x_{k-1}, x_{k-2}, \cdots, x_0)$ 所对应的多项式如式(5-34)，为

$$X(p) = x_{k-1}p^{k-1} + x_{k-2}p_{k-2} + \cdots + x_1 p + x_0 \tag{5-44}$$

编码过程便为 $C = mG = (x_{k-1}x_{k-2},\cdots,x_0)\begin{bmatrix} 1 & 0 & 0 & \cdots & 0 & \\ 0 & 1 & 0 & \cdots & 0 & \\ 0 & 0 & 1 & \cdots & 0 & \boldsymbol{P} \\ \vdots & \vdots & \vdots & \cdots & \vdots & \\ 0 & 0 & 0 & \cdots & 1 & \end{bmatrix}$

$$= (x_{k-1},x_{k-2},\cdots,x_1,x_0,r_{n-k-1},\cdots,r_0) \tag{5-45}$$

记作 $$C = (C_{n-1},C_{n-2},\cdots,C_{n-k},C_{n-k-1},\cdots,C_1,C_0) \tag{5-46}$$

这就是系统码的标准格式。其中前 k 位信息元 $C_{n-1} \sim C_{n-k}$ 与 $x_{k-1} \sim x_0$ 相对应，后 $n-k$ 位监督元由 $\boldsymbol{P}$ 矩阵与信息码矢 $\boldsymbol{m}$ 共同决定，$C_{n-k-1} \sim C_0$ 与 $r_{n-k-1} \sim r_0$ 相对应，是编码过程中所要确定的。如果将码字 $\boldsymbol{C}$ 写成多项式形式为

$$C(p) = C_{n-1}p^{n-1} + C_{n-2}p^{n-2} + \cdots + C_{n-k}p^{n-k} + C_{n-k-1}p^{n-k-1} + \cdots + C_0 \tag{5-47}$$

比较式(5-44)与式(5-47)可知式(5-47)前半部分为

$$C_{n-1}p^{n-1} + \cdots + C_{n-k}p^{n-k} = p^{n-k}X(p) \tag{5-48}$$

此式代表将 $\boldsymbol{m}$ 矢向左移 $n-k$ 操作。

再比较式(5-45)与式(5-47)，因为监督位数 $r = n-k$，有后半部分为

$$C_{n-k-1}p^{n-k-1} + \cdots + C_0 = r_{r-1}p^{r-1} + \cdots + r_0 \triangleq r(p) \tag{5-49}$$

于是式(5-47)可改写为

$$C(p) = p^{n-k}X(p) + r(p) \tag{5-50}$$

由于 $C(p)$ 为码字多项式，应该能被生成多项式 $g(p)$ 整除，即

$$\frac{C(p)}{g(p)} = q(p)$$

又由于二进制相减是由相加实现的，故又可写作

$$\frac{p^{n-k}X(p)}{g(p)} = \frac{r(p)}{g(p)} + q(p) \tag{5-51}$$

由于多项式 $r(p)$ 的幂次低于 $g(p)$，故 $\frac{r(p)}{g(p)}$ 表示 $p^{n-k}X(p)$ 被 $g(p)$ 除的余式。这就给出了一个系统循环码 (n,k) 的编码思想：首先，从 p^n+1 的因式分解中找出 $n-k$ 次因式作为生成多项式 $g(p)$（一般由查表得到）；然后，将信息码多项式 $X(p)$ 乘以 p^{n-k} 并被 $g(p)$ 除，得到幂次低于 $g(p)$ 的余式 $r(p)$；$X(p)$ 与 $r(p)$ 拼接就是码矢量 $\boldsymbol{C}$。这个过程的基本操作就是多项式除法。

仍以 $g(p) = p^3+p^2+1$ 产生(7,4)循环码为例，设信息码矢 $\boldsymbol{m} = (1,1,0,0)$，则 $p^{n-k}X(p) = p^3(p^3+p^2) = p^6+p^5$，多项式除法（二进制）为

$$\begin{array}{r@{}l}
 & \;p^3 + 1 \qquad\qquad\qquad \text{——} q(p) \\
p^3+p^2+1 \,\big) & \;p^6 + p^5 \\
 & \;\underline{p^6 + p^5 \quad + p^3} \\
 & \qquad\qquad\; p^3 \\
 & \qquad\qquad\; \underline{p^3 + p^2 + 1} \\
 & \qquad\qquad\quad\;\; p^2 + 1 \qquad \text{——} r(p)
\end{array}$$

得到系统循环码的码矢为 $\boldsymbol{C} = 1100101$。

根据数字除法电路结构，上述长除算法可用下面的循环移位反馈电路实现，设

$$g(p) = g_{r-1}p^{r-1} + g_{r-2}p^{r-2} + \cdots + g_1 p + 1 \tag{5-52}$$

除法电路如图 5-5 所示。

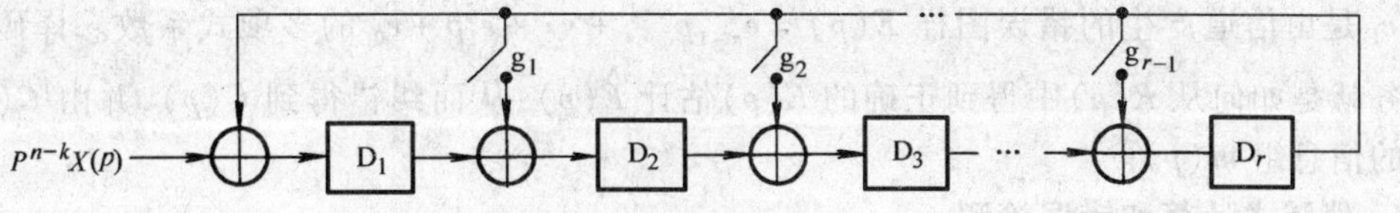

图 5-5　多项式除法电路

其中⊕表示模 2 加，$g_i = 1$ 开关通，$g_i = 0$ 则断开，$D_1 \sim D_r$ 的最后状态便为余式 $r(p)$。

如果考虑到信息组及系统码结构，则可设计出编码器如图 5-6 所示。

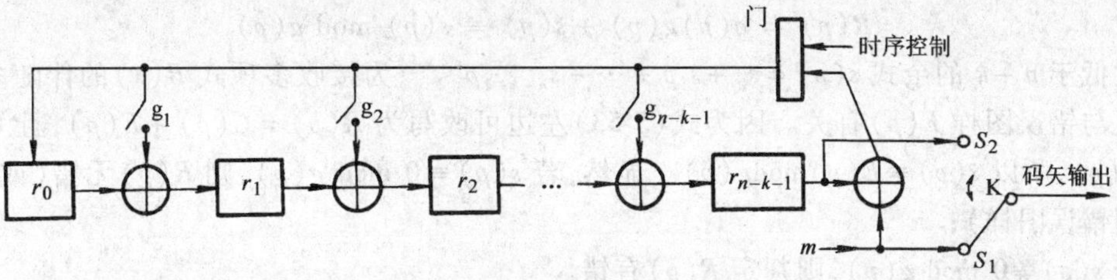

图 5-6　循环码编码电路

工作过程如下：

1）各级寄存器清零，K 置 S_1，g_i 按 $g(p)$ 系数连接。

2）信息码矢 $\boldsymbol{m}$ 自高位开始逐位输入。一方面经 S_1 开关输出作为码矢的前 k 位；另一方面在除法器中作除法。

3）信息位送完，寄存器中状态即为余式 $r(p)$，此时输出开关 K 与 S_2 接通（S_1 断开），经过 $r = n - k$ 次移位，将 $r(p)$ 从高位 r_{n-k-1} 至 r_0 拼接到信息位之后，完成了编码输出。

上例 $g(p) = p^3 + p^2 + 1$ 的编码器电路如图 5-7 所示。

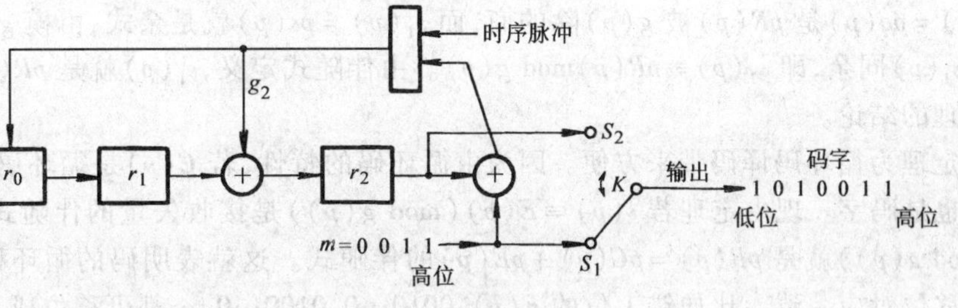

图 5-7　（7,4）码编码电路

5.3.4　循环码的译码

译码问题往往要比编码复杂，译码器的运算速度及其实现的复杂性往往成为纠错码是否实用的关键，也因此成为纠错码的最活跃的研究课题。

循环码译码步骤和线性码一样，也是先计算接收码矢量的伴随式，然后根据它判断是否有错，发现有错进而判断错误图样并作纠正。由于循环码的循环结构，使得它的译码实现比线性码容易一些。

设发送的码字是 $C(p) = c_{n-1}p^{n-1} + \cdots + c_1 p + c_0$（以下不再严格区分码矢量与码字多项式，

视方便而等效使用)。接收端的译码器输入为接收矢量

$$R(p)=C(p)+E(p)=r_{n-1}p^{n-1}+\cdots+r_1p+r_0\text{,其中 } r_i=c_i+e_i$$

式中 e_i 是由信道产生的错误图样 $E(p)=e_{n-1}p^{n-1}+\cdots+e_1p+e_0$ 的多项式系数。译码器的主要任务就是如何从 $R(p)$ 中得到正确的 $E(p)$ 估计 $\hat{E}(p)$,从而纠错得到 $C(p)$,并由 $C(p)$ 译出发送的信息组 $\boldsymbol{m}(p)$。

1. 伴随式计算和错误检测

由式(5-26)知道伴随式 S 仅与错误图样有关,而与发送码字无关,由它就可以判断错误图样 $E(p)$,故先计算 S。设 (n,k) 循环码的生成多项式为 $g(p)$,以 $g(p)$ 除接收码多项式 $R(p)$ 得商式 $q(p)$ 与余式 $s(p)$,故有

$$R(p)=q(p)g(p)+s(p)\equiv s(p)\bmod g(p) \tag{5-53}$$

称幂次低于 $n-k$ 的余式 $s(p)=s_0+s_1p+\cdots+s_{n-k-1}p^{n-k-1}$ 为接收多项式 $R(x)$ 的伴随多项式,它也只与错误图样 $E(p)$ 有关。因为式(5-53)左边可改写为 $R(p)=C(p)+E(p)$,且 $C(p)\equiv 0\bmod g(p)$,所以 $s(p)\equiv E(p)\bmod g(p)$。显然,若 $s(p)\equiv 0\bmod g(p)$,则 $R(p)$ 无错(或含有不可检测错误图样);

若 $s(p)\not\equiv 0\bmod g(p)$,则判定 $R(p)$ 有错。

2. 伴随式的循环移位特性

由式(5-53)看出,$s(p)$ 的计算电路类似于以 $g(p)$ 为模的多项式除法电路。由此可以得出 $s(p)$ 有一个极有用的循环移位性质。

定理:若 $s(p)$ 是 $R(p)$ 的伴随多项式,则 $R(p)$ 的循环移位 $pR(p)$($\bmod(p^n-1)$ 运算)的伴随式 $s_1(p)$,是 $s(p)$ 在伴随式计算电路无输入时左移 1 位的结果,即

$$s_1(p)\equiv ps(p)\bmod g(p) \tag{5-54}$$

证明很简单,只要以 p 乘式(5-53)的两边,并以 $g(p)$ 为模计算,则右边就是式(5-54)的右边,而左边为

$$pR(p)=pq(p)g(p)+ps(p)\triangleq q_1(p)g(p)+s_1(p)$$

其中 $q_1(p)=pq(p)$ 是 $pR(p)$ 被 $g(p)$ 除的商,而 $s_1(p)=ps(p)$ 就是余式,由模 $g(p)$ 运算可知 $pR(p)$ 与 $s_1(p)$ 同余,即 $s_1(p)\equiv pR(p)\bmod g(p)$。由伴随式定义,$s_1(p)$ 就是 $pR(p)$ 的伴随式,这就是定理的结论。

这个定理为循环码译码带来方便。因为由循环码的特性,若 $C(p)$ 是循环码的一个码字,则 $pC(p)$ 也是码字。现由定理若 $s(p)\equiv E(p)(\bmod g(p))$ 是接收矢量的伴随式,则 $ps(p)\equiv pE(p)(\bmod g(p))$ 就是 $pR(p)=pC(p)+pE(p)$ 的伴随式。这就表明码的循环移位与错误图样的循环移位对应一致。比如错 1 位的 $E(p)$:0010…0,0100…0,…都可移位成 100…0 图样,只要设计一个首位纠错电路就可以应用于所有 1 位错的纠错。于是循环码可以逐位进行译码。

3. 译码器

先讨论二进制(7,4)循环 Hamming 码的译码例子。设生成多项式为 $g(p)=p^3+p+1$,它对应一个码字为 0001011,由循环产生出 $\boldsymbol{G}(7,4)$ 并根据式(5-25)算出 $\boldsymbol{H}(7,4)$ 如式(5-27),(5-28)即为

$$\boldsymbol{G}(7,4)=\begin{bmatrix}1000101\\0100111\\0010110\\0001011\end{bmatrix}\quad 与\quad \boldsymbol{H}(7,4)=\begin{bmatrix}1110100\\0111010\\1101001\end{bmatrix}$$

由式(5-26)可知，只错1位的每一种错误图样其伴随式恰好对应 $\boldsymbol{H}$ 矩阵中的一个列。比如错在码字的第一位，错误图样为 $\boldsymbol{E}_6=(1000000)$，该图样的伴随式可用式(5-53)或式(5-26)计算为 $\boldsymbol{H}(7,4)$ 的第一列(101)。如果错误图样为 $\boldsymbol{E}_4=(0010000)$ 则伴随式 $s=(110)$，根据线性Hamming码纠错原理就可以在码字的出错位加一个"1"来纠错。当然要设计不同的逻辑电路去对应不同的错误位。然而在循环码情况，根据定理式(5-54)，只要设计一种逻辑电路对应一种错误位就可以纠所有可能的错误位。比如按 $s=(101)$ 设计纠第一位错的逻辑电路如图5-9，在接收一个7位码矢后，首先检验第一位是否出错，这由 $g(p)$ 除法电路来实现。若该除法电路的余数为101，说明第1位有错，于是通过该图中的与门逻辑产生一个"1"加到第1位纠错后输出；若除法电路的余数不是101，则与门不会有输出，也就没有纠错比特。此时，有两种可能，一是接收码矢没有错误发生，二是可能别的位有错误。根据定理式(5-54)结论，此时可对7级缓存器作一次循环，其伴随式也相应地循环，若错误图样存在，则当它被移至第一位时便会被发现并通过与门被纠正；若循环一周与门都无输出，则说明接收码矢无误。这就是逐位译码的含义。

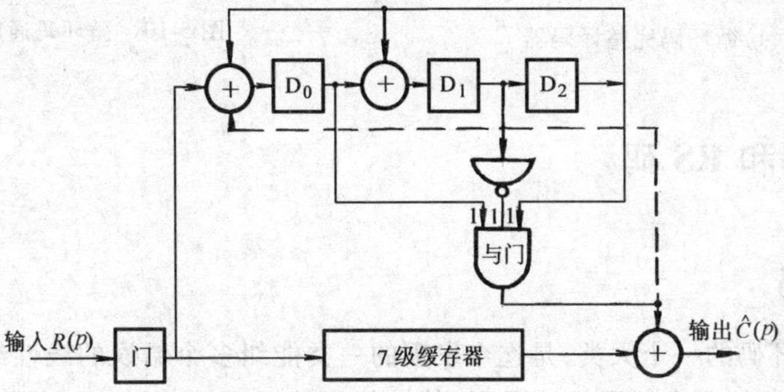

图5-8 (7,4)循环Hamming码译码器

图5-8输入 $R(p)$ 的控制门是保证每次按7码元进行译码处理；上部是按 $g(p)$ 设计的除法电路；与门逻辑是按101设计的；虚线是纠错位反馈去修正伴随式以便同时消除该错误对伴随式的影响，保证伴随式移位产生正确的判断。但是，图5-8的电路是不能实时工作的，因为每次输入7个码元以后又要隔7个节拍(移位脉冲)作循环移位处理，才可以输入第2个接收码矢。一个系统循环码完整的译码器电路如图5-9所示，该译码器由两个伴随式计算电路及两个控制门组成，其工作过程如下：

1) 初始状态，所有移位寄存器为0，门1开，门2关。

2) 移位4次后门1关闭，缓存器中存有4位信息码元并停止移位。

3) 再移位3次后门2开启，$g(p)$ 除法电路(A)计算出伴随式 $s_0(p)$ 并经门2送至计算电路(B)后，门2立即关闭，同时对电路(A)清零，门1开启。

4) 重复步骤2)、3)，四级缓存器一边送出第1组信息位，一边接收第2组4个信息位；同时，除法电路(A)计算第2组接收码元 $R(p)$ 的伴随式，计算电路(B)则对第1组接收码元 $R(p)$ 进行移位纠错并通过与门输出纠错信号至模2加法器去纠错输出。

从以上讨论可以得出一般的系统循环译码器，如图5-10所示。这种译码器叫做Meggitt译码器，原则上它可适用于任何循环码，但其复杂性与实用性完全取决于被检测的错误图样的形式和数量。对某些错误图样，例如只有一位错误的图样，用循环Hamming码译码就很简单。

但有些情况下，就很复杂，因此有很多不同的译码方法去适应各种不同的信道特性，读者可参阅相关的专著。

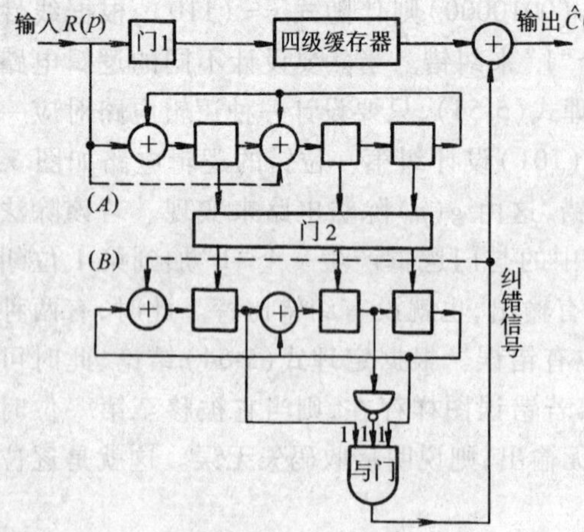

图 5-9　(7,4)循环码完整译码器

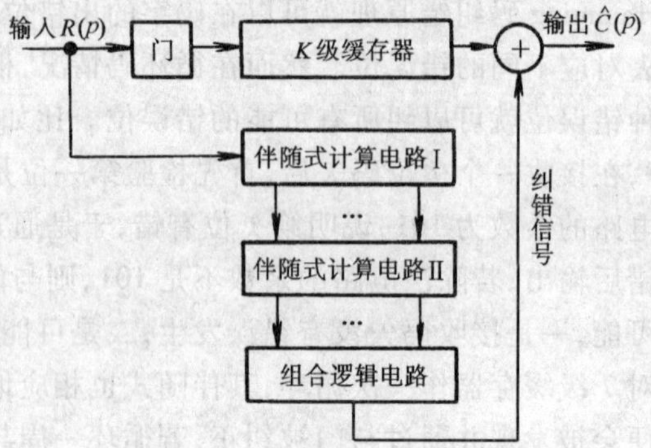

图 5-10　循环码通用译码器

5.4　BCH 码和 RS 码

5.4.1　BCH 码

BCH 码是循环码的一个大类，是迄今发现的一类能纠多个错误的线性纠错码。它的纠错能力很强，特别在短的和中等码长情况下，其性能很接近理论值。BCH 码的特点是将纠错能力 t 与生成多项式发生关系。这种关系是通过近代代数理论，找出多项式的根与码距(直接反映纠错能力的参数)的确定关系为：设计距离 d 为生成多项式相邻根的个数加 1。这就使 BCH 码按照纠错能力的要求来构造生成多项式有了依据，形成了从纠错能力 t 出发，确定生成多项式进行编译码的一套确定方法。因此，尽管理论上很复杂，在实际应用中却有构造方便，编码简单的特点。由于其优良的性能和简便的算法，使它在实际使用中广受欢迎。二进制 BCH 码的主要参数由两个正整数 m 和 t 决定，$t<2^{m-1}$ 是纠错能力。而其他码参数为

码　　长　　$n \leqslant 2^m - 1$　　(n 必为 2^m-1 的一个因子)

监 督 位　　$n-k \leqslant mt$

最小距离　　$d_{\min} \geqslant 2t+1$

其中 $d=2t+1$，称为设计距离，是所构造的码要达到的码距。该码可以纠正 t 个或少于 t 个错误的任意组合。这种码的生成多项式是 $p^{2^m-1}+1$ 的因式，详细讨论需要用到更深的数学知识。一般应用中，可以查表。在编码专著中一般都列出 BCH 码表，其码长 n 按 2^m-1 选定，即 $n=7,15,63,127,255,\cdots$。纠错个数 t 也不是连续变化的，表 5-4 摘录了 $n \leqslant 127$ 的部分码表供参考。表中 n,k,t 分别表示码长，信息位数及纠错能力，而 $g(p)$ 是用八进制数表示的。例如第 2 行，$n=15,k=11,t=1$ 时 $g(p)$ 为八进数 23，即为二进数 010011，表示 $g(p)=p^4+p+1$；第 4 行，$n=15,k=5,t=3$ 时 $g(p)$ 的八进数表示为 2467 对应的二进数为 010 100 110 111，则 $g(p)=p^{10}+p^8+p^5+p^4+p^2+p+1$。

若码长不是 2^m-1 型，则需找出 m，使 n 为 2^m-1 的一个因子。比如 $n=21$ 可找到 $m=6$，因 $2^6-1=21\times3$，据此可确定 $g(p)=p^9+p^8+p^7+p^5+p^4+p+1$ 或用八进制记作 1663，推导过程可参看相关专著。

表 5-4　码长 $n\leqslant127$ 的二进制本原 BCH 码表

n	k	t	$g(p)$（八进制表示）	n	k	t	$g(p)$（八进制表示）
7	4	1	13	63	36	5	1715374561
15	11	1	23	63	30	6	105065105421
15	7	2	721	63	24	7	10611427654563
15	5	3	2467	63	18	10	1207106757642651
31	26	1	45	63	16	11	6625720617154137
31	21	2	3551	63	10	13	743065712726034051
31	16	3	107657	63	7	15	4567515266076214705
31	11	5	5423325	63	57	1	155
31	6	7	313365047	63	51	2	16223
31	26	1	75	63	45	3	1125063
31	21	2	2303	63	39	4	102673553
31	16	3	135273	63	36	5	1537210637
31	11	5	6163305	63	30	6	106054077561
31	6	7	331722561	63	24	7	14225100247067
31	26	1	67	63	18	10	1142177532557273
31	21	2	3557	63	16	11	7456576205014441
31	16	3	141225	63	10	13	755334022316461443
31	11	5	6715141	63	7	15	6534604245447336175
31	6	7	230745335	127	120	1	211
63	57	1	103	127	113	2	41567
63	51	2	12471	127	106	3	11554743
63	45	3	1701317	127	99	4	3447023271
63	39	4	166623567	127	92	5	624730022327
63	36	5	1033500423	127	85	6	130704476322273
63	30	6	157464165547	127	78	7	26230002166130115
63	24	7	17323260404441	127	71	9	6255010713253127753
63	18	10	1363026512351725	127	64	10	1206534025570773100045
63	16	11	6331141367235453	127	57	11	335265252505705053517721
63	10	13	472622305527250155	127	50	13	54446512523314012421501421
63	7	15	5231045543503271737	127	43	14	17721772213651227521220574343
63	57	1	147	127	36	15	3146074666522075044764574721735
63	51	2	11253	127	29	21	403114461367670603667530141176155
63	45	3	1431377	⋮	⋮	⋮	⋮
63	39	4	156615307				

按码长与纠错要求确定了生成多项式表达式，就相当于完成了编码设计。译码算法仍然是实用性的关键。二进制及多进制 BCH 码的译码算法，在 20 世纪 60 年代先后得到解决，并形成了商品化的器件设备。因此，实用中常常根据编码设计选购译码模块，限于篇幅，不作详细讨论了。

5.4.2　RS 码

RS 码是一类有很强纠错能力的多进制 BCH 码。它最早由 Reed 和 Solomon 提出，称为 Reed-Solomon 码，简称 RS 码。在 RS 码中的码元符号不是二进制而是多进制符号。其中 2^m

进制应用更为广泛。能纠正 t 个错的 RS 码具有如下参数：

码　长　$n=2^m-1$ 个多进制符号

监督位　$n-k=2t$

最小距离　$d_{\min}=2t+1$

上述参数中，t 表明最多可以纠正 t 个随机错误符号。

由于 RS 码是对多进制符号纠错，RS 码可用于纠正突发错误。比如，能纠两个八进制符号错误的 RS（7，3）码，因每个符号可用 3 比特二进制符号表示，八进制的 RS（7，3）码相当于二进制的（21，9）码，因此纠两个符号就相当于纠连续 6 比特二进制符号的突发错误。然而二进制的（21，9）码却没有纠 6 比特突发错误的能力。它能纠正任何 2 个随机错误以及长度≤4 的突发错误。

RS 码的另一种重要应用是作为级连码的外码。级连码是 Forney 于 1966 年引入的，它是用两次或更多次编码的方法组合成很长的分组码，以期实现 Shannon 编码定理所要求的增大码长实现有效而可靠通信的目的。码长过大时，一次编码和译码所需的设备很复杂，因而难以实现。用多级编码和译码就可大大降低编码的复杂性，而成为实际中可以实现的技术。实用中最常用的是两级编码译码。第一级多采用 RS 码，称作外码。第二级可采用不同的码类，如正交码、短的分组码或卷积码，称作是内码。两级级连码的系统框图如图 5-11 所示。

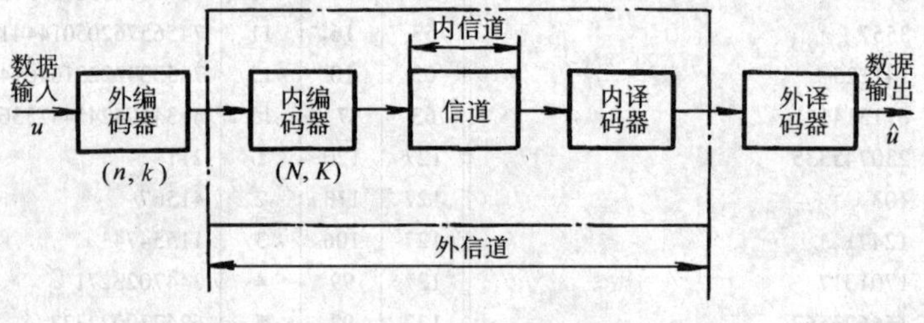

图 5-11　两级级连码框图

图 5-11 结构显示，由内码编译码器和信道组合成一个相对于外编码器的信道，称之为外信道，原信道变为内信道。如果内码采用（N，K）分组码，它将外码输出的每 K 比特组成 N 比特的码字，通过并/串变换器送入内信道（原信道）。接收端将收到的符号分成 N 长一组送入内译码器，并作出相应的 K 个符号的最佳估值（可以是硬判决或软判决）作为译码输出。这样内译码输出的码组相当于输入到外译码器的多进制码元，正适合 RS 码来作纠错译码。当内码译码器作硬判决输出时，RS 码仅用作纠错，这是因为当内码译码器出错时，外信道相应的输入和输出关系就完全被扰乱了，形成一个长为 K 比特的突发错误，而 RS 码非常适合于纠正此类突发错误。

内码可有多种选择，在常用的信道中，例如宽带 Gaussian 信道，卷积码的性能远比分组码好，因此，卷积内码应用得更广泛。在 HDTV 的地面广播信道中，也采用了由 RS 码和卷积码组合的级连码。

美国大联盟（GA）在用 VSB 调制方式传输 MPEG-2 码流时采用 RS 码。该 RS 码取 $t=10$ 的（207，187）码，码长为 207 个符号，信息符号 187 个，监督符号 20 个，能够纠正 10 个符号的随机错误。若每个符号由 $m=8$bit 组成，故实际上可以纠正 80 个比特的错误。因为 RS 码极强的纠随机错误的能力，它经常与交织码一同使用，这样既可以利用 RS 码纠正大量的随机错误，又可以利用交织码纠正大量的突发错误，从而获得较好的综合纠错效果。这种将 RS 码与交织码结合的编码方案在视音频传输系统中被广泛使用，ATM Forum 制定的多项传输标准和规范中，也采用了 RS 码和交织码。

5.5 小结

本章首先给出信道编码的基本概念以及一些重要的参数。数字通信系统的设计总目的就是为了可靠、准确地传输信息，采取的许多技术措施就是为了抵抗信道中存在的噪声与干扰，纠错编码技术就是其中的一个环节。

纠错编码就是对随机的、不带规律性的信息序列按某种规律性加上一些码元（称为监督码元），从而变换成有某种规律性的码序列，在接收端便能根据这种已知的规律性去检验、发现、以致纠正传输中发生的错误码元。编码器与译码器就是形成与检验某种规律性的软件或硬件设备。

纠错编码参数中最为重要的是反映编码效率的码率 $R(R=k/n)$ 以及反映纠检错能力的最小 Hamming 距离 d_0 和码重量 W（d_0 与纠错能力 t 及检错能力 e 的关系为 $d_0 \geqslant e+1$；$d_0 \geqslant 2t+1$；$d_0 \geqslant e+t+1$）。

然后，本章讨论了线性分组码与循环分组码这两种最基本的分组码。其中能纠正一个随机错误的分组码又称作 Hamming 码；码字结构为监督码元附加在信息码元之后这种形式的码称作系统码。

线性系统分组码的监督元是由以信息元为变量的一组线性方程组来确定的。该方程组又叫一致校验方程组或一致监督方程组，其系数矩阵 $\boldsymbol{H}$ 称为一致校验矩阵或一致监督矩阵。由于生成矩阵 $\boldsymbol{G}$ 的每一行都是一个码字，所以 $\boldsymbol{G}$ 与 $\boldsymbol{H}$ 应有关系 $\boldsymbol{G}\boldsymbol{H}^T=\boldsymbol{0}$。这是编码运算中重要的两个矩阵的内在关系式。

译码过程的关键矩阵是伴随式或称校正子 $\boldsymbol{S}$，它的定义为接收码矢量 $\boldsymbol{R}$ 与 $\boldsymbol{H}^T$ 的乘积，即 $\boldsymbol{S}=\boldsymbol{R}\boldsymbol{H}^T=\boldsymbol{E}\boldsymbol{H}^T$。它与发送码字无关，只与信道干扰产生的错误图样 $\boldsymbol{E}$ 有关。译码器的任务就是要计算出 $\boldsymbol{S}$ 并判断无错（$\boldsymbol{S}$ 为零矢量），有错（$\boldsymbol{S}$ 不为零）或可纠（能从 $\boldsymbol{S}$ 找出 $\boldsymbol{E}$）则纠正之。

循环码是线性分组码，且具有循环特性。循环特性使接收码矢循环移位后的伴随式与原伴随式的循环移位相一致，以致译码过程更简单。BCH 与 RS 码都是循环码，它们能纠正多个随机错误和纠突发错误，使得它们在高速数据传输中得到广泛的应用。

5.6 习题

1. 下列码字代表八个字符

0000000　1000111　0101011　0011101

1101100　1011010　0110110　1110001

找出最小的 Hamming 距离 d_0 并说明该组码字的检错和纠错能力。

2. 接收到由 3 次重复法则编出重复码序列如下：

a) 0001 1000 1111 1101 0000

b) 1111 1111 0111 0010 0000

c) 0100 0101 1111 0000 0111

试应用大数判决译出该3个字符序列。

3. 设有4个信息 a_1，a_2，a_3，a_4，被编成长为5的二元线性系统码00000，01101，10111，11010。试给出码的一致校验关系。

4. 设证件号码由7位10进制数字 $x_7x_6\cdots x_1$ 构成。今附加一位校验位 x_0，其中

$$x_0 = \sum_{i=1}^{7} x_i D^i \quad \mathrm{mod}10$$

而 $D^i \equiv 3^i \mathrm{mod}10$。若 $(x_7x_6\cdots x_1) = (8245123)$，试求 x_0。若其中数字 x_6 模糊不清时，能否恢复出原来的数字？

5. 设二元（6，3）码的生成矩阵为

$$\boldsymbol{G} = \begin{bmatrix} 1 & 0 & 0 & 0 & 1 & 1 \\ 0 & 1 & 0 & 0 & 0 & 1 \\ 0 & 0 & 1 & 1 & 1 & 0 \end{bmatrix}$$

试给出它的一致校验矩阵。

6. 设一个（7，4）码的生成矩阵为 $\boldsymbol{G} = \begin{bmatrix} 1 & 0 & 0 & 0 & 1 & 1 & 1 \\ 0 & 1 & 0 & 0 & 1 & 0 & 1 \\ 0 & 0 & 1 & 0 & 0 & 1 & 1 \\ 0 & 0 & 0 & 1 & 1 & 1 & 0 \end{bmatrix}$，试求：

（1）求出该码的全部码矢。

（2）求出该码的一致校验矩阵。

（3）作出该码的标准阵译码表。

7. 一个（8，4）系统码，它的一致校验方程为

$$c_0 = m_1 + m_2 + m_3$$

$$c_1 = m_0 + m_1 + m_2$$

$$c_2 = m_0 + m_1 + m_3$$

$$c_3 = m_0 + m_2 + m_3$$

式中，m_0、m_1、m_2、m_3 是信息位；c_0、c_1、c_2、c_3 是校验位。找出该码的 $\boldsymbol{G}$ 和 $\boldsymbol{H}$ 矩阵。

8. （7，4）循环码的生成多项式为 $g(x) = x^3 + x^2 + 1$，试：构造该循环码的编码和译码器电路图。若接收码字为 $R =$（1101101）时，解出发送的码字。

9. $g(x) = x^{10} + x^8 + x^5 + x^4 + x^2 + x + 1$ 是(15,5)循环码的生成多项式。试求：

（1）求出该码的校验多项式。

（2）写出该码的系统码形式的 $\boldsymbol{G}$ 和 $\boldsymbol{H}$ 矩阵。

（3）构造 k 级编码器。

10. 设计一个由 $g(x) = x^4 + x^3 + 1$ 生成的(15,11)循环 Hamming 码编译码器。

第6章 卷积码

6.1 基本概念

6.1.1 引言

卷积码（convolutional codes）是由 Elias 在 1955 年首次提出的在码结构上与分组码完全不同的一种纠错码。分组码的 $n-k$ 个校验元仅与本组的 k 个信息元有关，译码时也仅从本码组的码元中提取译码信息，而与其他码组无关。卷积码虽也将信息元分组，但本组的 n_0-k_0 个校验元不仅与本组 k_0 个信息元有关，而且还与以前各个时刻输入的几组信息元有关。同样在译码过程中，不仅从此时刻收到的码组中提取译码信息，而且还要从以前或以后时刻收到的码组中提取相关信息。此外，卷积码的信息元分组长度 k_0 与码长 n_0 也要比分组码的 k，n 要小，比值 $R=k_0/n_0$ 也定义为码率。卷积码的码率一般低于分组码，但利用各分组之间的相关性，其译码性能却不比分组码差。另一方面，也正由于卷积码各码组间的相关性使理论上进行性能分析比较困难。本章着重介绍卷积码编码及译码的基本原理。

卷积码的分组帧比较小，$k_0=1$ 是最常用的一种，特称之为"二进制"卷积码。此时，数据是被一个比特一个比特地输入、移位并经过编码逻辑电路被编成长为 n_0 比特码输出的。本章将以二进制卷积码为主要讨论对象，这不仅因为由二进制卷积码导出的一些结果可以直接推广到非二进制卷积码，还因为自 1979 年 Cain 等人提出"删余码"（punctured code）概念以来，使二进删余卷积码的性能价格比要高于相应的非二进码而成为实际中主要使用的高码率卷积码。

6.1.2 约束度与约束长度

卷积码是用移位寄存器实现编码的，如图 6-1 所示。被编码的数据流以 k_0 个信息元分组，称作一帧，由 $m+1$ 帧数据相关输出 n_0 个码元的一个码帧，其中 m 为移位寄存器的帧存储级数。其工作流程是以帧为单位操作的，每读入一帧"新"数据，移位寄存器中的"老"数据就向右移一帧，编码逻辑单元（又称函数发生器）"计算"并输出一个个 n_0 长的码帧，所以码率为 $R=k_0/n_0$。

由编码操作过程可见，虽然码字是一帧一帧输出的，但每一帧码字都是由 $L=m+1$ 帧数据参与"计算"的。因此，每帧数据从第一次输入并参与编码开始到从移位寄存器移出，共参与了 L 次编码，称 $L=m+1$ 为卷积码的编码约束度，它表示编码过程中互相关联的码帧个数。而互相关联（或称约束）的码元个数 $Ln_0=N_A$ 被称为编码约束长度。可见除了码率 R 以外，m，L 和 N_A 也是表征卷积码的重要参数。因此，常用（n_0，k_0，m）来表示卷积码。

类似地，在译码过程中也要关联到 m_d 个码帧，才能译出一个信息帧，通常 $m_d \geqslant m$，称 $L_d=m_d+1$ 为译码约束度，而相应的码元个数 n_0L_d 为译码约束长度。它们也分别表示译码过

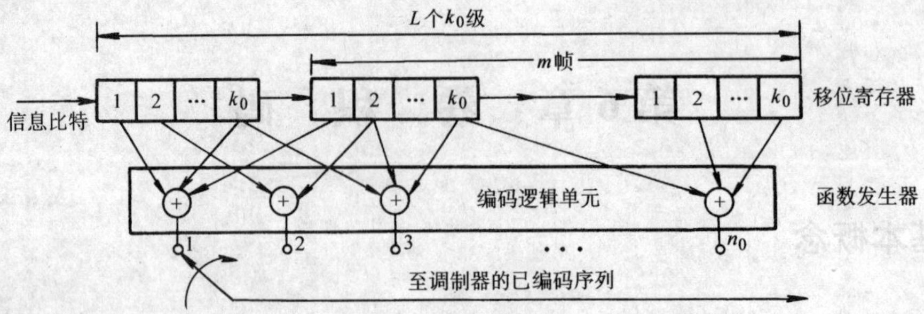

图 6-1　卷积码编码器

程中相互约束的码帧及码元个数。

【例 6-1】　图 6-2 是 $L=3$，$R=7/3$ 的（3，1，2）二进制卷积码编码器。即输入帧长 $k_0=1$，输出码帧长 $n_0=3$，而存储级数 $m=2$，共有 3 个移位寄存器 D_0，D_1，D_2 组成。

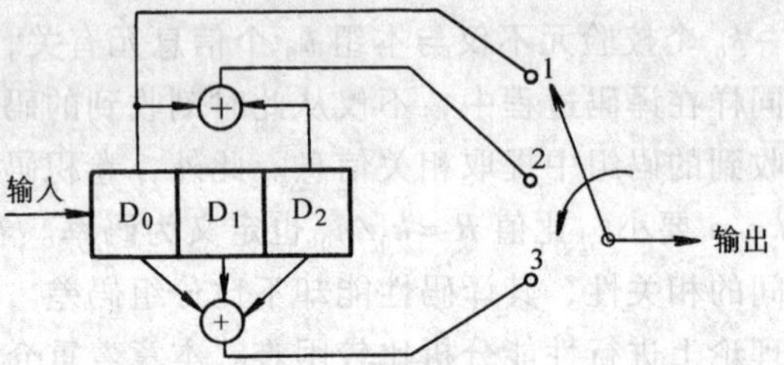

图 6-2　$L=3$，$k_0=1$，$n_0=3$ 卷积码（3，1，2）编码器

设信息流为 101…，移位寄存器初始状态为全 0，当第一帧数据输入为 1，使 $D_0=1$，$D_1=0$，$D_2=0$，则输出码字由图中 1，2，3 节点状态叠加得出为 111；第二个输入数据为 0，右移一位，使 $D_0=0$，$D_1=1$，$D_2=0$，则输出码字 001；再有第三个输入数据为 1，使 $D_0D_1D_2$ 状态为 101，则输出为 100。如果再输入第四个信息比特，则输出码字与第一个输入的信元就没有关系了，因为输入脉冲将使它移出寄存器。因此第四个码字将由 D_0D_1 状态与新输入的信元来确定。换一种说法，即一个输入信元，只影响 $m+1=L$ 个输出码字，这就是称 L 为约束度的原由。本例中的约束长度为 9 比特。

6.1.3　系统卷积码与卷积码的多项式描述

若输入的信息序列为 $\boldsymbol{M}=(m_0,m_1,\cdots,m_i,\cdots)$ 是一个半无限序列，则由卷积码编码器输出的码序列也是一个由一系列称为子码的码帧 c_0，c_1，…，c_i，…组成的半无限长序列，称此序列为卷积码的一个码系列或码字，记作 $\boldsymbol{C}=(c_0,c_1,c_2,\cdots,)$。码字中的每一个子码 c_i 由若干个码元符号组成，在二进制卷积码中是比特符号 0 或 1。在例 6-1 中，一个信元比特 m_i 对应 3 个比特符号。其组成特点是最左边的 k_0 个码元（本例 $k_0=1$）是原来的 k_0 个信息元，而其余 n_0-k_0 个符号为校验元，这就是典型的系统码形式。当然也可以编出非系统码形式的卷积码。但与分组码不同，在同样的码参数下，系统卷积码与非系统卷积码的抗干扰性能不一定相同。

现在将例 6-1 讨论的编码过程写成系统码形式：信息序列 $\boldsymbol{M}=(m_0,m_1,m_2,\cdots)=(101\cdots)$；码字序列 $\boldsymbol{C}=(c_0,c_1,c_2,\cdots)=(111,001,100,\cdots)$，其中每个子码的最左边码元就是原信息元，右边两个码元为校验元。

如果引入迟延算子 D（也有用 X 或 P）表示迟延一个时间单位（一个时钟脉冲），D^j 表示迟延 j 个时间单位，则图 6-2 的编码关系也可表示成多项式关系。首先，子码的三个码元完全由输入信元以及三个被称作为子码元生成多项式确定。子码元生成多项式的表达式为：

$$\begin{aligned} g_0(D) &= 1 \\ g_1(D) &= 1 + D^2 \\ g_2(D) &= 1 + D + D^2 \end{aligned} \tag{6-1}$$

这 3 个多项式分别代表了图 6-2 中的三个编码逻辑关系，不同的编码逻辑就有不同的关系式，它的最高次数总为 m 次。

其次，将输入信息序列也写成码多项式 $M(D) = m_0 + m_1 D + m_2 D^2 + \cdots$，例 6-1 信息元为 $101\cdots$，则 $M(D) = 1 + D^2 + \cdots$。

第三，将码字序列也写成多项式形式

$$\boldsymbol{C}(D) = \boldsymbol{c}_0 + \boldsymbol{c}_1 D + \boldsymbol{c}_2 D^2 + \cdots \tag{6-2}$$

结合例 6-1 有 $\boldsymbol{C}(D) = (111) + (001)D + (100)D^2 + \cdots$

可见该多项式的系数是一个 3 维矢量（子码），而不是数值。如果把每个系数矢量也即子码的 n_0 个分量也按分量序号写成多项式，例如第 j 位分量（$j=1,2,\cdots,n_0$）的多项式

$$C^{(j)}(D) = c_0^{(j)} + c_1^{(j)} D + c_2^{(j)} D^2 + \cdots \qquad j = 1,2,\cdots,n_0 \tag{6-3}$$

则例 6-1 共有 3 个分量多项式为

$$C^{(1)}(D) = c_0^{(1)} + c_1^{(1)} D + c_2^{(1)} D^2 + \cdots = 1 + 0 \cdot D + 1 \cdot D^2 + \cdots = 1 + D^2 + \cdots$$

$$C^{(2)}(D) = c_0^{(2)} + c_1^{(2)} D + c_2^{(2)} D^2 + \cdots = 1 + 0 \cdot D + 0 \cdot D^2 + \cdots = 1 + \cdots$$

$$C^{(3)}(D) = c_0^{(3)} + c_1^{(3)} D + c_2^{(3)} D^2 + \cdots = 1 + 1 \cdot D + 0 \cdot D^2 + \cdots = 1 + D + \cdots$$

可见编码器的任务，实质上是由 $M(D)$ 确定 $C^{(j)}(D)$，而编码的逻辑关系式(6-1)中 3 个式子也是分别对应 $C^{(1)}(D), C^{(2)}(D), C^{(3)}(D)$ 的，即

$$\begin{aligned} C^{(1)}(D) &= M(D) g_0(D) \\ C^{(2)}(D) &= M(D) g_1(D) \\ C^{(3)}(D) &= M(D) g_2(D) \end{aligned} \tag{6-4}$$

比较式(6-2)，式(6-3)与式(6-4)可得 $\boldsymbol{C}(D)$ 的一种表达式为

$$\begin{aligned} \boldsymbol{C}(D) &= (c_0^{(1)} c_0^{(2)} \cdots c_0^{(n_0)}) + (c_1^{(1)} c_1^{(2)} \cdots c_1^{(n_0)}) D + (c_2^{(1)} c_2^{(2)} \cdots c_2^{(n_0)}) D^2 + \cdots \\ &= (c_0^{(1)} + c_1^{(1)} D + c_2^{(1)} D^2 + \cdots) + (c_0^{(2)} + c_1^{(2)} D + c_2^{(2)} D^2 + \cdots) + \cdots + \\ &\quad (c_0^{(n_0)} + c_1^{(n_0)} D + c_2^{(n_0)} D^2 + \cdots) \\ &= C^{(1)}(D) + C^{(2)}(D) + \cdots + C^{(n_0)}(D) \\ &= M(D) g_0(D) + M(D) g_1(D) + \cdots + M(D) g_{n_0-1}(D) \\ &= M(D) \cdot G(D) \end{aligned} \tag{6-5}$$

其中 $$G(D) = (g_0(D), g_1(D), \cdots, g_{n_0-1}(D)) = \frac{C(D)}{M(D)} \tag{6-6}$$

称为卷积码的生成多项式矩阵。由于 $C(D)$ 与 $M(D)$ 分别是编码器的输出与输入，故 $G(D)$ 正是符合网络的传递函数的定义。因此也可以用网络理论来讨论卷积码编码器。图 6-1 与图 6-2 的卷积码编码器是一个有限脉冲响应(FIR)编码器，因为任何一个输入数据帧只有在 $m+1$ 个码帧中起作用。如果框图中有输出反馈功能，就有可能属于无限脉冲响应(IIR)了，大多数卷积码是应用 FIR 设计的。式(6-2)与式(6-5)是卷积码的两种多项式描述，在卷积码的讨论

中都有应用。例 6-1 的 $G(D)=(1,1+D^2,1+D+D^2)$；$C^{(1)}(D)=(1+D^2+\cdots)\cdot 1=1+D^2+\cdots$，$C^{(2)}(D)=(1+D^2+\cdots)(1+D^2)=1+D^4+\cdots$，$C^{(3)}(D)=(1+D^2+\cdots)(1+D+D^2)=1+D+D^3+D^4+\cdots$

从码字帧多项式(6-5)可见，卷积码也是线性码，因为由同一生成多项式矩阵 $G(D)$ 生成的任何两个码字之和仍为该 $G(D)$ 生成的一个码字，即

$$M_1(D)G(D)+M_2(D)G(D)=[M_1(D)+M_2(D)]G(D)$$

这一点很像循环码。但循环码的码长是由分组确定不变的，而卷积码的码长没有限制，并且通过不同码长的设计可以获得不同的纠错能力。

6.2 卷积码编码过程的图形描述

6.2.1 树状图

用图形描述卷积码的编码过程比较直观。图 6-3 是图 6-2 编码器编码过程的图形描述，称为树状图(tree diagram)。该图由结点和称之为树枝的连线组成，最初结点称为根结点。编码过程从根结点开始，根据输入信息元是 0 或 1 在结点处分叉。图 6-3 表示的分叉规律为：输入比特为 0，取上分支；输入比特为 1，取下分支。树枝上标注输出的码字。结点 a,b,c,d 是码字输出后移位寄存器 D_0D_1 的状态，也是编码器所处的状态，它们分别为 00，01，10，11 对应于 a,b,c,d。在移位脉冲作用下，输入新的信息元，D_0D_1 状态右移变成 D_1D_2 状态，然后与新输入的 D_0 状态共同按编码逻辑输出第二个编码帧码字。这个过程由一条树枝代表，新的 D_0D_1 状态由到达的新的结点表示。这样，根据输入序列，可在树状图中沿序列指定的途径，从树根到某一树枝而得到(3，1，2)卷积码的码字。对例 6-1 的情况，第一输入比特为 1，第二输入比特为 0，则第 2 级 3 个比特输出是 001。若第三输入比特是 0，则输出为 011；若输入的是 1，则输出为 100，与前面的讨论相一致。

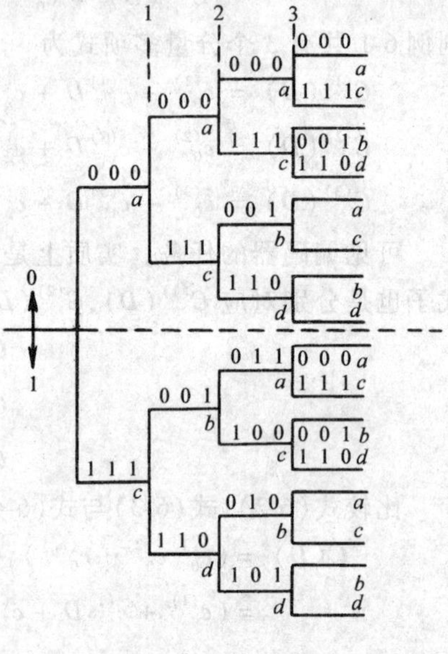

图 6-3 $R_c=\frac{1}{3}, L=3$ 卷积码树状图

6.2.2 网格图

考察图 6-3 树状图的标记，就会发现第三次编码输出后到达的状态标注 $acbd$，在虚线上部与下部是一样的。由于编码逻辑不变，对相同的 D_0D_1 状态其输出也是一样的，比如对所有结点 a 后面的 2 组输出总是 000（输入信息元为 0）和 111（输入信息元为 1）；对结点 c 后的输出码字总是 001 和 110；对结点 b 和 d 也有相同特点。正因为如此，在图 6-3 中省去了第三级以后对输出码的标注。那末结点也可省吗？既然有同样标记的结点（即状态相同）分叉出去的分支总是相同的，意味着这些个结点可以合并。图 6-3 表示的是 $m=2$，$L=3$ 的编码器的树状图，最多状态只有 4 个，如果将所有结点都合并成 a、b、c、d 四个状态，就

得到另一种更紧凑的图，叫网格图（trellis diagram）。图 6-4 就是对应的网格图。在画网格图时，约定用实线表示输入比特为 0 时产生的输出，虚线表示输入比特为 1 时产生的输出。

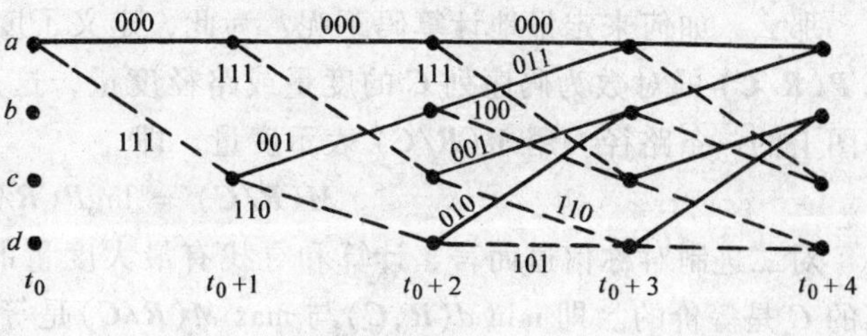

图 6-4 $R_c=1/3$，$L=3$ 卷积码网格图

由图可见，在初始瞬态之后每一时间单位，网格向右延伸一级。网格图的每一级包含 4 个结点，每个结点意味着寄存器 a，b，c，d 四个状态之一。在第二级之后，网格图中每个结点有两条进路和两条出路。当然，两条出路中，一条对应于输入为 0，另一条对应于输入为 1。

6.2.3 状态图

由于编码器的输出取决于输入和编码器的状态，所以还有一个比网格图更紧凑的状态图（state diagram）。但是状态图只不过是一种表示编码器可能状态及由一个状态到另一状态可能转移的图形，并不能表示状态转移与时间的关系。例如，图 6-5 就是图 6-2 编码器的状态图。图中，每个分支旁边标明的 3bit 码字表示输出比特，虚线表明输入比特为 1，实线表明输入比特为 0。

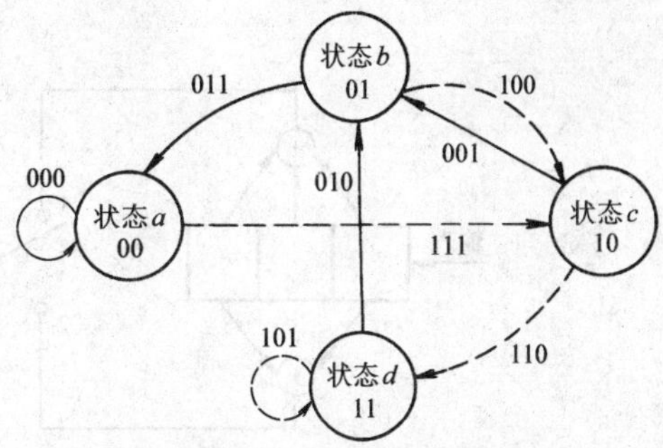

图 6-5 （3，1，2）卷积码状态图

对于一般的（n_0，k_0，m）卷积码，其特点是树状图的每一个结点散发出 2^{k_0} 个分支。其网格图和状态图都具有 $2^{k_0 m}$ 个可能状态。每个状态有 2^{k_0} 个分支进入，而散发 2^{k_0} 个分支（在网格图和树状图中，上述结论在初始瞬态之后才正确）。

6.3 Viterbi 译码简介

1965 年 Andrew. Viterbi 提出了一种概率译码算法，称为 Viterbi 译码或简称 VB 译码。这是一种不同于只考虑码字的代数结构的译码方法，它还结合了信道的统计特性，是一种最大似然译码，在二进制对称信道时也就是最小距离译码。本节介绍其基本原理。

6.3.1 VB 译码的度量

由上面的编码过程可知，向编码器输入信息序列 $\boldsymbol{M}$，就有码序列 $\boldsymbol{C}$ 从编码器输出，经过调制而送入信道传输。由于信道噪声的存在，会在传输过程中引入信道错误序列 $\boldsymbol{E}$，使译码器的输入序列为 $R=C+E$。若 $E=0$，则 $R=C$ 就是发送的码字。不同的 E，就会有不同的 R，它们与发送码字 C 的汉明距离也就不相同。译码算法就是要寻找与 R 有最小码距的一个 $\hat{C}$ 作为发送码字 C 的最佳估计而纠正一定的错误。若 $\hat{C}$ 就是发送的 C，则错误全部被纠正。

那么，如何来定量地计算码距呢？为此，定义了度量。对任一个码序列 $\boldsymbol{C}$，定义条件概率 $\boldsymbol{P}(\boldsymbol{R}/\boldsymbol{C})$ 的对数为码序列 $\boldsymbol{C}$ 的度量或路径度量，这是因为每个码序列都对应于编码器网格图上的一条路径。用 $M(\boldsymbol{R}/\boldsymbol{C})$ 表示度量，即

$$M(\boldsymbol{R}/\boldsymbol{C}) = \log P(\boldsymbol{R}/\boldsymbol{C})$$

对二进制对称信道而言，计算和寻找有最大度量的路径与寻找与 $\boldsymbol{R}$ 有最小 Hamming 距离的 $\boldsymbol{C}$ 是等价的。即 $\min d(\boldsymbol{R},\boldsymbol{C})$ 与 $\max M(\boldsymbol{R}/\boldsymbol{C})$ 是等效的。于是，译码问题就归结为寻找与接收码字 $\boldsymbol{R}$ 有最大路径度量的码字 $\boldsymbol{C}$。

6.3.2 VB 译码原理

我们用一个(2,1,2)卷积码的例子来说明 Viterbi 译码的基本原理。该卷积码的编码器如图 6-6 所示。由图可写出函数发生器矢量为 $\boldsymbol{g}_1 = [111]$，$\boldsymbol{g}_2 = [101]$。网格图如图 6-7 所示。该网格图从全为 0 的 S_0 状态出发，最后又回到 S_0 状态。

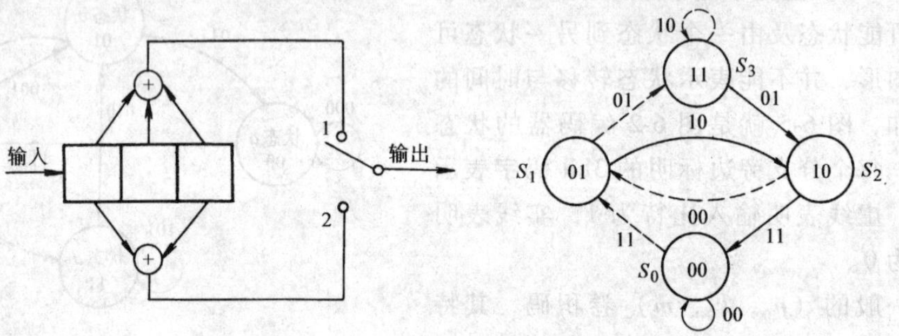

图 6-6 (2,1,2)卷积码编码电路与状态图

图 6-7 (2,1,2)卷积码网格图

设输入信息序列为 $\boldsymbol{M} = (1011100)$，在网格图上可找到编码路径，如粗线表示，故输出码字为 $\boldsymbol{C} = (11,10,00,01,10,01,11)$。该码字经过二进制对称信道，在接收端输入到译码器。设接收码字为 $\boldsymbol{R} = (\underline{10},10,00,01,\underline{11},01,11)$，显然有两个错误，看如何译码纠错。

在译码端，已知条件为编码器及路径网格图，对于接收的码字 $\boldsymbol{R}$，在网格图上是没有相应

路径的。现在要按最大度量（即最小距离）准则，在网格图中找出一条最佳（即与码字 $\boldsymbol{R}$ 最接近）的路径作为译码结果。为明了起见，以表 6-1 的形式描写译码过程。

表中出发状态是指每次输入码字以前寄存器的状态，也就是上一次的到达状态，初始状态为 $S_0(00)$ 。由出发状态至到达状态是根据输入码字与网格图确定的。如果网格图中恰好有符合码字的路径，则取该路径，否则状态转移的二条路径都要取。比如表中序号 1：输入码元为接收码字的第 1 个码帧 10，在网格图中从 S_0 出发只有 00，11 两条路径，没有 10 路径。则两条路径都为留取路径，它们到达状态分别为 S_0 与 S_1，译码结果是根据虚线，实线而定出。再如序号 2：输入码元仍为 10，但出发状态有两个，即上次两条路径的终结状态 S_0 与 S_1。从 S_0 出发，没有 10 路径，只能两条路径都选，与序号 1 情况相仿；从 S_1 出发有 10 路径，便为留选路径，另一条到 S_3 的路径不选。于是对序号 3 过程，出发状态就有 S_0，S_1，与 S_2 三个，它们都是上一过程的留选路径的到达状态。由于输入码元 00 对从状态 S_0 与 S_2 出发的都有相应的路径，应确定为留选路径，不选路径就没有在表中列出了，……如此直到最后得到留选路径为 11100001100111，根据该路径的虚实线情况，译出码字为 1011100，纠正了错误。表中的码距是由留选路径与输入码字序列之间比较得出的，码距大者不选，即是以最小码距等效最大路径度量准则。

表 6-1　译码过程表

序　号	输入码元	出发状态	到达状态	留选路径	码　距	译　码
1	10	S_0	S_0	00	1	0
			S_1	11	1	1
2	10	S_0	S_0	0000	2	00
			S_1	0011	2	01
		S_1	S_2	1110	1	10
			S_3	1101	3（不选）	11
3	00	S_0	S_0	000000	2	000
		S_1	S_2	001101	3（不选）	010
			S_3	001110	3（不选）	011
		S_2	S_1	111000	1	101
4	01	S_0	S_0	00000000	3（不选）	0000
			S_1	00000011	3（不选）	0001
		S_1	S_3	11100001	1	1011
5	11	S_3	S_2	1110000101	2	10110
			S_3	1110000110	2	10111
6	01	S_2	S_0	111000010111	3（不选）	101100
		S_3	S_2	111000011001	2	101110
7	11	S_2	S_0	11100001100111	2	1011100

6.4　卷积码的删余

在本章引言中已经提到删余码（punctured code），在下一节的 Turbo 码里也要用到删余技术，本节将介绍卷积码删余的基本原理。

在 VB 译码中，由于译码器的复杂性随 $2^{k_0 m}$ 指数增长，因此，一般取输入帧长 $k_0=1$ 的（2，1，m）码，以致码率较低。为了使码率提高且不使译码器的复杂性增加，对（2，1，m）卷积码进行删余处理，即对（2，1，m）码的码字中某些特定位置之码元删除（Puncturing），在收端译码时，再用虚设的码元填充这些空位，然后去$(2,1,m)$码的 VB 译码器进行译码。当然，由于码率的提高，纠错能力要有所降低。

从码率为$\frac{1}{n_0}$的卷积码产生出码率为$(n_0-1)/n_0$的删余码过程如下：

1）把信息元以(n_0-1)位分帧，并输入至$(2,1,m)$编码器，从而把$(2,1,m)$编码器输出的码字看成是$(2(n_0-1),n_0-1,m)$卷积码的码字。由于$(2,1,m)$编码器以 2 比特分帧，记第一比特的(n_0-1)个码元为$c_{11},c_{21},\cdots,c_{(n_0-1)1}$；第二比特的$(n_0-1)$个码元为$c_{12},c_{22},\cdots,c_{(n_0-1)2}$，则卷积码$(2(n_0-1),n_0-1,m)$码字序列为$c_{11},c_{12},c_{21},c_{22},\cdots,c_{(n_0-1)1},c_{(n_0-2)2},c_{(n_0-1)1},c_{(n_0-1)2},\cdots$。

2）按设计好的删除码元位置矩阵$\begin{bmatrix} c_{11}, & X, & \cdots, & X, & c_{(n_0-1)1}; & \cdots \\ c_{12}, & c_{22}, & \cdots, & c_{(n_0-2)2}, & X; & \cdots \end{bmatrix}$在码字中的每$2(n_0-1)$个码元中删除所有“$X$”位置的共$(n_0-2)$个码元，只剩下$n_0$个码元。

3）发送或存储原$2(n_0-1)$个码元中剩下的n_0个码元序列$c_{11},c_{12},c_{22},\cdots,c_{(n_0-1)2},c_{(n_0-1)1};\cdots$，从而得到码率为$(n_0-1)/n_0$的卷积码$(n_0,n_0-1,m)$，使卷积码的码率得以提升。

在接收端接收码元序列$\hat{c}_{11},\hat{c}_{12},\hat{c}_{22},\cdots\cdots,\hat{c}_{(n_0-2)2},\hat{c}_{(n_0-1)1};\cdots$，后，按约定的删除码元位置矩阵，在被删除的位置上填上虚设码元，然后送入原来的$(2,1,m)$码 VB 译码器，但在 VB 译码过程中要禁止对所填充的虚设码元作量度计算。图 6-8 给出了一个$m=6$的$(n_0,n_0-1,6)$删余码的编译码器框图例子。图中的删除位置矩阵用删除比特布局图表示，图中以“0”表示删除比特，“1”表示保留比特。

删余卷积码的纠错能力与被删除码元位置有极大关系，如何设计删除码元位置尚未有一

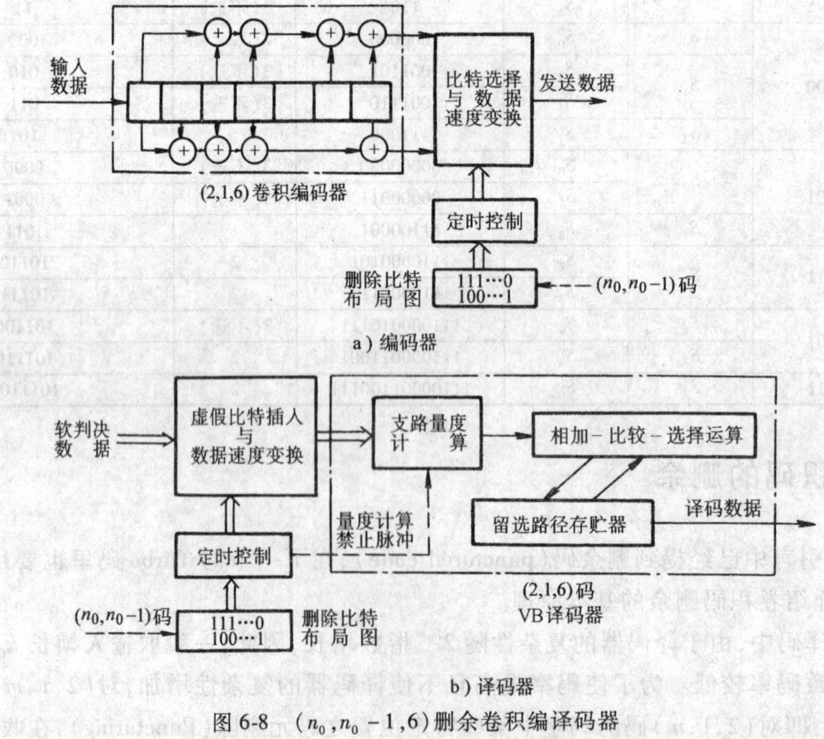

图 6-8 $(n_0,n_0-1,6)$删余卷积编译码器

种普遍规律，只能依靠计算机搜索比较来确定。表 6-2 就是对由（2，1，m）码产生的删余码，用计算机检验所确定的码率从 2/3 ~ 13/14 的各种删余码的删除码元最佳位置布局图样。表中码率为$\frac{1}{2}$的行没有删除码元，其中 $g^{(1,1)}$ 与 $g^{(1,2)}$ 是两个子生成元表达式，（·）内为八进制数，表示移项式系数。其他的删除码元位置布局用“1”表示这位不删除，“0”表示这一位删除。

表 6-2　从（2，1，m）码产生的最佳删余码的删除码元位置布局表

码率 \ m	2	3	4	5	6	7	8
1/2	1 $g^{(1,1)}$:(5) 1 $g^{(1,2)}$:(7)	1 (15) 1 (17)	1 (23) 1 (35)	1 (53) 1 (75)	1 (133) 1 (171)	1 (247) 1 (371)	1 (561) 1 (753)
2/3	10 11	11 10	11 10	10 11	11 10	10 11	11 10
3/4	101 110	110 101	101 110	100 111	110 101	110 101	111 100
4/5	1011 1100	1011 1100	1010 1101	1000 1111	1111 1000	1010 1101	1101 1010
5/6	10111 11000	10100 11011	10111 11000	10000 11111	11010 10101	11100 10011	10110 11001
6/7	101111 110000	100011 111100	101010 110101	110110 101001	111010 100101	101001 110110	110110 101001
7/8	1011111 1100000	1000010 1111101	1010011 1101100	1011101 1100010	1111010 1000101	1010100 1101011	1101011 1010100
8/9	10111111 11000000	10000011 11111100	10100011 11011100	11100010 10011101	11110100 10001011	10110110 11001001	11100000 10011111
9/10	101111111 110000000	101000000 110111111	111110011 100001100	100001111 111110000	111101110 100010001	101100110 110011001	111000101 100111010
10/11	1011111111 1100000000	1000000011 1111111100	1000000101 1111111010	1001110100 1110001011	1110110111 1001001000	1001000011 1110111100	1000101100 1111010011
11/12	10111111111 11000000000	10000000010 11111111101	10101101101 11010010010	10001110100 11110001011	11110111110 10001000001	10110000110 11001111001	11000010001 10111101110
12/13	101111111111 110000000000	100000000011 111111111100	101101111011 110010000100	110100110110 101011001001	111111110101 100000001010	100100001100 111011110011	110000011010 101111100101
13/14	1011111111111 1100000000000	1010000000000 1101111111111	1110110110111 1001001001000	1100011000100 1011100111011	1101000001111 1010111110000	1010100100000 1101011011111	1000000100001 1011111011110

利用这种删余方法，可以使码率为$\frac{1}{2}$的 VB 译码器能工作在更高的码率。目前市场上所售的 VB 译码器芯片几乎都具有这种可选择的多码率功能，以适应广泛的应用需求。应当注意的是在接收端需要有每个子码（n_0 个码元）的同步功能，以保证码元位置准确性。

6.5 小结

卷积码是在实际通信系统中被广泛应用的一种线性码。其码字结构与分组码完全不同，对信息流以 k_0 个信息源为帧进行分割，由 m 级移位寄存器及 1 个输入寄存器来分帧存储处理编码，称 $L=m+1$ 为卷积码的约束度。由 n_0 个编码逻辑输出 n_0 位码元，称 Ln_0 为编码约束长度，表示相关码元的个数，并以 $R=k_0/n_0$ 来表示卷积码的码率。为了编码容易实现，常常取 $k_0=1$，此时，又称为二进制卷积码。由此可见，卷积码的码率不及分组码高，然而由于利用了码元之间的关联性，其纠错能力却不亚于分组码。又由于卷积码的译码方法比较成熟，特别是 VB 译码器的商品化，使卷积码得到了越来越广泛的应用。

卷积码的理论分析却比较复杂，这是由于表示关联特性的数学工具缺乏。本章着重从实例介绍编码及译码的最基本的原理。将子码的编码逻辑与子码生成多项式相联系，给出卷积码的两种多项式表示形式及网络传递函数的概念，为更深入阅读相关文献提供基础。

树形图、网格图和状态图是研究、理解卷积码的有力工具。本章利用网格图来讨论 Viterbi 译码的基本原理，给出 VB 译码的基本概念以致具有一般应用 VB 译码器的基本知识。至于更多的关于 VB 译码的理论与方法需要参阅相关的专著。

利用删余方法来提升卷积码的码率而不增加设备的复杂性，尽管理论并不完善，但已被普遍采用，产品已商品化，在 Turbo 码中也有应用。因此本章也简要地介绍了其基本原理。

6.6 习题

1. 设信源序列为 $M(D)=1+D+D^4+D^6+D^7$ 输入至如图 6-9 所示的卷积码编码器。试用码矢量与多项式表示编码输出。

2. 码率为 1/3 的卷积码编码器，其子码生成多项式为 $g_0(D)=1+D^2+D^3$，$g_1(D)=1+D+D^3$，$g_2(D)=1+D+D^2+D^3$，画出：

(1) 编码器框图。

(2) 状态图和网格图。

3. 一个 FIR 响应系统卷积码编码器必有 $g_0(D)=1$。试画出 $g_1(D)=1+D+D^3$ 的 $R=\frac{1}{2}$ 的系统卷积码编码器框图。

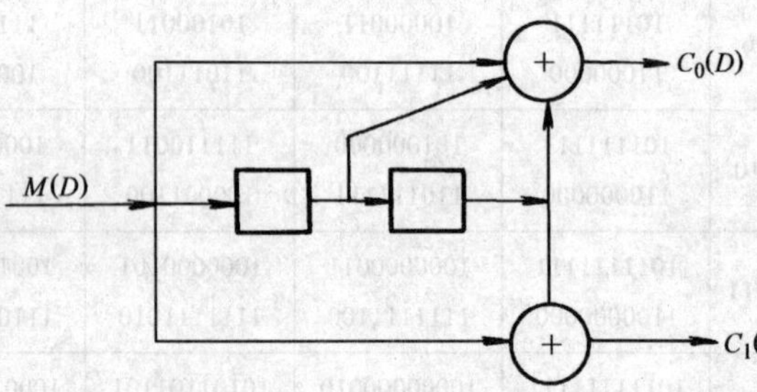

图 6-9 $R=\frac{1}{2}, m=2$ 卷积码编码器

4. 一个卷积码编码器的子生成多项式为 $g_0(D)=1+D+D^2+D^3+D^4$，$g_1(D)=1+D+D^3+D^4$，$g_2(D)=1+D^2+D^4$，试求：

(1) 码约束长度为多少？

(2) 码率 $R=$？

(3) 网格图有多少状态，并画出网格图？

5. 已知(3,1,2)卷积码的 $G(D)=(1+D^2,1+D+D^2,1+D+D^2)$，试求

(1) 对长为 4 比特的信息序列,画出网格图。

(2) 写出输入信息序列 $M=(101100)$ 的输出码字。

(3) 用 VB 译码原理,译出接收序列为 $R=(111,111,000,100,000,111)$ 的信息序列。

6. 码率为 1/2,约束度为 3 的卷积码的网格图如图 6-10 所示,如果传送的是全 0 序列,接收的序列为 100010000…,利用 Viterbi 算法,计算译码序列。

7. 一个卷积码编码器由一个两级移位寄存器,三个模 2 加法器和一个输出复用器组成,编码器的生成多项式如下:$g_0(D)=1+D^2$,$g_1(D)=1+D$,$g_2(D)=1+D+D^2$,试画出其编码器原理框图。

8. 图 6-11 所示为编码效率 $R=1/2$,约束度为 4 的卷积码编码器,若输入的信息序列为 10111…,求编码器的输出。

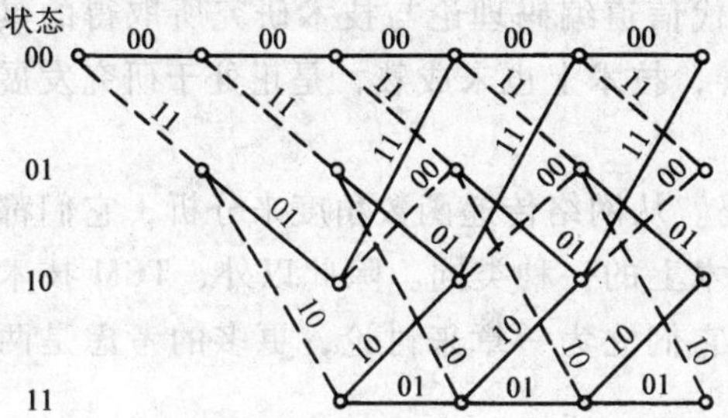

图 6-10

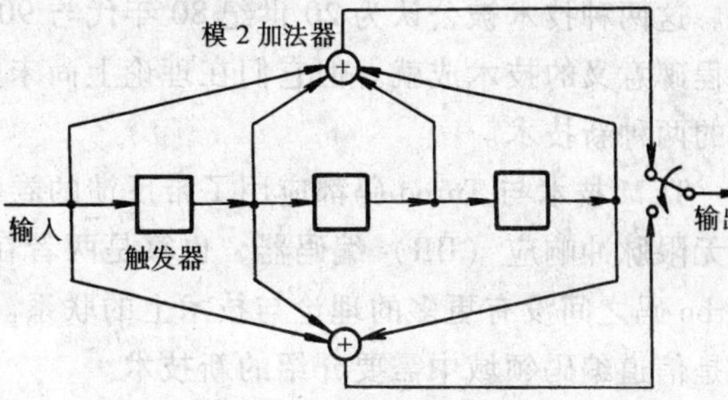

图 6-11

第 7 章　TCM 与 Turbo 码

7.1 引言

TCM 是 Trellis-Coded Modulation 的缩写，称为网格编码调制。它是 1982 年被提出并成功地应用于实际通信系统的一种编码与调制相结合的技术，简称为 TCM 技术。Turbo 码是 1993 年由 Berrou 等人提出的将卷积码与随机交织器相结合实现随机编码的一种纠错编码技术。这两种技术被公认为 20 世纪 80 年代与 90 年代信道编码理论与技术研究所取得的具有里程碑意义的技术成就。但它们在理论上尚未完善，技术上也未成熟，是正处于研究发展阶段的两种新技术。

TCM 技术与 Turbo 码都应用了带反馈的卷积码。从网络传递函数角度来分析，它们都属于无限脉冲响应（IIR）编码器，也算是两者在技术上的一种类同。除此以外，TCM 技术与 Turbo 码之间没有更多的理论与技术上的联系。将它们立为一章来讨论，更多的考虑是两者都是信道编码领域中需要介绍的新技术。

本章首先讨论 TCM 技术的基本原理，然后介绍 Turbo 码的原理及其在移动通信 3GPP 中的应用情况。

7.2　TCM 技术

7.2.1　TCM 思想的由来

前面已经多次提到数字通信系统的基本要求是有效、可靠地传递信息。所谓有效性实际上要求提高传递速率，提高信道的频带利用率。然而一般地说，增加传输速率，会使系统的误码率增加，也就降低了可靠性。可见，有效性与可靠性要求对一个确定的通信系统来说是一对矛盾。因此，如何解决好这个矛盾就成了通信系统设计和实践中的一个很有意义的研究方向。由于先进的调制方式可以提高频带的利用率以及在有限的频带中提高数据传输速率，而纠错编码是降低误码率的有效手段。1974 年就有学者提出将编码和调制作为一个整体的最佳设计论证。1982 年 Ungerboeck 的论文“Channel coding with multilevel/phase signals”被认为是 TCM 技术问世的标志。

首先考察一个话音频道如何能传输高速数据。人们最熟知的电话信道其振幅相位平坦区域只有 2400Hz 频带宽，也即是频带有限的信道。但电话信道的信噪比可以达到 28dB。根据 Shannon 信道容量公式可知，最高数据速率可达

$$C = W\log_2\left(1+\frac{S}{N}\right)\approx 22.3\text{kbit/s}$$

而实际中，能达到的数据传输速率为 19.2kbit/s，要再提高传输速率就得采取一些技术措施。

在信道中，传输的已调制的信号形式为

$$S(t) = A\cos(2\pi f_0 t + \varphi)$$

式中，f_0 是信号的载波频率，不好改变；A 是信号的振幅，可以改变；φ 是相位，也可以设计改变。如果将二进制调幅信号（A 只有两种电平值，每一种电平分别代表 0 或 1）改成 M 进制调幅信号，则 A 的电平数就有 M 种，每一种电平分别代表 M 个符号 0，1，2，…，$M-1$ 中的一个。例如 $M=4$，A 就需 4 种不同的电平来分别代表四进制符号 0，1，2，3。若用二进制符号表示四进制符号，分别为 00，01，10，11。也就是说，对四进制信号，振幅需要用四种不同的电平，而每一种电平符号就代表 2bit 信息，即在与二进制信号相同的符号速率下，四进制信号的比特速率却提高了一倍。

对调相信号，如果采用多相调制，则每个相位符号也需要用多个二进制符号表示（M 相调制的每一个相位符号，需要用 $\log_2 M$ 个二进制符号表示）。因此，在符号速率不变情况下，比特速率也提高了。再进一步，可采用调幅调相结合的多进制方式，如图 7-1 所示。该图的每一个小圈称作信号点，它代表一个信号的幅度与相位。坐标轴分别为同相坐标 I 与正交坐标 Q，信号点组成的图又称信号空间的星座图。图 7-1a 表示多电平调幅的信号电平分布，图 7-1b 表示多相位调制的信号相位分布，其幅度是不变的。图 7-1c 则是调幅与调相相结合，每个信号点都有不同的幅度与相位坐标，称为幅相调制，一般称为正交幅度调制（QAM）。什么样的星座图最佳？即在相同的发送功率下，既能提高数据传输速率，又不使系统性能下降太多，这是令人感兴趣的研究课题。

从图 7-1 可以看到，传输多幅多相位的信息符号，可以提高数据的比特速率。然而，随着传信率的提高，每一个信息符号之间的最小间隔也随之缩小。如果不增加发送信号的平均功率，系统的性能会很快下降，即系统的误码率会很快增加。自然会想到，如果在调制以前先对信号作一次纠错编码，则可以在不增加发送信号的平均功率情况下，改善整个系统的误码性能。这就是 20 世纪 70 年代开始研究的将调制和编码相结合的 TCM 技术。其中纠错码可以用卷积码或分组码，由于卷积码与分组码获得的性能改善相差不大，但卷积码更容易实现，因此，现在的 TCM 技术多采用以卷积码为基础与多进制调幅相结合的技术。

7.2.2 TCM 系统模型

将调制与编码作为一个整体考虑的系统模型如图 7-2 所示。

从信源输出的是二进制随机序列 $\boldsymbol{U}=(\boldsymbol{u}_0, \boldsymbol{u}_1, \cdots)$，$\boldsymbol{U}$ 的每个分矢量 $\boldsymbol{u}_i=(u_i^1, u_i^2, \cdots, u_i^{k_0})$ 是输入卷积码编码器的信息子帧，当 $k_0=1$ 时 $\boldsymbol{u}_i$ 便是二进符号 0 或 1；码率为 R 的 (n_0, k_0, m) 卷积码编码器输出的仍是二进制码序列 $\boldsymbol{V}=(\boldsymbol{v}_0, \boldsymbol{v}_1, \cdots)$，$\boldsymbol{V}$ 的每个分矢量 $\boldsymbol{v}_i$ 便是卷积码的子码（上章中的 $\boldsymbol{C}_i$），$\boldsymbol{v}_i=(v_i^1, v_i^2, \cdots, v_i^{n_0})$ 即由 n_0 位二进制符号组成；映射器的输出 $\boldsymbol{\alpha}$ 则是 M 进制符号 $\boldsymbol{\alpha}=(\alpha_0, \alpha_1, \cdots, \alpha_{M-1})$，其中每个分量 α_i 由 $\log_2 M$ 个二进制符号组成。其映射方法有多种，比如自然二进制映射、Gray 码映射等，映射方法会影响系统的性能。

调制器的任务是输出对应于多进制符号 α_i 的模拟信号 $s(t, \varphi)$，即波形信号的幅度与相位与星座图的信号点相对应；调制器输出的信号 $s(t, \varphi)$ 送入信道，由于加性噪声 $n(t)$ 的影响，使接收端接收信号 $r(t)=s(t, \varphi)+n(t)$，经解 TCM 操作，解出二进制序列 $\hat{\boldsymbol{U}}$，$\hat{\boldsymbol{U}}$ 与

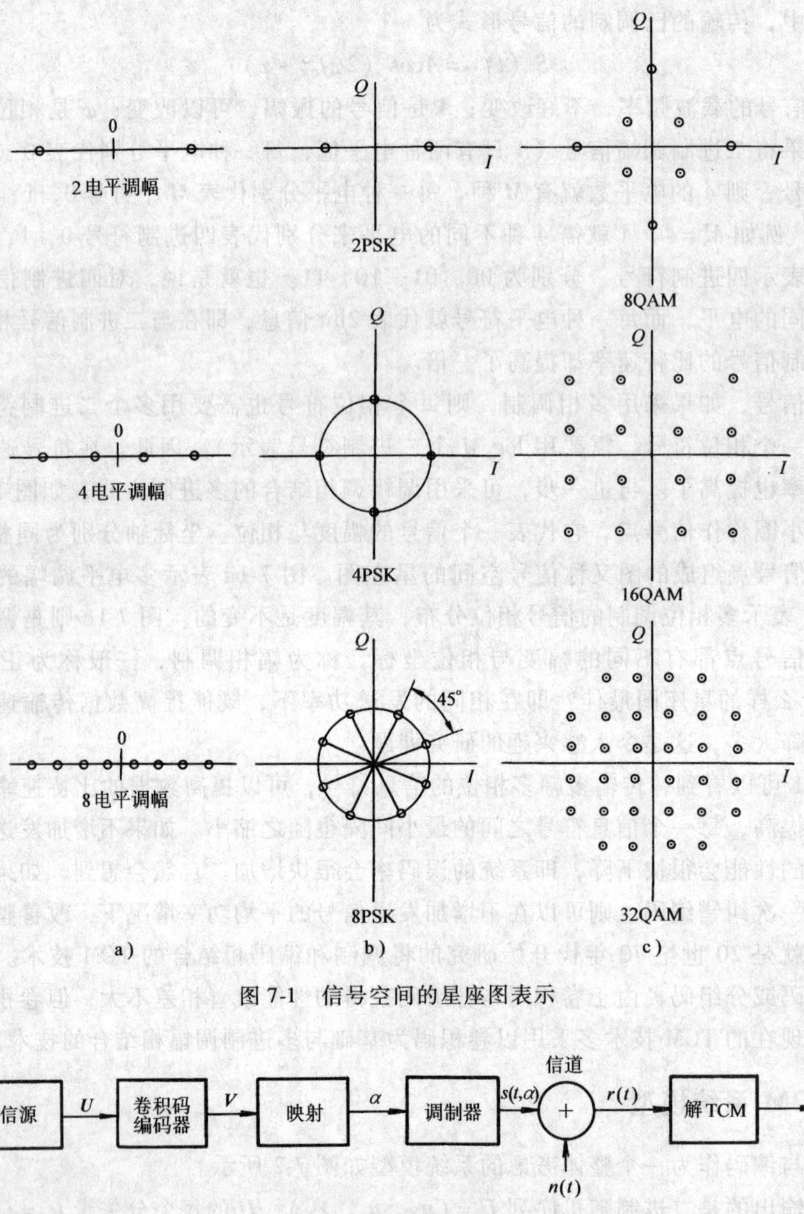

图 7-1 信号空间的星座图表示

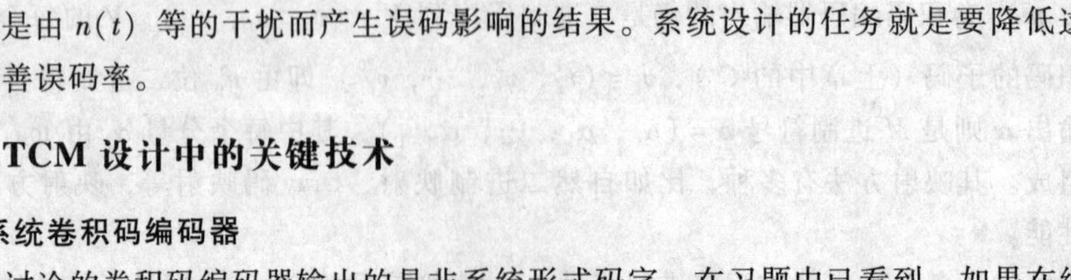

图 7-2 TCM 系统模型

U 的差别是由 $n(t)$ 等的干扰而产生误码影响的结果。系统设计的任务就是要降低这个不良影响而改善误码率。

7.2.3 TCM 设计中的关键技术

1. 系统卷积码编码器

前面讨论的卷积码编码器输出的是非系统形式码字。在习题中已看到，如果在编码器设计中让信息位直接成为子码的 C_0 位，就会产生系统码形式的子码。如果应用有限脉冲响应（FIR）编码器设计系统卷积码，由于相互关联的减弱，其性能往往不如非系统形式的 FIR

编码器。但是，如果应用迭代式 IIR 编码器来增加信息元之间的关联度，就可能达到更好性能的卷积码。在 Ungerboeck 编码器设计中，就应用了迭代的系统卷积码编码器。

【例 7-1】 一个有 2 级存储、码率为1/2的系统卷积码（2，1，2）编码器，如图 7-3 所示。

编码器的校验多项式为

$$H^{(0)}=h_0^{(0)}+h_1^{(0)}D+h_2^{(0)}D^2$$
$$=1+D^2$$
$$H^{(1)}=h_0^{(1)}+h_1^{(1)}D+h_2^{(1)}D^2$$
$$=D$$

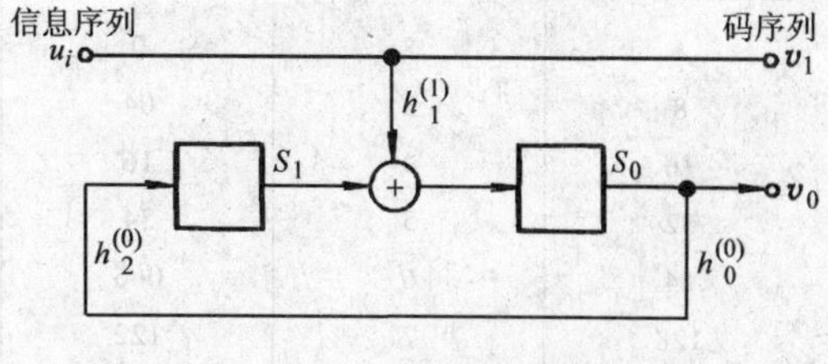

图 7-3　$R=1/2$ 的系统卷积码编码器

系数 $h_i^{(\cdot)}$ 为 0 表示"无连接"，$h_i^{(\cdot)}$ 为 1 表示与第 i 个状态输出点"有连接"。寄存器状态自右向左记作 S_0，S_1。式中 $h_0^{(0)}=1$ 说明子码 v_0 与 S_0 输出连接，$h_1^{(0)}=0$ 说明 v_0 与 S_1 输出点无连接，$h_2^{(0)}=1$ 是反馈点 S_1 的输入，隐示 S_2 的输出，故表示与 S_2（不存在）输出点有连接；$h_1^{(1)}=1$ 表示子码 v_1 与状态 S_1 的输出点有连接。

一般的 m 级存储、码率为 $k_0/(k_0+1)$ 的系统卷积码编码器如图 7-4 所示。

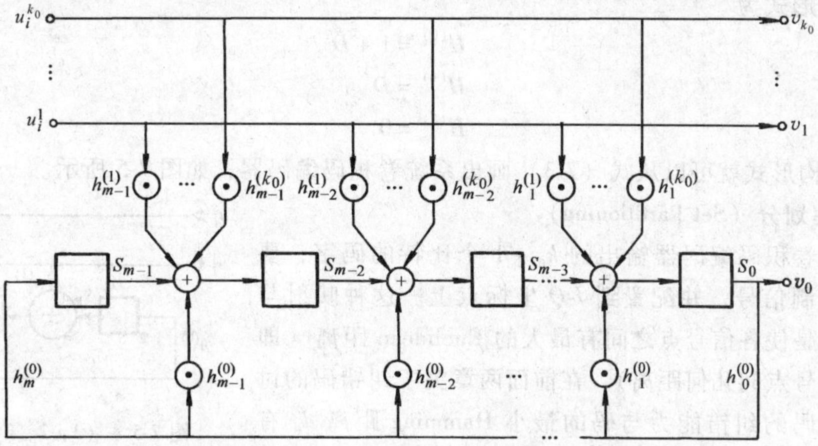

图 7-4　典型的 $k_0/(k_0+1)$ 系统卷积码编码器

其中，m_1，m_2，…，m_k 表示信息元，用多项式 $H^{(j)}$ 的系数 $h_i^{(j)}$ 表示 u_j（$j=1$，2，…，k）信息元的连接情况。而校验多项式 $H^{(0)}$ 的系数 $h_i^{(0)}$ 则表示反馈连接的情况，且总有形式

$$H^{(0)}=1+h_1^{(0)}D+\cdots+D^m \tag{7-1}$$

即

$$h_0^{(0)}=h_m^{(0)}=1$$

及

$$H^{(j)}=h_1^{(j)}D+h_2^{(j)}D^2+\cdots+h_{m-1}^{(j)}D^{m-1},\ j=1,\ 2,\ \cdots,\ k_0 \tag{7-2}$$

即总有

$$h_0^{(j)}=h_m^{(j)}=0,\ j\neq 0$$

多项式（7-2）有时候可用八进制数来简明地表示，此时八进制数的二进制表示数自左至右分别对应于系数 $h_0^{(\cdot)}$，$h_1^{(\cdot)}$，…，$h_m^{(\cdot)}$。比如对 $m=4$，多项式"23"就是

$$H^{(0)}=1+D^3+D^4$$

因为 $(23)_8$ 的二进表示数为 010011。这种表示方法常常用在表格中，如表 7-1 中多项式$H^{(i)}(D)$就是用八进制数表示的。至于 D 的多项式还与 m 有关，m 值不同，多项式系数与

二进制数的对应关系也会不同。

表 7-1　与 8PSK 相结合的最佳（3，2，m）UB 卷积码（Ungerboeck 1987）

状态数	m	$H^{(2)}$（D）	$H^{(1)}$（D）	$H^{(0)}$（D）	相对 QPSK 的编码增益（dB）
4	2	0	2	5	3.01
8	3	04	02	11	3.60
16	4	16	04	23	4.13
32	5	34	16	45	4.59
64	6	066	030	103	5.01
128	7	122	054	277	5.17
256	8	130	072	435	5.75

表 7-1 是 Ungerboeck 找出的最佳卷积码（简称 UB 码）的码表，表中的 $H^0(D)$，$H^1(D)$，$H^2(D)$分别是子校验多项式。如第一行 $m=2$ 的(3,2,2)码就表示校验矩阵为

$$\boldsymbol{H}(D)=[H^2(D),H^1(D),H^0(D)]=[0,2,5]$$

因为八进制 2 的二进制码为 010，5 的二进制码为 101，所以 $\boldsymbol{H}(D)=[0,D,1+D^2]$写成式(7-1)、式(7-2)形式为

$$\begin{aligned} H^{(0)} &= 1+D^2 \\ H^{(1)} &= D \\ H^{(2)} &= 0 \end{aligned} \tag{7-3}$$

按图 7-4 结构形式就可以从式（7-3）画出系统卷积码编码器，如图 7-5 所示。

2. 子集划分（Set Partitioning）

从系统卷积码编码器输出的 k_0+1 个比特的码字，要映射成多进制信号，并配置到 I-Q 坐标点上。这种映射与配置的目的是使各信号点之间有最大的 Euclidean 距离（即星座图上信号点间几何距离）。在前面两章关于纠错码的讨论中知道，码的纠错能力与码的最小 Hamming 距离 d_0 有关，并希望经过编码加大 d_0，但是在调制与解调过程中，纠检错能力却直接与 I-Q 坐标点之间的几何距离有关。若信号点之间彼此距离很近，在信道噪声干扰下，很容易发生错判。那末，星座图上的几何距离与码的 Hamming 距离关系如何？请看下例。

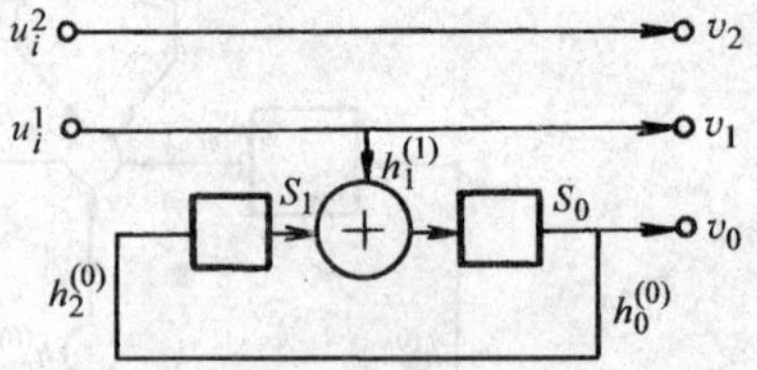

图 7-5　（3，2，2）系统卷积码编码器

【例 7-2】　QPSK 调制与映射的关系。

4 相调制（QPSK）是数据传输中应用较多的一种数字调制方式，其星座图形式如图 7-6 所示，4 个信号点均匀分布在一个圆周上，互成 90°相位。这是一种等幅相位调制，设圆周半径为 1，则信号点之间的最小几何距离为 $d=\sqrt{2}$，最大距离为 2。如果信号点的映射按 Gray 码 00，01，11，10 沿圆周逆时针配置，则最短几何距离$\sqrt{2}$对应最小 Hamming 距离 1，最大几何距离 2 对应最大 Hamming 距离，也为 2，即该两种距离大小关系完全相一致。值得注意的是，这里的二进制信号点配置与点的坐标值毫无关

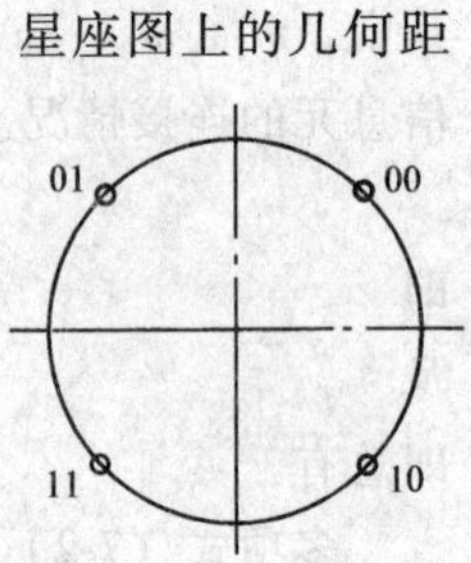

图 7-6　QPSK 的 Gray 码映射

系，也因此可以任意调节配置，使几何距离与 Hamming 距离达到最佳匹配。

这个例子中，如果映射关系采用自然二进制码 00，01，10，11 配置，则两种距离大小关系就不是如此的吻合了。可见，星座图与映射所采用的码字对 TCM 系统的性能关系极大。可惜至今尚未有一种最佳配置的理论与算法。Ungerboeck 在 1982 年提出了一种称为“子集划分”方法进行信息元与发射信号（星座图中的信号点）之间的变换，并借助于计算机搜索了一批用这种方法得到的有最大 Euclidean 距离的码，即 UB 码，表 7-1 是 1987 年他提出的为 8PSK 设计的 UB 码。

UB 码应用（k_0+1，k_0，m）卷积码，k_0 比特的信息帧进入编码器后，输出 k_0+1 个码元组成的子码，每个子码与信号星座图中的一个信号点相“对应”，因此星座图上共有 2^{k_0+1} 个信号与之相对应。子集划分的目的就是使这种“对应”能保证发送的信号序列之间有最大的 Euclidean 距离。图 7-7 是 8PSK 信号空间的划分情况。图中顶层 A_0 表示 8PSK 的星座图，它是均匀分布在一个圆上的 8 个信号点，设圆的半径 r 为 1，则信号点之间的最小几何距离为相邻点间距 $\Delta_0=0.765$。子集划分的步骤如下：

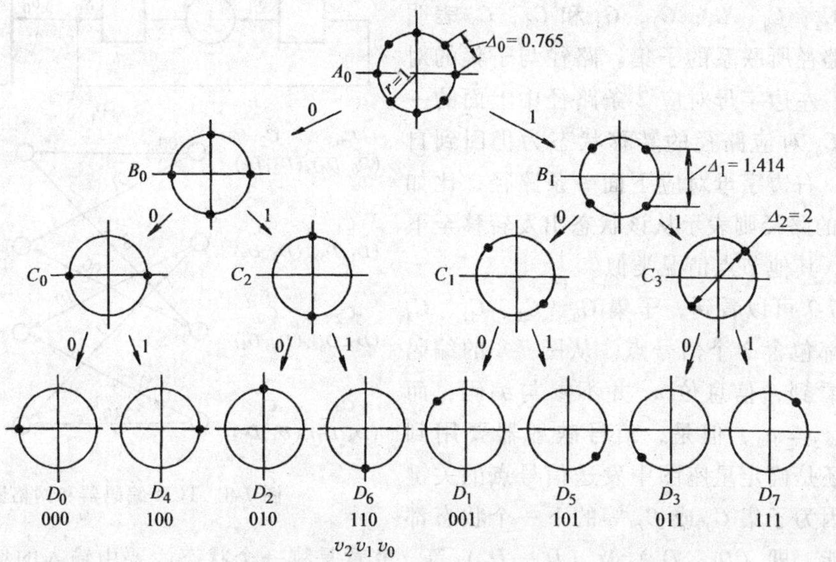

图 7-7　8PSK 子集划分过程示意

1）将 A_0 划分成 2 个子集 B_0 和 B_1，每个子集有 4 个信号点（图中黑点），子集中相邻信号点之间的几何距离为 $\Delta_1=\sqrt{2}=1.444>\Delta_0$。

2）将 B_0 与 B_1 各分为 2 个子集，共有 4 个子集 C_0、C_1、C_2、C_3，每个子集中只有 2 个信号点，它们之间的几何距离为圆的直径，即 $\Delta_2=2>\Delta_1>\Delta_0$。

3）再将子集 C_i 划分。就变成只有一个信号点的 8 个子集 $D_0\sim D_7$，如果每次划分都给子集分别标以二进制符号 0 及 1，当到达最后一步只有一个信号点时，也就得到了对应的码字。该码字由标注于各子集的二进数由底部向顶 A_0 连成，如 $D_4C_0B_0$ 码字为 100。它们对应于图 7-4 所示的编码器输出 $v_{k_0}\cdots v_1v_0$ 顺序。在 8PSK 编码中相当于 $v_2v_1v_0$ 次序，其中最后一位 v_0 是对应于 B_0 与 B_1 标注的二进制数。

以上子集的划分与0、1的标注都是随意的，每次划分的基本原则就是将信号星座图中具有最大可能 Euclidean 距离的那些点分别集合成两个子集。TCM 的根本思想就是利用在星座图上增加信号点来增加系统冗余度和用卷积码编码器去控制星座图上的信号点输出，使对方的接收信号序列之间的 Euclidean 距离比不编码时要大，现举例来看。

图 7-6 中的每个 QPSK 信号点都代表两个信息比特，TCM 技术就是应用 Ungerboeck 编码器将 QPSK 改变在 8PSK 并用图 7-7 的 8PSK 子集划分策略来增加发送信号点间的几何距离，如图 7-8 所示。该图由卷积码编码器网格图和信号映射器 3 部分组成，分别说明如下：

1）图中的编码器是图 7-4 中 $k_0=2$，$H^{(2)}=0$，$H^{(1)}=2$，$H^{(0)}=5$ 的特例。这是一个（3，2，2）系统卷积码编码器，其中信息位 u_2 并不参与卷积编码，却作为编码器输出直接输入到信号映射器中。

2）网格图上的节点代表（S_0S_1）的状态组合，左边为出发状态，每个节点都有 2 条出发路径，右边为“下一个”状态组合。节点的标注 C_0，C_2；C_1，C_3；C_2，C_0 和 C_3，C_1 表明每条网格路径所联系的子集。路径与子集的对应关系为：左边字母对应 2 条路径中上面的一条，比如 C_0 对应路径的转移状态为仍回到自己的状态；右边字母对应下面一条路径，比如 C_2 所对应的路径则表示从该状态出发转移至下一个状态。其他节点情况类似。

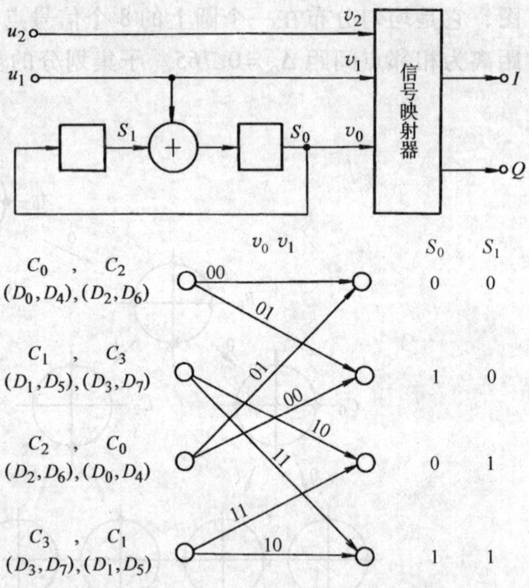

图 7-8　TCM 编码器和网格图

从图 7-7 可以看到，子集 C_0、C_2、C_1、C_3 的每一个都包含 2 个信号点。从图 7-8 的编码器中可以看到，信息位 u_2 并不参与编码，而直接输出 $v_2=u_2$，但是，信号映射器要用到它，而且还是确定星座图中发送信号点的关键信息位。因为子集 C_0 或 C_2 等的下一个状态都有两种可能，即（D_0，D_4）及（D_2，D_6）等。究竟是哪一个状态，要由输入的信息位 u_2 来决定。比如，对于 C_0 若 $u_2=v_2=0$，则下一状态为 D_0；若 $u_2=v_2=1$，则下一状态为 D_4。从图 7-7 可看出，在同一子集 C_i 中的信号点之间的几何距离要比 QPSK 中大（即 $2>\sqrt{2}$）。

3）信号映射器其实是一个对编码器输出 $v_2v_1v_0$ 转换成对应的 I-Q 信号的一个对照表，称为“下个状态真值表（next-state truth table）”，如表 7-2 所示。该表中没有标出信息位 u_2，因为它与网格图无关，它的作用是确定 C_i 子集中哪个信号点应该发送。表 7-2 是根据图 7-7 的子集划分规则设计的，这一点必须引起注意。因为子集划分具有一定的任意性，只有当卷积码编码器、信号映射表与子集划分规则相匹配时，才会有“增大距离”的效果。阅读表 7-2 应结合图 7-8 的编码器，编码输出的 v_1v_0 是由当前输入信息 u_1 与当前 S_0 确定的，输出 v_1v_0 之后 S_0 状态的改变是由上一时刻的 $S_1\oplus u_1=S_0$（下时刻），而下时刻的 S_1 则由上一时刻的 S_0 反馈所致。表中输出子集 C_i 则由 v_1v_0 结合图 7-7 产生。

表 7-2　TCM 信号映射真值表

			下一个				
u_1	S_0	S_1	S_0	S_1	v_1	v_0	输出子集
0	0	0	0	0	0	0	C_0
1	0	0	1	0	1	0	C_2
0	1	0	0	1	0	1	C_1
1	1	0	1	1	1	1	C_3
0	0	1	1	0	0	0	C_0
1	0	1	0	0	1	0	C_2
0	1	1	1	1	0	1	C_1
1	1	1	0	1	1	1	C_3

关于 TCM 编码还应提及的是，尽管卷积码部分仍然是线性码编码器，但是信号映射器显然是非线性的，因此 TCM 码不再是线性的了。这个结论很容易从星座图看出来，因为星座图上两个信号点矢量相加结果，并不是该星座图的星号点。

7.3　Turbo 码

7.3.1　引言

Turbo 码又称并行级联卷积码（PCCC），是 C. Berrou 等人在 ICC′93 会议上提出的。它巧妙地将卷积码和随机交织器相结合，实现随机编码的思想。同时，采用软输出迭代译码算法来逼近最大似然译码。计算机仿真模拟结果表明，在 $E_0/N_0 \geqslant 0.7$dB 时，码率为 1/2 的 Turbo 码在 AWGN（加性 Gaussian 白噪声）信道上的误比特率（BER）$\leqslant 10^{-5}$。这个超乎寻常的优异性能，立即引起了信息与编码学术界的轰动，经过多次重复性模拟研究和理论分析，特别是 P. Robertson 对译码器的工作原理进行了探讨和详细说明，肯定了 Turbo 码的研究方法和优异性能。因此，Turbo 码的提出，更新了编码理论研究中的一些概念和方法，标志着信道编码理论与技术的研究进入了一个崭新的阶段，为最终达到 Shannon 信道容量开辟了一条新的途径。目前，Turbo 码被看作是 1982 年 TCM 技术问世以来，信道编码理论与技术研究上所取得的最大的技术成就，具有里程碑意义。

7.3.2　Turbo 码编码器

1. Turbo 码编码器

Turbo 码编码器是由两个反馈的系统卷积码编码器通过一个随机交织器并行连接而成，编码后的校验位经过删余矩阵，从而产生不同码率的码字。

图 7-9 是典型的 Turbo 码编码器结构框图，信息序列 $\boldsymbol{u} = \{u_1, u_2, \cdots, u_N\}$ 经过一个 N 位交织器，形成一个新序列 $\boldsymbol{u}' = \{u_1', u_2', \cdots, u_N'\}$（长度与内容没变，但比特位置经过重新排列）。$\boldsymbol{u}$ 与 $\boldsymbol{u}'$分别传送到两个分量码编码器（RSC1 和 RSC2），一般情况下，这两个分量编码器结构相同，生成序列 X^{p1} 和 X^{p2}。为了提高码率，序列 X^{p1} 与 X^{p2} 需要经过删余器，

采用删余（Puncturing）技术从这两个校验序列中周期地删除一些校验位，形成校验序列 X^p。X^p 与未编码序列 X^s 经过复用调制后，生成 Turbo 码序列 X。例如，假定图 7-9 中两个分量编码器的码率均是 1/2，为了得到 1/2 码率的 Turbo 码，可采用删去来自 RSC1 的校验序列 X^{p1} 的偶数位置比特与来自 RSC2 的校验序列 X^{p2} 的奇数位置比特的删余策略。

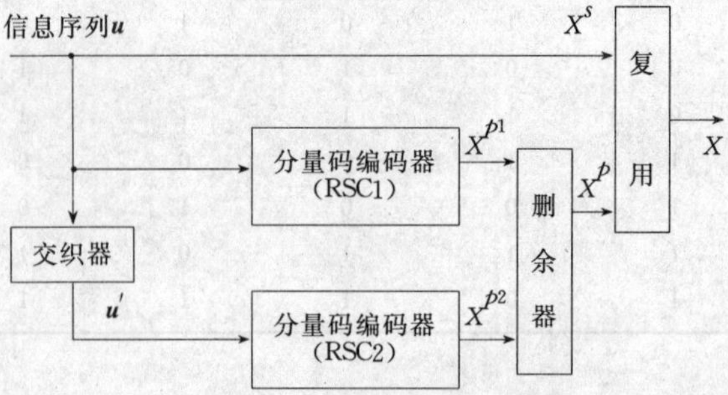

图 7-9　Turbo 码编码器结构框图

图 7-10 是码率为 1/3 的 Turbo 码编码的分量编码器的一个实例。分量编码器是（2，1，4）的递归型系统卷积码（RSC），码率为 1/2，寄存器级数 $m=4$，其生成矩阵（传递函数）为

$$\boldsymbol{G}(D) = \left[1, \frac{1+D^4}{1+D+D^2+D^3+D^4}\right] \tag{7-4}$$

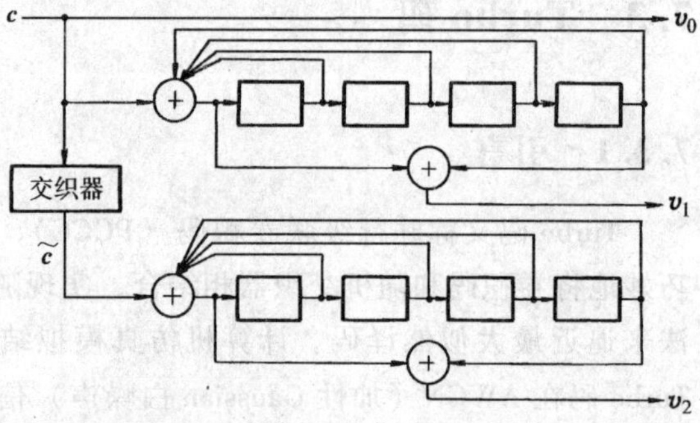

图 7-10　一个码率为 1/3 的分量码编码器

递归型系统卷积码逻辑结构与图 7-4 不同，输出子码元标注也不一样，$\boldsymbol{v}_0$ 不再是校验位，而是信息位。其工作原理与过程不展开讨论，只用一个具体的输入序列来描述码字形成过程。

设输入序列为

$$\boldsymbol{c} = (1011001)$$

则第一个分量编码器的输出序列与 $\boldsymbol{c}$ 一样，即

$$\boldsymbol{v}_0 = (1011001)$$

经过递归迭代得到（读者可以通过移位与模 2 运算得出）

$$\boldsymbol{v}_1 = (1110001)$$

图中没有给出交织器的具体结构，现假设交织后信号序列变为

$$\tilde{\boldsymbol{c}} = (1101010)$$

则第二个分量编码器输出的校验位序列为

$$\boldsymbol{v}_2 = (1011000)$$

经复合输出 Turbo 码序列为

$$\boldsymbol{v} = (111,\ 010,\ 110,\ 100,\ 000,\ 000,\ 110)$$

码率为 1/3，若要提高码率，则可以采用删余技术，比如采用删余矩阵 $\boldsymbol{P}=[10, 01]$，即删去 RSC1 校检序列的偶数位与 RSC2 校验序列的奇数位，从而变为码率为 1/2 的 Turbo 码，$\boldsymbol{v}'=(11, 00, 11, 11, 00, 00, 11)$。

图 7-10 的分量码是一种特殊的系统卷积码，即 RSC 码。由编码理论研究可知，非系统卷积码（NSC）的 BER 性能在高信噪比时要比约束长度相同的非递归系统码好，而在低信噪比时情况正好相反。RSC 码综合了 NSC 码和系统卷积码两种特性，虽然它与 NSC 码具有相同的网格结构和自由距离，但是在高码率（$R \geqslant 2/3$）时，不管信噪比大小情况如何，它的性能均要比对等的 NSC 码好。因此，在 Turbo 码中选定 RSC 码作为分量码。

2. 交织器

在 Turbo 码的生成中，交织器扮演着重要的角色。交织器虽然仅仅是在 RSC2 编码器之前将信息序列中的 N 个比特的位置进行随机置换，但它却起着关键的作用，在很大程度上影响着 Turbo 码的性能。通过随机交织，使得编码序列在长为 $2N$ 或 $3N$（不使用删余）比特的范围内具有记忆性，从而由简单的短码得到了近似长码。当交织器充分大时，Turbo 码就具有近似于随机长码的特性。所以交织器的设计是 Turbo 码设计中的一个重要方面。不同交织器对于 Turbo 码性能有着不同的影响。

(1) 交织器的描述方法

交织器是一个单输入单输出设备，它的输入与输出符号序列有相同的字符集，只是各符号在输入与输出序列中的排列顺序不同。这里的输入与输出实际上是字符序列的位置序号，至于在该序号位置上是什么符号并不重要。设原字符集序列用自然数作标号排序为 0，1，2，…，$T-1$，而经交织后输出的置换位置排序为 π_0，π_1，π_2，…，π_{T-1}，则交织器可用以下集合描述：

$$\begin{bmatrix} 0 & 1 & 2 & \cdots & T-1 \\ \pi_0 & \pi_1 & \pi_2 & \cdots & \pi_{T-1} \end{bmatrix} \tag{7-5}$$

集合式 (7-5) 体现出一种周期特性，即每 T 个字符其交织规律重复一次。因此又称周期为 T 的交织器，可以用方程表示为

$$\pi(i) - T = \pi(i-T) \tag{7-6}$$

式中，$\pi(i)$ 表示交织器在第 i 时刻输出的置换位置；T 为位置数。

当然，设计一个交织器是希望输出序列 $\{\pi_i\}$ 有一些期望的特性。比如在传统的信道编码中，设计交织器是为了分散信道突发错误，即将信道或级联码内码译码器产生的突发错误随机化，把由于受噪声干扰而产生具有相关性的数据变成相互独立的数据。在 Turbo 码的两个 RSC 编码器之间的交织器除了具有上述功能外，还有一个重要作用就是改变码的重量分布，使重量很重和很轻的码字尽可能地少，从而控制编码序列的距离特性，改善 Turbo 码的整体纠错性能。

(2) 伪随机交织器和分组交织器

Turbo 码交织器有多种设计方法和具体的实现形式，伪随机交织器和分组交织器比较常用，作为典型介绍。实际应用中，往往需要根据要求灵活设计。

伪随机 S 交织器（S-interleaver）是目前公认的性能较好的一种伪随机交织器。交织器的输出 π_i 是由伪随机数置定的，但每一个随机产生的 i 时刻的置换位置均需与它前边的 s 个值 $\pi(i-1)$，$\pi(i-2)$，…，$\pi(i-s)$ 进行比较。如果距离

$$|\pi(i)-\pi(i-j)|<s \quad j=1,2,\cdots,s \tag{7-7}$$

则 $\pi(i)$ 被拒绝，必须重新产生随机数，因此称之为 s 交织器。式（7-7）保证了随机产生的相近置换位置之间的距离一定要超过按需要设计的 s 值。

分组交织器的一种结构如图 7-11 所示，也称之为行写列读分组交织器。这也是一种最常见的分散突发错误的交织器。由图可见，经过这种交织器的置换，信息序列中的首尾比特位置（图中的 0，8 位置）在交织前后是不变的。有时需要改变尾部位置，例如为消除所谓的尾部效应（tail effect），则在读出之前，可以再作一些变换，将尾部置换到非尾部位，比如再作一次行（或列）交换等。

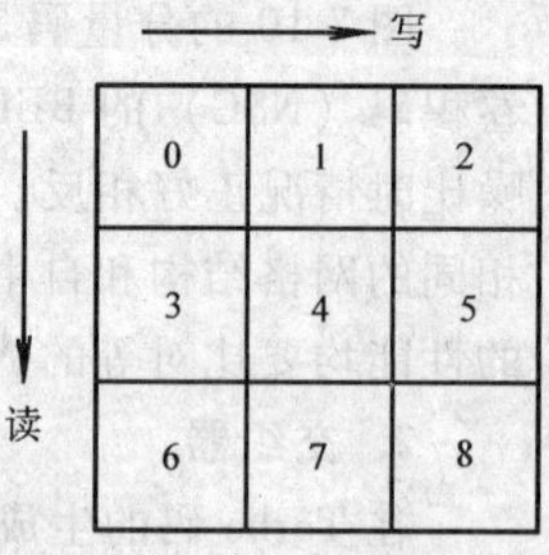

图 7-11　行写列读分组交织器示意图

从仿真实验显示，交织器对 Turbo 码的性能改善有重要作用，且其性能差异与分量编码的约束长度有关；此外，由于交织器的存在，使 Turbo 编码是面向帧数据的，即以帧或块为单位进行编译码。因此，在设计交织器时，应考虑具体应用系统的数据帧的大小，在满足时延要求前提下，使交织深度与数据帧大小相一致或成整数倍。

3. 删余器与复用器

删余的目的是为了提高码率，使码率尽量提高而误码率尽可能地降低。一般情况下，删余之后的 Turbo 码的码率为 1/2 或 1/3。删余基本原理参考 6.4 节。

复用器又称合路器，其目的是将两个分量编码器的输出合成一路，这是一般数据通信中常用的器件。

7.3.3　Turbo 码的译码

1. Turbo 码的迭代译码策略

前面讨论过的单个编译码器，通常在译码器的最后得到确定的译码比特输出，称为硬判决译码。由于 Turbo 码是由经过不同交织的两个或多个分量码对同一信息序列进行编码，为了更好地利用译码器之间的信息，并不希望各个分量译码器输出硬判决译码结果，而是输出软判决译码信息。对于由两个分量码构成的 Turbo 码的译码器，由两个与分量码对应的译码单元和交织与解交织器组成，将一个译码单元的软判决译码信息输出作为另一个译码单元的输入，并将此过程迭代数次，以获得更好的译码性能。

这就是 Turbo 码译码器工作的基本思路。

2. Turbo 码译码器的结构

实现迭代译码的译码器结构如图 7-12 所示。它以两个软输入软输出（SISO）译码单元 SISO dec1 和 SISO dec2 为核心，辅以交织与解交织器以及解复用延时等单元组成，其中交织器与编码器中的交织器相同。

译码器的译码过程可大致作如下描述：从编码器输出的 X 码流经传输变成接收码流 Y 输入至译码器；经过解复用，分出信息码流 Y^s 与冗余信息流 Y^p；Y^p 经删余恢复，分成 Y^{p1} 与 Y^{p2} 相对于编码器的输出 X^{p1} 与 X^{p2}；Y^s 分两路，一路送入译码单元 dec1，另一路经交织送入译码单元 dec2；Y^{p1} 直接输入至 dec1，而 Y^{p2} 需延时一个交织时间输入至 dec2。于是，两个 SISO 译码单元的输入信息序列分别为

$$\text{dec1}: Y_1=(Y^s,\ Y^{p1});\ \text{dec2}: Y_2=(Y^s,\ Y^{p2})$$

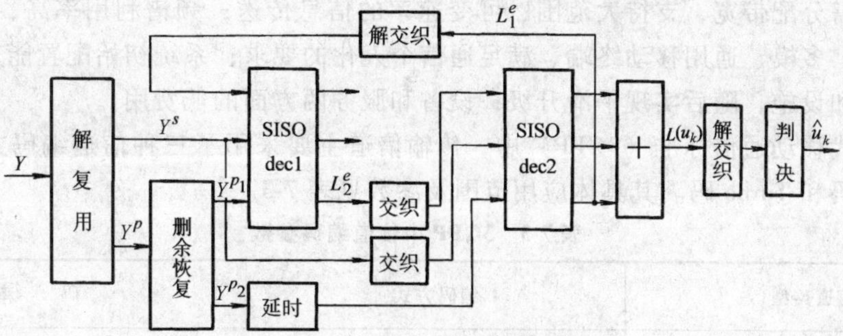

图 7-12 Turbo 码译码器结构框图

为了使译码后的比特错误概率最小，根据最大后验概率译码准则，需要根据接收序列 Y_1、Y_2 在译码单元里计算后验概率 $P(u_k)=p(u_k \mid Y_1, Y_2)$。显然，这对于稍长一点的码序列，计算复杂度太高。在 Turbo 码的译码方案中，巧妙地采用了一种次最佳译码规则，即将 Y_1 与 Y_2 分开考虑，由两个分量码译码器分别计算后验概率 $P(u_k \mid Y_1, L_1^e)$ 和 $P(u_k \mid Y_2, L_2^e)$，然后通过 dec1 和 dec2 间的多次迭代，使它们收敛于 $P(u_k \mid Y_1, Y_2)$，从而达到高的性能。这里 L_1^e 与 L_2^e 为译码单元分别提供的附加信息，其中 L_1^e 由 dec2 提供，在 dec1 中用作先验信息；L_2^e 由 dec1 提供，在 dec2 中用作先验信息。它们的定义为 $L^e(u_k)=\ln[P(u_k=1)/P(u_k=0)]$。

从以上关于译码器结构与译码流程的说明看到，两个分量码译码单元后验概率 $P(u_k \mid Y_1, L_1^e)$ 与 $P(u_k \mid Y_2, L_2^e)$ 的计算对译码器性能及收敛速度具有决定性的影响。因此这也是对 Turbo 码应用开发及理论研究的最活跃的课题，也是成果最多的领域。目前已有多种方法，构成了不同的 Turbo 码译码算法。应用比较多的如 MAP（最大后验概率）译码和 SOVA（软输出 Viterbi 算法）译码等。它们的计算公式与推导过程都比较复杂，超出本书的要求内容，故省略。

7.3.4 Turbo 码在移动通信系统中的应用

1. 概述

自从 Turbo 码推出以来，在理论与应用两方面都引起了广泛的研究兴趣，取得了不少的研究成果。在应用研究中，Turbo 码已被美国空间数据系统顾问委员会作为深空通信的标准；同时它也被确定为第三代移动通信系统（IMT—2000）的信道编码方案之一，其中，具有代表性的如 3GPP（3rd Generation Partnership Project）的 WCDMA、CDMA2000 和我国 TD-SCDMA 三个标准中的信道编码方案都使用了 Turbo 码。用于高速率、高质量的通信业务的第三代移动通信标准的实施，为 Turbo 码的研究提供了重要的应用背景。同时，迭代译码的思想已作为“Turbo 码原理”而广泛用于编码、调制、信号检测等领域。

IMT—2000 的含义为使用 2000MHz 左右频段、提供业务速率高达 2000kbit/s 计划在 2000 年左右试运行的全球移动通信系统，与第二代系统相比有以下特点：系统的国际性，提供全球无缝覆盖和漫游，世界范围设计的高度一致性；业务的多样性，提供话音、数据和多媒体业务，车载通信速率为 144kbit/s，步行通信速率为 384kbit/s，室内通信速率为 2Mbit/s；高质量的业务，满足通信质量能达到与固定网相比拟的高质量业务要求；高度的灵活性，按需分配带宽，支持大范围、可变速率的信息传送；频谱利用率高、通信容量大；袖珍、多频、多模、通用移动终端、满足通信个人化的要求；系统初始配置能充分利用第二代系统设备和设施，随后实现平滑升级；设备和服务两方面的低费用。

在第三代移动通信标准（3GPP）中，传输信道主要采用了三种信道编码方式：无信道编码、卷积码和 Turbo 码。其具体应用范围及参数见表 7-3。

表 7-3　3GPP 中信道编码参数

信道类型	编码方式	码　率
广播信道（BCH） 无线寻呼信道（PCH） 前向接入信道（FACH） 随机接入信道（RACH）	卷积码	1/2
专用信道（DCH）		1/3，1/2 或无编码
专用信道（DCH）	Turbo 码	1/3 或无编码

2. 分量码

在 3GPP 系统中，对于误比特率（BER）要求在 $10^{-3} \sim 10^{-6}$ 的接收系统，采用 Turbo 码。其具体分量码为 8 状态反馈系统卷积码。传输函数为

$$G(D) = \left[1, \frac{1 + D + D^3}{1 + D^2 + D^3}\right]$$

其编码器结构如图 7-13 所示。其中移位寄存器的初始值为 0。对于码率为 1/3 的 Turbo 码，不存在删余部分，其输出序列为 $v_0(0), v_1(0), v_2(0); v_0(1), v_1(1), v_2(1);\ \cdots$，其原理与图 7-10 原理相一致。

3. 交织器

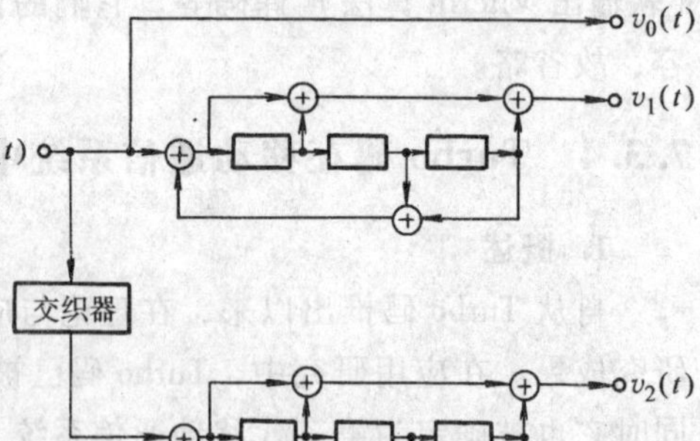

图 7-13　8 状态 Turbo 码编码器结构

3G 中应用的 Turbo 码，其交织器比较复杂，图 7-14 表示的是 3GPP 中 8 状态 Turbo 码编码器，图中交织器包括两个部分：先期交织器（mother interleaver）和修剪器（pruning）。对于任意给定的序列长度 K，先在 134 个先期交织器中选择出大小合适的交织器（$(K+l)$ bit），经过交织后，修剪掉 l 比特，输出至分量码编码器 RSC2。先期交织器的生成（3G 交织器）过程如下：

Turbo 码编码器所用的 3G 交织器是经过仿真模拟证明的非常适合移动通信 Turbo 码编码的交织器。由于移动通信的特殊性，传输信息速率一定时，接收端译码必须对每一帧都知道该帧在发送端的交织模式。基于这样的条件，移动通信系统中不能使用交织模式每帧都在变化的随机交织器，而必须采用交织模式固定的分组交织器（但普通的分组交织器无法达到移动通信系统所要求的性能），否则将给移动信道带来附加传输要求，即对每帧都要求传送该帧的交织模式，以便接收端能正常进行译码。

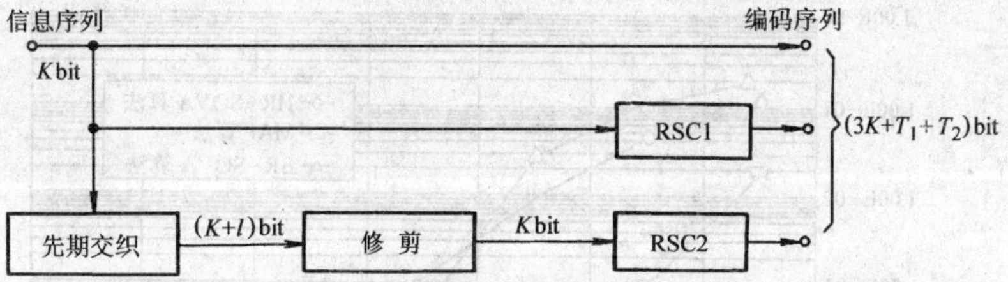

图 7-14　8 状态 Turbo 码编码器

3G 交织器也是同时考虑交织模式固定和交织位置随机而设计出来的。以输入序列长度处于 320～5114 比特的情况为例，其设计算法如下：

1）由交织器的交织深度，即参与交织的输入信息序列长度 K 来决定交织矩阵的行数 R：

$$R=\begin{cases}10,(481\leqslant K\leqslant 530)\\20,(K<481 \text{ 或 } K>530)\end{cases}$$

2）选择交织矩阵的列数 C：

如果 $481\leqslant K\leqslant 530$，那么矩阵的列数 $C=53$；否则就得先找到满足下面条件的最小质数 p：

$$(p+1)\ -K/p\geqslant 0$$

找到 p 后，再来决定交织矩阵的列数 C：

- 如果 $p-K/R\geqslant 0$ 且 $P-1-K/R\geqslant 0$，那么 $C=p-1$；
- 如果 $p-K/R\geqslant 0$ 且 $P-1-K/R\leqslant 0$，那么 $C=p$；
- 如果 $p-K/R\leqslant 0$ 那么 $C=p+1$。

3）将输入序列 u_K 按行写入 $R\times C$ 的交织矩阵，在信息比特写入交织矩阵之后，按设计好的算法（略）将交织矩阵进行行内和行间置换和交织。交织完成之后，就可以按列从交织矩阵中读出，得到经交织以后的信息序列。

由于信息序列的长度并不能保证其刚好写满交织矩阵，因此为了达到两者的匹配，在信息序列后相应地补上 l 个零：$l=C\times R-K$，在先前交织完成后，再经过修剪，删去 l 比特即完成交织。

4. 译码算法

译码算法又是一个很开放的课题，尤其在性能与成本上的最佳折中设计中，具有巨大的竞争潜力。图 7-15 给出了一个 3GPP 译码算法的性能比较曲线，以便有一个大致的数量概念。该图的实验条件为加性 Gaussian 白噪声（AWGN）信道，3GPP 交织器的 $K=384$，迭代次数为 6 次，分量编码器的生成矩阵 $g=(13,\ 15)_8$。

图中 3 条曲线其实为两种算法。一种为最大后验概率（MAP）译码算法；另一种为软输出 Viterbi 算法（SOVA），它是基于序列的译码算法，其中 BR-SOVA 是 HR-SOVA 的一种修正算法。一般评价为：MAP 算法是基于比特的译码算法，译码精度高，但延迟大，需要存储量大，运算复杂度较高。而 SOVA 算法延迟与计算复杂度低，运算量较小，易于硬件实现，因此更适合于工程应用。从曲线显示可见，复杂度减小的代价是性能的降低：在误码率为 10^{-7} 时，对比特信噪比的要求，BR-SOVA 算法比 MAP 算法要高出 0.5dB；而 HR-SOVA 在 E_0/N_0 为 3dB 时，只能达到比 10^{-4} 稍好一点的性能，两种算法性能差别还是较大的。

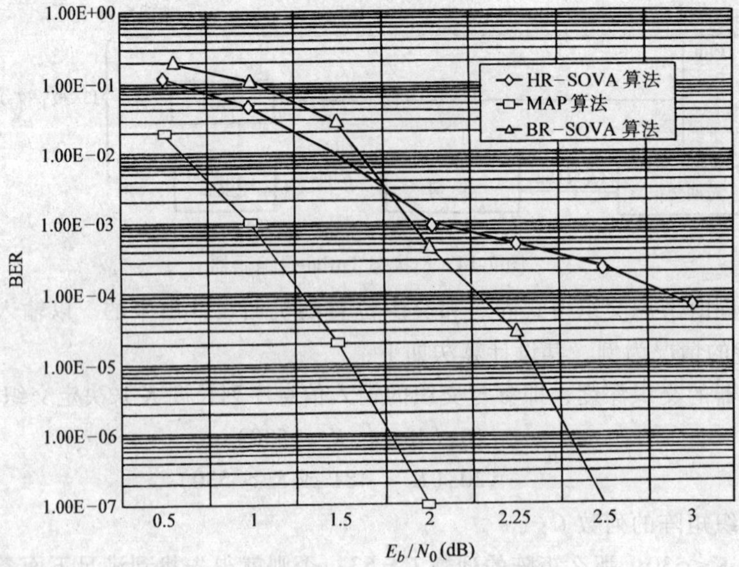

图 7-15 Turbo 码采用 SOVA 译码算法的性能曲线

7.4 小结

本章介绍了 20 世纪 80 年代与 90 年代发展起来的两种具有较好性能的信道编码技术。TCM 技术是编码与调制技术相结合达到高效与高可靠性的数据传输效果，已成为当前宽带数据传输普遍使用的调制技术。Turbo 码是利用交织与双卷积码技术实现随机编码的思想，使信道编码的性能逼近 Shannon 界，当前正被应用于无线信道编码，特别是移动通信编码标准中。但是这两种技术都处于研究发展中，理论上尚不完善，技术上尚无普遍适用的设计规则可依，因此也成为当前信息理论界与通信工程技术界最为关注、最为活跃的热点课题之一。本章也只能介绍一些基本概念以及显示其性能的一些简单实例。

TCM 技术主要介绍 Ungerboeck 的子集划分与星座图匹配思想以及其用计算技术搜索所得的最佳卷积码设计。由于这些编码器设计没有通用算法，只能依靠计算机作大量的搜索比较，因此，当前应用的大多数是 Ungerboeck 的结果。

Turbo 码的发明源于通信集成电路的研究。Berrou 等人将电子放大器中的反馈技术应用于串行级联的软输出译码器。为了使两个译码器工作于相同的时钟，以简化时钟电路设计，提出了并行级联方式，导致了 Turbo 码的出现。但是，Turbo 码的理论基础并不完善，对码的作用机理尚不清楚，对迭代译码算法的性能尚缺乏有效的理论解释。又由于最初推出的 Turbo 码编译码方案已申请了专利，对迭代译码的技术细节也不清楚。因此，引起了理论界与工程技术界的广泛关注与积极研究开发。其主要成果体现在译码算法的推导与交织器的设计等应用随机编码思想的一些关键技术中。

7.5 习题

1. 设 8PSK 信号星座图的信号点均匀分布在半径为单位长度的圆周上，验算信号点之间的最小 Euclidean 距离为 0.765。

2. 仿照表 7-2，构造图 7-3 所示的编码器的“下一个状态真值表”，并由此画出该编码器的栅格图。

3. 若一致校验多项式为 $H^{(0)}=1+D^3$，$H^{(1)}=D^2$，$H^{(2)}=D$。画出 Ungerboeck 编码器框图。

4. 若一致校验多项式为 $H^{(0)}=1+D^3+D^4$，$H^{(1)}=D^2$，$H^{(2)}=0$。问编码器的码率为多少？画出 Ungerboeck 编码器框图。

5. 已知用八进制表示的一致校验多项式为

（1）$H^{(0)}=23$，$H^{(1)}=04$，$H^{(2)}=16$；$m=4$。

（2）$H^{(0)}=103$，$H^{(1)}=030$，$H^{(2)}=066$；$m=6$。

写出多项式表达式。

6. 用“集合所有最大可能 Euclidean 距离信号点”的原则，画出图 7-1 中的 16QAM 信号星座图的子集划分过程图。

第3篇　信源编码篇

信源是信息之源，由信源发出之信息，需要传输或存储才能发挥信息的作用。用什么形式进行传输或存储呢？最基本的一种形式就是模拟信号形式，因为人类的感官只能接受模拟信号，比如语言交流采用声波，其他的还有用光波，电波等。但对于传输与储存来说，数字信号具有更多的优点。在计算机技术与微电子学高速发展的今天，信息的数字化已成为一种潮流，数码相机、数码影院、数码港、数码生活、数码…几乎成了人类文明的象征。毫无疑问，首先应将信源发出的信息数字化，才能有数码化产品。具体一点说，就是先将声波、光波…等变成模拟电信号，然后经过取样、量化与编码变成用二进制符号 0 与 1 表示的时间序列。这个过程一般称为 PCM（脉冲编码调制），在有关信息及基本通信教程中已讨论过，不是本篇所要讨论的内容。本篇所关心的是最有效地利用每一个比特去携带信息，也就是要研究如何对已数字化了的信源输出序列或在数字化过程中用最少的比特数去表示信源所具有的熵值。因此，本篇所讨论的信源编码过程也叫数据压缩或压缩编码。根据信源特点及所采用的技术原理不同，压缩编码可分为无失真编码与限失真编码，本篇将分两章分别进行讨论并另立一章介绍在图像、语音等视、音频媒体中的实际应用。

第8章　离散信源无失真编码

8.1　数据可压缩编码原理

8.1.1　引言

信源可以抽象成一个概率空间$[X,\boldsymbol{P}]$,其中$X=\{x_1,x_2,\cdots,x_N\}$是信源输出符号的集合,它们取自字母表$A=\{a_1,a_2,\cdots,a_K\}$;而P是与X中符号相对应的概率组成的概率矢$\boldsymbol{P}=\{p_1,p_2,\cdots,p_N\}$。一个信源所含的信息量是以$H(X)$来表示的,它代表每个符号的平均信息量,并称之为信源熵。现在要问,若用二进制符号来表示符号集X中的符号所需的比特数与$H(X)$值,一样吗？为简单起见,考察离散无记忆信源的例子。

设信源X取符号集$A=\{a_0,a_1,a_2,a_3\}$,各元素的概率分布为$P=\{0.5,0.3,0.15,0.05\}$,可计算出 $H(X)=\left[0.5\log_2\left(\frac{10}{5}\right)+0.3\log_2\left(\frac{10}{3}\right)+0.15\log_2\left(\frac{100}{15}\right)+0.05\log_2\left(\frac{100}{5}\right)\right]\text{bit}=1.6477\text{bit}$,用二进制符号表示$a_i$,则必须用 2bit/符号,比如用 00,01,10,11 分别代表a_0,a_1,a_2,a_3。这意味着每个符号的平均不确定度为 2bit。但是$H(X)$却表示该信源平均每符号的不确定度只有 1.6477bit,说明可以用更少的比特来表示a_i,比如采用$0\to a_0$,$10\to a_1$,$110\to a_2$,$111\to$

a_3 对应表示,称之为二进代码。则根据概率分布 P 可知,信源每发 100 个符号统计地计算,其中有 50 个 a_0,30 个 a_1,15 个 a_2,5 个 a_3,若用二进制代码表示,共计有 $(50\times1+30\times2+15\times3+5\times3)\text{bit}=170\text{bit}$,平均每个符号为 1.70bit,就很接近 $H(X)=1.6477\text{bit}$。

如果称以上的表示方法为编码,每个字符对应的二进符号序列为一个码字,其比特个数为码长,则每个符号的平均码长 $\overline{L}=1.70\text{bit}$。定义信源字符集的熵 $H(X)$ 与平均码长 $\overline{L}$ 的比值为编码效率 η,即

$$\eta=\frac{H(X)}{\overline{L}} \tag{8-1}$$

计算上例两种表示方法的效率,未编码源为 $1.6477/2=0.82385$,而编码后变为 $1.6477/1.7=0.96924$。可见,未作压缩编码几乎有 18% 比特数未携带信息,不必传输。经过编码以后还有 3% 比特数是多余的,故称 $(1-\eta)$ 值为多余度。应找更有效的编码方法使多余度减少。

对以上例子作进一步扩展,每次都按两个字符传输,则变成一个无记忆二次扩展信源 X^2,扩展信源的字符集合由笛卡儿积 $a_i,a_j(i=0,1,2,3,;j=0,1,2,3)$ 组成,共有 $4^2=16$ 对字符,每对字母的出现概率 $P_{a_i,a_j}=P_{a_i}P_{a_j}$,如表 8-1。

表 8-1 一种扩展信源编码

$<a_i,a_j>$	$P_m=P_{a_ia_j}$	b_m	L_m	$<a_i,a_j>$	$P_m=P_{a_ia_j}$	b_m	L_m
a_0,a_0	0.25	00	2	a_2,a_0	0.075	1101	4
a_0,a_1	0.15	100	3	a_2,a_1	0.045	0111	4
a_0,a_2	0.075	1100	4	a_2,a_2	0.0225	111110	6
a_0,a_3	0.025	11100	5	a_2,a_3	0.0075	1111110	7
a_1,a_0	0.15	101	3	a_3,a_0	0.025	11101	5
a_1,a_1	0.09	010	3	a_3,a_1	0.015	111101	6
a_1,a_2	0.045	0110	4	a_3,a_2	0.0075	11111110	8
a_1,a_3	0.015	111100	6	a_3,a_3	0.0025	11111111	8

如果采用表 8-1 的编码方案,计算编码效率。根据第 3 章关于扩展源的结论,二次扩展信源熵为

$$H(X^2)=2H(X)=3.2954\text{bit}$$

平均码长
$$\overline{L}=\sum_{m=0}^{15}P_mL_m=3.3275\text{bit}$$

编码效率
$$\eta=\frac{H(X^2)}{\overline{L}}=\frac{3.2954}{3.3275}=0.99035$$

可见,这个编码方案的效率已高于 99%,而多余度已小于 1% 了。

总结以上的实例,有以下几点结论与问题:

1)对一个已知离散信源,可以采用一种不等长度的编码方法,使平均码长接近信源熵,其中主要的规律是对出现概率大的字符采用短码,出现概率小的字符采用长码,从而使码长的概率平均值最小。

2)由于码字的长度不相等,当所有码字连接发送而形成二进制符号串时,接收端如何能唯一地分割出码字而解码?这个问题将由单义码存在定理作出回答。

3)平均码长能否无限接近信源熵,即编码效率能否趋近 1?这将由 shannon 的编码定理

予以肯定。

4）前面的例子是在确知信源的概率分布条件下进行的。如果信源的概率分布未知或根本无法知道时是否有无失真的信源编码方法？答案是肯定的。为此，本章将对根据概率分布与不根据概率分布的压缩编码策略，分节叙述。

8.1.2 单义可译码

继续考察上例中的一组码字集合{0,10,110,111}。如果信源发出字符串 $a_1a_0a_2a_1a_3\cdots$，则编码为 10011010111…。在接收端从左端开始与码字表对照，就分割出 10,0,110,10,111,…,而不可能有别的分割。从而译出发送字符为 $a_1,a_0,a_2,a_1,a_3,\cdots$，而且是唯一的结果，因而完成通信任务。

如果对使用的码字集合稍加改动，变为{0,10,100,111}，即 a_2 从 110 改用 100，其余不变，信源发出的字符串也不变，则编码变为 10010010111…。现在对照码字表分割就会出现两种结果，100,100,10,111,…,是一种；10,0,100,10,111,…,又是一种。它们分别可译出字符串 $a_2,a_2,a_1,a_3,\cdots$，及 $a_1,a_0,a_2,a_1,a_3,\cdots$，这就出现了二义性，码字集合{0,10,100,111}不是单义可译码，从而不能达到通信的目的。仅一字之差为什么会有如此大的差异？分析以上两个码字集合就知道，a_2 的代码变为 100，恰好由 a_1 代码 10 的后面加一个 0 构成，称之为 10 的续长码，而原代码 110 却不是续长码。如果代码集合中任一个码字都不是其它码字的续长码，称为非续长码集合或异字头代码集。已有结论说，若使用非续长码，则一定是单义可译的。如果使用续长码，就有可能不是单义可译的了。这里说"有可能不是单义…"，并不是说一定是非单义的。例如代码集合{0,01,011,0111}，是续长码，每一个码字都是前一个码字后面加 1 组成。用该代码编码仍是单义可译的，因为每个码字都是由"0"开始，"0"相当于分割码字的标点符号。由此看来能否唯一分割的关键是代码之间需含有区分码字的信息，而不是在于是否续长。由于非续长码的异字头特性，实际上就是区分码字的信息，因此肯定是单义可译的。又因为非续长码有许多可行的构成方法，比如用分叉树的方法。因此，非续长代码常常被用来作为不等长编码的代码。在设计代码集合时，还需满足如下的称为 Kraft 不等式的必要与充分条件。

定理（Kraft 不等式）：字长分别为 $l_i(i=1,2,\cdots,M)$ 的 M 个码字组成的所有代码集合中，有单义可译码存在的充要条件为

$$\sum_{i=1}^{M} K^{-l_i} \leqslant 1 \tag{8-2}$$

其中 K 是用作编码的字符表的字符个数。

先举一个例子来看看式(8-2)的应用。

【例 8-1】 用二进符号 0,1，设计由 4 个码字组成的代码集合 $W=\{c_1,c_2,c_3,c_4\}$，如何分配码字长度才能保证有单义码存在。

先设 $l_1=1,l_2=2,l_3=2,l_4=3$ 看能否满足式(8-2)。因为 $K=2$，所以有 $\sum_{i=1}^{4} 2^{-l_i}=\frac{1}{2}+\frac{1}{4}+\frac{1}{4}+\frac{1}{8}=\frac{9}{8}>1$，说明不存在如此码长分配的单义代码。

再设 $l_1=1,l_2=2,l_3=3,l_4=3$，有 $\sum_{i=1}^{4} 2^{-l_i}=\frac{1}{2}+\frac{1}{4}+\frac{1}{8}+\frac{1}{8}=1$，说明存在如此码长

分配的单义代码。

其实上面讨论用的代码就是这样的码长设置，还可以设计出诸如{0,11,100,101}，{1,00,010,011}，…，都是非续长的单义代码。它们的码长都是1,2,3,3，因此编码效率都是相等的。

由此可见具有相等编码效率的非续长码不是唯一的。这就给编码带来一些自由，在满足Kraft不等式关于码长分配的条件下，总可以找到一个非续长码来实现无失真的高效编码。但对某一个具体码字来说，只能是必要条件并非充分条件。也就是说，不满足该不等式的码字可以肯定不是单义可译码；但满足不等式的码字不能肯定它就是单义可译的，还需要实践考察。如果不是单义可译的也不要紧，根据定理总是可以找出一个相等码长分配的非续长码字来的。

定理的证明留给读者去思考，比如用分叉树构成非续长码的做法来证明。

【例 8-2】 用分叉树编码方法来分析例 8-1。

解：所谓二叉树编码方法，实际上表明只用 2 个符号来编码，如图 8-1 所示，任找一点 R，称之为根，由此根分二叉称为枝，一枝为 0，另一枝为 1；枝的终点称为结点，如果那一个结点不再延伸则称为终结点。此时，从根至终结点的所有枝符号串连成该终结点所代表的码字。如图 8-1 中，终结点 C_1 码字为 1，而终结点 C_4 的码字为 011。C_3 的码字为 010，C_2 的码字为 00，这就由二叉树构成一组单义代码集合{1,00,010,011}。

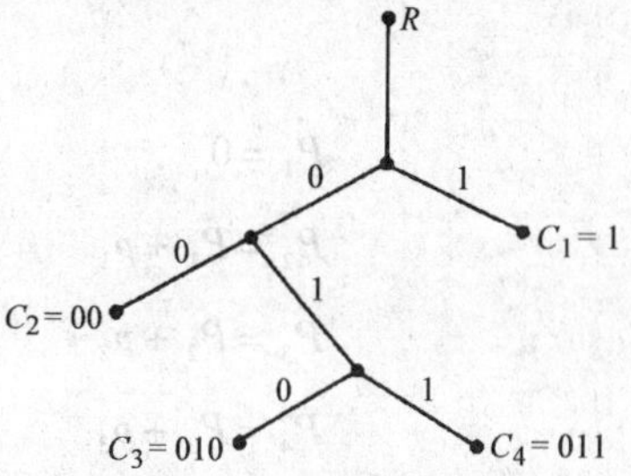

图 8-1　二叉树编码

从图 8-1 的编码过程，可以总结出一些规律。比如：由于取终结点为码字，由分叉树编出的码确实是非续长码；再一次看到非续长码不是唯一的，因为终结点的选择有随意性。为了要使编码效率高，尽可能地使用短码，即选用最靠近根的终结点。但为了获得非续长码，必须留出一个非终结点来继续延伸；树的分叉数，就是用作编码的符号个数，一般使用二进符号，故多用二叉树。若用 n 个符号，则就要用 n 叉树。

再来计算一下用作非续长编码的终结数占总结点数的比例。对二叉树，每层的结点数为 2^L 个，其中 L 代表层数。而每层只能取一个编码终结点，一个结点准备延伸，其余 2^L-2 个结点由于前面几层没有延伸下来而不存在。这样一来实际上每层只有一个编码终结点，占 $1/2^L=2^{-L}$。例 8-2 中用作编码的结点比例为 $\frac{1}{2}+\frac{1}{4}+\frac{1}{8}=\frac{7}{8}<1$，由于第 3 层不需要再延伸，故两个结点都变成终结点，使比例变成 $\frac{7}{8}+\frac{1}{8}=1$，即达到100%，这就是 Kraft 等式所表示的。称此情况为用尽的非续长码。从分叉树看是用全部的终结点代表码字，占用比例为 100%，此时编码效率为最高。设想如果本例再往下延伸一层（$L=4$），则可以得到一个 4 比特的码字，且多余一个终结点。由 Kraft 不等式满足可见此时仍为单义可译码，但编码效率会低很多。读者有兴趣可以算一算效率为多少？

将本例推广到 n 叉树，就可论证 Kraft 定理，留由读者思考。

8.1.3 Shannon-Fano 编码与无失真编码定理

前面两小节已经给出了关于编码效率及存在单义可译码的充要条件的概念，本小节将从 Shannon-Fano 编码方法，完成对 Kraft 不等式的证明及导出离散无记忆信源的编码定理，建立起数据可压缩编码的完整原理。

1. Shannon-Fano 编码方法

以实际例子来介绍编码过程。

【例 8-3】 设信源的概率空间为 $\begin{bmatrix} X \\ P \end{bmatrix} = \begin{bmatrix} c_1 & c_2 & c_3 & c_4 & c_5 & c_6 \\ 0.25 & 0.20 & 0.25 & 0.10 & 0.15 & 0.05 \end{bmatrix}$ 其中 c_i 可由 3bit 二进数序列来表示，试作高效压缩编码。

Shannon-Fano 设计了一种编码方法，其步骤如下：

1）将概率依大小次序排列，分别记作 $p_1 \geqslant p_2 \geqslant p_3 \cdots$

0.25　0.25　0.20　0.15　0.10　0.05

2）从 0 个开始，按 1 个，2 个，…依次计算累积概率，记作 P_i 并用二进小数表示。

		二进小数表示
$P_1 = 0$	0.00	0.00000
$P_2 = P_1 + p_1$	0.25	0.01000
$P_3 = P_2 + p_2$	0.50	0.10000
$P_4 = P_3 + p_3$	0.70	0.10110
$P_5 = P_4 + p_3$	0.85	0.11011
$P_6 = P_5 + p_5$	0.95	0.11110

3）确定满足下述不等式的整数 l_i，实质上就是 Shannon 关于无失真信源编码的基本思想。

$$\log_2\left(\frac{1}{p_i}\right) \leqslant l_i < \log_2\left(\frac{1}{p_i}\right) + 1 \tag{8-3}$$

$p_1 = 0.25$	$\log_2 4 \leqslant l_1 < \log_2 4 + 1$	$l_1 = 2$
$p_2 = 0.25$	$\log_2 4 \leqslant l_2 < \log_2 4 + 1$	$l_2 = 2$
$p_3 = 0.20$	$\log_2 5 \leqslant l_3 < \log_2 5 + 1$	$l_3 = 3$
$p_4 = 0.15$	$\log_2 \frac{20}{3} \leqslant l_4 < \log_2 \frac{20}{3} + 1$	$l_4 = 3$
$p_5 = 0.10$	$\log_2 10 \leqslant l_5 < \log_2 10 + 1$	$l_5 = 4$
$p_6 = 0.05$	$\log_2 20 \leqslant l_6 < \log_2 20 + 1$	$l_6 = 5$

4）取累积概率 P_i 的二进数表示中小数点后 l_i 位二进数作为对 c_i 编码的码字。结果如表 8-2 所示。

表 8-2　编码结果

c_i	p_i	P_i（二进数）	l_i	码　字
c_1	0.25	0.00（0.00000）	2	00
c_2	0.25	0.25（0.01000）	2	01
c_3	0.20	0.50（0.10000）	3	100
c_4	0.15	0.70（0.10110）	3	101
c_5	0.10	0.85（0.11011）	4	1101
c_6	0.05	0.95（0.11110）	5	11110

可以计算平均码长，为

$$\bar{L} = \sum_{i=1}^{6} p_i l_i = [2 \times (0.25 \times 2) + 3 \times (0.2 + 0.15) + 4 \times 0.10 + 5 \times 0.05]\,\text{bit} = 2.7\text{bit}$$

编码效率

$$\eta = \frac{H(X)}{\bar{L}} = \frac{2.42}{2.7} = 89.6\%$$

虽然平均比特数比 3 比特低 0.3，但与信源熵比较编码效率并不太高。但该算法的理论价值甚大。因为式(8-3) 实质上就是 Shannon 关于信息编码的基本思想，也是提高编码效率的基本策略，即出现概率大的字符用短码，出现概率小的字符用长码。以下就从该式出发，完成对 Kraft 不等式的证明并导出 Shannon 无失真编码定理。

2. 采用二进数编码时 Kraft 不等式的证明

对式(8-3) 作反对数运算，得

$$p_i \geqslant 2^{-l_i} > \frac{1}{2} p_i \tag{8-4}$$

再对式(8-4) 在所有码字范围求和

$$\sum_{c_i \in C} p_i \geqslant \sum_{c_i \in C} 2^{-l_i} > \sum_{c_i \in C} \frac{1}{2} p_i$$

由于 $\sum_{c_i \in C} p_i = 1$，上式变为

$$1 \geqslant \sum_{c_i \in C} 2^{-l_i} > \frac{1}{2} \tag{8-5}$$

该式左边就是式(8-2) 当 $K = 2$ 时的特例，其实用二叉树来说明式(8-2) 时也体现了这个关系。式(8-5) 的右边部分是表示码长为 1 的一项必存在。从二叉树关系来理解，即是第一层的两个结点必须取一个(为高效) 也只能取一个(为非续长码所需) 为终结点作为码字，否则就不可能得到高效率的非续长码字集合了。

现在再证明式(8-2) 是否是非续长代码的必要条件。

设 S 是非续长码字集合，s_i 表示码长为 l_i 的一个码字，则非续长代码的含义就是：没有一个比 l_i 长的码字其前 l_i 个比特正好是码字 s_i。

如果 S 中最长码字长为 $l_{\max}$，则这种码字共有 $2^{l_{\max}}$ 种不同的排列。但必须排除所有其前 l_i 位正好为 s_i 的码字。要去掉多少个呢？为计算此数，可以换一种说法，即对于每一种 l_i 长的码字 s_i，在其后再加$(l_{\max} - l_i)$ 位构成的所有码字(即$(l_{\max} - l_i)$ 个二进符号的所有排列) 数，为 $2^{l_{\max}-l_i}$。集合 S 内所有码字去掉的总数又不能超过 $2^{l_{\max}}$，故应满足

$$\sum_{s_i \in S} 2^{l_{\max}-l_i} \leqslant 2^{l_{\max}}$$

因为 $2^{l_{\max}}$ 可以移出 $\sum$ 外而约去，则得

$$\sum_{s_i \in S} 2^{-l_i} \leqslant 1$$

这就是 Karaft 不等式。所以，根据不等式(8-3)，必能设计出非续长代码集 S。

3. Shannon 无失真压缩编码定理

现在来讨论信源编码定理即无失真压缩编码定理。为此，对信源分块编码再作一般化叙

述：对信源符号表为 $A=\{a_1,a_2,\cdots,a_K\}$ 的信源，构建一个 N 长符号串 $c_i=(s_1,s_2,\cdots,s_n,\cdots,s_N)$，其中 $s_n\in A$，称信源的一个分组（block）。如以 C 表示所有这样串的集合，并令每一个 $c_i\in C$ 有一定的出现概率 p_i，于是 $\begin{bmatrix}C\\P\end{bmatrix}=\begin{bmatrix}c_1,\ c_2,\cdots,c_i\cdots\\p_1,\ p_2,\cdots,p_i\cdots\end{bmatrix}$ 实际上是 A 的 N 次扩展信源 A^N 的概率空间，然后对该信源进行高效压缩编码。现在的问题是这样的无失真压缩编码其平均码长界是什么？编码定理就是回答这个问题的。

若对不等式(8-3) 各项乘以概率 p_i，因为 $p_i\geqslant 0$，不等式不改变，即

$$p_i\log_2\left(\frac{1}{p_i}\right)\leqslant p_il_i<p_i\log_2\left(\frac{1}{p_i}\right)+p_i$$

然后对不等式的每一项对所有的 c_i 求和，即

$$\sum_{c_i\in C}p_i\log_2\left(\frac{1}{p_i}\right)\leqslant\sum_{c_i\in C}p_il_i<\sum_{c_i\in C}p_i\log_2\left(\frac{1}{p_i}\right)+\sum_{c_i\in C}p_i$$

可以发现其中 $\sum_{c_i\in C}p_i\log_2\left(\frac{1}{p_i}\right)=H(C)$ 是代码集合的每个码字字平均信息量，而 $\sum_{c_i\in C}p_il_i=L$ 是代码集合的每个码字的平均长度，且 $\sum_{c_i\in C}p_i=1$，所以上式可简化为

$$H(C)\leqslant L\leqslant H(C)+1 \tag{8-6}$$

回到例 8-3，每个码字的平均信息量 $H(C)$ 应该是扩展信源$[A^N]$ 的每个符号的平均信息量，即 $H(C)=H(A^N)$，或者可看成是 N 个二进数信源 $A_1,A_2,\cdots,A_N$ 的联合熵 $H(A_1\quad A_2\quad\cdots\quad A_N)$，这里的 $A_1,A_2,\cdots,A_N$ 如第 3 章式(3-23) 所定义。对每一个二进符号的平均信息量需除以 N，即

$$\frac{H(A_1\,A_2\cdots A_N)}{N}\leqslant\frac{L}{N}<\frac{H(A_1\,A_2\cdots A_N)}{N}+\frac{1}{N} \tag{8-7}$$

其中 $\frac{L}{N}$ 是每个信源符号的码字的平均比特数。

定义：当 $N\to\infty$ 时，联合熵的极限 $R=\lim\limits_{N\to\infty}\frac{H(A_1A_2\cdots A_N)}{N}$ (8-8)

称为信源 A 的熵速率。熵速率的概念常常被用来表述分组(block) 信息符号的平均信息量，比如组成扩展信源的符号信息熵的平均极限；Markov 信源的每一相关组合信息的平均符号信息及分组发送信道的每次发送的平均比特数等等。这里则表示组成 N 次扩展信源的每个信源符号的平均信息量。公式(8-7) 是 Shannon 关于无失真信源编码定理的一种表述方式。它表明对信源进行分组编码，只要分组足够大(信源符号数 N 足够多)，就能使每个信源符号的平均编码比特数无限地接近信源的熵速率。特别地，当信源 A 为无记忆时，熵速率就是信源熵，即因为 $H(A_1A_2\cdots A_N)=NH(A)$，此时，式(8-7) 变为

$$H(A)\leqslant\frac{L}{N}<H(A)+\frac{1}{N} \tag{8-9}$$

这就是无记忆信源的信源编码定理的表述式。它从概念上简单明了地给出分组编码的平均码长，当分组长度足够大时，其极限就是信源熵。由这个定理，也就明白了本章开头 8.1.1 节中二次扩展源的编码效率要高于未扩展源的原因了。

下面举一个 Markov 信源的例子，说明熵速率的概念及编码定理的应用。

【例 8-4】 设信源 A 为一个二元的二阶 Markov 过程，转移概率为

$$P(0\mid 00)=0.2 \quad P(1\mid 00)=0.8$$
$$P(0\mid 01)=0.4 \quad P(1\mid 01)=0.6$$
$$P(0\mid 10)=1.0 \quad P(1\mid 10)=0.0$$
$$P(0\mid 11)=0.5 \quad P(1\mid 11)=0.5$$

设该过程为遍历的具有稳态分布的，问该信源编码后的最小平均码长为多少？

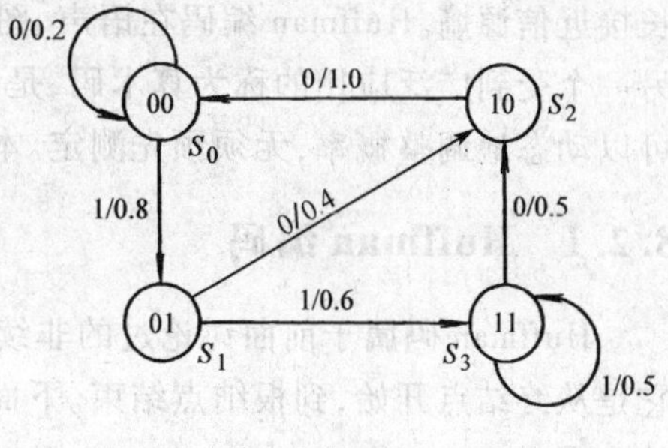

图 8-2 状态转移图

解：1）根据状态转移图（图 8-2），可写出状态转移矩阵。

$$\boldsymbol{P}_{A\mid Q}=\begin{bmatrix}0.2 & 0.8 & 0 & 0\\ 0 & 0 & 0.4 & 0.6\\ 1 & 0 & 0 & 0\\ 0 & 0 & 0.5 & 0.5\end{bmatrix}$$

2）求其稳定状态概率分布。

由方程

$$\begin{cases}[z_0\ z_1\ z_2\ z_3]=[z_0\ z_1\ z_2\ z_3]\begin{bmatrix}0.2 & 0.8 & 0 & 0\\ 0 & 0 & 0.4 & 0.6\\ 1 & 0 & 0 & 0\\ 0 & 0 & 0.5 & 0.5\end{bmatrix}\\ z_0+z_1+z_2+z_3=1\end{cases}$$

解得

$$z_0=\frac{25}{89},\quad z_1=z_2=\frac{20}{89},\quad z_3=\frac{24}{89}$$

3）由第 3 章式（3-18）与（3-15）可计算该 Markov 信源的熵，也就是熵速率 R

$$R=-\sum_{j=0}^{J-1}z(j)\sum_{k=0}^{K-1}P(k\mid j)\log P(k\mid j)$$

其中 k 为信源符号标号，$K=2$；j 为状态标号，$J=4$。根据以上结果有

$$R=\Big[\frac{25}{89}(-0.2\log_2 0.2-0.8\log_2 0.8)+\frac{20}{89}(-0.6\log_2 0.6-0.4\log_2 0.4)$$
$$+\frac{20}{89}(\log_2 1)+\frac{24}{89}(-\log_2 0.5)\Big]\text{bit}=(0.203+0.218+0.270)\text{bit}=0.691\text{bit}$$

4）求无记忆信源 A 的熵。

先求 0 发生的概率，由各个稳定状态产生 0 的概率求和

$$P(0)=\left(\frac{25}{89}\times 0.2+\frac{20}{89}\times 0.4+\frac{24}{89}\times 0.5\right)\text{bit}=0.28\text{bit}$$

$$P(1)=(1-0.28)\text{bit}=0.72\text{bit}$$

$$H(A)=\left(0.72\log_2\frac{1}{0.72}+0.28\log_2\frac{1}{0.28}\right)\text{bit}=(0.342+0.514)\text{bit}=0.856\text{bit}$$

5）由计算验证了 $R<H(A)$。根据编码定理式（8-9）可知该信源可以找到一种单义可译的非续长码，其码字的平均长度为

$$\overline{L}\geqslant 0.7\text{bit}$$

8.2 基于信源统计特性的编码方法

信源统计特性可以说是 Shannon 信息论的基础，基于统计特性作信源压缩编码就成为很自然的一种方案。其中从编码效率比较，Huffman 编码方案被认为是最佳方案，因为其平均码长接近信源熵。Huffman 编码在语声、图像、传真、文件压缩等领域都得到了广泛的实际应用。另一个受到广泛应用的称为算术码，是20世纪80年代推广的。其基本算法依赖于统计概率，但可以动态地调整概率，无须预先测定。本节将分别予以介绍。

8.2.1 Huffman 编码

Huffman 码属于前面讨论过的非续长不等长编码，因此可以用分叉树的方法予以构建，但它是从终结点开始，到根结点结束。下面还以曾用 Shannon-Fano 方法编码的例 8-3 来介绍编码的步骤。

【例 8-5】 设信源 X 的概率空间为$\begin{bmatrix} a_1 & a_2 & a_3 & a_4 & a_5 & a_6 \\ 0.25 & 0.20 & 0.25 & 0.10 & 0.15 & 0.05 \end{bmatrix}$，试构建 Huffman 码。

解：1）与 Shannon 方法一样，将信源符号按概率由大到小排列，如图 8-3。图中各个符号就是分叉树的终结点。

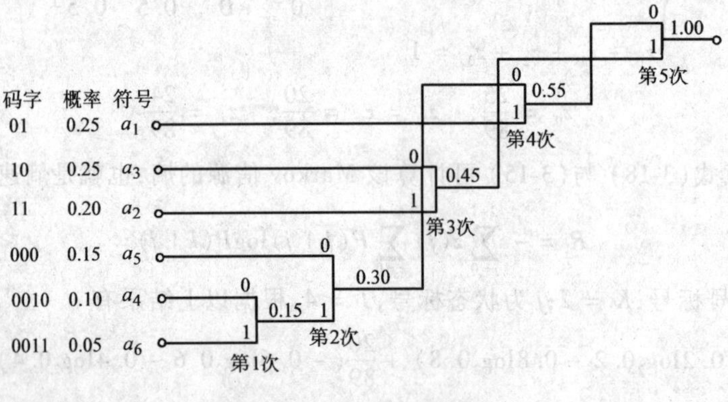

图 8-3 Huffman 编码过程

2）对概率分布作联合重组。从两个概率最小的符号开始，本例从 a_4，a_6 符号开始，先分别分配一个0与一个1给 a_4 与 a_6，然后将此两个概率相加成0.15，再与其余的4个符号重组排序；接着再一次从两个概率最小的符号开始，…，如此重复直至最后概率相加等于1，码树建成。本例中一共进行了 5 次重新排序。

3）写出对应于各个符号的码字。从根开始，沿不同的分枝直到终结点将以前分配给枝叶的 0 或 1 连接成码字。如图 8-3 所示。

应该指出，由于0与1的指定是任意的，故由上述过程编出的 Huffman 码不是唯一的，但其平均长度总是一样的，故不影响编码效率。但每次排列必须严格依大小次序，尤其是最后一次只有两个概率，但也要上大下小，不可以随意，否则会出现续长非单义码。

现在来计算一下，本例的编码效率。

平均码长$\overline{L}$ = [2 × 2 × 0.25 + 2 × 0.2 + 3 × 0.15 + 4 × (0.10 + 0.05)] bit = 2.45bit
由例 8-3 知 $H(Z)$ = 2.42bit,故

$$\eta = \frac{2.42}{2.45} = 93\%$$

可见 Huffman 编码效率的确高于 Shannon-Fano 码。

8.2.2 算术码

1. 典型序列集

Huffman 算法的最佳性实际上还受限于其每个码字都必须用整数比特编码,不能用小数比特。算术码(Arthmetic coding)算法,正是企图应用小数比特对信源符号编码。它是基于 Elias 的码分割(概率分割)思想,由 Rissanen,Pasco 和 Landon 等人于20世纪70年代末,80年代初发展起来的,现在已得到广泛的应用。

为了理解运用小数的意义,先介绍一个被称之为渐近等分原理(AEP,Asympototic Equipartition Property)的关于符号分组的统计特性。

设 $$C = (s_1 s_2 \cdots s_N), s_i \in A(\text{信源符号表}) \tag{8-10}$$

为一个组合符号,其发生概率为联合概率 $P_C = P(s_1 s_2 \cdots s_N)$,为简单起见,设$A$为 d. m. s. 信源,每个符号的发生概率为 $p_i = p(s_i)$ 则

$$P_C = p_1 p_2 \cdots p_N \tag{8-11}$$

由此,有关系

$$-\frac{1}{N}\log_2(P_C) = -\frac{1}{N}\sum_{i=1}^{N}\log_2(p_i) \tag{8-12}$$

该式的右边在统计学上称作函数 $\log_2\left(\frac{1}{P_C}\right)$期望值的一种无偏估计。若当 $N \to \infty$ 时,其极限为

$$\lim_{N\to\infty}\frac{1}{N}\sum_{i=1}^{N}\log_2\left(\frac{1}{p_i}\right) \to \sum_{i=1}^{K} p_i \log_2\left(\frac{1}{p_i}\right) = H(A)$$

其中 K 为信源符号的个数,故有

$$\lim_{N\to\infty}\frac{1}{N}\log_2\left(\frac{1}{P_c}\right) \to H(A) \tag{8-13}$$

上式就是所谓渐近等分原理(AEP)的一种表达式。它表示,只要 N 足够大,组合符号的出现概率的对数可以近似地给出为

$$\log_2\left(\frac{1}{P_c}\right) \approx NH(A) \tag{8-14}$$

能满足式(8-13)和式(8-14)的序列(符号组合),Shannon 称之为典型序列(Typical Compound Symbol),它有一些重要性质进而被用来作为一种信源划分原理。这是对类似 N 次扩展信源如式(8-10)所定义的 K^N 种组合符号 C 的分类。由式(8-14)可以得出以下的概念,在以后多用户信息论(或称网络信息论)讨论中有用处。

1) 一个离散无记忆信源按分组 C 输出的消息序列,可分为两种类型。一种为典型序列集

合，另一种为非典型序列集合。典型序列集合中的分组 C 就称为一个典型序列。

2）典型序列集合中各序列出现的概率近于相等（即渐近等概率分布），且每个序列（即每个分组）出现的概率随 $NH(A)$ 指数地减小，由式（8-14）可得

$$P_C \approx 2^{-NH(A)} \tag{8-15}$$

当 N 足够大时，典型序列的个数近似地等于 $2^{NH(A)}$。

3）典型序列中的每个信源符号的平均信息量近似于信源熵 $H(A)$，且所有典型序列的出现概率总和趋近于 1。因此，典型序列集又称为高概率集，对应的非典型序列集称为低概率集。高概率集与低概率集的概念是算术编码的一个基本概念。按如此划分信源性质就叫渐近等分性（AEP）。

以上讨论是在无记忆源条件下进行的。如果信源是有记忆的、遍历的，则只要把 $H(A)$ 改成如式（8-8）所定义的熵速率 R，就可以把上述结论推广到记忆源。

一般地说，$NH(A)$ 不会是一个整数，而 Shannon 编码定理却说，如果对典型序列集的每个序列以 $NH(A)$ 比特码字编码，就会达到高效的压缩编码。由于 Huffman 编码使用整数比特数编码，就无法达到这个效率。算术码将以小数比特数去对各个典型序列编码。这是算术码能达到更高的编码效率的根本原因。

2. 算术编码基本算法

由于算术码的实用化，有许多实际可行的算法版本。本节的宗旨是介绍最基本的算法原理。对于只关心算法应用的读者，足以借此了解与选择相关的算法软件；而对于想更多地理解甚至研发算法的读者，则是一个很重要的起步。

（1）编码算法

先从二进数字符串开始讨论。其基本思想是基于 Elias 码分割理论：将被编码字符串映射成为一个小数 x，$x \in [0,1)$，这个 x 由不断输入的字符以概率迭代的算法给出。以 0100 为例，已知其符号概率 P_0P_1，输入前区间 A 为 $[0, 1]$，在输入 0 后，区间 A 按概率分割为 $A(0)$ 与 $A(1)$，并取 $A(0)$ 为下次编码区间（图 8-4 中阴影部分）其中 $A(0) = A \cdot P_0$，$A(1) = A \cdot P_1$；再输入 1，以上次的 $A(0)$ 为 A，同样按概率分割为 $A(00)$ 与 $A(01)$，$A(00) = A \cdot P_0$，$A(01) = A \cdot P_1$，这次取 $A(01)$ 为下次分割区间；再输入 0，对上次的 $A(01)$ 区间分割 …。从图 8-4 可以看出，A 区间在不断变小，若编码区间底线为 C，那么 C 要么上升要么不变，如图 8-4 中的粗线所示。

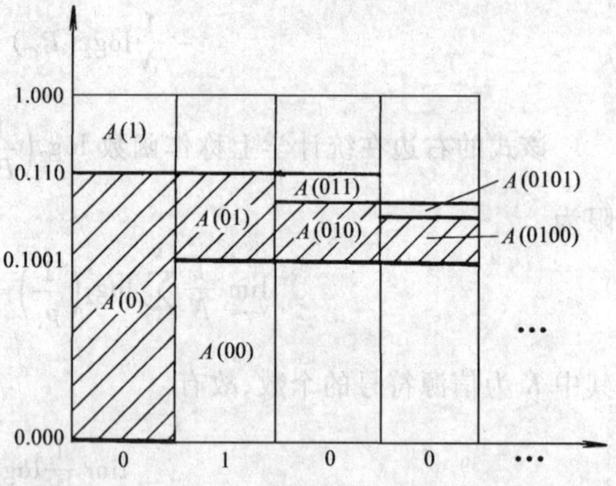

图 8-4　码区间分割示意图

注：设 $P_0 = \frac{3}{4}$，$P_1 = \frac{1}{4}$；阴影部分为下一次编码区间；—— 代表编码区间底线码字 C。

码区间分割是依据字符发生概率进行的。将字符按出现概率的大小分为两种：高概率符号 MPS（Most Probable Symbol）与低概率符号 LPS（Least Probable Symbol）。设 MPS 的概率为 P，LPS 的概率为 Q（对二进制来说，$Q = 1 - P$），并设置两个专用寄存器 C、A 分别来寄存新符号到来之前子区间状态，其中 C 为子区间底线坐标值，A 为子区间大小值。初始化时，$C = 0$，$A =$

1。编码时，C 与 A 的内容变化规律为：输入 MPS，C 不变，$A = A \cdot P$；输入 LPS，$C = C + A \cdot P$，$A = AQ = A(1-P)$。

【例 8-6】 对二进制序列 0100 进行算术编码。

已知 MPS = 0，LPS = 1，$P = 3/4$，$Q = 1/4$，其中 P、Q 用二进制小数表示分别为 $P = 0.11$，$Q = 0.01$。

解：其编码过程如下（运算都按二进制规则）：

1）初始化：$C = 0.000$，$A = 1.000$；

2）输入 MPS，$C = 0.000$，$A = AP = 0.110$；

3）输入 LPS，$C = C + AP = 0.1001$，$A = AQ = 0.0011$；

4）输入 MPS，$C = 0.1001$，$A = AP = 0.001001$；

5）输入 MPS，$C = 0.1001$，$A = AP = 0.00011011$；

最后得码字区（图中阴影区）为

$$0.1001 \leqslant x < 0.10101011$$

取 $x = 0.101$，输出码字为 101。

现在将编码步骤普遍化。设 A 代表本次编码区间，H_i 为本次区间的高限，C_i 为本次区间的低限，故 $A = H_i - C_i$，且被所有信源符号按概率大小值进行分割；设 I_j 为符号 a_j 的小数区间，S_{lj} 为该区间的低限，S_{hj} 为该区间的高限，则 $I_j = [S_{lj}, S_{hj})$；这样不仅适用于二元信源，也可以用于多元信源。

预备工作：将区间 $A = [0,1)$ 对所有信源符号按概率分配小数半开区间 $I_j = [S_{lj}, S_{hj})$，$j = 0,1,\cdots,K$。

第一步：初始化。

$i = 0, j = 0$，

$C_i = 0$，

$H_i = 1$。

第二步：输入迭代，重复以下操作。

$A = H_i - C_i$，

输入下一个 a_j，

$C_{i+1} = C_i + AS_{lj}$，

$H_{i+1} = C_i + AS_{hj}$，

$i = i + 1$，

直至最后一个字符，

输出 $x(C_{i+1} \leqslant x < H_{i+1})$，

对 x 作二进制小数编码，即在 x 值区间内选一个能用最少比特表示的二进数。

【例 8-7】 设信源的概率空间为 $\begin{bmatrix} X \\ P \end{bmatrix} = \begin{bmatrix} a_0 & a_1 & a_2 & a_3 \\ 0.5 & 0.3 & 0.15 & 0.05 \end{bmatrix}$，试对字符串 $a_1 a_0 a_0 a_3 a_2$ 作算术编码。

解：如图 8-5 所示。

预备工作：根据概率空间分配小数区间为

$$a_0 \to I_0 = [0, 0.5]$$

$$a_1 \to I_1 = [0.5, 0.8]$$
$$a_2 \to I_2 = [0.8, 0.95]$$
$$a_3 \to I_3 = [0.95, 1]$$

第一步：初始化。

$i = 0$，

$C_i = 0$，$H_i = 1$。

第二步：输入字符反复迭代运算结果，如表8-3所示。

输出 $0.57425 \leqslant x < 0.5748125$，在此范围内选出最少位数，$x$ 的二进制小数码为0.10010011001，该小数值为0.57470703125。

表8-3　编码结果

i	a_j	C_i	H_i	A	C_{i+1}	H_{i+1}
0	a_1	0	1	1	0.5	0.8
1	a_0	0.5	0.8	0.3	0.5	0.65
2	a_0	0.5	0.65	0.15	0.5	0.575
3	a_3	0.5	0.575	0.075	0.57125	0.575
4	a_2	0.57125	0.575	0.00375	0.57425	0.5748125

（2）译码算法

译码过程与编码过程相似，逐位进行。已知接收到的小数 x，MPS，LPS，P，Q。首先按 P 与 Q 将[0,1]区间分割成MPS区和LPS区，设其分点坐标值为 C'，然后作 C 与 C' 的比较：若 $C < C'$，则译为MPS，先更新 $A = AP$，再使 $C = C' - AQ$；若 $C > C'$，则译为LPS，先更新 $A = AQ$，再使 $C = C' + AP$。

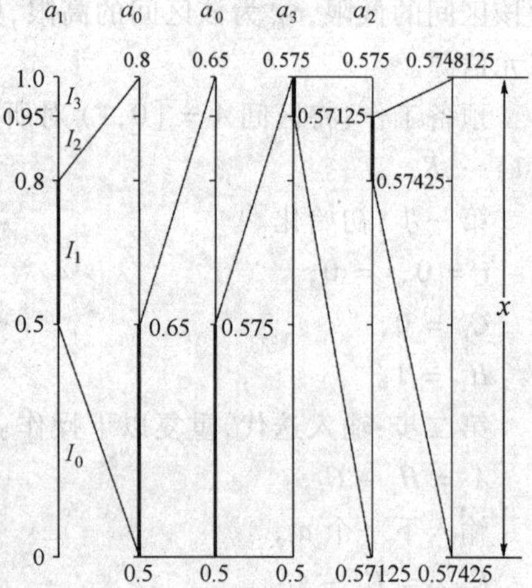

图8-5　多元信源码区间分割示意

【例8-8】　完成例8-5的译码。

解：输入码字 $C = 0.101$，其译码过程如下：

1）初始划分：$A = 1$，$C' = 0.11$；

2）第一次比较：$C < C'$，输出0(MPS)，$A = 0.11$，$C' = 0.1001$；

3）第二次比较：$C > C'$，输出1(LPS)，$A = 0.0011$，$C' = 0.101101$；

4）第三次比较：$C < C'$，输出0(MPS)，$A = 0.001001$，$C' = 0.10101011$；

5）第四次比较：$C < C'$，输出0(MPS)，$A = 0.00011011$，$C' = 0.1010010001$。

最后得码字0100。

同样需要把算法步骤普遍化以适应多元信源情况。

第一步：初始化。

$C = 0$

$H = 1$

$A = H - C$

第二步：迭代译码，重复以下操作。

根据码字 x 找出 j 满足 $\frac{x-C}{A} \in I_j$；

输出相应的字符 a_j，

$H = C + AS_{hj}$，

$C = C + AS_{lj}$，

$A = H - C$，

直至所有字符译出，组成字符串。

【例 8-9】 对例 8-6 的码字 $x = 0.10010011001(0.57470703125)$ 译出字符串。

解：按译码步骤逐步迭代解出结果如表 8-4 所示。

最后解出字符串 $a_1 a_0 a_0 a_3 a_2$ 与编码前的一样。

由以上算法及例子可以看到，算术码是把一个字符串映射到实数区间[0,1]的一个分区间。随着字符串长度的增加，该分区间逐步缩小。可见算术计算的精度要求也越来越高，小数位数也越来越长。从理论上说，字符串越长编码效率会更高，最终可以接近信源熵或熵速率。但实际运行中会出现移位寄存器长度不够而引起的溢出、数据丢失及浮点存储等技术问题。在译码运算中，$\frac{x-C}{A}$ 运算精度要求很高，译码准确性对此运算精度很敏感。因为由于精度上的舍入不当，可能会影响到对 I_j 区间的判别，而形成误译。由此可见，基本原理给出了实际操作与实现的无限广阔的再创造空间。

表 8-4 译码结果

C	H	$A = H - C$	I_j	H_{next}	C_{next}	A_{next}	a_j
0	1	1	I_1	0.8	0.5	0.3	a_1
0.5	0.8	0.3	I_0	0.65	0.5	0.15	a_0
0.5	0.65	0.15	I_0	0.575	0.5	0.075	a_0
0.5	0.575	0.075	I_3	0.575	0.57125	0.00375	a_3
0.57125	0.575	0.00375	I_2	0.5748125	0.57425	0.0005625	a_2

8.3 基于数据串特性的编码

8.3.1 字典编码与 LZ 码

基于统计概率的信源编码是 Shannon 信息论的基本特征，在实际应用中也发挥了很大作用。但在实际应用中也遇到一些困难，最主要的还是如何能得到准确的统计概率，尤其是如何去适应概率分布的变化。最普通的例子是用 ASCII 码表示的文件，不同的文件内容，ASCII 码符号的分布就有很大的不同。于是人们努力寻找不依赖于概率统计的编码方法。事实上，由字符构成的文件，总是由不同的字符串形式的词组按各种不同方式重复出现，构成有意义的一个文件。完全随机散布的符号不可能形成一个有意义的文件。这就产生了基于数据串特性的编码方法。

字典码就是一种随数据流本身特点动态地构建适合该数据流的编码与解码表的压缩编码方法。这种方法的不足之处是由于需要建立动态的字典（编解码表），而这个工作往往在初期需要用较多的附加比特数。因此，对短的文件不能有压缩效果，只有对长的文件才能有较好的压缩效果，也正是这个特点，该算法在计算机文件压缩系统中得到了广泛有效的应用。

由 Lempel 和 Ziv 于 20 世纪 70 年代末提出的一种字典码算法称为 LZ 码，随后有许多不同特色的 LZ 码版本，比如在计算机领域中应用较多的 LZW 算法，在 UNIX 操作系统中以"Compress"命令来执行。这是由 Welch 首先提出来的，但其实质上还是 LZ 码基本原理。因此，在以下讨论中仍以 LZ 码的基本原理为主，不涉及更多具体的改进算法，感兴趣的读者，可以此为基础去查阅相关的文本，甚至发展自己的算法。

8.3.2 LZ 编码算法

如上所述，LZ 码采用字典码算法，即认为信源输出的信息序列是由一本"字典"中的各种"词条"构成的。显然，该字典的词条应由信源符号的不同排列组合产生。与一般字典概念不同的是该字典不是固定不变的，而是根据信源发出的信息序列动态地建立的。编码过程就是字典的建立过程，发送的是词条的编号（地址）而不是词条本身并因此而压缩数据。在接收端的译码过程也就是建立字典的过程，如果接收端建立的字典与发送端一样，则就达到了正确的信息传送目的。

每一个词条都有一个地址 m，并以有序对 $<n, a_i>$ 表示一个词条。其中 $a_i \in \{A\}$（$\{A\}$ 代表信源符号表）是当前时刻被编码的字符；n 称为"指针"（pointer），它是该词条最后一个字符 a_i 前面序列（也是一个词条）的地址，说明本词条是由已建立的某个词条与新输入字符所构成的。这种用指针保持数据间关系的有序对 $<n, a_i>$，在计算机学科术语里又叫链表（linked list），因此，本算法也叫链表算法。

当一个新的词条建立时，该词条的指针变量 n 便被编成等长码发送至接收端，而 n 所代表词条长度是不同的，故 LZ 码也称为变长序列 — 等长编码。Huffman 码则相反，是等长序列 — 变长编码。故 LZ 码只有当 n 代表的词条序列很长时，才显出压缩效果。

现在以二元信源输出序列为例，讨论字典的动态建立过程。

【例 8-10】 设信源发出的二进制序列为 11000101100101110001111…，试构成一个链表式字典。

解：构建字典的关键是要从不断输入的符号序列动态地确定词条。如前所述，词条都由信源符号组成，故信源符号应该是一个单字符词条，且指针 $n = 0$。空格也算一个，并给予地址为 0，记有序对为 $<0, \text{null}>$；符号 0 的有序对为 $<0, 0>$，地址为 1；符号 1 的有序对为 $<0, 1>$，地址为 2。称信源符号构成的词条为基本词条。

输入序列的第一个字符"1"，其前面为空号，因此词条标记为 $<0, 1>$。这不是新词条，与地址为 2 的基本词条 $<0, 1>$ 一样，则令下一个 $n = 2$，继续输入字符。

第 2 个输入字符仍为"1"，它与 n 构成的有序对 $<2, 1>$ 是新词条。于是编地址为 3 并发送 $n = 2$ 至接收端，然后将本字符的基本词条地址作为下一次的 n（仍为 2）。$<2, 1>$ 所代表的二进序列为"11"。

第 3 个输入字符为"0"，与 $n = 2$ 构成的有序对 $<2, 0>$ 也是新词条，应编地址为 4 并发送 $n = 2$，然后令本字符词条地址 1 为下一个 n。词条 $<2, 0>$ 所代表的二进序列为"10"。

输入第 4 个字符"0"，产生有序对 $<1, 0>$ 也是新词条，编地址为 5，并在发送 $n = 1$ 后改 n。本次因字符与上次一样为"0"，故 $n = 1$ 不变，准备输入新字符。$<1, 0>$ 所代表的序列为"00"。

第 5 个字符仍为"0"，产生有序对 $<1, 0>$，不是新词条而与地址为 5 的词条一样，因此不

发本次的 $n=1$，且用地址 5 为下次的 n 值，即下一次输入字符 a_i 的前置序列为 00。

第 6 个输入字符为“1”，有序对 <5,1> 为新词条（二进序列为 001），发送 $n=5$ 后，改 $n=2$。准备接收新字符，…… 直至全部序列被编码完毕，发空号词条地址，表示结束。

本例建立的链表式字典如表 8-5 所示。

表 8-5　链表式字典

词条地址	词　条	发送码字（14 个地址码）
0	<0, null>	00000（00）
1（基本词条）	<0, 0>	00001（或01）
2	<0, 1>	00010（10）
3	<2, 1>	0010
4	<2, 0>	0010
5	<1, 0>	0001
6	<5, 1>	0101
7	<4, 1>	0100
8	<3, 0>	0011
9	<6, 0>	0110
10	<1, 1>	0001
11	<3, 1>	0011
12	<4, 0>	0100
13	<6, 1>	0110
14	未成词条	

总结字典建立过程（编码过程）如下：

1）预备步骤：建立字符表词条，称之为基本词条，如表 8-6 所示。

表 8-6　基本词条

字　符	地　址	词　条
空	0	<0, null>
0	1	<0, 0>
1	2	<0, 1>

2）初始化：$n=0$，$m=3$。

3）迭代过程：如表 8-7 所示。

表 8-7　迭代过程

输入字符	当前 n	当前地址 m	发　送	下一个 n	词条标记	词条序列
1	0	3	—	2	—	—
1	2	3	2	2	<2, 1>	11
0	2	4	2	1	<2, 0>	10
0	1	5	1	1	<1, 0>	00
0	1	6	—	5	—	—
1	5	6	5	2	<5, 1>	001
0	2	7	—	4	—	—
1	4	7	4	2	<4, 1>	101
1	2	8	—	3	—	—
0	3	8	3	1	<3, 0>	110
0	1	9	—	5	—	—
1	5	9	—	6	—	—
0	6	9	6	1	<6, 0>	0010
1	1	10	1	2	<1, 1>	01
1	2	11	—	3	—	—
1	3	11	3	2	<3, 1>	111
0	2	12	—	4	—	—

（续）

输入字符	当前 n	当前地址 m	发　送	下一个 n	词条标记	词条序列
0	4	12	4	1	$<4, 0>$	100
0	1	13	—	5	—	—
1	5	13	—	6	—	—
1	6	13	6	2	$<6, 1>$	0011
1	2	14	—	3	—	—
1	3	14	—	11	—	—

将二元信源的编码过程推广到有 K 个信源符号的情况，并以算法的形式给出。

1）预备步骤：

将 K 个信源符号和一个 null 编入词条，地址编号为 $0 \sim K$。如表 8-8 所示。

表 8-8　基本词条

地　址	词条标志
0	$<0, \text{null}>$
1	$<0, a_0>$
2	$<0, a_1>$
⋮	⋮
K	$<0, a_{K-1}>$

2）初始化：指针变量 $n=0$，地址变量 $m=K+1$。

3）迭代过程：　　　　说明：

a）输入下一个信源符号 a

b）如果 $<n, a>$ 已列为词条，则：　　　　词条标记

n = 词条 $<n, a>$ 的地址；

否则

发送 n；　　　　表示建立新词条

将 $<n, a>$ 列为词条；

$m=m+1$；　　　　给新词条配以地址

n = 词条 $<0, a>$ 的地址　　　　新词条的首字符与上个词条的尾字符相重

c）回到过程 a）。

8.3.3　LZ 码的译码过程

从编码过程与发送信息内容可知，接收端接收的只是一个指针变量 n，并不是字符。接收译码的任务就是确定每个 n 所代表的地址的词条序列，而词条序列有一个重要的特性，即词条序列都是“首尾相重”的。也就是地址为 m 的词条序列的首字符与地址为 $m-1$ 的词条序列的最后一个字符相同，而它的尾字符与地址为 $m+1$ 的词条序列的首字符相同。这个首尾相重特性是解码的关键，因为词条 $<n, a>$ 中的 n 是等长码，很容易译出，而 a 就要利用首尾相重特性，从下一个词条的 n 所代表的地址的词条序列首字符来确定。因此，译码过程类同于编码过程，也是动态地建立一本序列字典，但要比编码过程简单。其大致步骤为：

1）接收等长码所代表的基本词条，建立地址从 $0\sim K$ 的词条表。

2）初始化：$n=0$，$m=K+1$。

3）接收 n，译出 n 所代表的地址的词条序列，确定上一词条的 a。

4）将所有词条序列首尾相重（用一个字符）地链接便成发送的信息序列，译码结束。

【例 8-11】 续上例，由发送的码字译出信息序列。

解：首先译出基本词条 <0，null>，<0，0>，<0，1>；

然后，从地址 3 开始逐一接收 n 链接译码：

地址 3 接收 $n=2$，而地址 2 是基本词条，代表信源字符 1，故词条序列为“1?”。

地址 4 接收仍为 $n=2$，同样可译得该词条序列应为“1?”，但由此首字符 1，可以确定地址 3 的词条序列为“11”，本词条的“?”须由下词条来确定。

地址 5 接收 $n=1$，也是基本词条，代表字符 0，可确定上词条为“10”，本条为“0?”。

地址 6 接收 $n=5$，不是基本词条，需要链接到地址 5 的词条“0?”查出本词条序列的首字符为“0”，从而确定地址 5 词条序列为“00”，本词条为“00?”。

地址 7 接收 $n=4$ 也不是基本词条，链接地址 4 译出的词条序列“10”，可知地址 6 的词条序列为“001”而本词条序列为“10?”。

……

如此继续，可以逐条确定各词条代表的序列首尾相重字符为：$1\,1\,\underline{1}\,0\,\underline{0}\,0\,\underline{0}\,0\,1\,\underline{1}\,0\,1\,\underline{1}\,1\,0\,\underline{0}\,0\,1\,0\,\underline{0}\,1\,\underline{1}\,1\,1\,\underline{1}\,0\,0\,\underline{0}\,0\,1\,1$……，划去标有底线的重复字符，便解出信息序列 1100010110010111000 11……。可见，实际上只需将接收到的 n 所代表的地址上的数据序列连接起来便完成译码。

8.3.4 LZ 码的压缩性能

前面已多次指出，字典算法由于开始建立字典都是短序列词条，却用等长编码，因此效率较低，达不到压缩数据的效果。现在来分析一下，当序列变长时，每个信源符号所需的平均比特数能否接近信源熵。

设被编码的长度为 t 的序列 s_0，s_1，s_2，…，s_{t-1}。在编码过程中被分割成 L 个无重复的子串称之为“短语”。由于每个短语都被编成字典的一个词条，故字典的词条数也为 L，因为对每个词条的指针 n 采用等长编码，所以，每个码字的长为 $\log_2 L$，而一个字典所需的总比特数为

$$b = L[\log_2 L + 1] \tag{8-16}$$

其中“+1”是因为每个 n 编码后面要加一个信源字符。

对于相同长度 t 的序列，能分割的短语数 L 是数据压缩性能的关键，而 L 的大小又由序列的特性所决定。所以本节称为基于字符串特性的压缩编码。Lempel 与 Ziv 已证明 L 的高限为

$$L \leqslant \frac{t}{(1-\varepsilon_t)\log_2 t} \tag{8-17}$$

其中 ε_t 是与 t 有关的一个小数，当 $t \leqslant 4$ 时可表示为

$$\varepsilon_t = \min\left[1, \frac{\log_2(\log_2 t)+4}{\log_2 t}\right]$$

为了有数量概念，看一个具体数值，且为了好计算，设 $t=256$，则 $\log_2 t=8$，$\frac{\log_2(\log_2 t)+4}{\log_2 t}=\frac{7}{8}$，已经比 1 小了。所以当 t 很大时，ε_t 主要由右边项决定。很容易证明当 $t\to\infty$ 时，该项→0。即

$$\lim_{t\to\infty}\varepsilon_t=0$$

于是得到 $t\to\infty$ 时 L 的高限（称为渐近高限），

$$L\leqslant\frac{t}{\log_2 t},\quad t\to\infty$$

从而有

$$b=L[\log_2 L+1]\leqslant\frac{t}{\log_2 t}[\log_2 t-\log_2(\log_2 t)+1]=t\left[1-\frac{\log_2(\log_2 t)-1}{\log_2 t}\right]$$

t 很大时，右边 $[\cdots]<1$；当 $t\to\infty$ 时 $[\cdots]\to 1$。可见只要 t 足够大就有 $b<t$，说明一定存在数据压缩效果。

更进一步证明，对于稳定的遍历信源，有以下属性：

$$\limsup_{t\to\infty}\frac{1}{t}L\log_2 L\leqslant\lim_{t\to\infty}H(s_0,s_1,\cdots,s_{t-1})\tag{8-18}$$

式中 $\sup f(x)$ 称作函数 $f(x)$ 的上确界，其定义如下：设 $f(x)$ 是变量 x 在某一值域内的函数，则定义所有大于 $f(x)$ 在 x 值域内的值的最小值为 $f(x)$ 的上确界。比如，设 x 值域为角度 0° ~ 360°，$f(x)=|\sin x|$，则 $\sup f(x)=1$。因为 $\geqslant f(x)$ 的有无数个值，但最小值为 1。式 (8-18) 的 $\frac{L}{t}\log_2 L$ 是每个信源符号的平均比特数，所以式 (8-18) 表明 LZ 码每个信源符号所需的平均码字长度渐近地不大于信息源的熵速率。也就是说 LZ 码的压缩性能与其他无失真压缩编码算法的一样，可以达到编码定理的极限速率。对 ASCII 文本文件的压缩性能表明，只要文件的字符数超过 10000 就可得到 2:1 的压缩效果。因此 LZ 算法已被广泛应用在计算机的文件数据压缩存储。

8.4 小结

无失真信源编码是 Shannon 信息论的重要成果。由于无失真的要求，数据压缩比并不很大，一般应用中能达到 2:1 的水平，已经可以使存储空间节省一半，使数据传输速率提高一倍，从而有很大的经济效益。目前不仅计算机文件数据普遍地采用压缩算法，而且在图像、声音等采用限失真压缩编码的视频、音频系统中，也引入无失真编码算法以进一步提高压缩编码效率。

本章首先给出信源编码的基础理论，主要是变长码的单义可译性及编码定理。根据信源符号的概率分布，采用变长度编码是获得数据压缩性能的基本出发点。而构建单义可译码结构是保证被压缩数据可无失真恢复的关键。至于编码定理，主要根据 Shannon-Fano 编码引证并非很严格地进行数学推导。本章讨论编码定理主要是为了给出信源编码效率的理论界。明确单个字符的信源熵 $H(X)$ 或多个字符的熵速率是编码速率的目标，从而能指导与评价编码方法，而不是对定理本身的推敲。

Huffman 编码被称作最佳编码，是应用最早，生命力很强的一种无失真编码方法。以游程长度（Runlength）作为编码对象，在数字传真及图像编码中得到成功的应用。

算术码是在 20 世纪 70 年代末 80 年代初发展起来的一种无失真编码方法，其特点是利用小数比特来代表信源输出，以弥补 Huffman 码只能以整数比特来代表输出而引起对性能的限制。因此从总体编码效率上，几乎可以接近信源的熵速率。

LZ 码从原理上不同于以上两种。它是依赖于信源输出的字符串的排列特性，而与信源字符的概率分布无关。它不需要任何先验知识，不像 Huffman 与算术码需要预先对信源作概率统计。因此，对应用带来很大方便。但其只有当信源输出序列很长时才有较大的压缩比。理论上已证明 LZ 编码速率也有渐近熵速率的性能。

以上三种编码方法各具鲜明的特性，也有较好的性能并在实际中都得到了广泛的应用。本章内容，对于着重于应用的大部分读者，足以帮助他们去了解相关的软件性能，工作原理及对软件的评价与选择。对于致力于算法的进一步研究、开发的读者，则是一个比较坚实的起步，相信会给他们进一步阅读相关文献提供有益的帮助。

8.5 习题

1. 设代码为 $W=\{w_1, w_2, w_3, w_4\}$，字长分别为 $l_1=1$，$l_2=2$，$l_3=l_4=3$，试求二元单义非续长码。

2. 对于 4 个字母的离散无记忆源有两个码 A 和 B，如表 8-9 所示。

表 8-9

字母	概率	码 A	码 B
a_1	0.4	1	1
a_2	0.3	01	10
a_3	0.2	001	100
a_4	0.1	0001	1000

试问，各码是否满足异字头条件？是否为唯一可译码？

3. 设离散无记忆信源 $U=\begin{pmatrix} a_1 & a_2 & a_3 & a_4 & a_5 & a_6 \\ 0.3 & 0.2 & 0.15 & 0.15 & 0.1 & 0.1 \end{pmatrix}$，试进行 Huffman 编码。

4. 设离散无记忆信源 $U=\begin{pmatrix} a_1 & a_2 & a_3 & a_4 & a_5 & a_6 & a_7 & a_8 \\ 0.2 & 0.15 & 0.15 & 0.1 & 0.1 & 0.1 & 0.1 & 0.1 \end{pmatrix}$，试用字符 0，1，2 构造两组三元异字头条件码，使其平均码长相同，比较哪一组更好些？为什么？

5. 一个 d. m. s 信源，其概率空间为 $\begin{bmatrix} X \\ P \end{bmatrix}=\begin{bmatrix} a & b & c & d \\ 0.2 & 0.4 & 0.2 & 0.2 \end{bmatrix}$，试进行

（1）计算信源熵。

（2）对信源符号作 Huffman 编码。

（3）计算编码效率。

6. 如果对上题信源作二次扩展，试写出扩展信源的概率空间并对此作 Huffman 编码，计算编码效率。

7. 一个 d. m. s 信源 $A=\{a, b, c\}$，发出的字符串为 *bccacbcccccccccccaccca*。试用 LZ 算

法对序列编码，给出编码字典及发送码序列。

8. 用 LZ 算法对信源 $A=\{a, b, c\}$ 编码，其发送码字序列为：2，3，3，1，3，4，5，10，11，6，10。试据此构建译码字典并译出发送序列。

9. 设信源的概率空间为 $\begin{bmatrix} X \\ P \end{bmatrix} = \begin{bmatrix} a_0 & a_1 & a_2 & a_3 & a_4 \\ 0.5 & 0.2 & 0.15 & 0.10 & 0.05 \end{bmatrix}$，试对字符串 $a_1 a_0 a_2 a_0 a_0 a_4 a_3$ 作算术编码，并用译码算法验证之。

10. 对习题 9 的字符串用 Huffman 编码作比较（编码效率）。

第9章　限失真信源编码理论

9.1　失真的度量

9.1.1　失真函数

上一章讨论的是无失真信源编码问题，其目的是使信源发出的信息能以最少的比特数去存储或传输，而不发生失真。这样做在某些应用中是必须的，尤其是与计算机数据处理相关的一些数据业务。比如，电子商务，财务统计应用等，显然数据率不可能降得很多。然而在实际信源信息处理中，往往允许有一定的失真，尤其与人类的感知器官相关的模拟信息源，在处理过程中也不必要求不失真。因为人类的感知，如听觉，视觉和触觉等都不是一种精确的信息终端，有时候，某些失真反而会有一种新的效果，比如彩色电视的电视着色效果，听觉模型的掩蔽效应等。为了能对失真影响进行定量研究，需要定义一个度量函数，称之为失真函数。

假定某一信源 X 输出一个随机序列

$$X = x_1, x_2, \cdots, x_n$$

经编码和译码后变成

$$Y = y_1, y_2, \cdots, y_m$$

如果　$x_i = y_j$　$i = 1, 2, \cdots, N$;　$j = 1, 2, \cdots, M$

则认为没有失真。如果

$$x_i \neq y_j$$

那么就产生了失真。失真的大小，要用一个量来表示它，这就要找到一个能反映失真的量。例如

$$\text{失真（误差）} = | x_i - y_j |$$

用差的绝对值作为失真的度量行不行呢？应该说该式确实是一个与失真有密切关系的量，当然可以。但作为具有普遍意义的失真度量，就不一定行了。例如电报中的中文单字，发的是“张”字，经过译码变成了“李”，如果写成

$$\text{失真} = | \text{张} - \text{李} |$$

就不知道是什么了。这时，它只代表了一种“张冠李戴”的现象，而不是一个量。因此，最好定义一个非负的实数 $d(x,y)$ 作为失真的度量，称 $d(x,y)$ 为失真函数。即

$$d(x,y) = \begin{cases} d_0 & x \neq y \\ 0 & x = y \end{cases} \tag{9-1}$$

它作为 x 经编码再译码成为 y 的失真度量。d_0 可以根据实际情况来决定。例如，x，y 代表中文单字，x 代表“张”，y 代表“李”，则可定义 $d_0 = 1$ 即

$$d(x,y) = \begin{cases} 1 & x \neq y \quad \text{表示张变成了李} \\ 0 & x = y \quad \text{表示张译码仍为张} \end{cases} \tag{9-2}$$

$x=y$ 没有失真，失真函数等于0；$x\neq y$ 有失真存在，失真函数等于1。这个失真量反映了我们对失真的关心只是错与不错，至于错成一个什么字，危害都一样严重，因此 $d(x,y)=1$ 完全描述了失真情况。

如果信源输出的是一个随机序列 $X=(x_1,x_2,\cdots,x_N)$，译码输出为 $Y=(y_1,y_2,\cdots,y_M)$，用一个非负的实数 $d(x_i,y_j)$ 表示信源符号 x_i 与译码符号 y_j 之间的失真量，其中 $i=1,2,\cdots,N,j=1,2,\cdots,M$，还可将所有的 $d(x_i,y_j)$ 用矩阵表示为

$$\boldsymbol{D}=\begin{bmatrix} d(x_1,y_1) & d(x_1,y_2) & \cdots & d(x_1,y_M) \\ d(x_2,y_1) & d(x_2,y_2) & \cdots & d(x_2,y_M) \\ \vdots & \vdots & & \vdots \\ d(x_i,y_1) & d(x_i,y_2) & \cdots & d(x_N,y_M) \end{bmatrix} \tag{9-3}$$

称 D 为失真矩阵。

【例 9-1】 设输入和输出符号表 $X=Y=(0,1)$。规定失真函数为

$$d(0,0)=d(1,1)=0$$
$$d(0,1)=d(1,0)=1$$

试求失真矩阵 $\boldsymbol{D}$。

解：由失真函数定义可知，当输入与输出符号一致时，规定失真函数值为0；当输入与输出符号不一致时，认为由0变成1或由1变成0的失真是一样的，并规定失真函数值 d_0 为1，因此失真矩阵为

$$\boldsymbol{D}=\begin{bmatrix} d(x_1,y_1) & d(x_1,y_2) \\ d(x_2,y_1) & d(x_2,y_2) \end{bmatrix}=\begin{bmatrix} d(0,0) & d(1,0) \\ d(1,0) & d(1,1) \end{bmatrix}=\begin{bmatrix} 0 & 1 \\ 1 & 0 \end{bmatrix}$$

【例 9-2】 设输入符号表为 $x=(0,\ 1)$，输出符号表为 $Y=(0,\ 1,\ 2)$。规定失真函数为

$$d(0,0)=d(1,1)=0$$
$$d(0,1)=d(1,0)=1$$
$$d(0,2)=d(1,2)=\frac{1}{2}$$

试求失真矩阵 $\boldsymbol{D}$。

解：由式（9-3），得

$$\boldsymbol{D}=\begin{bmatrix} d(x_1,y_1) & d(x_1,y_2) & d(x_1,y_3) \\ d(x_2,y_1) & d(x_2,y_2) & d(x_2,y_3) \end{bmatrix}=\begin{bmatrix} 0 & 1 & \frac{1}{2} \\ 1 & 0 & \frac{1}{2} \end{bmatrix}$$

9.1.2 多维矢量的失真函数与平均失真

一般情况下，如果信源编码器输入是一个随机序列

$$X=(x^1,x^2,\cdots,x^N),\ x^r\in\text{集合}\quad X=\{x_1,x_2,\cdots,x_N\}$$

译码器输出随机序列为

$$Y=(y^1,y^2,\cdots,y^N),\ y^r\in\text{集合}\quad Y=\{y_1,y_2,\cdots,y_N\}$$

则 N 维矢量的失真函数为

$$d_N(X,Y) = \frac{1}{N}\sum_{r=1}^{N} d(x^r, y^r) \tag{9-4}$$

同样可以将它排成一个矩阵。

由于 x_i 与 y_j 都是随机变量。因此它们的失真函数也是一个随机变量。失真函数的数学期望称为平均失真，记为

$$\begin{aligned}\overline{D} = E(D) &= \sum_{i=1}^{N}\sum_{j=1}^{M} P(x_i, y_j) d(x_i, y_j) \\ &= \sum_{i=1}^{N}\sum_{j=1}^{M} P(x_i) P(y_j \mid x_i) d(x_i, y_j)\end{aligned} \tag{9-5}$$

其中 $p(x_i), i = 1,2,\cdots,N$ 是输入的概率分布；

$p(y_j \mid x_i), i = 1,2,\cdots,N; j = 1,2,\cdots,M$，是转移概率分布；

$d(x_i, y_j), i = 1,2,\cdots,N; j = 1,2,\cdots,M$，是离散随机变量的失真函数。为书写简明，也用 $P_{j|i}$ 记 $p(y_j \mid x_i)$，P_i 记 p_{xi} 及 $d(i,j)$ 记 $d(x_i, y_j)$。对于连续随机变量同样可以定义平均失真为

$$\overline{D} = E(D) = \int_{-\infty}^{+\infty}\int_{-\infty}^{+\infty} p(x,y) d(x,y) \mathrm{d}x\mathrm{d}y \tag{9-6}$$

其中 $p(x,y)$ 是连续随机变量的联合概率密度函数；$d(x,y)$ 是连续随机变量的失真函数。

9.1.3 量化失真度量

限失真编码主要应用于模拟信号的数字化编码。模拟信号的数字化过程必须经过取样、量化与编码等步骤，如图 9-1 所示。如果取样是满足 Nyquist 定理的，则失真主要来自量化过程。输入的模拟信号 $x(t)$ 经过前置滤波以保证带限性，经取样输出时间离散的样值信号 $x(n)$。$x(n)$ 可以取从 $-\infty$ 到 $+\infty$ 的任何值，故常称样值为连续域的数。它不可能成为数字信号，必须经过量化，使样值的大小只取有限个值，比如 256 个，128 个，…，称之为量化级 N。一般 N 取 2 的幂次，记作 $2^R = N$ 或 $R = \log_2 N$，R 即为表示每个样值被量化后的二进制位数。256 级量化的 $R = 8\text{bit}$，128 级量化的 $R = 7\text{bit}$。显然，量化级直接与数字化信号的码率大小有关，也直接与恢复信号的质量有关。可见，量化理论与技术是数字化的关键技术，需要进一步讨论。

图 9-1 模拟信号数字化

一个 N 级量化器 Q 可用图 9-2 描述如下：设置 $N+1$ 个取样判决电平 $x_0, x_1, \cdots, x_N$，将样值空间（实数空间）分割为 N 个量化区间 $R_i (i = 1,2,\cdots,N)$ 且 $R_i = (x_{i-1}, x_i)$ 以及两个边缘区间 R_0 与 R_{N+1}，这里 $R_0 \leqslant x_0, R_{N+1} \geqslant x_N$。对应于 N 个量化区间的输出电平分别为 $y_1, y_2, \cdots, y_N$，即当输入信号的取样 x 属于第 i 个量化区间 R_i 时，量化器输出 y_i。边缘区间 R_0 与 R_{N+1} 是无界的，它们的输出有时候取 x_0 与 x_N，也有取 y_1 与 y_N 或某些有特殊性质的值。这样，量化器 Q 便把取样的无限个可能值映射为有限的 N 个值。图 9-2 为量化器的输入输出特性，它表现为阶梯型。由于 N 为奇数或偶数的不同，又有“中平”和“中升”的区别，如图 9-2a 和 b。它们没有实质性的差别。

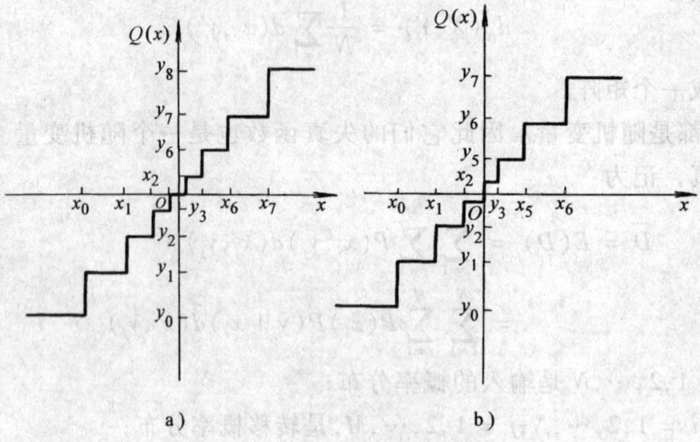

图 9-2 量化器的输入输出特性

a) 中平 b) 中升

量化误差测量的基本出发点是把输入的取样信号看作随机变量，因为每个取样值的大小都带有一定的不确定性。量化过程，从信息论观点看，实质上是一个舍弃一部分多余信息，保留为恢复满足一定保真度要求的原信号的必要信息的过程。所谓保真度要求，实际上就是对量化误差的一个限制，也是对量化器性能的一个要求，所以需要作定量分析。

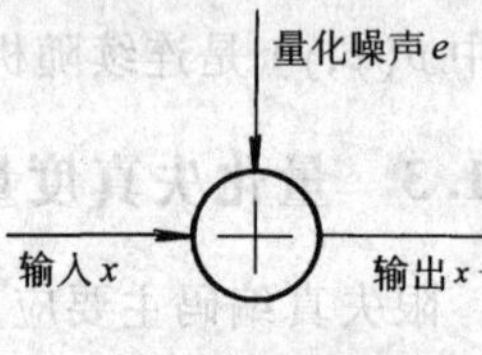

图 9-3 量化误差的加性噪声模型

设任意一个取样值 x 输入量化器的概率密度函数为 $p(x)$，又把量化误差产生过程视作一个加性随机噪声过程，如图 9-3 所示，它与信道中的加性噪声不同，这里的噪声不是独立过程，而是由输入输出值所决定的。在量化理论中，失真函数具体化为误差函数如式(9-7)。

$$e(x) = Q(x) - x \tag{9-7}$$

$e(x)$ 函数的非线性特性如图 9-4 所示。

由图 9-4 可见，当输入样值 x 在区间 (x_0, x_7) 内时，其噪声表现为散粒噪声，其值是有限的。当输入取样值落入区域 $x \leqslant x_0$ 与 $x > x_7$ 时，噪声表现为“过载”，此时产生的噪声称为过载噪声，其值可能为无限。一般来说，由于出现无限值的概率极小，过载噪声不会很大。一般称 x_0 与 x_7 为过载点，其值 $V = |x_0| = |x_7|$ 叫做过载点电平。

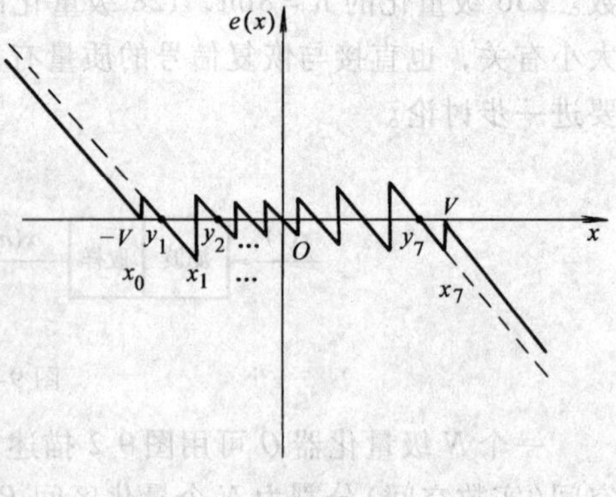

图 9-4 量化误差的非线性特性

总的量化噪声应该是散粒噪声与过载噪声之和。其大小显然与信号的分布密度 $p(x)$、量化级数 N 及量化方法有关，同时也与过载点的选定有关。当 N 一定时，V 选得大，散粒噪声会增大，而过载噪声会减小。因此，在确定的 V 和 N 条件下设计量化器，如何选择最佳的过载点使量化噪声最小，也是一个值得研究的问题。

上面讨论的误差产生模型中，量化误差被视作为随机变量。所以，我们只能以某种统计平均值来测量。最普遍采用的是均方误差测量即

$$D = \int_{-\infty}^{\infty} [Q(x) - x]^2 p(x) \mathrm{d}x$$

若视过载区的 $p(x) \approx 0$，也就是说，信号的样值大于 V 的机会几乎可忽略；在 $\pm V$ 的区域内采取 N 级量化且设 N 足够大，以致于量化区域间隔 $\Delta_i(\Delta_i = x_i - x_{i-1})$ 很小，于是对每一小区域来说，$p(x)$ 几乎相等并可用 $p(y_i)$ 来代表。量化区域 Δ_i 的输出值 y_i 取区域的中央值，即 $y_i = (x_{i-1} + x_i)/2$（以后会看到这并不是最佳选择）。在上述假设条件下，上式可计算如下

$$D = \sum_{i=1}^{N} \int_{x_{i-1}}^{x_i} (y_i - x)^2 p(x) \mathrm{d}x \approx \sum_{i=1}^{N} p(y_i) \int_{x_{i-1}}^{x_i} (y_i - x)^2 \mathrm{d}x = \frac{1}{12} \sum_{i=1}^{N} p(y_i) \Delta_i^3$$

一个很有用的特例是称之为均匀量化，即量化区域是等间隔分布的量化设计。此时 $\Delta_i = \Delta$，于是上式变成

$$D = \frac{\Delta^2}{12} \sum_{i=1}^{N} p(y_i) \Delta$$

在“过载区”内 $p(x)$ 为 0 的假设下，

$$\sum_{i=1}^{N} p(y_i) \Delta = 1$$

于是

$$D = \frac{\Delta^2}{12}$$

这是一个很有意义的结果，它告诉我们：均匀间隔量化器的均方误差与量化区间隔的平方成正比。这就给了我们一个关于量化误差的基本数量概念。据此，可用来对量化器（即使不是均匀量化器）的性能作粗略的估计与比较。

9.2 信息率-失真函数的定义与性质

9.2.1 基本概念与定义

上节讨论了关于失真的概念及其度量。从量化失真的讨论中可以看到，在模拟信号的数字化过程中失真不仅必然存在，而且是可以控制的。控制过程体现了数据率与失真的关系，即要使失真小，就要增加数据速率。反之，若允许有较大的失真，则可以较大地降低数据率。信息率-失真函数就是反映信息速率与失真的函数关系，简称率-失真函数或 $R(D)$ 函数，这里 R 代表信息速率（Rate），D 表示失真（Distortion）。$R(D)$ 函数理论是限失真编码，又称作数据压缩技术的理论基础。是 Shannon 在 1959 年发表论文“Coding Theorems for a Discrete Source with a Fidelity Critorion”之后，才得到高速发展。尤其在 20 世纪 80 年代以后，在高度发展的微电子技术与计算机技术的支持下，数据压缩的实践技术才得以实现并获得高速发展。在声音、图像与多媒体信源编码中得到广泛应用并获得巨大成功，为 21 世纪数码时代的到来提供了技术基础。这里也只能介绍一点基础概念。

1. 假设信道模型

在定义失真函数时，假定信源 X 输出随机序列 $X = (x_1, x_2, \cdots, x_n)$，经编码和译码后变成序列 $Y = (y_1, y_2, \cdots, y_m)$，然后根据 Y 与 X 的差异来定义失真函数。如果用框图来表示这个过程，如图 9-5 所示。在信源与信宿之间存在一个以转移概率 $P(y_i|x_i)$ 所表征的假设信道。该

信道包括了信源编译码器和一个广义无扰信道。一般信源编码器输出的数据要么由存储介质存储;要么送入信道传输;或两者兼有,即先传输后存储。一般地传输与存储都会有干扰噪声,为了突出信源编译码器性能,认为信道干扰已被信道编译码等措施消除,就抽象地称之为广义无扰信道。由于广义无扰信道的假设,译码器输出 Y 与编码器输入 X 之间失真完全由信源编译码器所产生。所以在以下的讨论中,编码器与译码器的输入输出关系就用图 9-5 的试验信道模型表示。有时也把试验信道简化为编码器。信源发送信息的情况由信源的统计特性所决定,虽然信源的统计特性不能改变,但可以对信源编译码器产生的失真进行设计控制,由式(9-5)可见,平均失真是输入概率分布 p_{x_i} 和转移概率分布 $P_{j|i}$ 的函数。当输入概率分布一定时,D 只是 $P_{j|i}$ 的函数,这就给出了平均失真 $E(D)$ 控制的途径。即根据对失真的限度要求 D(也叫做保真度要求),设计一个转换概率为 $P_{j|i}$ 的假想信道,使平均失真 $E(D) \leqslant D$,称此假想信道为 D 允许信道,又叫试验信道。以下关于 $R(D)$ 函数的讨论都是在试验信道条件下选择 $P_{j|i}$,实质上是选择一种编码方式使数据率最低。因此,虽然是编译码过程,但往往使用信道传输的术语。

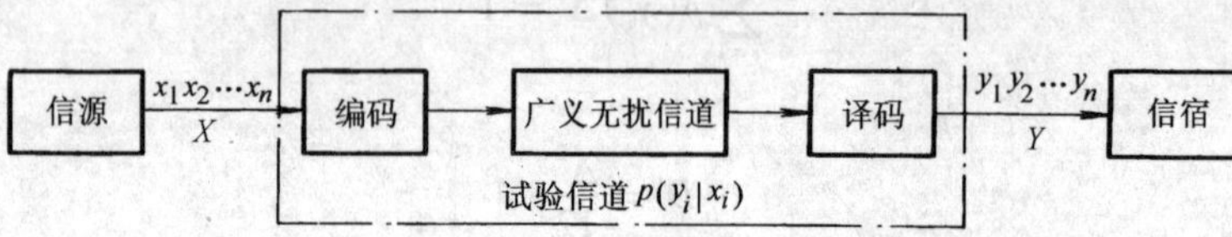

图 9-5 试验信道模型

2. $R(D)$ 函数定义

对如图 9-5 的试验信道输入 X 与输出 Y 信息量的关系,由互信息量来衡量,其关系式为

$$I(X;Y) = H(X) - H(X|Y) = H(Y) - H(Y|X) \tag{9-8}$$

其中 $H(X)$ 为输入随机变量 X 的平均不确定度;$H(X|Y)$ 为接收到 Y 以后 X 仍保留的平均不确定度;所以 $I(X;Y)$ 就表示 Y 为 X 所提供的信息量或者说系统在接收 Y 之后,X 的不确定度的减少量。

试验信道实质上是信源编译码器将式(9-8)的互信息量关系与失真相联系,即 $H(X|Y)$ 与产生失真有关。$H(X|Y)=0$ 就不会有失真,此时 Y 与 X 互相提供全部的信息,即互信息 $I(X;Y)=H(X)=H(Y)$;在 $H(X)$ 固定的条件下 $H(X|Y)$ 增大,产生失真可能就增大,但此时 Y 为 X 提供的信息也少,即 $I(X;Y)$ 减小;当 $H(X|Y)$ 增大至 $H(X)$,即接收的 Y 并不能提供关于 X 的任何信息,此时 X 与 Y 处于相互独立状态,$I(X;Y)=0$,显然失真最大。这里所谓失真不是信道干扰产生失真而是编译码引起的失真,转移概率也是编译码之间转移。

现在的提法是:在信源特性已知,平均失真要求 D 给定条件下,能否找到一种编码方式,使信源编码输出的信息速率最小。信源编码输出的信息速率最小,意味着信源 X 向接收端 Y 提供信息量最小,即 $I(X;Y)$ 最小;满足平均失真度要求,由式(9-5)可见,主要是选择转移概率,使 $E(D) \leqslant D$。若用 P_D 记式(9-5)中所有满足 $E(D) \leqslant D$ 的 $p_{j|i}$ 的全体,则相当于在 P_D 中找出一个 $p_{j|i}$ 使 $I(X;Y)$ 最小,于是可以定义信息率失真函数 $R(D)$ 为

$$R(D) = \min_{E(D) \leqslant D} I(X;Y) = \min_{p_{j|i} \in P_D} I(X;Y) \tag{9-9}$$

这个简明的定义式表明限失真信源编码的输出信息速率是平均失真要求 D 的函数。这个函数关系曲线在下节讨论,这里只说函数值是信源译码器的输入 X 和输出 Y 之间互信息量

的最小值。寻找最小值的约束条件为平均失真在允许值以内或具体化为转移概率 $p_{j|i}$ 在 D 允许范围之内。为了理解定义式(9-9),用一个例子来说明在信源分布概率确定不变时,互信息量随转移概率而变;另一个例子说明在信源分布概率确定条件下,信源编码输出速率受允许失真 D 值的影响情况。

【例 9-3】 已知信源概率空间为 $\begin{bmatrix} X \\ P \end{bmatrix} = \begin{bmatrix} x_1, x_2 \\ 0.5, 0.5 \end{bmatrix}$,试验信道的转移概率矩阵分别为

1) $\boldsymbol{P}_{j|i} = \begin{bmatrix} 0.6 & 0.4 \\ 0.2 & 0.8 \end{bmatrix}$

2) $\boldsymbol{P}_{j|i} = \begin{bmatrix} 0.9 & 0.1 \\ 0.2 & 0.8 \end{bmatrix}$

试计算不同转移矩阵的互信息。

解:设接收符号集为 $Y = (y_1, y_2)$ 互信息为 $I(X;Y)$。

根据信源概率空间可计算出 $H(X) = 1$。

互信息计算公式为:$I(X;Y) = H(X) - H(X|Y)$

可分别得 1) $I(X;Y) = (1 - 0.875)\text{bit} = 0.125\text{bit}$

2) $I(X;Y) = (1 - 0.603)\text{bit} = 0.397\text{bit}$

可见,不同的转移概率,X 与 Y 之间所提供的平均信息量是不一样的,从二个转移矩阵可见,发 x_1 时接收译码为 y_1 的概率第二个要比第一个大,而发 x_2 时两个矩阵情况一样。所以,接收 Y 后向 X 提供的平均信息量,第二个比第一个多是合理的。

【例 9-4】 一均匀分布的有 $2n$ 个符号组成的信源 $A = (a_1, a_2, \cdots, a_{2n})$,失真函数设定为

$$d(a_i; a_j) = \begin{cases} 0, & i = j \\ 1, & i \neq j \end{cases}$$

试问不允许失真,即失真限度 $D = 0$ 与允许有 $\frac{1}{2}$ 失真$\left(D = \frac{1}{2}\right)$时,信源编码输出的比特数各为多少?

解:1) 无失真编码。由于信源为等概分布,$p_x = \frac{1}{2n}$。故不能用变长度码压缩数据。此时,只能用等长码,因为信源熵 $H(A) = \log_2 2n\text{bit}$,故每个码字码长为 $L = \log_2 2n$ bit。

2) 限失真编码。因为允许失真为 $\frac{1}{2}$,即允许有一半符号译错。在没有编码方案之前,不妨设想一个方案,比如设想前 n 个符号都正确发送,第 $n+1$ 个符号开始全部用第 n 个符号代替,这就会错一半。现在来计算信息速率的减小情况。

信息输出概率为均匀分布,$p(x) = \frac{1}{2n}$,故 $H(X) = H(A) = \log_2 2n\text{bit}$。编码输出概率情况则因为 $2n$ 个符号中只用 n 种符号编码,前 $(n-1)$ 一个符号 $a_1, a_2, \cdots, a_{n-1}$ 的概率仍为 $\frac{1}{2n}$,而后 $n+1$ 个符号全部为 a_n,故 a_n 的概率为 $\frac{1+n}{2n}$。所以

$$H(Y) = \frac{n-1}{2n}\log_2 2n + \frac{n+1}{2n}\log_2 \frac{2n}{1+n} = \log_2 2n - \frac{n+1}{2n}\log_2(1+n) \text{ bit}$$

由此可见，如此简单的一个编码方案，仅仅是由于允许有$\frac{1}{2}$的失真就可以将原来 $\log_2 2n$bit 的数据率压缩掉$\frac{n+1}{2n}\log_2(1+n)$bit。

$\frac{n+1}{2n}\log_2(1+n)$是个什么样的概念？为此，设 X 为二元信源，即 $2n=2$，$n=1$，则 $H(Y)=\log_2 2n-\frac{n+1}{2n}\log_2(1+n)=(1-1)\text{bit}=0\text{bit}$。这就表明对只有 1bit 不确定性的信源，不需要发任何码字，接收端随机地猜测，统计地说就会有一半猜对，一半猜错，即有$\frac{1}{2}$失真。这是与经验相一致的。

以上两个例子说明了式(9-9)定义的控制条件是有效的，失真要求不同，可以用不同的转移概率来体现，例 9-4 设想方案的转移概率矩阵为

$$
\boldsymbol{P}_{j|i}=\begin{array}{c} \\ a_1 \\ a_2 \\ \vdots \\ a_n \\ a_{n+1} \\ \vdots \\ a_{2n} \end{array}\begin{bmatrix} a_1 & a_2 & \cdots & a_n \\ 1 & 0 & \cdots & 0 \\ 0 & 1 & 0 \cdots & 0 \\ \vdots & \ddots & & \\ 0 & \cdots & & 1 \\ 0 & \cdots & & 1 \\ \vdots & \ddots & & \vdots \\ 0 & \cdots & & 1 \end{bmatrix}
$$

由它产生的平均失真 $\overline{D}=\frac{1}{2}$。当然还有其他的 $P_{j|i}$可以使 $\overline{D}=\frac{1}{2}$，由例 9-3 可见，不同的 $P_{j|i}$就会有不同的 $I(X;Y)$，可以设想，如果寻找出一种 $P_{j|i}$使 $I(X;Y)$为最小，则该 $I(X;Y)$值便是式(9-9)所定义的 $R(D)$函数了。

9.2.2 R(D)函数的性质

本节在 $R(D)$函数定义的基础上，讨论 $R(D)$函数的一些基本性质。有些性质的导出是需要很强的数学论证的，我们只能舍去严密性，从物理概念与几何概念上予以推证，然后根据这些性质很自然地得出 $R(D)$函数曲线如图 9-6，或换一种说法是将性质集中体现在 $R(D)$函数曲线上。

1. R(D)函数值域与定义域

$R(D)$函数曲线的横坐标表示失真 D，纵坐标表示信息速率 R。所谓值域与定义域，就是要明确 D 与 R 在坐标轴上的取值范围。

由定义式(9-9)，$R(D)$函数值不会小于零，因为平均互信息是非负的；$R(D)$函数值要小于信源熵，因为允许失真编码速率应小于无失真编码速率，而无失真编码定理给出的信息速率低限为信息熵。故 $R(D)$的值域为

$$0\leqslant R(D)<H(X) \tag{9-10}$$

平均失真 D 是非负的失真函数 $d(x,y)$的数学期望，故它不会小于零，而 $D=0$ 就是无失真编码。所以 D 的下限应为 $D_{\min}\geqslant 0$，而 $D<D_{\min}$时，$R(D)$函数无定义。

从 $R(D)$ 函数定义及例 9-4 可以看到，当允许失真 D 大到一定值以上，编码输出的信息率可以为 0。如果取使 $R(D)=0$ 的最小 D 值（临界值）为高限 $D_{\max}$，则在平均失真 D 的值域$[0, D_{\max}]$内 $R(D)$ 函数有定义，故也叫 $R(D)$ 函数的定义域。所谓有定义，即在该失真域内总有编码输出信息速率为 $R(D)\geqslant 0$ 与平均失真 D 相对应。

现在的问题是 $D_{\max}$ 如何确定。先看一个例子。

【例 9-5】 设信源概率空间为$\begin{bmatrix} X \\ P \end{bmatrix}=\begin{bmatrix} 0 & 1 \\ \frac{1}{3} & \frac{2}{3} \end{bmatrix}$。译码输出 Y 也为二元符号，一般仍取$[0, 1]$，失真矩阵设定为 $D=\begin{bmatrix} d(0\,0) & d(0\,1) \\ d(1\,0) & d(1\,1) \end{bmatrix}=\begin{bmatrix} 0 & 1 \\ 1 & 0 \end{bmatrix}$试问：使 $R(D)=0$ 的最小失真为多少？

解：使 $R(D)=0$ 的最小失真，实际上就是刚刚使 $R(D)=0$ 的 D 值，也就是失真 D 值域的高限 $D_{\max}$。根据式(9-9)，$R(D)=0$ 就意味着 $I(X;Y)=0$，即 $H(X)=H(X|Y)$ 这就表明 X 与 Y 相互独立，故 $p_{j|i}=q_j$，这里用 q_j 表示输出字符 y_j 出现概率。于是平均失真计算公式也变为

$$\overline{D}=\sum_{i=1}^{N}\sum_{j=1}^{M}p_i q_j d(i,j)=\sum_{j=1}^{M}q_j\sum_{i=1}^{N}p_i d(i,j) \tag{9-11}$$

现在定义

$$D_j=\sum_{i=1}^{N}p_i d(i,j) \tag{9-12}$$

为偏失真函数（partial distiortion function）或称部分失真函数，它表示信源所有符号按其分布概率发出信息，经编码输出为 y_j 所带来的平均失真。则式(9-11)又可写成

$$\overline{D}=\sum_{j=1}^{M}q_j D_j \tag{9-13}$$

由于概率分布 q_j 应有概率和特性 $\sum_{j=1}^{M}q_j=1$，则式(9-13)表示在 $R(D)=0$ 条件下，平均失真 $\overline{D}$ 就是偏失真函数对于编码输出分布的数学期望，即概率平均值。这个表达式为寻找 $D_{\max}$ 提供了方便，因为 $D_{\max}$ 就是 D_j 的数学期望值 $\overline{D}$ 的最小值。显然，如果找到 D_j 为最小失真，则令所有 M 个 D_j 都为该最小值，不管怎样分布，其数学期望都为 D_j。故实际上该最小值就是在所有 $y_j\in Y$ 范围内寻找偏失真的最小值，即

$$D_{\max}=\min_{j=1,2,\cdots,M}\{D_j\}=\min_{j=1,2,\cdots,M}\left\{\sum_{i=1}^{N}p_i d(i,j)\right\} \tag{9-14}$$

这就是确定 $R(D)$ 函数定义域高限的表达式。

再回到本例题，先按(9-5)计算平均失真

$$\begin{aligned}\overline{D}&=\sum_{j=1}^{2}q_j\left[\frac{1}{3}\cdot d(1,j)+\frac{2}{3}d(2,j)\right]\\&=q_1\left[\frac{1}{3}\cdot d(1,1)+\frac{2}{3}d(2,1)\right]+q_2\left[\frac{1}{3}\cdot d(1,2)+\frac{2}{3}\cdot d(2,2)\right]\\&=q_1\left[\frac{1}{3}\cdot 0+\frac{2}{3}\cdot 1\right]+q_2\left[\frac{1}{3}\cdot 1+\frac{2}{3}\cdot 0\right]\\&=\frac{2}{3}q_1+\frac{1}{3}q_2\end{aligned}$$

因为　$q_1+q_2=1$，用 $q_2=1-q_1$，代入上式得

$$\overline{D}=\frac{1}{3}(1+q_1)$$

又因为 $q_1\geqslant 0$，所以只有 $q_1=0$ 才能使 $\overline{D}$ 的值最小，实际上相当于在 $\overline{D}=\frac{2}{3}q_1+\frac{1}{3}q_2$ 表达式中选 $q_2=1,q_1=0$ 得到

$$D_{\max}=\frac{1}{3}$$

如果利用式(9-14)就更为直接。

$$D_{\max}=\min_{y_j\in Y}\{D_{yj}\}$$

再应用式(9-12)便有

$$\begin{aligned}D_{\max}&=\min_{j=1,2}\left\{\frac{1}{3}d(x_1,y_j)+\frac{2}{3}d(x_2,y_j)\right\}\\&=\min_{y_1,y_2}\left\{\left[\frac{1}{3}d(x_1,y_1)+\frac{2}{3}d(x_2,y_1)\right],\left[\frac{1}{3}d(x_1,y_2)+\frac{2}{3}d(x_2,y_2)\right]\right\}\\&=\min\left\{\frac{2}{3},\frac{1}{3}\right\}=\frac{1}{3}\end{aligned}$$

如果改变失真矩阵为 $\boldsymbol{D}=\begin{bmatrix}2 & \frac{1}{2}\\ 1 & 2\end{bmatrix}$，则

$$\begin{aligned}D_{\max}&=\min\left\{\left[\frac{1}{3}\cdot 2+\frac{2}{3}\cdot 1\right],\left[\frac{1}{3}\cdot\frac{1}{2}+\frac{2}{3}\cdot 2\right]\right\}\\&=\min\left\{\frac{4}{3},\frac{3}{2}\right\}=\frac{4}{3}\end{aligned}$$

2. *R*(*D*)是关于 *D* 的下凸函数

下凸函数是凸函数的一种，也叫凸 *U* 函数或形象地叫"*Cup*"函数，即函数曲线形状像杯子。以下分三步来理解 $R(D)$ 函数的下凸性。

1) 几何描述：若在曲线上任找两个点连成的直线，总在该两点之间的函数曲线之上方，则该曲线具有下凸性。在图 9-6 中假设有一条 $R(D)$ 曲线在其上，任找两个点 A,B，连成直线 $\overline{AB}$。如果该曲线满足 $R(D)$ 函数条件，则应该是下凸的，即 $\overline{AB}$ 总在弧 $\overset{\frown}{AB}$ 之上。

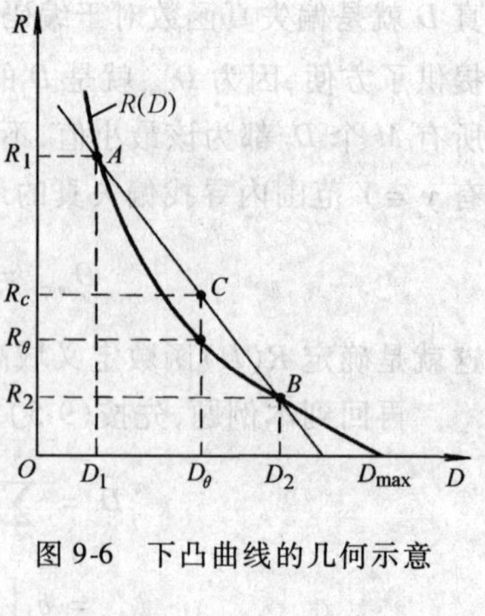

图 9-6　下凸曲线的几何示意

由于横坐标为 D，纵坐标为 R，所以 A,B 两点的坐标分别为 $A(D_1,R_1),B(D_2,R_2)$。根据两点式可以写出直线方程为

$$R=\frac{1}{D_2-D_1}[R_1D_2-R_2D_1-(R_1-R_2)D] \tag{9-15}$$

若在 D_1,D_2 之间任找一点 D_θ，则 D_θ 可用一个小数 $\theta\in[0,1]$ 作为参数来表示

$$D_\theta=D_1+\theta(D_2-D_1)=\theta D_2+(1-\theta)D_1 \tag{9-16}$$

直线 AB 上与 D_θ 相对应的点 C 的纵坐标 R_C 可由式(9-16)的 D_θ 代入式(9-15)中的 D 而得到

$$R_C = \frac{1}{D_2 - D_1}[R_1 D_2 - R_2 D_1 - (R_1 - R_2) D_\theta] = \theta R_2 + (1-\theta) R_1$$

由于 A,B 也在 $R(D)$ 曲线上，故 $R_1 = R(D_1)$，$R_2 = R(D_2)$，所以

$$R_C = \theta R(D_2) + (1-\theta) R(D_1) \tag{9-17}$$

$R(D)$ 曲线上与 D_θ 相对应的点的纵坐标值自然应该是

$$R(D_\theta) = R[\theta D_2 + (1-\theta) D_1] \tag{9-18}$$

从几何图形上已可以看出，要求 $R(D_\theta)$ 为极小值，即 $R(D_\theta) \leqslant R_C$ 确实是下凸曲线的几何特性。

2）信息论描述：因为假设了曲线 $\overset{\frown}{AB}$ 为 $R(D)$ 函数曲线，故曲线上的每一点都是在 D 允许条件下的最小互信息。根据以上关于失真函数的定义和例 9-3 的计算可知，在信源分布确定条件下平均失真与互信息都是信道转移概率 $p_{j|i}$ 的函数，因此互信息可表示为 $I(p_{j|i})$。因为与 R_1, R_2, R_θ 相对应的是最小互信息，由式(9-9)也可以分别表示成

$$R_1 = \min_{p_{j|i} \in p_{D_1}} I_1(p_{j|i}) \triangleq I_1(p'_{j|i}),\quad R_2 = \min_{p_{j|i} \in p_{D_2}} I_2(p_{j|i}) \triangleq I_2(p''_{j|i})$$

$$R_\theta = \min_{p_{j|i} \in p_\theta} I_\theta(p_{j|i}) \triangleq I_\theta(p^\theta_{j|i})$$

现在的问题是 R_C 是否也就是 $I_\theta(p_{j|i})$？如果 R_C 也是与 D_θ 相对应的互信息 $I_\theta(p_{j|i})$，则就可以断定 $R_C > R_\theta$，因为定义 R_θ 是所有与 D_θ 相对应的互信息量 $I_\theta(p_{j|i})$ 中最小的一个。

3）证明式(9-17)中的 R_C 就是 $I_\theta(p_{j|i})$：

首先定义一个转移概率 $p_\theta(j|i) = \theta p''_{j|i} + (1-\theta) p'_{j|i}$，并证明 $p_\theta(j|i) \in p_{D_\theta}$，即是 D_θ 允许的转移概率。为此，只要应用平均失真定义式(9-5)，并以 i 代替 x_i，j 代表 y_j 以及 $p_\theta(j|i)$ 代表 $p(y_j|x_i)$，得

$$\begin{aligned}
\overline{D} &= \sum_i \sum_j p(i) p_\theta(j|i) d(i,j) \\
&= \sum_i \sum_j p(i)[\theta p''_{j|i} + (1-\theta) p'_{j|i}] d(i,j) \\
&= \theta \sum_i \sum_j p(i) p''_{j|i} d(i,j) + (1-\theta) \sum_i \sum_j p(i) p'_{j|i} d(i,j) \\
&= \theta D_2 + (1-\theta) D_1
\end{aligned}$$

可见，用转移概率 $p_\theta(j|i)$ 计算的平均失真与式(9-16)定义的 D_θ 一样，证明了 $p_\theta(j|i) \in P_{D_\theta}$。

然后，用 $p_\theta(j|i)$ 写出 $I_\theta(p_{j|i}) = \theta I_2(p''_{j|i}) + (1-\theta) I_1(p'_{j|i})$，就可以证明与式(9-17)表示的 R_C 一样，是 D_θ 允许的所有 $I_\theta(p_{j|i})$ 中的一个，但并不是最小者，从而证明了 $R(D_\theta) \leqslant R_C$，因为 $R(D_\theta)$ 是所有 $I_\theta(p_{j|i})$ 中最小的一个。这就证明了图 9-6 假设 $R(D)$ 函数曲线为下凸曲线的画法是正确的。

3. $R(D)$ 函数在区间 $(0, D_{\max}]$ 上是严格递减的。

严格递减之意是当 D 增加时，$R(D)$ 函数值必减少，而不能保持不变。其几何特征是：$R(D)$ 函数曲线只有随 D 增加而下降，没有上升段也没有水平段，但可以有下降直线段。下面作简单证明。

参考图 9-6，在 D 轴上取 $0 < D_1 < D_2 < D_{\max}$，其中 $D_{\max}$ 是 $R(D) \neq 0$ 的最大失真限，又是所有

$R(D)=0$ 的最小失真限。为了说明在$(0,D_{\max}]$区间的严格递减性，只要证明在任意区间$[D_1, D_2]$内，$R(D_1)>R(D_2)$即可。现在让 D_2 为一个在$[D_1,D_{\max}]$之间任意移动的点，且用参数 $\theta\in[0,1]$来表示，记作 D_θ。与式(9-16)类似，有

$$D_\theta = (1-\theta)D_1 + \theta D_{\max} > D_1$$

当 θ 足够小，D_θ 可无限接近 D_1；当 θ 接近 1 时，D_θ 无限接近 $D_{\max}$。如果能证明对任意 θ，$R(D_\theta)<R(D_1)$成立，则就证明了 $R(D)$ 函数的严格递减性。为此，再一次令

$$p_\theta(j|i) = (1-\theta)p'_{j|i} + \theta p_\theta(j|i)$$

其中 $p'_{j|i}$为满足 D_1 允许条件并使 $I_1(p_{j|i})$ 最小的转移概率；$p_0(j|i)$ 为满足 $D_{\max}$允许条件并使 $R(D_{\max})=0$的转移概率；则 $p_\theta(j|i)$为 D_θ 允许的条件概率，前面刚证明过。它们所对应的互信息量，分别表示为 $I_1(p'_{j|i})$，$I_0(p_{j|i})$及 $I_\theta(p_{j|i})$，并有相应的关系式：

$$I_\theta(p_{j|i}) = (1-\theta)I_1(p'_{j|i}) + \theta I_0(p_{j|i})$$

根据 $R(D)$ 函数定义，有

$$R(D_\theta) = \min_{p\in P_{D_\theta}} I_\theta(p_{j|i}) \leqslant I_\theta(p_{j|i}) = (1-\theta)I_1(p'_{j|i}) + \theta I_0(p_{j|i})$$

因为在 $D_{\max}$点，互信息 $I_0(p_{j|i})=0$，所以，对任意的 $\theta>0$，有

$$\begin{aligned} R(D_\theta) &\leqslant (1-\theta)I_1(p'_{j|i}) \\ &< I_1(p'_{j|i}) = R(D_1) \end{aligned}$$

最后一个不等式为"<"，而不再是"≤"，是严格递减的关键。

4. $R(D)$ 函数曲线

综合以上 3 个性质，就可以画出 $R(D)$ 函数曲线的大致形状，如图 9-7。该曲线表现出如下特征：

1）这是一个定义在失真区间$[0,D_{\max}]$内的严格递减下凸曲线。它表示失真要求 D 与系统编码输出所需的最低码率之间的一一对应关系。

2）$R(D)$的最小值为 0，发生在 $D_{\max}$处，曲线与 D 轴相交。

3）$R(D)$的最大值发生在 $D=0$ 处，对于离散信源，其值为信源熵 $H(X)$；对于连续信源，其值会趋向∞。

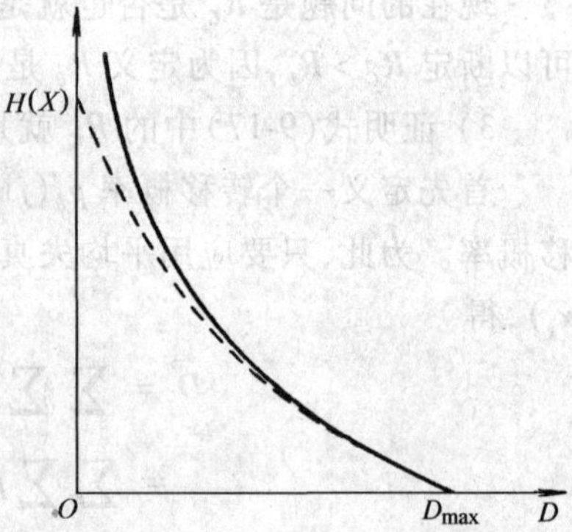

图 9-7　$R(D)$函数曲线形状

9.3　$R(D)$函数的计算

9.3.1　条件极值的 Lagrangian 乘子法

$R(D)$函数的定义式(9-9)是一个在 D 允许条件下求函数 $I(p_{j|i})$极小值的数学命题。D 允许条件的数学表达式为平均失真 $\overline{D}\leqslant D$，简化式(9-5)，用 i,j 分别表示 x_i 与 y_j，即

$$\overline{D} = \sum_{i=1}^{N}\sum_{j=1}^{M} p_i p_{j|i} d(i,j) \leqslant D \tag{9-19}$$

其中变量为转移概率 $p_{j|i}$，它必须服从概率特性，即

$$p_{j|i} \geqslant 0 \qquad 对所有\ x_i \in X\ 与\ y_j \in Y \tag{9-20}$$

$$\sum_{j=1}^{M} p_{j|i} = 1 \qquad i = 1,2,\cdots,N \tag{9-21}$$

式(9-19),式(9-20),式(9-21)三个式子,就是在选择变量 $p_{j|i}$ 使 $I(p_{j|i})$ 有极小值时,所需要满足的条件,也叫约束方程。其中(9-9)与(9-20)是用不等式表示的约束方程。但式(9-19)的等式约束是实质性的,而式(9-20)的等式只是一种特例,实质性的是 $p_{j|i}>0$。因此,式(9-19)取等式为条件,而式(9-20)只能取不等式为条件。不等式约束处理策略为:暂时不考虑约束条件,待选出变量 $p_{j|i}$后,再来检验是否满足该约束条件。

由于变量是有条件的选择,因此条件极值要比无条件极值复杂得多。Lagrangian 乘子法是比较普遍采用的一种方法。其步骤如下:

1)构造一个体现约束条件的辅助函数。

对每一个约束方程,乘上一个被称作 Lagrangian 乘子的系数,与原函数一起构成一个辅助函数。对 $R(D)$ 函数而言,求极小值的原函数为互信息量 $I(p_{j|i})$,约束方程除了式(9-20)外,还有一个(9-19)与 N 个方程联立的式(9-21),分别予以系数 S 与 N 个 $\mu_i(i=1,2,\cdots,N)$,于是有辅助函数为

$$J(p_{j|i}) = I(p_{j|i}) - \sum_{i=1}^{N}\mu_i\sum_{j=1}^{M}p_{j|i} - S\sum_{i=1}^{N}\sum_{j=1}^{M}p_ip_{j|i}d(i,j) \tag{9-22}$$

其中
$$I(p_{j|i}) = \sum_{i=1}^{N}\sum_{j=1}^{M}p_ip_{j|i}\ln\frac{p_{j|i}}{q_j} \tag{9-23}$$

2)对辅助函数求无条件极值。

以上构建的辅助函数,约束条件的影响是通过乘子 μ_i 与 S 来体现的。至于函数 J 本身已是无条件约束了,可以用一般函数求无条件极值的方法来求极值,即对变量 $p_{j|i}$ 求偏导数并令其为零从而解出以乘子 μ_i 与 S 为参数的解。

$$\frac{\partial J(p_{j|i})}{\partial p_{j|i}} = 0 \qquad \begin{array}{l} i = 1,2,\cdots,N \\ j = 1,2,\cdots,M \end{array} \tag{9-24}$$

式(9-22)右边有 3 项,分别求偏导数并略去冗长的微分运算过程,得

$$\frac{\partial I(p_{j|i})}{\partial p_{j|i}} = p_i\ln\frac{p_{j|i}}{q_j} \tag{9-25}$$

$$\frac{\partial}{\partial p_{j|i}}\left[S\sum_{i=1}^{N}\sum_{j=1}^{M}q_jp_{j|i}d(i,j)\right] = Sp_id(i,j) \tag{9-26}$$

$$\frac{\partial}{\partial p_{j|i}}\left[\sum_{i=1}^{N}\mu_i\sum_{j=1}^{M}p_{j|i}\right] = \mu_i \tag{9-27}$$

合并,得
$$\frac{\partial J(p_{j|i})}{\partial p_{j|i}} = p_i\ln\frac{p_{j|i}}{q_j} - Sp_id(i,j) - \mu_i$$

为了得到紧凑的表达式,令

$$\mu_i = p_i\ln\lambda_i \tag{9-28}$$

因为 μ_i 为常数,p_i 为确定数,设另一常数 λ_i 使式(9-28)成立是合理的。

于是
$$\frac{\partial J(p_{j|i})}{\partial p_{j|i}} = p_i\ln\frac{p_{j|i}}{q_j} - Sp_id(i,j) - p_i\ln\lambda_i \tag{9-29}$$

令
$$\frac{\partial J(p_{j|i})}{\partial p_{j|i}}=0,\text{得}$$

$$-\ln q_j+\ln p_{j|i}-Sd(i,j)-\ln\lambda_i=0$$

$$\ln\frac{p_{j|i}}{q_j\lambda_i}=Sd(i,j)$$

从而得解为

$$p_{j|i}=q_j\cdot\lambda_i e^{Sd(i,j)}\qquad\begin{array}{l}i=1,2,\cdots,N\\ j=1,2,\cdots,M\end{array}\tag{9-30}$$

也就是找到一组如式(9-30)所表示的转移概率,实际上也是一个转移矩阵。它使(9-23)表示的互信息量达到最小值,即 $R(D)$ 函数。

3)代回约束方程确定乘子参数。

将式(9-30)代入式(9-21),有

$$\sum_{j=1}^{M}p_{j|i}=\sum_{j=1}^{M}q_j\cdot\lambda_i e^{Sd(i,j)}=1$$

$$\lambda_i=\frac{1}{\sum\limits_{j=1}^{M}q_j e^{Sd(i,j)}}\qquad\begin{array}{l}i=1,2,\cdots,N\\ j=1,2,\cdots,M\end{array}\tag{9-31}$$

若将式(9-30)代入约束方程(9-19),与式(9-31)联立,理论上可以确定参数 S。但由于 S 参数有特殊函义而被保留。而直接从式(9-30)与式(9-19)写出

$$D(S)=\sum_{i=1}^{N}\sum_{j=1}^{M}d(i,j)p_iq_j\lambda_i e^{Sd(i,j)}\tag{9-32}$$

这里由于 λ_i 已由式(9-31)表示为 S 的函数,式(9-32)表示的失真 D 实际上只是 S 的函数,故写成 $D(S)$ 形式,从而 $R(D)$ 也变成了 $R(S)$。

将式(9-30)代入互信息表达式(9-23),便得到

$$\begin{aligned}R(S)&=\sum_{i=1}^{N}\sum_{j=1}^{M}p_iq_j\lambda_i e^{Sd(i,j)}\ln\frac{q_j\lambda_i e^{Sd(i,j)}}{q_j}\\&=\sum_{i=1}^{N}\sum_{j=1}^{M}p_i\lambda_i q_j e^{Sd(i,j)}\left[\ln\lambda_i+\ln e^{Sd(i,j)}\right]\\&=\sum_{i=1}^{N}p_i\lambda_i\sum_{j=1}^{M}q_j e^{Sd(i,j)}\left[\ln\lambda_i+Sd(i,j)\right]\\&=SD(S)+\sum_{i=1}^{N}p_i\ln\lambda_i\end{aligned}\tag{9-33}$$

应用式(9-31)和式(9-32)得出

式(9-32)与(9-33)联立又称为以 S 为参数的 $R(D)$ 函数。

至此,应用 Lagrangian 乘子法已经计算出符合失真度要求的 $R(D)$ 函数。还有两个问题需要交待,其一是不等式约束条件式(9-20)是否满足?这个问题的回答由计算出的 $p_{j|i}$ 或 p_j 来验证。其二是参数 S 的含义。事实上 S 是 $R(D)$ 函数在 $D(S)$ 处的曲线斜率。不同的 D 所对应的曲线上的点,有不同的斜率 $S(D)$,而且还可以证明,由于 $R(D)$ 函数的严格递减特性,所有

的 $S(D)$ 都是负的，即 $R(D)$ 曲线具有负斜率。以上结论，只要作微商 $\left.\frac{dR(D)}{dD}\right|_{D=D_S} = S$ 就可以得证。有兴趣的读者，可以自己试试，或参考相关的参考书，例如参考文献 3。

9.3.2 二元信源的 $R(D)$ 函数

二元信源是最简单的无记忆离散信源，既可作为计算 $R(D)$ 函数的一个例子，又是一种典型应用。

设信源编码器的输入 X 与输出 Y 的字符表都为 $\{0,1\}$，失真函数定义为

$$d(x,y) = \begin{cases} 0 & x = y \\ a & x \neq y, a > 0 \end{cases}$$

并设无记忆信源的概率分布为

$$p_0 = p(0) = p; \quad p_1 = p(1) = 1 - p, \quad 0 < p < 1/2$$

首先求 $D_{\max}$。由式(9-14)，

$$D_{\max} = \min_{j=1,2} \sum_{i=1}^{2} p_1 d(i,j)$$

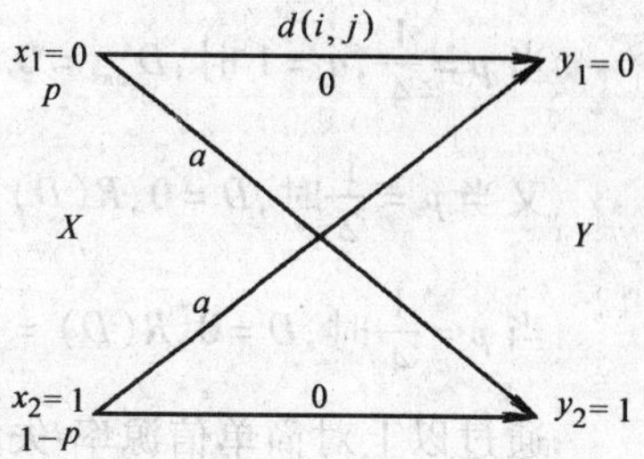

图 9-8 二元信源的试验信道模型

结合图 9-8 不难看出 $D_{\max} = \min\{(1-p)a, pa\} = ap$

将式(9-30)两边乘以 p_i 并对 i 求和，消去 q_j 得

$$1 = \sum_{i=1}^{N} p_i \lambda_i e^{Sd(i,j)}, j = 1,2,\cdots,M \qquad (9\text{-}34)$$

故有
$$1 = \lambda_0 p + \lambda_1 (1-p) e^{aS}, \quad j = 1$$

$$1 = \lambda_0 p e^{aS} + \lambda_1 (1-p), \quad j = 2$$

解联立式得

$$\lambda_0 = \frac{1}{p_0(1 + e^{aS})}, \quad \lambda_1 = \frac{1}{(1-p)(1+e^{aS})}$$

又由式(9-31)

$$\lambda_0 = \frac{1}{q_0 + q_1 e^{aS}}, \quad \lambda_1 = \frac{1}{q_0 e^{aS} + q_1}$$

联立解得

$$q_0 = \frac{p - (1-p)e^{aS}}{1 - e^{aS}}, \quad q_1 = \frac{(1-p) - pe^{aS}}{1 - e^{aS}}$$

把它们代入 $R(D)$ 参数表示式(9-32)，式(9-33)，可得

$$D = \frac{ae^{aS}}{1 + e^{aS}} \qquad (9\text{-}35)$$

$$R(D) = SD(S) - \ln(1 + e^{aS}) + H(p) \qquad (9\text{-}36)$$

其中
$$H(p) = -p\ln p - (1-p)\ln(1-p) \qquad (9\text{-}37)$$

如前所述，尚须检验 q_0, q_1 是否 $\geqslant 0$。为使 $q_0 \geqslant 0, q_1 \geqslant 0$，必须有(解 q_0、q_1 联立式)

$$S \leqslant S_{\max} = \frac{1}{a}\ln\frac{p}{1-p} \tag{9-38}$$

这里 $S=S_{\max}$ 对应于 $D=ap=D_{\max}$，在 D 的有意义区间 $[0,D_{\max}]$ 上，由(9-36)可得 $e^{aS}=\frac{D/a}{1-D/a}$ 与 $S=\frac{1}{a}\ln\frac{D/a}{1-D/a}$，代入式(9-37)并稍加整理，$R(D)$ 表示式变为

$$R(D) = H(p) - H(D/a) \tag{9-39}$$

其中 $H\left(\frac{D}{a}\right)$ 并无什么物理意义，只是数学形式上类同而简化。将求得的 $R(D)$ 对不同 p 进行计算，其结果如图 9-9 所示。图中数据：

当 $p=\frac{1}{2}, a=1$ 时，$D_{\max}=0.5, R(D_{\max})=0$

当 $p=\frac{1}{4}, a=1$ 时，$D_{\max}=0.25$

又当 $p=\frac{1}{2}$ 时，$D=0, R(D)=H(p)=1$

当 $p=\frac{1}{4}$ 时，$D=0, R(D)=\frac{1}{4}\log 4+\frac{3}{4}\log\frac{4}{3}\approx 0.8$

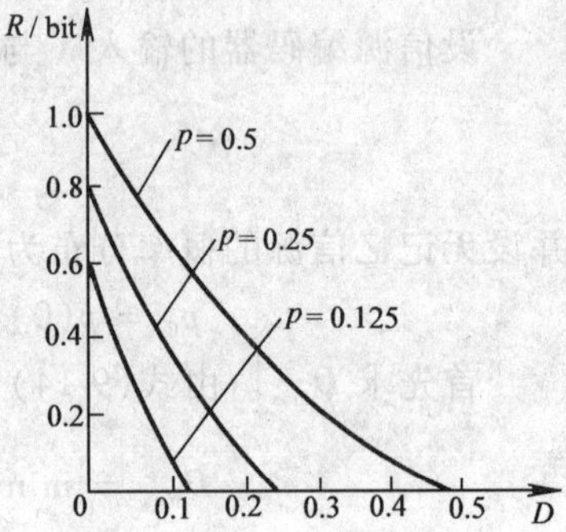

图 9-9 二元信源 $R(D)$ 函数曲线

通过以上对简单信源率-失真函数的计算可知，计算较复杂的信源的 $R(D)$ 函数是比较困难的。又由于信源的概率空间也只是一种模型，很难准确计算概率分布，且精确计算 $R(D)$ 函数又并无必要。一般从失真要求出发，估算几个特殊点，如 $D=0$，$D_{\max}$ 及几个 D 值的 $R(D)$ 值就可以画出 $R(D)$ 函数曲线了。

9.4 连续信源的 $R(D)$ 函数及 Shannon 低界

9.4.1 连续信源的 $R(D)$ 函数

由于互信息定义对于离散及连续信源均有意义，不同之处仅在于离散源的求和运算，在连续源中变为积分运算。故关于离散信源的 $R(D)$ 函数结果都可直接推广到连续信源的情况。

在式(9-6)中已经定义了连续随机变量之间的平均失真

$$\overline{D} = E(D) = \int_{-\infty}^{\infty}\int_{-\infty}^{\infty} p(x,y)d(x,y)\,\mathrm{d}x\mathrm{d}y$$

其中 $d(x,y)$ 是失真度量函数；$p(x,y)=p(x)p(y|x)$ 为试验信道即编码器的输入 x 与输出 y 的联合概率密度函数；$p(x)$ 为信源分布密度函数，而 $p(y|x)$ 就是试验信道的转移概率密度函数。由于 $p(x)$ 是确定已知的，$p(x,y)$ 由 $p(y|x)$ 而定，故平均失真 $\overline{D}$ 只是 $p(y|x)$ 的函数或者说由 $p(y|x)$ 唯一确定。于是可以对所有满足平均失真 $\overline{D}\leqslant D$（D 为保真度要求）的 $p(y|x)$ 的集合定义为 D 允许的概率密度 P_D，即

$$P_D = \{p(y\mid x): \overline{D}(p) = \int_{-\infty}^{\infty}\int_{-\infty}^{\infty} p(x)p(y\mid x)d(x,y)\,\mathrm{d}x\mathrm{d}y \leqslant D\} \tag{9-40}$$

连续无记忆信源的率-失真函数可定义为：

$$R(D) = \inf_{p \in P_0} I(p) \tag{9-41}$$

式中 $I(p)$ 是试验信道的输入输出之间的互信息，$p \triangleq p(y|x)$ 。仿照离散信源公式，其表达式为

$$I(p) = \int_{-\infty}^{\infty}\int_{-\infty}^{\infty} p(x)p(y|x)\ln\frac{p(y|x)}{q(y)}\mathrm{d}x\mathrm{d}y \tag{9-42}$$

其中的 $q(y)$ 为信道输出 y 的概率密度函数。

符号 $\inf f(x)$ 表示函数 $f(x)$ 的下确界，其定义与式(8-18)中应用的上确界 $\sup f(x)$ 相对偶。$\inf f(x)$ 表示在 x 的某一范围内所有小于 $f(x)$ 值的最大者。比如取 $f(x)=\sin x$，在 $\frac{\pi}{4} \leqslant x \leqslant \frac{\pi}{2}$ 范围内，$\inf f(x)=\frac{\sqrt{2}}{2}$。

本定义中应用下确界而不是最小值，是因为对连续函数积分式(9-42)不一定有极值，而下确界肯定存在。实际运算中仍然应用 Lagrangian 乘子求极值的方法，如果有唯一极小值存在，则依定义确定 $R(D)$ 函数。若无唯一极小值存在，则再寻求下确界。

类似地，定义 $D_{\max} = \inf_{y}\int_{-\infty}^{\infty} p(x)d(x,y)\mathrm{d}x \tag{9-43}$

下面是在要求失真 $\leqslant D$ 条件下，对分布概率密度函数为 $p(x)$ 的连续信源 X 应用 Lagrangian 乘子法的结果：

1）转移概率密度函数 $p(y|x)$ 应满足

$$p(y|x) = \lambda(x)q(y)\mathrm{e}^{Sd(x,y)} \qquad q(y) > 0$$

或

$$\int_{-\infty}^{\infty}\lambda(x)p(x)\mathrm{e}^{Sd(x,y)}\mathrm{d}x \leqslant 1 \qquad q(y) = 0 \tag{9-44}$$

其中 $q(y)$ 为试验信道输出 y 的分布概率密度函数。

2）乘子参数 $\lambda(x)$ 为

$$\lambda(x) = \left[\int_{-\infty}^{\infty} q(y)\mathrm{e}^{Sd(x,y)}\mathrm{d}y\right]^{-1} \tag{9-45}$$

3）$R(D)$ 函数参数表达式为

$$D(S) = \int_{-\infty}^{\infty}\int_{-\infty}^{\infty}\lambda(x)p(x)q(y)\mathrm{e}^{Sd(x,y)}d(x,y)\mathrm{d}x\mathrm{d}y \tag{9-46}$$

$$R(S) = SD + \int_{-\infty}^{\infty} p(x)\ln\lambda(x)\mathrm{d}x \tag{9-47}$$

4）乘子参数 S 仍为 $R(D)$ 曲线在 $D=D_S$ 处的斜率，即

$$S = \left.\frac{\mathrm{d}R(D)}{\mathrm{d}D}\right|_{D=D_S} \tag{9-48}$$

且 S 在域 $D_{\min} < D < D_{\max}$ 内是连续的。

9.4.2 差值误差测量的 $R(D)$ 函数与 Shannon 低界

1. 后向信道模型

在确定信源分布的限失真信源编码的 $R(D)$ 函数计算中，失真函数与条件转移概率是两个决定因素。在离散信源情况下，不同的失真测度表现出不同的误差值。在连续信源情况，不同的失真测度还产生不同的数学处理问题。在不同的失真测度下，尽管 $R(D)$ 函数都表现出

下凸的对数特性,但具体的参数会有所差异。差异的存在,说明需要研究失真测度,使其更符合实际应用的需要。比如对图像信号的压缩编码,如果测量出误差小的,人眼看起来恢复图像质量也好,反之亦然,则就称这个失真测度较符合人眼的视觉特性。对声音信号也一样,如果测出失真小的编码输出,其恢复声音听起来有高保真质量,则该失真测度就符合人耳的听觉特性。可惜,至今尚无满意的符合人的感知特性的失真测度。于是简单地应用差值误差来度量失真,即失真函数 $d(x,y)$ 是差值 $(x-y)$ 的函数。比如 $d(x,y)=|x-y|$ 或 $d(x,y)=(x-y)^2$ 等等,称之为差值误差测量。本节先讨论差值误差测量的一种后向信道模型解法,然后讨论均方误差测量与绝对值误差测量的一些结论,尤其是关于 Gaussian 分布信源的一些结论,对实际应用有指导意义,应特别关注。

若对(9-44)中 $q(y)>0$ 情况,两边乘以 $p(x)$ 并对 $\mathrm{d}x$ 积分,得

$$\int_{-\infty}^{\infty}\lambda(x)p(x)\mathrm{e}^{Sd(x,y)}\mathrm{d}x=1 \tag{9-49}$$

由于积分变量为 $\mathrm{d}x$,$\lambda(x)$ 不能提到积分号外,但如果要考察 $\lambda(x)$ 情况,则由于式(9-49)可以看到 $\lambda(x)$ 函数中应含有 S 参数且与 $p(x)$ 成反比,于是可以设

$$\lambda(x)=\frac{k(s)}{p(x)} \tag{9-50}$$

将它代入式(9-44)第二式并用 $d(x-y)$ 代替 $d(x,y)$,得

$$k(s)\int_{-\infty}^{\infty}\mathrm{e}^{Sd(x-y)}\mathrm{d}x\leqslant 1 \tag{9-51}$$

只要积分 $\int_{-\infty}^{\infty}\mathrm{e}^{Sd(x-y)}\mathrm{d}x<\infty$,则总可以选适当的 $k(s)$ 使等式成立,也即 $k(s)=\left[\int_{-\infty}^{\infty}\mathrm{e}^{Sd(x-y)}\mathrm{d}x\right]^{-1}$。为了使表达式简单,令 $z=x-y$,则 $\mathrm{d}z=\mathrm{d}x$(式(9-51)中 y 是参数,不是变量),所以有

$$k(s)=\left[\int_{-\infty}^{\infty}\mathrm{e}^{Sd(z)}\mathrm{d}z\right]^{-1}$$

或

$$\int_{-\infty}^{\infty}k(s)\mathrm{e}^{Sd(z)}\mathrm{d}z=1 \tag{9-52}$$

这个结果使我们可以把 $k(s)\mathrm{e}^{Sd(z)}$ 看作为随机变量 z 以 s 为参数的概率密度函数,因为它是非负的,且满足归一化条件。以 $g_s(z)$ 记之,为

$$g_s(z)=k(s)\mathrm{e}^{Sd(z)}=\frac{\mathrm{e}^{Sd(z)}}{\int_{-\infty}^{\infty}\mathrm{e}^{Sd(z)}\mathrm{d}z} \tag{9-53}$$

这里的 $g_s(z)$ 具有概率密度函数的数学性质,但没有物理意义。

现在把式(9-45)代入式(9-50),得到

$$\begin{aligned}p(x)&=\frac{k(s)}{\lambda(x)}=\int_{-\infty}^{\infty}q(y)\mathrm{e}^{Sd(x-y)}k(s)\mathrm{d}y\\&=\int_{-\infty}^{\infty}q(y)g_s(x-y)\mathrm{d}y\\&=q(x)*g_s(x)\end{aligned} \tag{9-54}$$

这是一个很有趣的结果,即信源分布的概率密度函数可表示为 $q(\cdot)$ 与 $g_s(\cdot)$ 两个概率密度函数的卷积。并可形象地用称之为“后向信道模型”来表示,如图 9-10 所示。

图中差值函数 Z 作为滤波信道的冲激响应，编码输出 Y 作为输入而编码输入 X 却作为输出，这样的信道模型其概率密度函数之间的关系正好是式(9-54)的卷积形式。

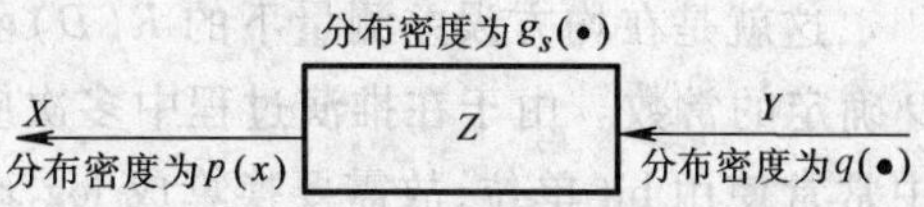

图 9-10　差值误差测量的后向信道模型

式(9-54)为信源编码输出概率密度函数 $q(y)$ 的计算带来方便。因为时域上函数的卷积运算在频域上却是乘法运算。因此只要对式(9-54)两边作 Fourier 变换得到概率特征函数$\Phi(t)$，就可以方便地得到 $q(y)$ 的特征函数

$$\Phi_q(t) = \frac{\Phi_p(t)}{\Phi_g(t)} \tag{9-55}$$

这里的 $\Phi_p(t)$、$\Phi_q(t)$ 和 $\Phi_g(t)$ 分别表示 $p(x)$、$q(y)$ 和 $q_s(z)$ 的特征函数。然后，对 $\Phi_q(t)$ 作 Fourier 反变换就能求出 $q(y)$

$$q(y) = \frac{1}{2\pi}\int_{-\infty}^{\infty}\Phi_q(t)\mathrm{e}^{-\mathrm{j}yt}\mathrm{d}t \tag{9-56}$$

这是参数形式 $R(D)$ 函数表达式(9-46)与(9-47)所需要的。当然还要求计算所得的 $q(y)$ 符合概率密度函数的要求，即具有归一化与非负性。如果不符合此条件，则式(9-56)失效，需要另外讨论。

2. 均方误差测量与 Gaussian 信源的 $R(D)$ 函数

均方误差测量对 $d(x-y)$ 进一步具体为 $d(x-y) = (x-y)^2 = z^2$。对于一个已知分布为 $p(x)$ 的信源，其特征函数 $\Phi_p(t)$ 也已确定。现在又确定失真测度为 $d = z^2$，$\Phi_g(t)$ 也可以根据式(9-53)计算。因为

$$g_s(z) = \frac{\mathrm{e}^{Sd(z)}}{\int_{-\infty}^{\infty}\mathrm{e}^{Sd(z)}\mathrm{d}z} = \frac{\mathrm{e}^{Sz^2}}{\int_{-\infty}^{\infty}\mathrm{e}^{Sz^2}\mathrm{d}z}$$

由于 S 是 $R(D)$ 函数的斜率，它永远是负的，故改写 S 为 $-|S|$。分母的积分可以查表得到，为 $\sqrt{\frac{\pi}{|S|}}$，因此均方误差测量的概率密度形式为

$$g_s(z) = \sqrt{\frac{|S|}{\pi}}\mathrm{e}^{-|S|z^2} \tag{9-57}$$

其特征函数同样可以查表为

$$\Phi_g(t) = \int_{-\infty}^{\infty}\mathrm{e}^{\mathrm{j}tz}\sqrt{\frac{|S|}{\pi}}\mathrm{e}^{-|S|z^2}\mathrm{d}z = \mathrm{e}^{-\frac{t^2}{4|S|}} \tag{9-58}$$

又根据式(9-55)直接写出

$$\Phi_q(t) = \frac{\Phi_p(t)}{\Phi_g(t)} = \Phi_p(t)\cdot\mathrm{e}^{\frac{t^2}{4|S|}} \tag{9-59}$$

以及

$$q(y) = \frac{1}{2\pi}\int_{-\infty}^{\infty}\Phi_p(t)\mathrm{e}^{\frac{t^2}{4|S|}-\mathrm{j}yt}\mathrm{d}t \tag{9-60}$$

至此，已经可以应用式(9-46)与(9-47)来得到 $R(D)$ 函数的参数表达式了。略去数学推演过程，得到

$$D(S) = \frac{1}{2|S|} \tag{9-61}$$

和

$$R(D) = h(p) - \frac{1}{2}\ln(2\pi\mathrm{e}D) \tag{9-62}$$

这就是在均方误差测量下的 $R(D)$ 函数表达式，它由信源的微分熵减去一个由允许误差 D 确定的常数。由于在推演过程中多次应用 $\ln e=1$，故表达式中保留了对数符号 ln，实际应用中常常使用 bit 单位，故需要换算成 $\log_2 x$ 形式。

【例 9-6】 无记忆 Gaussian 信源的 $R(D)$ 函数及曲线。

由数学知识得分布密度为 $p(x)=\frac{1}{\sqrt{2\pi}\sigma}\exp\left[-\frac{1}{2\sigma^2}(x-\mu^2)\right]$

特征函数为 $$\Phi_p(t)=\exp(\mathrm{j}\mu t-\frac{1}{2}\sigma^2t^2)$$

应用式(9-59)，有 $\Phi_q=\exp\left[\mathrm{j}\mu t-\frac{1}{2}t^2\left(\sigma^2-\frac{1}{2|S|}\right)\right]$

对照特征函数 $\Phi_p(t)$ 可知，$\Phi_q(t)$ 也是 Gaussian 分布的特征函数，只是其方差从 σ^2 变为 $\left(\sigma^2-\frac{1}{2|S|}\right)$ 而均值仍为 μ。所以可以很容易地写出编码输出变量 y 的分布密度为

$$q(y)=\left[2\pi\left(\sigma^2-\frac{1}{2|S|}\right)\right]^{-\frac{1}{2}}\exp\left[\frac{-(y-\mu)^2}{2\left(\sigma^2-\frac{1}{2|S|}\right)}\right]$$

从而可以看出 $q(y)$ 符合概率密度函数定义，$R(D)$ 函数算法有效。为了得到 $R(D)$ 函数，还需计算 $h(p)$

$$h(p)=-\int p(x)\ln p(x)\,\mathrm{d}x=\frac{1}{2}\ln(2\pi e\sigma^2) \tag{9-63}$$

代入式(9-62)，便得

$$R(D)=\frac{1}{2}(\ln 2\pi e\sigma^2-\ln 2\pi eD)=\frac{1}{2}\ln\frac{\sigma^2}{D} \tag{9-64}$$

这就是振幅连续的正态分布信源（Gaussian 源）在均方误差测量下的信息率-失真函数。其曲线如图 9-11 所示。将这根曲线与离散时的曲线相比较可以发现，它们大致形状是相同的，即在 $0<D<D_{\max}$ 范围内，保持下凸、单调递降及斜率 $S<0$ 的特性。但在 $D=0$ 处，情况就不一样。在离散情况下，$R(0)$ 代表信源熵，但这里 $R(0)=\infty$。实际上连续信源具有无限大的信息量，$R(0)$ 不能为有限，这说明要无失真地用数字信号来传送模拟信号是不可能的，除非用无限大的信息率。当然，包含在连续信源中的信息并非都必须传送，失真也不是完全不允许。正是这样，才使数字化成为可能。

当 $D=\sigma^2$ 时，$R=0$。这说明倘若允许失真为方差 σ^2 时，那么不需要有编码输出，只要用确知的均值 μ 来表示任一实际输出就行，反正其均方误差总是 σ^2。与离散情况一样，$R(D)$ 曲线在 $D_{\max}$ 点是不连续的，因为 $D>D_{\max}$ 时，规定 $R=0$。

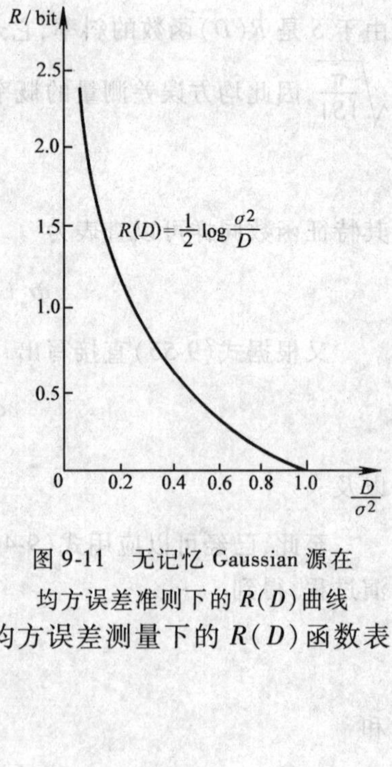

图 9-11 无记忆 Gaussian 源在均方误差准则下的 $R(D)$ 曲线

式(9-63)与(9-64)是连续分布 Gaussian 信源的微分熵与均方误差测量下的 $R(D)$ 函数表达式，在数据压缩编码时常有应用，应该熟记。

3. 绝对差值测量与 Shannon 低界

绝对差值也常常用来作为误差测度，此时 $d(x,y)=|x-y|=|z|$，应用后向信道模型的式(9-55)、(9-56)，可以计算 $q(y)$；然后根据式(9-46)和式(9-47)，可以计算 $D(S)$ 及 $R(D)$。略去数学推演过程，其结果如下：

$$g_S(z)=\frac{e^{-|S||z|}}{\int e^{-|S||z|}dz}=\frac{|S|}{2}e^{-|Sz|} \tag{9-65}$$

由于 $\int_{-\infty}^{\infty}q(y)dy=1$，式(9-46)实际上可以简化为

$$D(S)=\int_{-\infty}^{\infty}g_s(z)|z|dz=\frac{1}{|S|} \tag{9-66}$$

而

$$R(D)=h(p)-\ln(2eD) \tag{9-67}$$

但这个结果是否有效，还需检验 $q(y)$ 是否符合概率密度定义，即 $0\leqslant q(y)\leqslant 1$。为此，写出特征函数

$$\Phi_g(t)=\int_{-\infty}^{\infty}g_s(z)e^{-jzt}dz=\frac{s^2}{s^2+t^2}$$

$$\Phi_q(t)=\Phi_p(t)+\frac{t^2}{s^2}\Phi_p(t)$$

对 $\Phi_q(t)$ 求反变换并应用式(9-66)结果，得

$$q(y)=p(y)-D^2p''(y) \tag{9-68}$$

这个关系式比较复杂，即 $p''(y)$ 表示对信源分布 $p(x)$ 作2阶导数后，用 y 代替 x。因此不能简单地判断 $q(y)\geqslant 0$ 是否成立，需要对具体的 $p(x)$ 作具体分析。

【例9-7】 讨论 Cauchy 分布信源的 $R(D)$ 函数。

Cauchy 分布密度函数为 $p(x)=\frac{2}{\pi}(1+x^2)^{-2}$，应用式(9-68)得

$$q(y)=\frac{2}{\pi}(1+y^2)^{-4}[y^4+2(1-10D^2)y^2+4D^2+1]$$

为了使 $q(y)$ 满足概率密度函数定义的要求，以及确定 $R(D)$ 函数的定义域，要进一步讨论失真 D 与 $q(y)$ 的关系。

1）对所有的 y 都有 $q(y)\geqslant 0$，则只要[…]内式值 >0 即可。为此，只要求该式子的判别式 $\leqslant 0$，由此可得出条件（记作 D_1）

$$D_1\leqslant\frac{\sqrt{6}}{5}$$

也就是说从 $q(y)\geqslant 0$ 要求来看，式(9-67)表示的 $R(D)$ 函数只有在允许失真 $D\leqslant\frac{\sqrt{6}}{5}$ 一段是符合 $R(D)$ 函数定义的。

2）还要求对所有的 y 都满足 $q(y)\leqslant 1$。

分析 $q(y)$ 表达式可知 $q(y)$ 是随着 $|y|$ 的减小而递增的。因此只要当 $y=0$ 时，$q(0)=\frac{2}{\pi}(4D^2+1)\leqslant 1$ 即可。由此可得出

$$D_2\leqslant\sqrt{\frac{\pi-2}{8}}$$

即从 $q(y) \leqslant 1$ 要求出发，只有当允许失真 $D \leqslant \sqrt{\frac{\pi-2}{8}}$ 时，式(9-67)才有意义。

由于 $D_2 < D_1$ 可知只要允许失真 $D \leqslant D_2$，则 $q(y)$ 就满足概率密度函数定义，因此式(9-67)的 $R(D)$ 函数表达式有意义。如果 D_2 就是 $D_{\max}$，则说明该表达式就是所要求的 $R(D)$ 函数。否则，在 $D_2 < D < D_{\max}$ 范围内，该表达式不符合 $R(D)$ 函数定义，需要另行讨论。

3) $D_{\max}$ 的讨论。

根据前面对 $D_{\max}$ 的定义，$D_{\max}$ 是所有使 $R(D)=0$ 的失真 D 的最小值(下确界)。因此，也可以比较一下式(9-67)$R(D)=0$ 的 D(记作 D_3)与由定义计算的 $D_{\max}$ 值。为此，先计算Cauchy分布的 $h(p)$

$$h(p) = -\int_{-\infty}^{\infty} \frac{2}{\pi}(1+x^2)^{-2} \log\left[\frac{2}{\pi}(1+x^2)^{-2}\right] \mathrm{d}x = \ln 8\pi - 2$$

代入式(9-67)，得

$$R(D) = \ln 8\pi - 2 - \ln 2eD = \ln \frac{4\pi}{e^3 D} \tag{9-69}$$

令 $R(D)=0$，即 $\frac{4\pi}{e^3 D}=1$ 得

$$D_3 = \frac{4\pi}{e^3}$$

根据 $D_{\max}$ 定义计算

$$D_{\max} = \inf_{y} \frac{2}{\pi}\int_{-\infty}^{\infty} |z| \left[1+(z+y)^2\right]^{-2} \mathrm{d}z = \frac{2}{\pi}$$

计算比较可知

$$D_3 < D_{\max}$$

再一次说明，在 $D_2 < D < D_{\max}$ 段，由计算所得的式(9-67)并不是真正的 $R(D)$ 函数曲线，且要略低于真正的 $R(D)$ 曲线，如图9-12所示。故图中用 $R_L(D)$ 来表示，称之为Shannon低界，真实的 $R(D)$ 曲线用虚线表示。

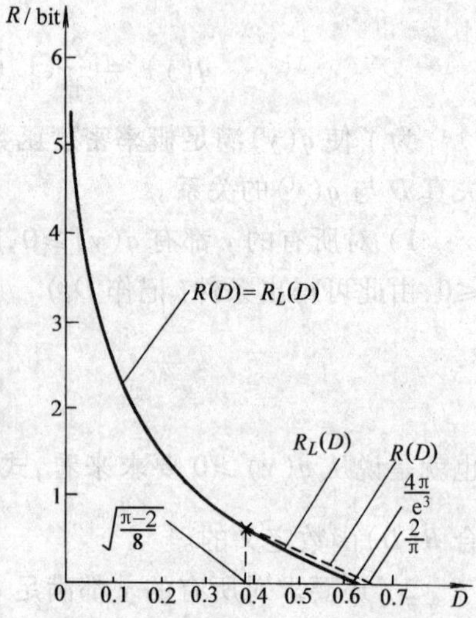

图 9-12 Cauchy 分布下的 $R(D)$ 与 $R_L(D)$ 关系

4) 结论——Shannon 低界的实用意义：

综合上述讨论，对Cauchy分布信源，按式(9-46)和式(9-47)得出的函数，并不是真正的 $R(D)$ 函数。这是因为式(9-46)，(9-47)是从等式约束条件得出的，未考虑不等式约束条件，而不保证输出函数的分布 $q(y)$ 满足概率密度函数的定义。为此，一般地对所有信源的 $R(D)$ 函数表达式都应该进行 $0 \leqslant q(y) \leqslant 1$ 的检验。从而确定所计算的 $R(D)$ 函数的定义区间。然而从数值计算分析发现，它们的差异很小，图9-12中，$D > \sqrt{\frac{\pi-2}{8}}$ 区的实线与虚线几乎

重合。因此不值得费力去找真实的 $R(D)$ 曲线,而用 Shannon 低界 $R_L(D)$ 去代表,对实际的信源编码系统的设计,已具足够的参考或指导作用了。这也就是 Shannon 低界的实用意义。

9.5 小结

本章的特点是内容单纯但理论复杂。就内容而言,就只讨论信源编码输出速率与恢复信源的失真程度的关系问题,其结果就是信息率—失真函数,简称 $R(D)$ 函数。这是 Shannon 在 1959 年发表的关于信源编码的奠基性论文的核心成果。然而从理论工作看,无论是 $R(D)$ 函数的定义与性质的论证,还是对具体信源的 $R(D)$ 函数的计算都需要较高深的数学工具与相当繁复的推演过程。在本章的讨论过程中着重建立正确概念与明确有用结论。这些概念与结论有 3 个方面。

1. $R(D)$ 函数的定义与性质

从根本上说,$R(D)$ 函数表示能满足保真度要求的,编码输出为编码前信源所应该提供的最小信息量。用术语符号表示,即 $R(D) = \min\limits_{Q(D)} I(Q)$,$I(Q)$ 表示由 Q 所决定的互信息量,而 $Q(D)$ 则表示由限定失真 D 所决定的条件概率的集合。定义则说,在该 $I(Q)$ 集合中,寻找一个最小的 $I(Q)$,它就是在限定失真点 D 处的 $R(D)$ 值,即能满足保真度要求的最低信息速率。

$R(D)$ 函数的性质可由 $R(D)$ 函数曲线来表征,这是一条在失真域 $[0, D_{\max}]$ 内,基于对数函数严格递减的下凸曲线。

2. 关于 Gaussian 信源的结论

尽管有了 $R(D)$ 函数的计算方法,但对于实际信源的真实 $R(D)$ 函数,计算仍是很困难的。幸运的是对最常用的均方误差测量的 $R(D)$ 函数有比较简单的表达形式,这就是 $R(D) = h(p) - \frac{1}{2}\ln(2\pi e D)$。且对于最具代表性的 Gaussian 分布信源,由于 $h(p) = \frac{1}{2}\ln(2\pi e\sigma^2)$,从而有最简洁的 $R(D)$ 函数表达式,即 $R_G(D) = \frac{1}{2}\ln\frac{\sigma^2}{D}$。从物理概念上也给出了很清晰的解释,这就是信息速率代表了信号的平均能量与允许失真的噪声平均能量之比值(信噪比)的对数值。简言之,要求编码信噪比高就要提高编码输出信息速率;反之,则可以降低编码输出信息速率。当然,这里的噪声功率是由编码失真产生的。

关于 Gaussian 信源在均方误差测量下的 $R(D)$ 函数结果,常常近似地应用于图像、语音等信源,对信源压缩编码系统的研究与应用有实际的指导意义,应该熟悉。

3. 关于 Shannon 低界的理解

$R(D)$ 函数的计算难度,不仅由于实际信源的分布密度函数不同所引起,还由于使用不同的失真测度所产生。从例子中看到在绝对差值误差测量下,Cauchy 分布的 $R(D)$ 函数计算结果与实际不符。还可以证明,在绝对差值的误差测量下,Gaussian 分布的 $R(D)$ 函数计算结果,在整个 $D>0$ 的区域中都与实际不符,而实际的 $R(D)$ 函数曲线都要高于计算结果,但差别却很小。因此,根据 Shannon 理论计算的 $R(D)$ 函数并不影响其对实际编码系统与体制研究的指导作用。为此,特对由计算而得的 $R(D)$ 函数加以 L 脚标,记作 $R_L(D)$,并称之为 Shannon 低界。

对实际信源编码系统的指导作用,是由限失真信源编码定理给出的。该定理指出:当信源

编码速率 $R > R(D)$ 时，总可以找到一种编码体制，使译码平均失真 $d \leqslant D$（D 为允许失真条件）；反之，若 $R < R(D)$，则不存在一种编码体制，使其译码的平均值 $d \leqslant D$。

9.6 习题

1. 二元等概率平稳无记忆信源，失真函数定义为

$$d_{ij} = \begin{cases} 0 & i = j \\ \alpha & i \neq j \end{cases} \quad (i,j = 0,1)$$

求率失真函数 $R(D)$。

2. 设有 M 个独立等概二元信源符号 $x_1, \cdots, x_m, \cdots, x_M$，设

$$d_{ij}^{(m)} = \begin{cases} 0 & i = j \\ \alpha_m & i \neq j \end{cases} \quad (i,j = 0,1)$$

求率失真函数 $R(D)$。画出大致图形及指出其定义域。

3. 证明 Gaussain 分布的信源，其分布密度函数为

$$p(x) = (2\pi\sigma^2)^{-\frac{1}{2}} \exp\left[\frac{-(x-m)^2}{2\sigma^2}\right]$$

在绝对值误差测量（$d(x,y) = |x-y|$）时，$R(D)$ 函数曲线在所在 D 域内均高于 $R_L(D)$（$R_L(D)$ 代表 Shannon 低界）。

4. 用计算特征函数的方法，验证式(9-68)。

第 10 章　信源编码实践

10.1　限失真信源编码技术基础

10.1.1　引言

作为通信的信息源，常常由换能设备将各种源信号转变为电信号，比如语音信号是由声能经过话筒转变为电能而得到。这样的电信号，在幅值及时间上都表现出连续性，称之为模拟信号。在作数字传输之前，还必须转变为数字信号，称此过程为数字化。数字化必须完成时间离散化与幅值离散化两个过程。时间离散化就是依据 Nyquist 取样定理，即以大于信号最高频率 W 的两倍对信号进行取样来完成。而对样值的离散化就要靠量化操作来完成。这部分工作往往与所谓的数据压缩技术结合在一起进行。

首先，对所得到样值信号直接量化。由于这些样值代表了各取样时间信号的瞬时值，故称之为时域信号。这样的量化编码称之为时域波形编码。其次，可以对由样值组成的时域波形作某种处理，变成频域信号，利用频率特性进行量化编码，称之为频域波形编码。还有一种方法是对信源信号建立相应数字模型，然后对模型参数进行量化编码，称之为基于模型的编码。

以上三种技术是当前信源编码中通常应用的原理性方法。它们在完成数字化的同时，还实现了数据压缩的目的。对于不同特性的信源，方法的有效性也各不相同。而且，在实际信源的编码中，往往几种方法混合使用，以达到更佳的效果——用最低的数据率与最小的失真来描述真实的信源。以下几节将分别讨论三种方法的原理。

10.1.2　时域波形编码

1. 脉码调制（PCM）原理

PCM 是最基本的一种信源编码技术，并非数字调制技术。它包括三大功能模块，如图 10-1 所示。其中 $x(t)$ 代表模拟信号输入，经过预置滤波（滤波器的截止频率为信号的最高频率 W）后，按 Nyquist 取样频率 $f_s \geqslant 2W$ 取样，输出时间离散的信号 $x(n)$（在数字通信中常常用 t 代表连续时间，用 n 代表离散时间）。$x(n)$ 的取值可以从 $-\infty$ 到 $+\infty$ 的任何值，故常称样值为连续域的数。它不可能成为数字信号，必须经过量化，使样值的大小只取有限个值，比如 256 个，128 个……，称之为量化级 N。一般 N 取 2 的幂次，记作 $2^R = N$ 或 $R = \log_2 N$，R 即为表示每个样值被量化后的二进制位数。256 级量化的 $R = 8\text{bit}$，128 级量化的 $R = 7\text{bit}$。显然，量化级直接与数字化信号的码率大小有关，也直接与恢复信号的质量有关，可见，量化理论与技术是数字化的关键技术，需要作进一步的讨论。

上面讨论的量化器称均匀量化器，其性能并不理想，根本原因在于大多数的实际信号分布并不是均匀的。比如语言信号的分布常常用 Laplacian 分布来近似，它就表现出低电平信号的概率要大于高电平信号的概率。于是人们自然会想到应用非均匀间隔的量化器来改善性能。Bennett 在 1948 年就提出用一个非线性函数 $F(x)$ 来压缩与扩展信号。输入信号首先用非线

图 10-1 PCM 编码框图

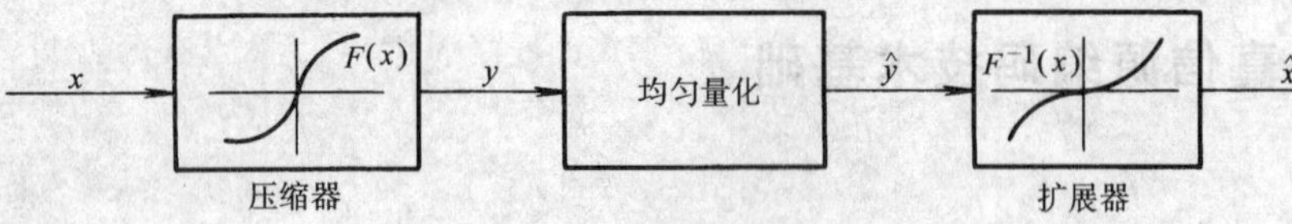

图 10-2 压扩量化原理框图

性函数 $F(x)$“压缩”，然后再进行均匀量化，解码器用非线性函数的反函数进行扩展还原而得到信号输出。这就是压扩量化器(compandor)的基本思想，如图 10-2 的框图所示。

用作“压缩”的非线性函数必须具有如图 10-3 所示的函数图形，即均匀间隔被变换(压缩)成低电平处间隔密(Δ 小)、高电平区域间隔疏(Δ 大)的不均匀间隔分布。由于低电平信号出现概率大，量化噪声小。高电平信号出现概率小，虽然量化噪声变大了，但平均量化噪声还是小了，从而提高了量化信噪比。

压扩量化器的量化噪声计算如下：图 10-3 表示应用归一化的电平压缩变换关系，即输入与输出信号电平都除以过载点电平 V 以后画出来的图形。量化区间 $x=V$ 与 $y=V$ 对应于图中 $x=1$ 与 $y=1$。设第 i 个量化间隔 (x_{i-1}, x_i) 的输出为 $\hat{x}_i$，$F(x)$ 曲线上的对应点 $F(\hat{x}_i)$ 处的斜率为 $F'(\hat{x}_i)$，则与轴上相对应的均匀间隔可表示为

$$\Delta y_i = \Delta_i \cdot F'(\hat{x}_i) = \frac{2V}{N}$$

式中 V 代表量化区间；N 为量化级数；Δ_i 表示非均匀量化间隔，可以表示成

$$\Delta_i = \frac{2V}{NF'(\hat{x}_i)} \tag{10-1}$$

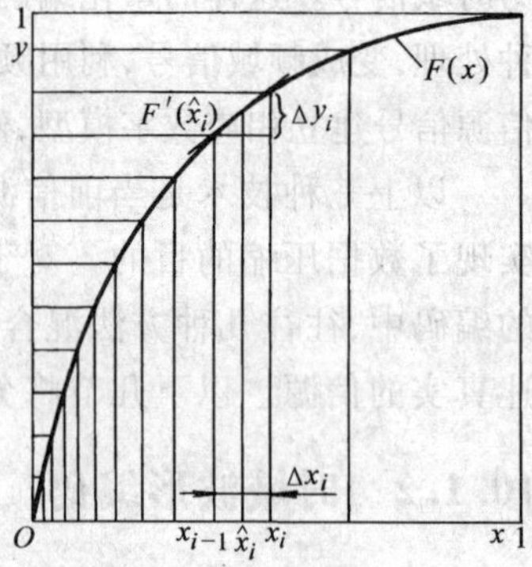

图 10-3 归一化的电平“压缩”变换

设 N 很大，Δ_i 很小，应用式(10-1)可写出量化误差为

$$D = \frac{V^2}{3N^2}\int_{-V}^{V} \frac{p(s)}{[g(s)]^2} \mathrm{d}s \tag{10-2}$$

其中 $g(s)$ 是代替表示斜率的函数 $F'(s)$。由表达式再一次证实前面关于函数 $F(x)$ 的要求，即只有当 $F(x)$ 函数曲线的斜率 $g(s)>1$ 时，量化误差 D 才比均匀量化时小。

从压扩量化器的量化噪声表达式(10-2)中还可看到 D 与信号的幅度分布有关，这就给最佳量化器的设计应用带来困难。因为针对某种分布设计出相应的最佳量化器不适用于别的分布，这相当麻烦，更何况在实际信号系统中，要知道确切的分布几乎是不可能的。这就意味着实际系统中不可能有真正的最佳量化器。于是人们设计出各种具有较强适应能力的量化器，它们在不同的信号幅度分布下，都有较高的量化信噪化(即使不是最高的)。

以下介绍使压扩量化器的量化信噪比与分布无关的作法。

在压缩函数 $F(x)$ 的设计中，如果使斜率函数 $g(x)$ 与 x 成反比，即

$$g(x) = F'(x) = \frac{V}{b|x|} \tag{10-3}$$

则式(10-2)变成

$$D = \frac{2V^2}{3N^2}\int_0^V \frac{p(s)\,\mathrm{d}s}{(V/bs)^2} = \frac{2b^2}{3N^2}\int_0^V p(s)s^2\,\mathrm{d}s$$

因为 $2\int_0^V p(s)s^2\,\mathrm{d}s = \sigma^2$ 为输入信号的均方值，所以得到信噪比为

$$\frac{S}{N} = \frac{\sigma^2}{D} = \frac{3N^2}{b^2} \tag{10-4}$$

其中 b 为常数，故式(10-4)与信号的分布无关，只与量化级数 N 有关，具有广适特性。

由式(10-3)可以求出非线性压缩函数为

$$F(x) = \int g(x)\,\mathrm{d}x = \frac{V}{b}\ln x + C,\quad x > 0$$

常数 C 的确定如下：参考图 10-3，当 $x = V$，$F(x) = V$，则 $C = V - (V/b)\ln V$，于是得到

$$F(x) = V + \frac{V}{b}\ln\frac{x}{V} \tag{10-5}$$

对式(10-5)的考察发现，对数函数是这个非线性函数的本质。但该式却不能实际应用，这是因为 $x=0$ 时，对数函数无定义，而 $x=0$，又是大多数实际信号经常出现的情况。为此，需要对式(10-5)作一些修正。修正的原则是一方面仍保持对数特性，另一方面又要使 $x=0$ 时有定义。这就产生了语言数字化的 A 律和 μ 律压扩量化器的设计，并且已应用在数字电话网中。我国及欧洲的 PCM 系统用的是 A 律压扩量化器，美国、日本、加拿大等国用的是 μ 律压扩系统。下面介绍这两种压扩系统。

(1) A 律压扩量化器

为了讨论方便，将式(10-5)归一化(类似于图 10-3 所有坐标值均除以 V)，得到归一化的非线性压缩函数

$$F(x) = 1 + \frac{1}{b}\ln x \tag{10-6}$$

其函数曲线如图 10-4。其中 y 坐标代表 $F(x)$，$x=1$ 时 $y=1$，但当 $x\to 0$ 时 $F(x)\to -\infty$。现在对函数曲线作如下的改进：由 0 点作一条与曲线相切的直线 $0c$，让 $0c + cd$ 作为压缩函数曲线。它基本上具有对数特性，而在 0 点也有定义。直线段 $0c$ 的方程式可以由点斜式写出：$y = kx$。显然，斜率就等于曲线上 c 点处的导数值。设 c 点坐标为 (x_1, y_1)，则

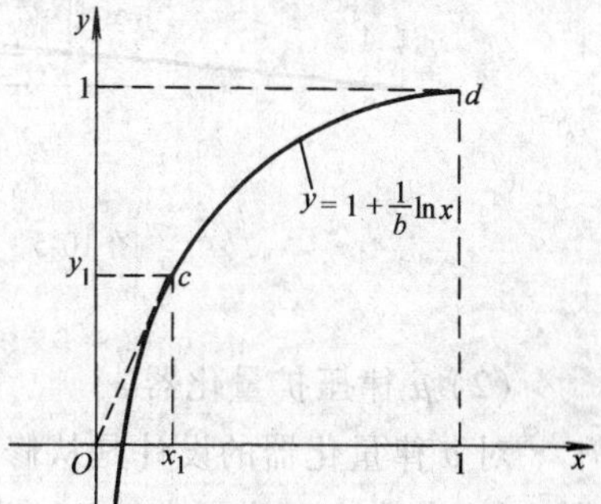

图 10-4 归一化对数特性

$$\left.\frac{\mathrm{d}y}{\mathrm{d}x}\right|_{x=x_1} = \frac{1}{bx_1}$$

代入方程得

$$y = \frac{x}{bx_1}$$

c 点坐标(x_1,y_1)可由 c 点同时属于直线 $0c$ 与曲线 cd 这个特点解联立方程来求得

$$\begin{cases} y_1 = \dfrac{1}{b} \\ y_1 = 1 + \dfrac{1}{b}\ln x_1 \end{cases}$$

得到 $x_1 = e^{-(b-1)}$，$y_1 = 1/b$。如果用 A 来代表 e^{b-1}，则 $x_1 = 1/A$。于是以 A 为参数的压扩函数便为

$$\left.\begin{aligned} y &= \frac{Ax}{1+\ln A} & 0 \leqslant x \leqslant \frac{1}{A} \\ y &= \frac{1+\ln Ax}{1+\ln A} & \frac{1}{A} \leqslant x \leqslant 1 \end{aligned}\right\} \tag{10-7}$$

这就是所谓的 A 律 PCM 表达式。

至于 A 律的实现，实际中是采用 13 折线逼近的方法。将归一化 y 坐标 8 等分，归一化的 x 坐标按 2 的负幂次分割取 1/2，1/4，1/8，1/16，1/32，1/64，1/128 为分点。连接对应的坐标点构成如图 10-5 所示折线。x 负方向的曲线由原点对称作出，由于通过 0 点的 4 段斜率相等而连成直线。因此，总共有 13 段不同斜率的直线去逼近 A 律曲线。

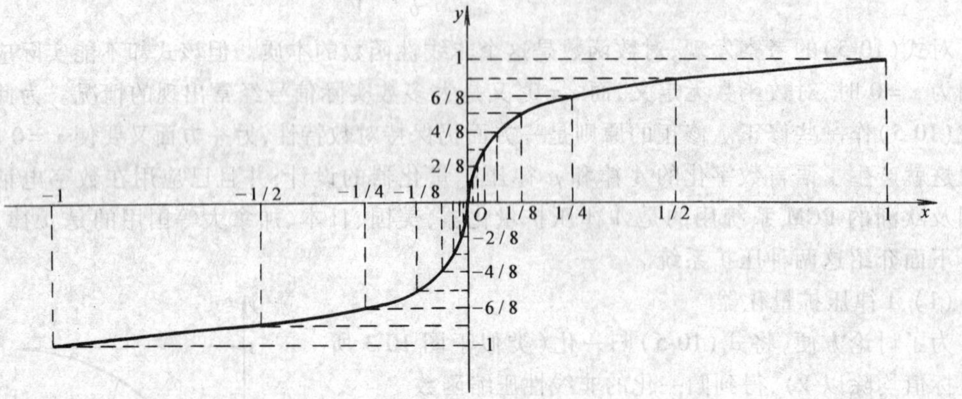

图 10-5　对数压缩函数的 13 折线逼近（A 律曲线）

(2) μ 律压扩量化器

对 μ 律量化器的设计是从修改式(10-6)入手的。为了满足 $x=0$，$y=0$ 和 $x=1$，$y=1$ 的要求，引入参数 μ 而改写式(10-6)为

$$y = \frac{\ln(1+\mu x)}{\ln(1+\mu)} \tag{10-8}$$

这就是 μ 律的表达式。

参数 μ 的取值，最初都取 $\mu = 100$。在用以 2 的负幂次分点折线逼近压缩函数曲线时，发现当 $\mu = 255$ 时，函数曲线与折线最逼近。因此，现在都取 $\mu = 255$，并用 15 折线逼近实现。

2. 差值量化(DPCM)

由于邻近样值之间的相关性，可望邻近样值之间的差值的方差会大大地小于信号样值本身的方差。若用相同的量化级数对差值信号进行量化，其量化误差将会变小。在保持同样信

噪比条件下，量化级数可以减少，从而得到更大的数据压缩比，这就是差值量化的思想。图 10-6 便是这种量化器的一般原理框图，图中量化器的输入 $d(n)$ 是输入信号与预测信号的差，即

$$d(n) = x(n) - \tilde{x}(n) \tag{10-9}$$

这里 $\tilde{x}(n)$ 表示由时刻 n 以前的样值根据一定的准则对 n 时刻信号的预测值，其中最简单的就是把前一时刻的样值作为当前时刻样值的预测值，这就是下面要讨论的增量调制。如果能采用更好的准则使预测比较准确，则会使 $d(n)$ 变得很小。

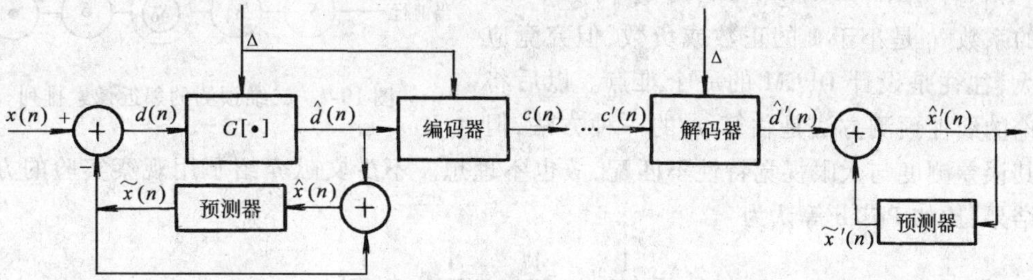

图 10-6　差值量化器原理

从图 10-6 可见，编码器输出且被传输的是差值信号 $\hat{d}(n)$ 的代码 $c(n)$，可是在译码器恢复输出的应该是信号 $x(n)$（$\hat{x}'(n)$ 表示 $x(n)$ 加上量化及信道噪声以后的信号），故在接收端必须设置一个与发送端一样的预测器，以便使

$$\tilde{x}'(n) + \hat{d}'(n) = \hat{x}'(n) \tag{10-10}$$

如果略去传输信道噪声等，$\hat{x}'(n) = \hat{x}(n)$，现在我们来看 $\hat{x}(n)$ 与输入信号 $x(n)$ 的关系。若量化噪声以 $e(n)$ 表示，则

$$\hat{d}(n) = d(n) + e(n) \tag{10-11}$$

在式(10-10)中去掉角标“′”以示略去信道噪声，并把式(10-9)和(10-11)式代入，得到

$$\begin{aligned}\hat{x}(n) &= \tilde{x}(n) + d(n) + e(n)\\ &= x(n) + e(n)\end{aligned} \tag{10-12}$$

可知，$\hat{x}(n)$ 仍然代表输入信号与量化噪声之和。

现在我们来分析整个系统的信噪比

$$\frac{S}{N} = \frac{E[x^2(n)]}{E[e^2(m)]} = \frac{\sigma_x^2}{\sigma_e^2} \tag{10-13}$$

引入差值信号 $d(n)$ 的方差 σ_d^2 并改写式(10-13)为

$$\frac{S}{N} = \frac{\sigma_x^2}{\sigma_d^2}\frac{\sigma_d^2}{\sigma_e^2} = G_p\frac{S}{N_Q} \tag{10-14}$$

这里符号 $G_p = \sigma_x^2/\sigma_d^2$ 表示采用差值量化结构的增益，其中 σ_x^2 由输入信号功率决定，而 σ_d^2 却代表差值信号功率的大小。如果能设计出好的预测系统，提高预测的准确度，则 σ_d^2 将很小，因而可获得较高的增益。S/N_Q 则表示量化器的信噪比，该量化器输入为差值 $d(n)$，它要比信号小许多。表面看起来，似乎 S/N_Q 会降低，但其实不然，因为现在可以使量化间隔 Δ 变得很小，而我们知道

量化噪声是与 Δ^2 成正比例的。从信噪比分析来看,差值量化为压缩数据率创造了条件。

为了对 DPCM 有稍具体一点的了解,以下举一个在图像编码中应用的例子。对图像信号来说,最常用的是二维预测,也叫帧内 DPCM。在二维预测中,参加预测的像素除本扫描行外,还包括有前几行的邻近像素。图 10-7 是一个例子。

设 s_0 为需预测的像素,它的灰度可以由邻近像素灰度值的加权和来预测,比如

$$\hat{s}_0 = a_1 s_1 + a_2 s_2 + a_3 s_3 + a_4 s_4 \qquad (10\text{-}15)$$

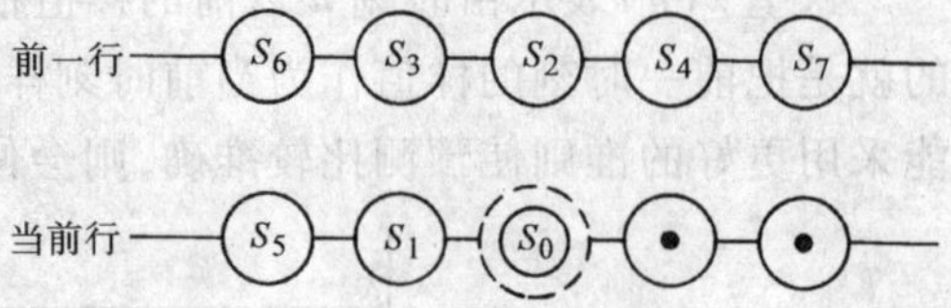

图 10-7　二维预测的邻近像素排列

这里的系数 a_i 是小于 1 的正数或负数,但究竟应取多大,往往是设计 DPCM 的一个难点。以后将要讨论的线性预测方法是估算 a_i 的一种方法,但由于其误差测度与人眼视觉特性不匹配,故也不理想。不少文献介绍了用观察实验的方法所得的结果,比如 Ptisch 等认为

$$\hat{s}_0 = \frac{1}{2}s_1 + \frac{1}{4}s_2 + \frac{1}{8}s_3 + \frac{1}{8}s_4$$

为最佳。也有采用(Klutz 等)

$$\hat{s}_0 = s_1 + \frac{1}{2}s_2 - \frac{1}{2}s_3$$

及

$$\hat{s}_0 = \frac{5}{8}s_1 + \frac{1}{8}s_2 + \frac{1}{4}s_4$$

国内也有类似的实验研究,认为

$$\hat{s}_0 = \frac{1}{2}s_1 + \frac{1}{4}(s_2 + s_4) \qquad (10\text{-}16)$$

为最佳方案,但是很难解释为什么 s_4 的影响要比 s_3 大,以致 s_3 的系数取为 0。

式(10-15)的实现框图如图 10-8。图中着重画出预测器部分,而量化器(即 PCM)没有详细画出。

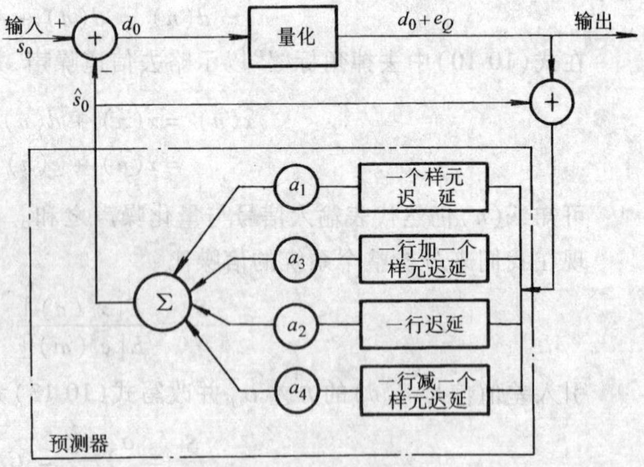

图 10-8　DPCM 的例子

3. 增量调制(DM)原理

差值量化的最简单实现就是增量调制或称 Δ 调制。正如上面曾提到的,它就是把前一时刻量化信号值作为当前时刻信号值的预测值,所以,预测器也特别简单,由一级迟延电路构成。量化器输出也只有两值

$$\hat{d}(n) = \begin{cases} +\Delta & d(n) > 0 \\ -\Delta & d(n) < 0 \end{cases} \qquad (10\text{-}17)$$

于是编码器也变得简单,1 比特就够了。比如对于 $+\Delta$,$c(n)=0$;对于 $-\Delta$,$c(n)=1$,故把这种

编码器称为1比特编码器。

由于增量调制比较简单，速率也可以比较高，因此，在信号数字化，特别是语声数字化中用得很多，且有集成芯片可供选择。下面我们稍详细地来讨论它的性能。图10-9为增量调制器原理框图。图10-9a为系统组成，图10-9b为量化编码。

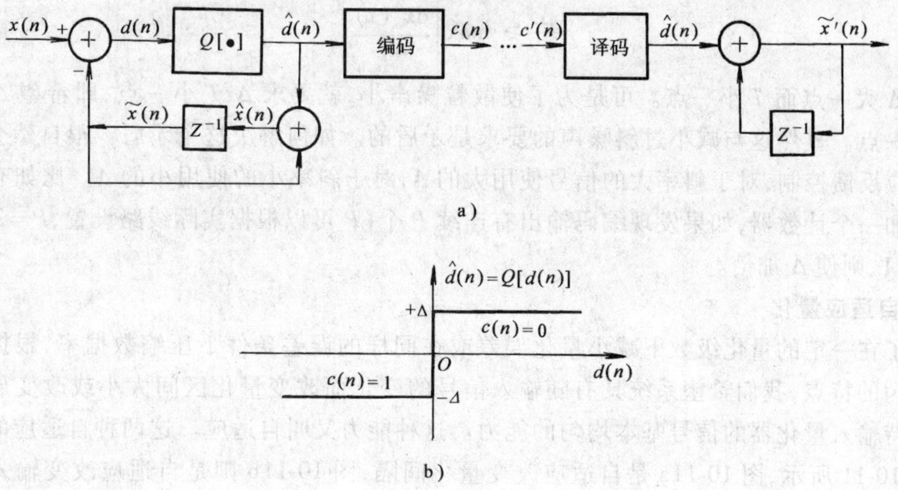

图10-9 增量调制原理

a）系统组成 b）量化编码

由于 $\tilde{x}(n)=\hat{x}(n-1)$，而 $\hat{d}(n)=+\Delta$ 或 $-\Delta$，故 $\hat{x}(n)$（实际上反映了 $\hat{x}'(n)$）可表示成

$$\hat{x}(n)=\hat{x}(n-1)\pm\Delta \tag{10-18}$$

当 Δ 为固定值时，上式反映了对 Δ 的线性特性，故也叫此类的 Δ 调制为线性增量调制。

为了进一步讨论 Δ 调制的性能与设计，先来看一下固定步幅 Δ 时，量化噪声的产生机理。图10-10表示了量化噪声的产生过程。显然，量化噪声与信号的变化率，即与信号波形图的各点斜率，取样频率或取样间隔及修正步幅 Δ 的大小这几个量之间的关系协调程度有关。例如图中左边部分，由于步幅 Δ、取样周期 T 与波形曲线的斜率之间配合不当，具体地说，Δ 太小，

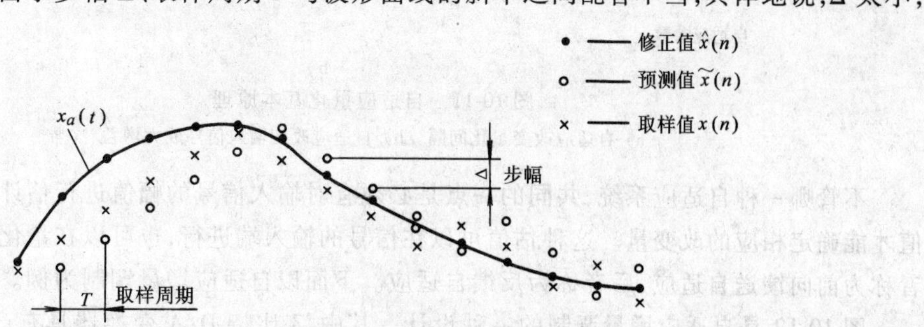

图10-10 固定步幅的 Δ 调制过程

或者说取样周期 T 太大,以致于与较陡的曲线斜率不协调,这就产生了比较大的误差或量化噪声,这类噪声称之为过斜噪声。而图 10-10 的右边部分,由于曲线比较平坦,使修正信号总在波形曲线的上下跳动,同样产生较大的量化噪声,称此类噪声为散粒噪声。

为了减小过斜噪声,希望

$$\frac{\Delta}{T} \geqslant \max\left|\frac{\mathrm{d}x_a(t)}{\mathrm{d}t}\right|$$

即希望 Δ 大一点而 T 小一点。可是为了使散粒噪声小,就要求 Δ/T 小一点,即希望 Δ 小一点或 T 大一点。显然这与减小过斜噪声的要求是矛盾的。如何解决这个矛盾?很自然会想到利用自适应反馈控制,对于斜率大的信号使用大的 Δ,对于斜率小的使用小的 Δ。比如有一种方案只是加一个计数器,如果发现编码输出有连续 P 个(P 可以根据实际线路设置,$P=3$ 或 4 等等)0 或 1,则使 Δ 加倍。

4. 自适应量化

为了在一定的量化级数下减小量化误差或在同样的误差条件下压缩数据率,根据信号分布不均匀的特点,我们希望系统具有随输入信号的变化而改变量化区间大小或改变放大器增益以保持输入量化器的信号基本均匀的能力。这种能力又叫自适应。这两种自适应的基本原理如图 10-11 所示,图 10-11a 是自适应改变量化间隔,图 10-11b 则是自适应改变输入信号放大增益。

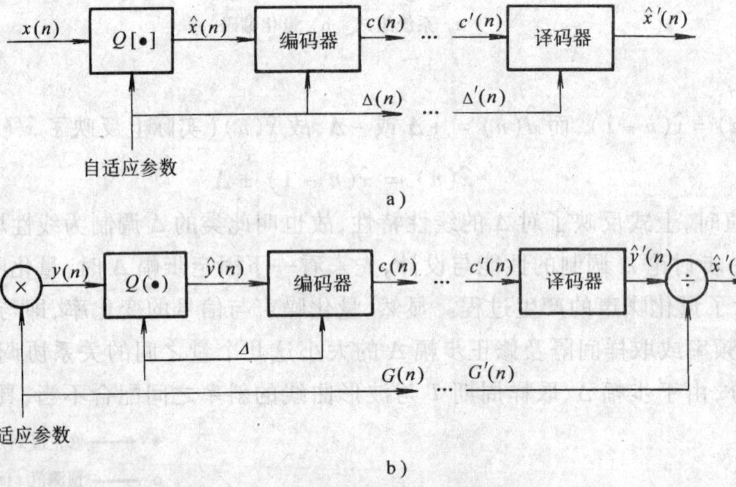

图 10-11　自适应量化基本原理

a) 自适应改变量化间隔　b) 自适应改变输入信号放大增益

不管哪一种自适应系统,共同的一点是必须有对输入信号的幅值进行估计的功能,有了估值才能确定相应的改变量。这种估值可以在信号的输入端进行,也可以在量化输出端进行,前者称为前向馈送自适应,后者称为反馈自适应。下面以自适应增量调制为例。

图 10-12 是自适应增量调制的一种设计。其中,3 比特 D/A 变换器具有产生 8 电平量化级的功能,由控制计数器来指挥其所要求的量化级(Δ 大小)。比如当输出的二进制码系列是连续的 1 时,Δ 要取大一些;若输出的二进制码系列是 1 与 0 交替状时,则 Δ 就要取小一些。Δ 的大小一般由控制某一固定值(比如 Δ_0)的倍数来实现。

图 10-12 中的积分器实际上是一个译码电路,它将前一时刻的码恢复成模拟信号(相当于

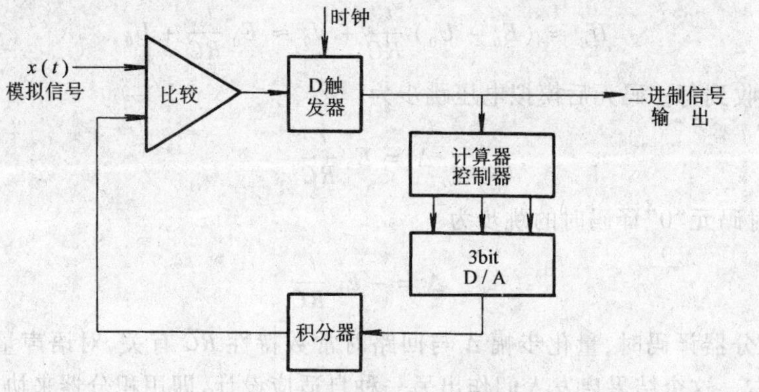

图 10-12 一种自适应增量调制器框图

图 10-9 中的延迟作用),并将此译码信号作为预测值与输入信号作比较,以差值的正负输出编码 1 或 0。

积分器解码的工作原理如图 10-13 所示。设每个码元所占时间为 t_s,在时刻 $t=0$,电容器 C 上电压为 U_0。输入"1",K 接 $+E_0$;输入"0",K 接 $-E_0$。

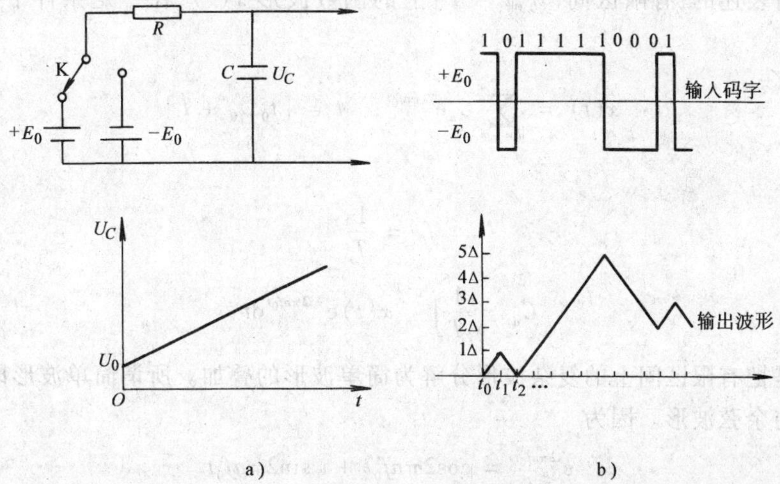

图 10-13 增量调制译码原理

a) 积分电路及其输出特性 b) 译码输出波形

当输入"1"后,电容器 C 上的充放电关系为

$$U_C = E_0(1 - e^{-\frac{t_s}{RC}}) + U_0 e^{-\frac{t_s}{RC}}$$

因为(级数展开)

$$e^{-\frac{t}{RC}} = 1 - \frac{t}{RC} + \frac{1}{2}\left(\frac{t}{RC}\right)^2 - \frac{1}{2\times 3}\left(\frac{t}{RC}\right)^3 + \cdots$$

且由于一般 $t_s \leqslant RC$,故

$$e^{\frac{-t_s}{RC}} \approx 1 - \frac{t_s}{RC}$$

可得

$$U_C \approx (E_0 - U_0)\frac{t_s}{RC} + U_0 \approx E_0 \frac{t_s}{RC} + U_0 \tag{10-19}$$

这就意味着接收到每一码元后模拟电压跳步为

$$\Delta = E_0 \frac{t_s}{RC} \tag{10-20}$$

同理可证明,对码元“0”译码时的跳步为

$$\Delta = -E_0 \frac{t_s}{RC} \tag{10-21}$$

可见用积分器译码时,量化步幅 Δ 与回路时常数特性 RC 有关,对语声量化来说,一般取 RC 在3ms左右。这个结果启发人们作出另一种自适应设计,即用积分器来协调输入信号与步幅 Δ 的关系,避免过斜噪声。这就是 $\Delta-\Sigma$ 调制器的设计。

10.1.3 频域波形编码

1. 频域波形的概念

频域的概念来自 Fourier 级数与 Fourier 积分的数学理论。最基本的思想就是由 Fourier 级数展开定理所表述的:有限区间 $[t_0, t_0+T]$ 上的函数波形 $x(t)$,在一定条件下,可以展开成 Fourier 级数

$$x(t) = \sum_{n=-\infty}^{+\infty} C_n e^{i2\pi n f_0 t}, \quad t \in [t_0, t_0+T] \tag{10-22}$$

其中

$$f_0 = \frac{1}{T}$$

$$C_n = \frac{1}{T}\int_{t_0}^{t_0+T} x(t) e^{-i2\pi n f_0 t} dt \tag{10-23}$$

其物理实质是把有限区间上的复杂波形分解为简单波形的叠加。所谓简单波形即为单一频率的正弦波形与余弦波形。因为

$$e^{i2\pi n f_0 t} = \cos 2\pi n f_0 t + i \sin 2\pi n f_0 t$$

所以式(10-22)的右边就是不同频率的简单波形之叠加之意。我们称 $n=1$ 时的正(余)弦波形为基波,$f_0=\frac{1}{T}$为基频,$n\geqslant 2$ 的简单波为 n 次谐波。于是,式(10-23)的 C_n 就表示第 n 次谐波的幅值。但是,由于式(10-22)中的取值从 $-\infty$ 到 $+\infty$,每一个 n 取值都有正负两个,比如 $n=2$,则在叠加过程中就有 -2 与 $+2$ 两个 2 次谐波参与,故 2 次谐波的实际幅值 $A_2=|C_2|+|C_{-2}|$。

如果以频率 f 为横轴,振幅值为纵轴,把各不同频率点上 $|C_n|$ 值画出来,就是信号波形 $x(t)$ 的一种频率域表示,记作 $X(f)$,称为频谱或信号的频域波形。如图 10-14 所示。例如一个有限区间上的方波 $x(t)$,其频域波形为线条形波形,其中

$$C_n = \frac{\sin 2\pi n f_0 \tau}{\pi n f_0 T}, \quad n = 0, \pm 1, \pm 2, \cdots$$

又称为离散频谱。

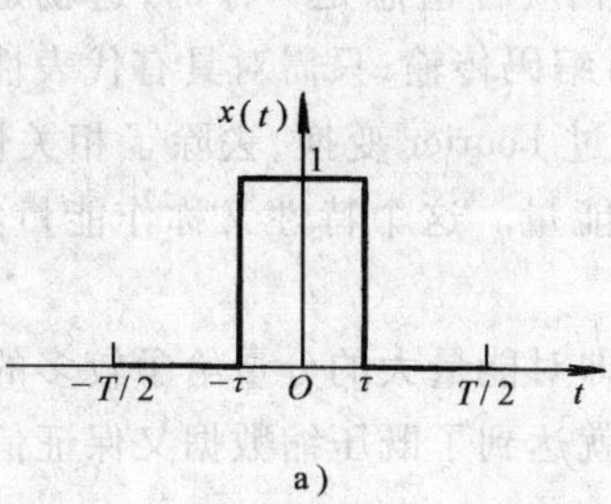

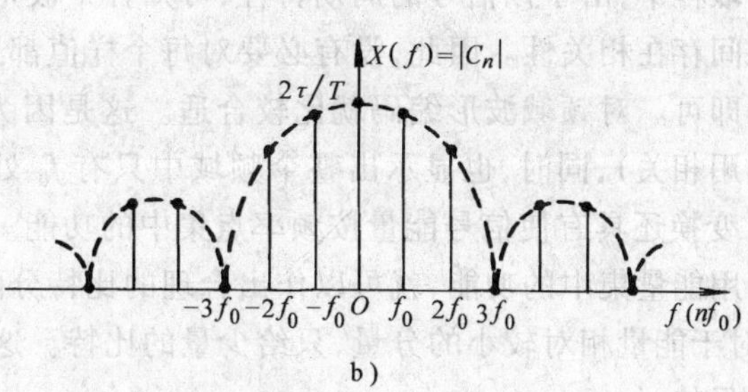

图 10-14　时间有限方波形信号的频谱

a）时域函数　b）频域表示

对于无限区域的波形函数 $x(t)$ 的频谱，应该用 Fourier 积分的方法得到 C_n，并记作 $X(f)$。$x(t)$ 与 $X(f)$ 构成一对 Fourier 变换已为大家所熟知，这里的 $X(f)$ 应为 f 的连续函数。从上面讨论可知，信源信号可以用时域函数表示，也可以用频域表示。信号的频域分量有时也叫变换系数。那么，对数字化编码有什么好处呢？我们来看一个很特殊的例子。设信号函数就是一个频率为 1kHz 的余弦波，即

$$x(t) = a\cos 2\pi 10^3 t$$

由式(10-23)可算出当 $n = \pm 1$ 时

$$|C_1| = \frac{a}{T}\int_0^T \cos 2\pi 10^3 t \mathrm{e}^{-\mathrm{i}2\pi 10^3 t}\mathrm{d}t = \frac{a}{2}$$

其余的 $|C_n| = 0, (n = \pm 2, \pm 3, \cdots)$，如图 10-15 所示。

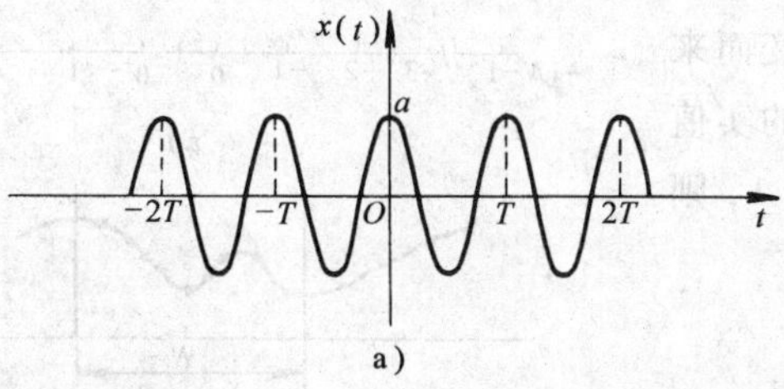

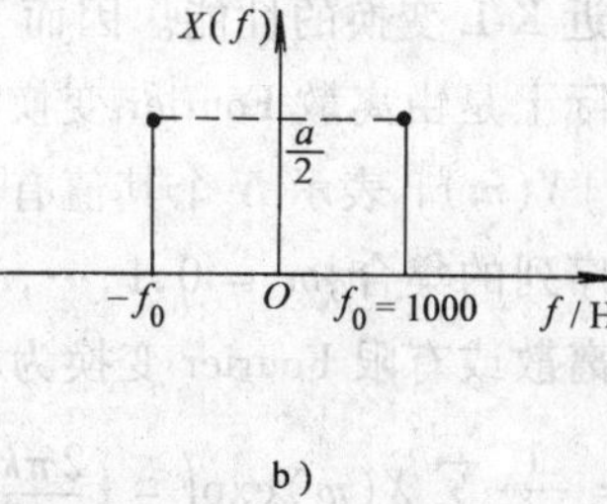

图 10-15　单频正弦信号的频谱

a）时间函数　b）频域表示

由图 10-15 可见，如果按时域取样，则根据 Nyquist 取样定理每秒至少要取 2000 个以上的样值。如果每个样值又按 8bit 编码，则码率至少达到 16kbit/s。如果从频域表示来编码，则只需对 $f_0 = 1\text{kHz}$ 处幅值 $A_1 = \frac{a}{2}$ 及 $f = 0$ 处幅值 $A_0 = 0$（表示直流分量为 0）的三个参数 f_0，A_1 及 A_0 进行编码。若仍取 8bit 码字来表示两个幅值参数，用 16bit 来表示频率参数，则只需 32bit 数据就可以完全表述该信号了。事实上，对于一个单音频信号，常常用频率、振幅、均值（直流电平）来描述（有时候还加上一个初相位）。由此看来，对时域信号作 PCM 编码并不总是合理的与必要的。因为在 PCM 编码的数据中含有许多不必要的信息，称之为冗余信息。比如上例对

信号的取样中，由于该信号的周期特性，可知各个波形的相应样值总是一样的，这就是所谓的样值之间存在相关性。因此，没有必要对每个样值都进行编码传输，只需对具有代表性的样值作编码即可。对频域波形编码就比较合适。这是因为经过 Fourier 变换，去除了相关性（有时也称利用相关），同时，也显示出整个频域中只有 f_0 处有能量。这个特性又称作能量集中，即 Fourier 变换还具有使信号能量按频率点集中的功能。

利用能量集中的功能，就可以作出合理的比特分配，即对能量大的分量给予较多的比特编码，而对于能量相对较小的分量，只给少量的比特。这样就达到了既压缩数据又保证信号恢复质量的目的。

比特分配是依据第 9 章讨论的率失真函数的结论进行的。严格地说，$R(D)$ 函数是与信源的分布密度紧密相关的。然而，要确定一个实际信源的确切分布，不仅没有必要，也无实际可能。一般用 Gaussian 分布的 $R(D)$ 函数来分配比特就有很好的效果了。根据式(9-64)

$$R(D) = \frac{1}{2}\ln\sigma^2/D$$

在作比特分配时，采取“向上”取整策略，即所有小数比特都分配一个比特，比如 5.1 比特就分配 6 比特，而所有方差 $\sigma^2 \leqslant D$ 的元素就分配 0 比特，即不对该元素作编码输出。

2. 正交变换编码

上节由 Fourier 变换（及 Fourier 级数）引出的信号频域表述的概念及 Fourier 变换有去样值间相关及能量依频率点集中的性能，实际上代表了一种称为函数正交变换的信号处理方法。除 Fourier 变换之外，还有 K-L 变换、Walsh-Hadamard 变换、离散余弦变换（DCT）…（详见参考文献 1）。其中 K-L 变换的去相关能力最强，故又有最佳变换之美称。但由于它的变换矩阵随实际信号的统计特性而变化，因此不便于推广应用，常代之以“次最佳”的其他变换，其中尤以 DCT 最为接近 K-L 变换的性能。因而 DCT 得到极为广泛的应用，且已有集成芯片应市。

DCT 实际上是由离散 Fourier 变换演变而来的。如果以 $\{X(m)\}$ 表示 N 个其值有限的实值或复值信号序列的集合，$m = 0,1,\cdots,N-1$，则信号序列的离散或有限 Fourier 变换为

$$Y(k) = \frac{1}{\sqrt{N}}\sum_{m=0}^{N-1} X(m)\exp\left(-\mathrm{i}\frac{2\pi km}{N}\right),\quad k = 0,1,\cdots,N-1 \tag{10-24}$$

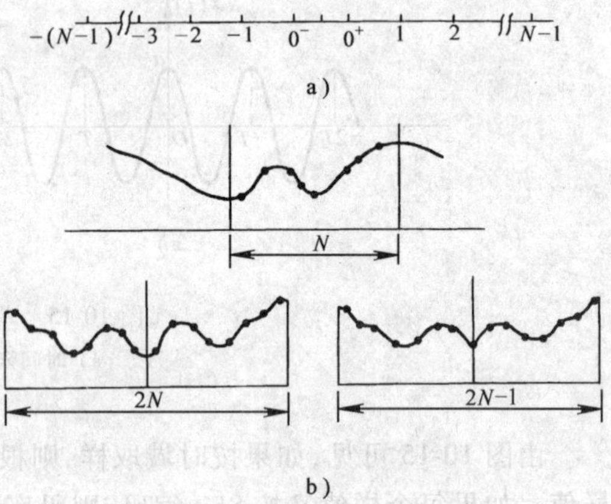

图 10-16 信号序列的扩展

当 $k = 0$ 时，$Y(0)$ 为实数，保留表达式不变。当 k 为其他值时，为了实现实数域运算，需对式(10-24)作一点修改。设想将信号序列以中心对称扩展一倍，从 N 个变为 $2N$ 个，如图 10-16a。为了对称起见，图 10-16a 中左边序号从 0^- 至 $-(N-1)$，右边序号从 0^+ 到 $N-1$。对式(10-24)也要作相应的修改。除了 N 改为 $2N$ 外，由于 0^- 与 0^+ 对中心有一相位偏移，使每一个样值的相位都偏移 $\frac{1}{2}\left(\frac{2k\pi}{2N}\right)$。于是式(10-24)应改写为

$$
\left.\begin{aligned}
Y(0) &= \frac{1}{\sqrt{N}}\sum_{m=0}^{N-1} X(m), \qquad k = 0 \\
Y(k) &= \frac{1}{\sqrt{2N}}\left\{\sum_{m=-(N-1)}^{0^-} X(m)\exp\left[-\mathrm{i}\frac{k\pi}{2N}(2m-1)\right] + \sum_{m=0^+}^{N-1} X(m)\exp\left[-\mathrm{i}\frac{k\pi}{2N}(2m+1)\right]\right\}
\end{aligned}\right\}
$$

$$
k = 1,2,\cdots,N-1 \tag{10-25}
$$

因为信号序列是中心对称的，$X(i) = X(-i)$，并且 $\sin(-\alpha) = -\sin\alpha$，可知式(10-25)指数展开并相加之后，所有 $i\sin\alpha$ 项都抵消，上式简化为

$$
\left.\begin{aligned}
Y(0) &= \frac{1}{\sqrt{N}}\sum_{m=0}^{N-1} X(m), \quad k = 0 \\
Y(k) &= 2\mathrm{Re}\left[\frac{1}{\sqrt{2N}}\sum X(m)\exp\left(-\mathrm{i}\frac{2m+1}{2N}k\pi\right)\right] \\
&= \sqrt{\frac{2}{N}}\sum_{m=0}^{N-1} X(m)\cos\left[\frac{(2m+1)k\pi}{2N}\right], \\
k &= 1,2,\cdots,N-1
\end{aligned}\right\} \tag{10-26}
$$

这就是离散余弦变换的变换关系。

用矩阵形式来表示变换关系比较方便，为此，将式(10-26)展开

$$
Y(0) = \frac{1}{\sqrt{N}}[X(0) + X(1) + \cdots + X(N-1)]
$$

$$
Y(1) = \sqrt{\frac{2}{N}}\left\{X(0)\cos\left(\frac{\pi}{2N}\right) + \cdots + X(N-1)\cos\left[\left(\frac{(2N-1)\pi}{2N}\right)\right]\right\}
$$

$$
\cdots
$$

$$
Y(N-1) = \sqrt{\frac{2}{N}}\left\{X(0)\cos\left[\frac{(N-1)\pi}{2N}\right] + \cdots + X(N-1)\cos\left[\frac{(N-1)(2N-1)\pi}{2N}\right]\right\}
$$

等号左边可写成 $\boldsymbol{Y}$ 矢量，右边可写成矩阵与 $\boldsymbol{X}$ 矢量的乘积，即

$$
\boldsymbol{Y} = \boldsymbol{C}_N\boldsymbol{X} \tag{10-27}
$$

$$
\boldsymbol{C}_N = \frac{1}{\sqrt{N}}\begin{bmatrix}
1 & 1 & \cdots & 1 \\
\sqrt{2}\cos\frac{\pi}{2N} & \sqrt{2}\cos\frac{3\pi}{2N} & \cdots & \sqrt{2}\cos\frac{2N-1}{2N}\pi \\
\sqrt{2}\cos\frac{2\pi}{2N} & \sqrt{2}\cos\frac{6\pi}{2N} & \cdots & \sqrt{2}\cos\frac{2N-1}{2N}2\pi \\
\vdots & \vdots & & \vdots \\
\sqrt{2}\cos\frac{N-1}{2N}\pi & \sqrt{2}\cos\frac{N-1}{2N}3\pi & \cdots & \sqrt{2}\cos\frac{N-1}{2N}(2N-1)\pi
\end{bmatrix} \tag{10-28}
$$

可以验证矩阵式(10-28)具有归一化正交特性，因此，可以方便地写出逆变换关系为

$$
\boldsymbol{X} = \boldsymbol{C}_N^T\boldsymbol{Y} \tag{10-29}
$$

对二维信号矩阵的变换应为

$$
\boldsymbol{Y} = \boldsymbol{C}_N\boldsymbol{X}\boldsymbol{C}_N^T \tag{10-30}
$$

其中 $\boldsymbol{X}$ 为 $N \times N$ 的方阵。逆变换为

$$
\boldsymbol{X} = \boldsymbol{C}_N^T\boldsymbol{Y}\boldsymbol{C}_N \tag{10-31}
$$

为了应用的方便，下面列出 $\boldsymbol{C}_8$ 矩阵：

$$\boldsymbol{C}_8=\begin{bmatrix} 0.3536 & 0.3536 & 0.3536 & 0.3536 & 0.3536 & 0.3536 & 0.3536 & 0.3536 \\ 0.4904 & 0.4157 & 0.2778 & 0.0975 & -0.0975 & -0.2778 & -0.4157 & -0.4904 \\ 0.4619 & 0.1913 & -0.1913 & -0.4619 & -0.4619 & -0.1913 & 0.1913 & 0.4619 \\ 0.4157 & -0.0975 & -0.4904 & -0.2778 & 0.2778 & 0.4904 & 0.0975 & -0.4157 \\ 0.3536 & -0.3536 & -0.3536 & 0.3536 & 0.3536 & -0.3536 & -0.3536 & 0.3536 \\ 0.2278 & -0.4904 & 0.0975 & 0.4157 & -0.4157 & -0.0975 & 0.4904 & -0.2778 \\ 0.1913 & -0.4619 & 0.4619 & -0.1913 & -0.1913 & 0.4619 & -0.4619 & 0.1913 \\ 0.0975 & -0.2778 & 0.4157 & -0.4904 & 0.4904 & -0.4157 & 0.2278 & -0.0975 \end{bmatrix} \tag{10-32}$$

【例 10-1】 试对协方差矩阵 $\boldsymbol{X}(t)$ 作 DCT。已知

$$\boldsymbol{X}(t)=\begin{bmatrix} a & b & b & b \\ b & a & b & b \\ b & b & a & b \\ b & b & b & a \end{bmatrix}$$

若取 $a=4, b=2$，允许失真 $D=0.5$。试对变换系数 $X(f)$ 作合理的比特分配（按 Gaussian 分布近似）。

解：1）作 DCT 变换。

根据式(10-28)，取 $N=4$ 得

$$\boldsymbol{C}_4=\begin{bmatrix} \frac{1}{2} & \frac{1}{2} & \frac{1}{2} & \frac{1}{2} \\ c & c & -s & -c \\ \frac{1}{2} & -\frac{1}{2} & -\frac{1}{2} & \frac{1}{2} \\ s & -c & c & -s \end{bmatrix} \tag{10-33}$$

其中 $c=\frac{1}{\sqrt{2}}\cos(\pi/8)$；$s=\frac{1}{\sqrt{2}}\sin(\pi/8)$。

由式(10-30)，$\boldsymbol{X}(f)=\boldsymbol{C}_N\cdot\boldsymbol{X}(t)\cdot\boldsymbol{C}_N^T$，将 $\boldsymbol{C}_4$ 代入得

$$\boldsymbol{X}(f)=\begin{bmatrix} a+3b & 0 & 0 & 0 \\ 0 & a-b & 0 & 0 \\ 0 & 0 & a-b & 0 \\ 0 & 0 & 0 & a-b \end{bmatrix}$$

2）作比特分配。

将 a,b 值代入 $\boldsymbol{X}(f)$，得

$$\boldsymbol{X}(f)=\begin{bmatrix} 10 & & & \\ & 2 & & 0 \\ 0 & & 2 & \\ & & & 2 \end{bmatrix}$$

因为 $\boldsymbol{X}(f)$ 是协方差矩阵，其对角线元素即为方差 σ^2，按 Gaussian 分布的 $R(D)$ 函数结论

有

$$R = \lfloor \frac{1}{2}\left(\log_2 \frac{\sigma^2}{\sigma}\right) \rfloor$$

其中$\lfloor . \rfloor$是取整运算。

由于$\lfloor \frac{1}{2}\left(\log_2 \frac{10}{0.5}\right) \rfloor = \lfloor \frac{1}{2}\log_2 20 \rfloor = 3$，$\lfloor \frac{1}{2}\log_2 4 \rfloor = 1$

最后得

比特数分配应为$\begin{bmatrix} 3 & & & \\ & 1 & & 0 \\ 0 & & 1 & \\ & & & 1 \end{bmatrix}$,即对集中了较多能量的低频信号给予 3bit 码字,而对能量较小的高频分量只需 1bit 编码,从而既“压缩”了数据,又保证了质量。

由于用作正交变换的矩阵具有列率性,变换后低频能量集中在左上角。DCT 的变换性能接近于 K-L 变换性能,故它是一种比较适合对语言、图像等信号作变换处理的变换。

3. 子带编码

子带编码是信号频谱特性应用的又一种策略。人们发现,语音、图像等信号的能量大部分分布于低频区域,而高频区域相对地较小。而作为视、音频信号的最终接收器的人耳、人眼,对于不同频率区域信号变化的敏感程度也不一样。一般来说,对低频区的敏感程度要高于高频区。这就启发我们可以对信号先在频域按不同频段分成几个子带,然后对各子带按不同的策略进行时域编码。比如给低频子带分配更多的比特数,而给高频子带则可以相对地少些比特数,以致在相同的总比特数条件下,信号的恢复质量就会改善。

子带编码的滤波器设计显得特别重要,常常采用一种具有无偏响应的正交镜像滤波器(Quadrature Mirror Filter,QMF)来构成倍频程滤波器。例如,设语音信号的频带宽为 3200Hz,可用 3 对 QMF 将此频带划分为四个倍频程的子带。第一对 QMF 划分 3200Hz 带宽为(0 ~ 1600Hz)与(1600 ~ 3200Hz)两个子带;第二对 QMF 又将(0 ~ 1600Hz)划分为(0 ~ 800Hz)和(800 ~ 1600Hz);第三对 QMF 划分(0 ~ 800Hz)为(0 ~ 400Hz)和(400 ~ 800Hz);最后,形成(0 ~ 400Hz)、(400 ~ 800Hz)、(800 ~ 1600Hz)、(1600 ~ 3200Hz)四个子带。然后,再对它们按不同的策略作时域编码。

10.1.4 基于模型的信源编码

1. 模型基图像编码

这是一种完全不同于波形编码的方法,其基本出发点是:尽管图像与语音有千变万化,但总有一个代表共同特征的数学模型及一组参数存在。比如人头像,其共同特征便为椭圆型的头颅上分布着耳朵、眼睛、鼻子、嘴巴、眉毛和头发。各个人的个体特征则由与它们的位置、大小、椭圆长轴、短轴、……参数表征。有一种特低比特率的人头像编码就采用基于模型的编码策略。对某一特定人的头像,首先按预先给出的一组参数表进行分析,计算出代表该特定人的具体参数值;然后对这些参数值进行编码、存贮或传输。当接收到这组码字代表的参数值后,就可以从共同模型恢复出一个特定的人像来了。这是 20 世纪末期(80 ~ 90 年代)人们正在研究的一种图像编码方法。大致可分为二大类。一是被编码的对象是已知类型的,因而有已知模型可以查用。二是被编码的对象是未知的,因而需要实时构建物体模型。目前,对已知对象模型的编码研究比较成功,比如在电视会议和可视电话通信中人物的头肩像,典型的头部模型示意图如图 10-17 所示。模型结构是由许多分布不匀大小形状各异的三角形构成的。编码的任务是确定各结点的位置及其亮度等参数。需要应用图像分析与识别,计算机图形学等技术提取讲话人脸部特征,它包括人脸的形状参数、运动参数及表情参数等,经编码后传输到接收端,在接收端利用接收到的特征参数及建立好的头肩二维模型,进行脸部图像综合,并恢复发端的人脸图像。这种图像编码技术与传统的波形编码不同,它是先建立二维模型,然后提取其特征参数,而传输的只是特征参数,因而能实现高达 10^3 : 1 以上的压缩比。由于此种编码是基于二维模型的先验知识,故称为模型基(model-based)编码或知识基(knowledge-based)编码。

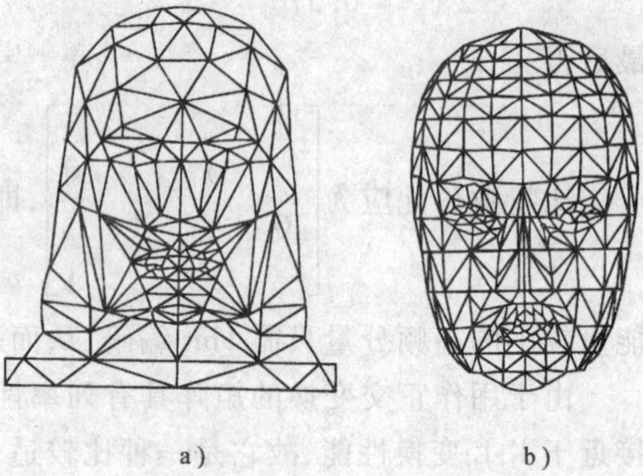

图 10-17　人脸的二维线框模型

2. 语音线性预测编码

语音线性预测编码是基于模型的信源编码思想比较成功的例子。基于线性预测的编码(LPC)的各种实用方案许多已成为国际标准,并得到广泛的应用。数字声码器的应用几乎已普及到日常生活的各个方面:报时、报站、询问应答、语音信箱…等都应用了声码语音合成器。

语音的数学模型为一个线性系统。人们将不同的发音口型,近似为不同参数的线性滤波器。用一定周期的脉冲或均匀噪声作为激励信号输入,经过滤波器输出便为语音信号,称这种发声器为声码器,其语音质量颇有机械发声特性。但由于滤波器与激励信号参数个数很少,故数码率极低。2.4Kbit/s 速率的语音质量已具有很好的可懂度与清晰度。进行声码器设计的最常用方法称为线性预测。

线性预测分析方法是最有效的语音分析技术之一。其特点是既能够极为精确地估计语音参数,又有比较快的计算速度。因此,应用线性预测方法对语音编码已属高效编码技术,它不同于常规的数字编码。在本章第一节中讨论的各种量化编码方法,诸如 PCM、ΔM、DPCM 等都是常规的编码方法。因为这些方法都是通用的波形数字编码方法,并未考虑语音本身的特点,所以数据压缩率不可能很高。

线性预测的理论与方法在语音信号处理中的应用,主要表现在声码器技术领域中。除了对语音信号的线性模型参数进行估计外,还能对所有的语音基本参数,诸如基音周期、共振峰、语音谱、声强等进行估计。下面主要介绍一下语音的数字模型。

语音的生成机构大致可分为三部分。第一是声源。大家都知道人的声带是一种声源,它会发生自激励振动产生常称为元音的语音,有时就叫作声音。另外还有两种声源:由声道变窄(通常由舌头来控制)形成湍流噪声的称为摩擦声源,它产生的声音就叫摩擦音;由闭合的声道急开而形成的脉冲波产生湍流噪声的爆破音。第二是共鸣机构。它由鼻腔、口腔与舌头组成,有时也叫声道。第三是放射机构。它由嘴唇或鼻孔发出声音并向空间传播出去。对于这样的一种人类发声机能,可用多种的模型来模拟。我们这里特别关心的是所谓数字模型,即能用数字处理方法来实现上述发声机能的一种模型。这种模型用准周期的脉冲源模拟声带的振动;用随机噪声(一般采用伪随机序列)模拟摩擦声源;用可变参数的数字滤波器来模拟声道谐振特性与放射特性。

发声器官的数字模型如图 10-18 所示，图中开关是作浊音与清音转换控制用的，乘法器是完成音强（或叫增益）控制功能的。数字滤波器的频率特性随受控参数的变化而改变。如果所有的控制信号都由真实的语音信号分析所得，那么该滤波器（也叫声道滤波器）的输出便接近于原始语言信号的信号序列，可以恢复出语音。这就是声码器的基本原理。

现在用 n 来表示离散时间变量，$s(n)$ 表示 n 时刻语音信号的样值，并假设语音信号样值序列是符合线性模型的，则有

$$s(n) = \sum_{i=1}^{p} a_i s(n-i) + w(n) \tag{10-34}$$

其中 a_i 为模型参数；$w(n)$ 为白噪声序列。这样，语音的线性预测编码与线性模型参数估计的关系可陈述如下：

若对输入的语音样值序列作出模型参数与残差估计，则 n 时刻的样值估计为

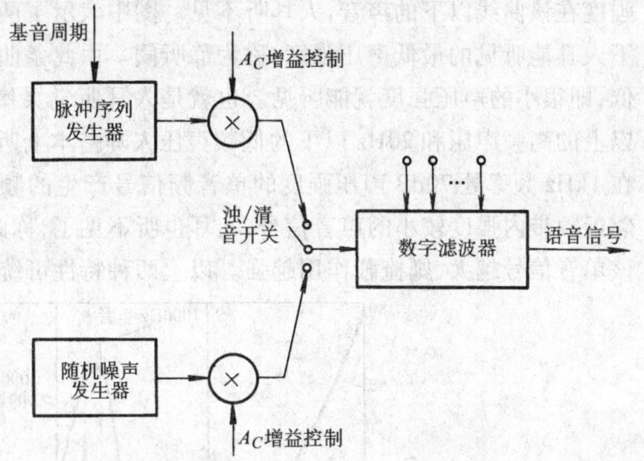

图 10-18　发声器官的数学模型

$$\hat{s}(n) = \sum_{i=1}^{p} \hat{a}_i s(n-i) \tag{10-35}$$

其中 $\{\hat{a}_i\}$ 为模型参数估计值的集合。估计误差或称残差信号便为

$$e(n) = s(n) - \hat{s}(n) = s(n) - \sum_{i=1}^{p} \hat{a}_i s(n-i) \tag{10-36}$$

若将 $e(n)$ 作为图 10-18 声道滤波器的输入，滤波器能输出语言信号 $s(n)$ 的近似值，则滤波器的传递函数必须与 n 时刻的输入、输出信号相适配。为此，对式（10-36）两边作 Z 变换得

$$E(Z) = S(Z) - \sum_{i=1}^{p} \hat{a}_i Z^{-i} S(Z) \tag{10-37}$$

于是传递函数为

$$H(Z) = \frac{S(Z)}{E(Z)} = [1 - \sum_{i=1}^{p} \hat{a}_i Z^{-i}]^{-1} \tag{10-38}$$

可知声道滤波器是一个全极点型滤波器。该滤波器的参数 $[a_i, i=1,2,\cdots,p]$ 由语音分析所得到的参数估计集合 $\{\hat{a}_i\}$ 来确定。于是对语音信号的编码转变为对参数集合 $\{\hat{a}_i\}$ 及残差信号 e 的编码问题。在接收端可由图 10-18 所示的数字模型恢复出语音信号。因此，线性预测编码的基本问题就是根据输入的语音信号样值作出相应的线性模型参数估计。

10.1.5　人类感知特性的应用

由于人是所有媒体信息的最终接受者，信号通过人的感知器官为大脑所接受。具体地说，主要是通过视觉与听觉接受信息。因此，研究如何利用视觉特性与听觉特性来提高信息传递的效率与效果，一直是与信息处理与传输并存的一个课题。模拟话音通信中的 3kHz 通频带就是符合人耳听觉特性而确定的。在数据压缩编码中同样要利用视觉与听觉特性来提高信源编

码效率与恢复信源的质量。但对人类感知特性的研究是涉及到生理学与心理学的复杂问题，这里仅介绍在当前数字声广播中已得到实际应用的听觉掩蔽效应作为例子。

图 10-19 是人耳听觉的频率特性，左纵坐标为声压强度值，右纵坐标则标注着相对应的环境情况，以便对声强数值有感性认识。横坐标是以 kHz 表示的频率。曲线表示人耳的听觉阈值，即强度在该曲线以下的声音，人耳听不见。图中表示了两种听觉阈值：一条曲线表示在安静的环境下人耳能听见的最低声压强度，称为静听阈。由此条曲线可见，在 2 ~ 4kHz 范围内的静听阈值最低，即很小的声压强度就能听见。也就是人耳听觉灵敏度最高的频率范围为 3kHz 左右。16kHz 以上的高频声压和 20Hz 以下的低频声压人耳基本上听不到。这就是人耳听觉特性；另一曲线是在 1kHz 频率处 70dB 声压强度的单音频信号产生的频谱掩蔽效应曲线。此曲线表示处于 1kHz 邻近频带内强度较小的声音信号，人耳也听不见了，称此为被 1kHz 单音信号掩蔽掉了。显然，若该单音信号越大，则掩蔽作用越强。以上两种特性可统称为人耳的听觉掩蔽效应。

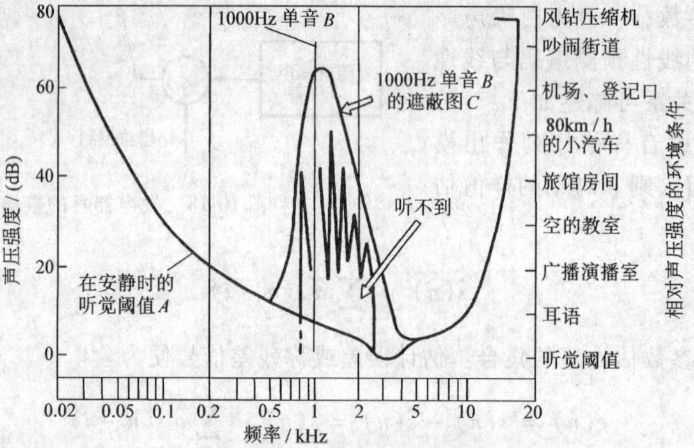

图 10-19　人耳听觉的频率特性曲线

利用人耳的听觉掩蔽效应，至少有两种提高编码效率的策略。一是对静听阈和掩蔽阈以下的音频信号不需进行编码；二是对声强高于阈值的音频信号也可适当降低编码速率，只要使量化噪声的强度保持在掩蔽阈以下的原则进行量化。此时，量化噪声将不再被人耳所察觉。

人耳的听觉特性，除了在频域的掩蔽效应外，在时间域上也有掩蔽效应。实验证明，在强音频信号出现前后的短暂时间内，已存在的和新出现的弱音信号也会被强信号掩没，分别称为前掩蔽和后掩蔽效应，如图 10-20 所示。这个时间掩蔽效应也是人耳听觉特性的一种，也被用来提高编码效率。其策略是不对取样值作逐个量化编码，而是将时间上相继的一些取样值合并为组块。在该组块内只对强信号量化编码，既降低数码率又不影响恢复声音的听觉效果。这个策略也已被实际应用。

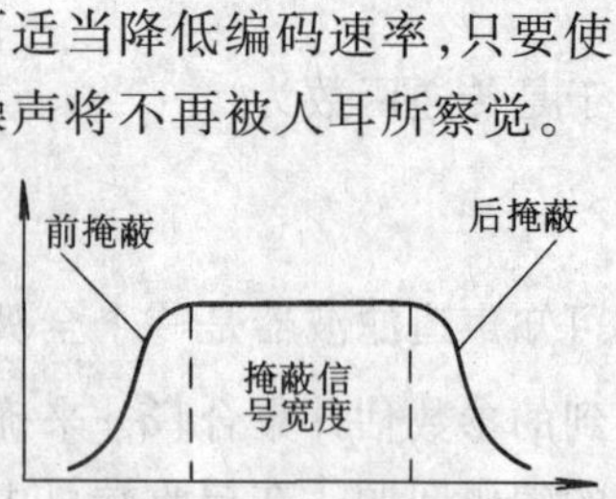

图 10-20　时间掩蔽效应

在图像编码领域也有类似的利用视觉特性提高效率的编码策略。还应该强调的是对人类感知特性的研究、应用，不仅在编码领域还在信息获取方面引起广泛的兴趣与关注。其研究成果将突破建立在统计理论基础上的 Shannon 信息理论，从而建立起更符合人类感知特性的一个新的信息理论体系。然而，这并不意味着对 Shannon 信息论的否定，而是一种进步与提高。

10.2 视频编码实践

10.2.1 引言

图像的数据量非常大。按照 CCIR601 建议的数字电视标准,亮度信号的取样频率为 13.5MHz,色度信号为 6.75MHz,每个取样值用 8bit 量化,于是其比特率达到 216Mbit/s。高清晰度电视的比特率高达 1.188Gbit/s,若不作数据压缩,给存储媒体和传输信道带宽要求都带来很大压力,甚至无法实现。

国际上对数字图像编码制订了有效的标准,这些标准是:主要用于会议电视的 H.261(制订于 1990 年)标准,主要用于静止图像的 JPEG(订于 1991 年 3 月)标准及主要用于运动图像的 MPEG-1(订于 1991 年 11 月)、MPEG-2(订于 1993 年 11 月)、MPEG-4(1999 年公布)及 2003 年推出的 JVT 标准等。我们将结合图像压缩编码方法的讨论介绍这几个标准所依据的算法。从这些算法可以看到 10.1 节所介绍的一些原理,如时域编码方法,频域编码方法及第 8 章中的无失真压缩编码方法都得到了应用。

10.2.2 JPEG 标准

JPEG 标准主要针对静止图像信源,现在也用于某些活动图像编码,其中包括彩色图像和黑白图像。JPEG 算法是由国际标准化组织(ISO)下属的联合图片专家组(Joint Photographic Experts Group)拟订的图像压缩编码公用标准。利用该标准可以对不同的图像质量要求,得到不同的数据压缩比,最大的可以达到 20 多倍。目前计算机图像与数码相机等,多应用此压缩编码标准。

JPEG 算法这一国际标准建议中有三个部分:编码器,译码器与交换格式。编码器是将输入图像信源变成图像压缩数据;译码器是将图像压缩数据还原成图像信源;数据交换则要求图像压缩数据要组合成一定的格式(format),格式中要包括编码过程中采用的码表等。

JPEG 算法共有四种运算模式:

- 基于 DCT 顺序型模式;
- 基于 DCT 递增型模式;
- 无失真编码模式;
- 分层多分辨率编码(hierarchical multi-resolution encoding)。

我们主要通过基于 DCT 顺序型模式来介绍 JPEG 编码。

二维 DCT 编译码器框图如图 10-21 所示。

DCT 用于图像压缩时,首先将图像划分成若干个 8×8 的方块,对每一个 8×8 方块进行二维 DCT 变换。

设 8×8 图像灰度矩阵为

$$[f(i,j)] = \begin{bmatrix} f(0,0) & f(0,1) & \cdots & f(0,7) \\ f(1,0) & f(1,1) & \cdots & f(1,7) \\ \vdots & \vdots & \vdots & \vdots \\ f(7,0) & f(7,1) & \cdots & f(7,7) \end{bmatrix}$$

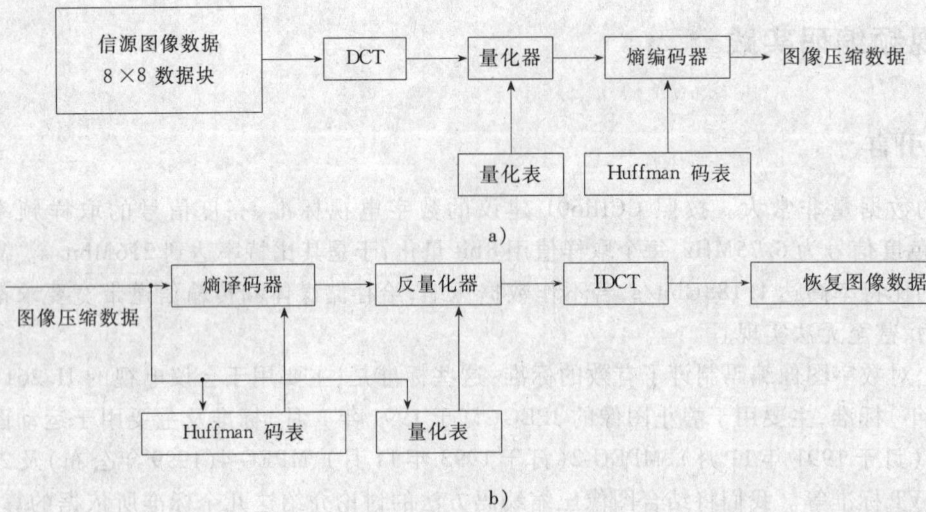

图 10-21 DCT 编译码器框图

a) 编码器 b) 译码器

通过二维 DCT 变成二维频域矩阵为

$$[F(u,v)] = \begin{bmatrix} F(0,0) & F(0,1) & \cdots & F(0,7) \\ F(1,0) & F(1,1) & \cdots & F(1,7) \\ \vdots & \vdots & \vdots & \vdots \\ F(7,0) & F(7,1) & \cdots & F(7,7) \end{bmatrix}$$

二维频域矩阵$[F(u,v)]$在左上角代表二维正交展开中的低阶项,它代表图像的直流分量和低频分量,$[F(u,v)]$的右下角代表二维正交展开中的高阶项,它代表图像的高频分量。所谓图像的低频分量反映图像灰度的缓慢变化,图像的高频分量代表图像灰度跳变的地方,又称轮廓或边缘。

经过二维 DCT 变化以后的$[F(u,v)]$矩阵其非零元素主要集中于某一个区域,通常在左上角,而右下角大部分是零。利用这一特点我们就可以实现图像数据压缩。传输时仅仅传输代表低频分量的左上角,对其进行量化编码,其余均抛掉(反变换时,把抛掉点填零来处理),这样就可以达到图像数据压缩的目的。这种保留能量集中的区域,舍弃能量较少的区域的编码方法称为区域编码。区域编码也相当于一个空间频率滤波器。对图像压缩而言这种空间滤波大部分用于去掉右下角,取左上角,所以又称空间低通滤波。

对数据压缩除用区域编码外,还用一种门限编码。门限编码是按$[F(u,v)]$矩阵中频域系数的幅度大小来决定取舍,对幅度大于某个门限值的分量加以保留,小于某个门限值的分量置为零。用门限编码方法,要对两种信息进行编码,一个是幅度信息,再一个是位置信息。

对 JPEG 算法,类似于用门限编码的方法,频域系数 $F(u,v)$用量化表对其进行量化,量化所得数值为零可舍去,保留的非零系数的位置信息可以用游程长度编码方法给出。

JPEG 算法中,可将二维频域矩阵中频域系数排列成一维矢量的形式,同时要保证低频图像分量在一维排序中首先出现,根据前面所讲的概念,可采用 Zig-Zag 排序方法。在国外资料中,排序方法共三种,一是水平扫描方式,二是垂直扫描方式,三是 Z 字形扫描方式,其中 Z 字形扫描方式(Zig-Zag)是最能体现一维排序中先出现低频分量,后出现高频分量的顺序。排序方式如图 10-22 所示。Zig-Zag 排序过程在量化之后，进入熵编码之前进行。

0	1	5	6	14	15	27	28
2	4	7	13	16	26	29	42
3	8	12	17	25	30	41	43
9	11	18	24	31	40	44	53
10	19	23	32	39	45	52	54
20	22	33	38	46	51	55	60
21	34	37	47	50	56	59	61
35	36	48	49	57	58	62	63

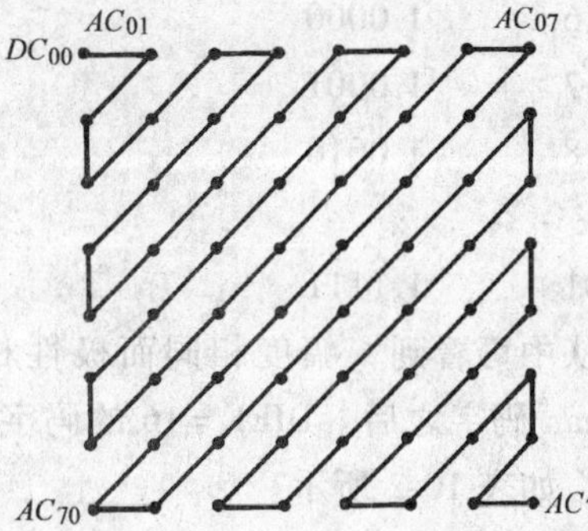

图 10-22　Zig-Zag 排序方法

JPEG 算法中对变换域系数的直流分量 DC 和交流分量 AC 采用不同的量化编码方法。$[F(u,v)]$矩阵左上角的元素 $F(0,0)$ 代表直流分量 DC，它等于

$$\mathrm{DC} = F(0,0) = \frac{1}{8}\sum_{i=0}^{7}\sum_{j=0}^{7} f(i,j)$$

它相当于图像灰度的平均值。$[F(u,v)]$中的其余系数是交流分量 AC。

对直流分量 DC 的处理，是对差值进行量化编码。设第 i 个方块的直流系数为 DC_i，左边相邻的第$(i-1)$个方块的直流分量为 DC_{i-1}，计算差值 DIEF：

$$\mathrm{DIEF} = \mathrm{DC}_i - \mathrm{DC}_{i-1}$$

然后对 DIEF 再进行量化编码。JPEG 算法的顺序型 DCT 模式中将 DIEF 差值分成 12 个段落，对 12 个段落用四位编码值，相当于信源编码中的前缀码“SSSS”，具体如表 10-1 所示。

每个段落的“SSSS”值用 Huffman 码编码，亮度与色度信号采用不同的码表，见表 10-2。每个 DIEF 在采用 Huffman 码对“SSSS”值编码后，还须对其极性与精确的差值进行编码。此时编码采用与“SSSS”值相等的码长编码，而码字的第 1 位表示差值的极性。如“SSSS”= 5，DIEF = 16，则码字小于 5bit 编码，第 1 位表示极性，“1”为 +，“0”为 -。该段落中差值与码字的对应关系如表 10-1。

表 10-1　DC 差值系数段落码表

“SSSS”	DIEF 值
0	0
1	-1,1
2	-3,-2,2,3
3	-7 ~ -4,4 ~ 7
4	-15 ~ -8,8 ~ 15
5	-31 ~ -16,16 ~ 31
6	-63 ~ -32,32 ~ 63
7	-127 ~ -64,64 ~ 127
8	-255 ~ -128,128 ~ 255
9	-511 ~ -256,256 ~ 511
10	-1023 ~ -512,512 ~ 1023
11	-2047 ~ -1024,1024 ~ 2047

DIEF	码字	DIEF	码字
16	1 0000	−16	0 1111
17	1 0001	−17	0 1110
18	1 0010	−18	0 1101
⋮	⋮	⋮	⋮
31	1 1111	−31	0 0000

从中可看到，幅度相同而极性相反的两个差值的码字呈反码关系，这些码字应接在Huffman码字之后。DIEF=16的码字就是11010000，前面110为SSSS码，后面10000代表+16。如表10-2所示。

表10-2 DIEF段落码Huffman码表

亮度信号码表			色度信号码表		
"SSSS"值	码字长度	码　字	"SSSS"值	码字长度	码　字
0	2	00	0	2	00
1	3	010	1	2	01
2	3	011	2	2	10
3	3	100	3	3	110
4	3	101	4	4	1110
5	3	110	5	5	11110
6	4	1110	6	6	111110
7	5	11110	7	7	1111110
8	6	111110	8	8	11111110
9	7	1111110	9	9	111111110
10	8	11111110	10	10	1111111110
11	9	111111110	11	11	11111111110

对交流分量AC的处理，其前缀码用复合值"RRRRSSSS"表示，其中"SSSS"表示段落，但这些段落是按量化后的AC值大小划分，而不是像DC分量那样按差值划分，"SSSS"给出非"0"系数的幅度范围。"RRRR"表示本系数相对于前一个非"0"系数的位置，实际上是两个非"0"系数间"0"的个数，称为游程长度。实际中可能会出现游程长度超过15的情况，此时用"RRRRSSSS" = "11110000"作游程长度扩展指示用，表示"0"AC系数后仍有"0"AC系数。当方块中剩下的AC系数都为"0"时，用方块结束码（EOB，End Of Block）表示，码型为"RRRRSSSS" = "00000000"。

对顺序型DCT运算模式，按AC系数大小共分10个段落，如表10-3所示。

表10-3 AC系数段落码表

"SSSS"	AC系数	"SSSS"	AC系数
1	−1,1	6	−63 ~ −32,32 ~ 63
2	−3,−2,2,3	7	−127 ~ −64,64 ~ 127
3	−7 ~ −4,4 ~ 7	8	−255 ~ −128,128 ~ 255
4	−15 ~ −8,8 ~ 15	9	−511 ~ −256,256 ~ 511
5	−31 ~ −16,16 ~ 31	10	−1023 ~ −512,512 ~ 1023

对合成值"RRRRSSSS"要进行 Huffman 编码。Huffman 编码表也共有两张表,一张表针对亮度信号,一张表针对色度信号,如表 10-4 所示。

表 10-4 AC 系数"RRRRSSSS"Huffman 码表

亮度 AC 系数编码表			色度 AC 系数编码表		
RRRR/SSSS	码字长度	码　字	RRRR/SSSS	码字长度	码　字
0/0(EOB)	4	1010	0/0(EOB)	2	00
0/1	2	00	0/1	2	01
0/2	2	01	⋮	⋮	⋮
0/3	3	100	1/1	4	1011
0/4	4	1011	1/2	6	111001
0/5	5	11010	⋮	⋮	⋮
0/6	7	1111000	1/A	16	1111111110001011
0/7	8	11111000	⋮	⋮	⋮
0/8	10	1111110110	F/8	16	1111111111111100
0/9	16	1111111110000010	F/9	16	1111111111111101
0/A	16	1111111110000011	F/A	16	1111111111111110
1/1	4	1100			
1/2	5	11011			
⋮	⋮	⋮			
F/5	16	1111111111111001			
F/6	16	1111111111111010			
F/7	16	1111111111111011			
F/8	16	1111111111111100			
F/9	16	1111111111111101			
F/A	16	1111111111111110			

与 DC 分量一样,在对 AC 系数进行"RRRRSSSS"编码后,还须对其极性与精确值进行编码。码字采用等长编码,码长等于"SSSS"的值,第 1 位也是极性码,"1"为 +,"0"为 -,幅度相同极性相反的两个 AC 系数的码字呈反码关系。如"SSSS" = 6,AC 系数值为 - 63 ~ - 32,63 ~ 32,此时用 6bit 对"SSSS" = 6 段落中各个 AC 系数编码:

AC	码字	AC	码字
32	100000	- 32	011111
33	100001	- 33	011110
⋮	⋮	⋮	⋮
63	111111	- 63	000000

10.2.3 H.261 与 H.263 建议

1. 会议电视编码标准 H.261

(1) 图像格式

H.261 建议主要针对会议电视和可视电话,数据速率为 $P \times 64$kbit/s。其中 P 在 1 ~ 30 中取值，即最低速率为 64kbit/s，而最高速率为 1920kbit/s，故常用近似值 2Mbit/s 来描述 H.261 标准所需的频带。当 $P=1$ 时可用于可视电话，$P=30$ 时可用于高质量电视会议，也常被用作一般的活动图像编码。目前，常用的电视会议码速率压缩到 384kbit/s（即 $P=6$），已达到满意的质量。这是由于在图像格式、编码算法等方面都进行了反复研究优化的结果。

为保证该建议可同时覆盖 625 行和 525 行的电视标准，它所处理的图像采用共同中间格式（CIF，Common Intermediate Format），所有制式的电视信号均转换成 CIF 格式。此外，还采用每行像元数和行数各减半的 1/4 共同中间格式（QCIF），QCIF 在 64kbit/s 时用得较多。

CIF 格式如图 10-23a 所示：其有效像元数为 352×288，其中每行实际为 360 个像元，但前后各有 4 个像元不用。CIF 对 Y 分量为 352×288，对 U，V 为 176×144。亮度与色差的取样格式如图 10-23b 所示。

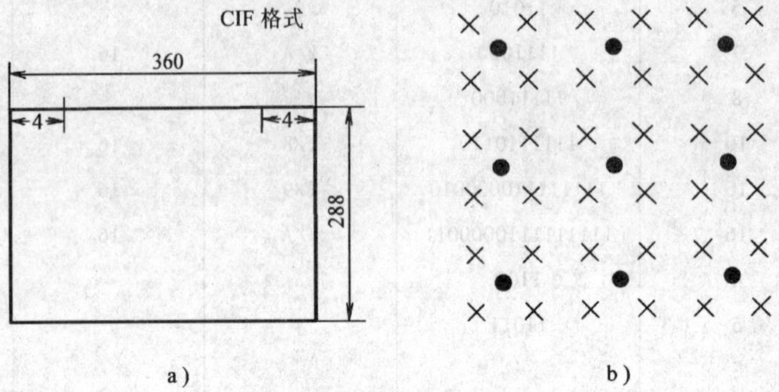

图 10-23　CIF 格式与取样格式

a）CIF 格式　b）亮度与色差信号取样位置：×为亮度样点●为色差样点

为降低数据速率，提高压缩比，可以采用隔 0、1、2、3 帧传输一帧的方法，最大间隔可为 3 帧，即 4 帧中取一帧。对 $P=1$（64kbit/s），必须采用选抽，接近 2Mbit/s 可以不用选抽。

为了后续处理的需要，将图像分成块。最小的块是每块 8×8 个像素。每 4 个这样大小的亮度块，加上覆盖同样面积，分辨率为亮度的一半的两个同样大小的色差块，组合在一起称之为宏块（见图 10-24）。每 33 个宏块，组合在一起，如图 10-24 所示，标上次序，称之为宏块组合（GOB）。利用它来组成完整的 CIF 或 QCIF 图像。

（2）编码算法

H.261 编码算法如图 10-25 所示。具有 CIF 或 QCIF 格式的图像和预测图像相减，得到的差值图像（图 10-25 中 A 点）通过 DCT 单元。预测图像是从上一帧编码图像预测得来的。差值图像分成 8×8 的小块，然后经 8×8 DCT 的处理。在变换之前，每个块是由 64 个 8bit 的值组成，它代表 8×8 空间中每一点的亮度。变换后，得到 64 个系数值，代表不同空间频率分量的幅度。每个系数按 Zig-Zag 扫描次序排成队。

DCT 处理本身并没有达到压缩图像的目的，输入的是 64 个值输出的仍然是 64 个值，DCT 结合量化才使图像数据得到压缩。在量化过程中将小于某门限的值都置为零，于是大多数 8×8 的块可以用少数几个变换系数来表示，当然，量化以后还要利用可变长编码来进一步减少冗余度。

对 DCT 变换域有关系数的量化，采用 31 种量化器，第 1 种量化器量化电平划分得最细，而第 31 种量化器量化电平划分得最粗。量化表如表 10-5 所示。从表中可见，量化步级大小

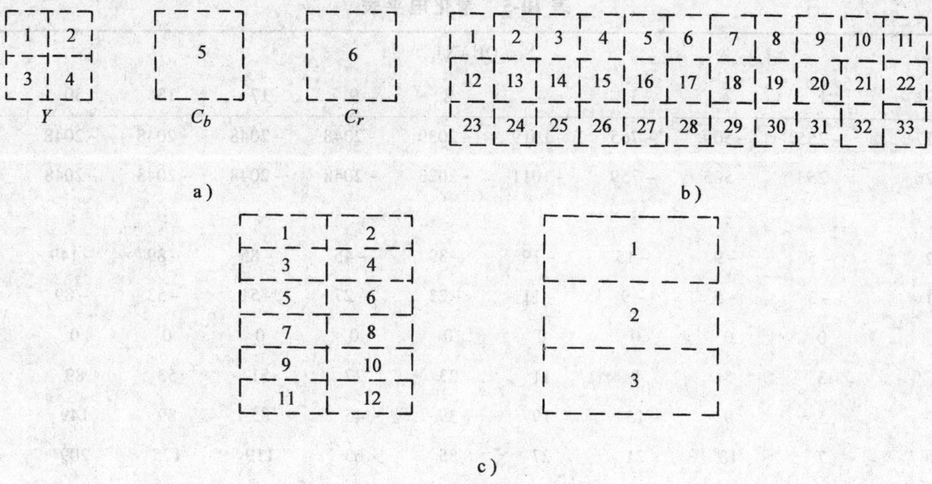

图 10-24　图像分块示意图

a）宏块，包括 4 个亮度和 2 个色差块　b）宏块组合，包括 33 个宏块

c）整个图像，由 12 个宏块组合（CIF）或 3 个宏块组合（QCIF）构成

不等，形成不同的量化器。实际量化时量化器类型的选择由缓冲器控制。当缓冲器快满时，采用量化步级较粗的量化器，如选择类型 31，此时"0"对应于 +92 ~ −92 电平，于是量化电平处于"0"附近的概率增大，从而编码时用短码字，使进入缓冲器数据量减少，对缓冲器起调节作用。

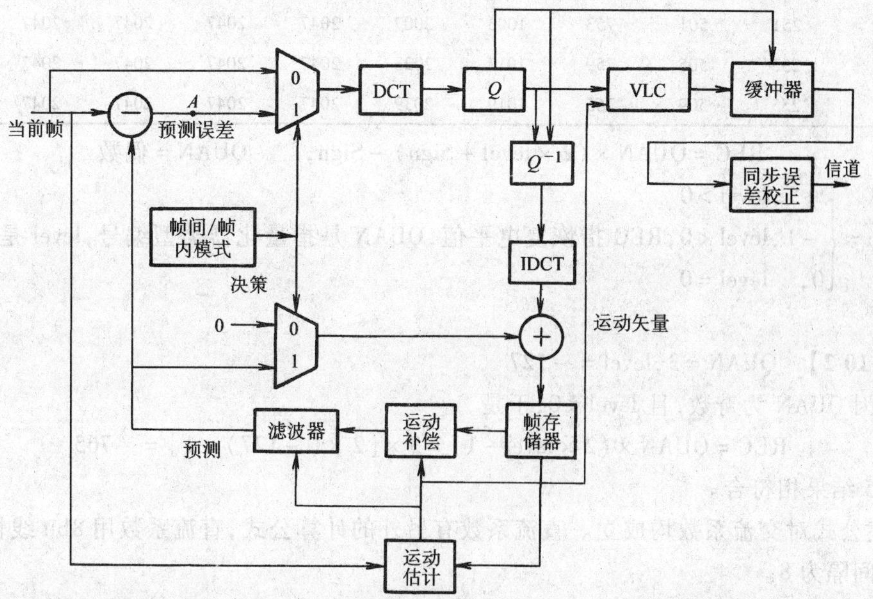

图 10-25　ITU-T H.261 解码器框图

恢复电平值的计算由下列公式给出：

$$REC = QUAN \times (2 \times level + Sign), \qquad QUAN = 奇数$$

表 10-5　量化电平表

Level	QUANT 1	2	3	4	8	9	17	18	30	31
-127	-255	-509	-765	-1019	-2039	-2048	-2048	-2048	-2048	-2048
-126	-253	-505	-759	-1011	-2023	-2048	-2048	-2048	-2048	-2048
⋮	⋮	⋮	⋮	⋮	⋮	⋮	⋮	⋮	⋮	⋮
-2	-5	-9	-15	-19	-39	-45	-85	-89	-149	-155
-1	-3	-5	-9	-11	-23	-27	-51	-53	-89	-93
0	0	0	0	0	0	0	0	0	0	0
1	3	5	9	11	23	27	51	53	89	93
2	5	9	15	19	39	45	85	89	149	155
3	7	13	21	27	55	63	119	125	209	217
4	9	17	27	35	71	81	153	161	269	279
5	11	21	33	43	87	99	187	197	329	341
⋮	⋮	⋮	⋮	⋮	⋮	⋮	⋮	⋮	⋮	⋮
56	113	225	339	451	903	1017	1921	2033	2047	2047
57	115	229	345	459	919	1035	1955	2047	2047	2047
58	117	233	351	467	935	1053	1989	2047	2047	2047
59	119	237	357	475	951	1071	2023	2047	2047	2047
60	121	241	263	483	967	1089	2047	2047	2047	2047
⋮	⋮	⋮	⋮	⋮	⋮	⋮	⋮	⋮	⋮	⋮
125	251	501	753	1003	2007	2047	2047	2047	2047	2047
126	253	505	759	1011	2023	2047	2047	2047	2047	2047
127	255	509	765	1019	2039	2047	2047	2047	2047	2047

$$REC = QUAN \times (2 \times level + Sign) - Sign, \qquad QUAN = \text{偶数}$$

其中 $Sign = \begin{cases} +1, & level > 0 \\ -1, & level < 0 \\ 0, & level = 0 \end{cases}$，REC 指恢复电平值，QUAN 是指量化器类型编号，level 是指量化电平值。

【例 10-2】　QUAN = 3，level = −127

解：因 QUAN 为奇数，且 level < 0，于是

$$REC = QUAN \times (2 \times level - 1) = 3 \times [2 \times (-127) - 1] = -765$$

与表 10-5 结果相符合。

上述公式对交流系数均成立。直流系数有另外的计算公式，直流系数用 8bit 线性 PCM 编码，量化间隔为 8。

可变长度编码（VLC）是在 8×8 分块的 DCT，量化，再经 Zig-Zag 输出后进行的。在对 8×8 分块 DCT 变换域系数编码时，对"0"游程长度（Run）及随后的一个非"0"系数量化电平（Level），采用 Huffman 码与等长编码相结合的方式。即当"0"游程长度与随后的非"0"量化电平的组合属大概率事件时，用可变长度的 Huffman 码编码（码表略）；除表以外的组合属小概率

事件,用固定长度码编码(见表 10-6)。固定长度码的长度为 20bit,其构成为:

ESCAPE(6 bit) + Run(6 bit) + Level(8 bit)

其中 ESCAPE 为"000001"。

表 10-6 低概率游程长度与量化电平编码表

a) 游程长度编码

Run	Code
0	0000 00
1	0000 01
2	0000 10
⋮	⋮
63	1111 11

b) 量化电平编码

Level	Code
-128	禁用
-127	1000 0001
⋮	⋮
-2	1111 1110
-1	1111 1111
0	禁用
1	0000 0001
2	0000 0010
⋮	⋮
127	0111 1111

图 10-26 画出了解码器的框图。被压缩的数据被缓冲器存储,然后作可变长度解码。解码器余下的部分相似于编码器的后端,仅有的区别是不再需要运动估计。运动矢量和其他附带的信息直接从可变长度解码器的输出得到。

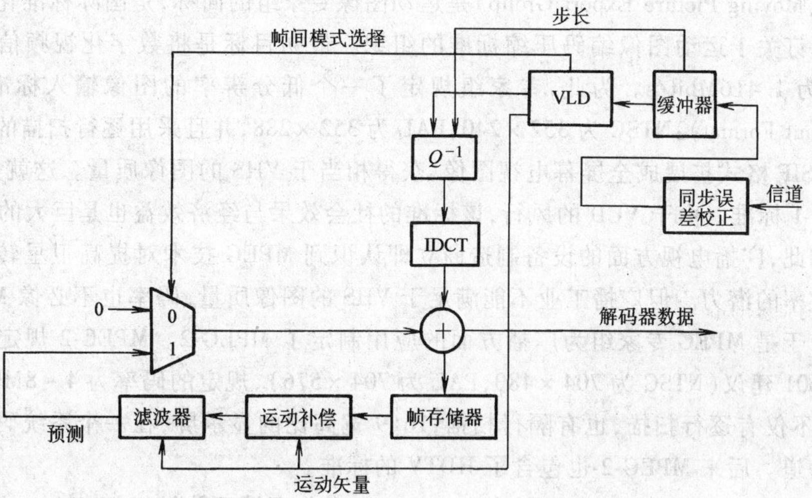

图 10-26 H. 261 解码器框图

2. 低码率图像压缩编码标准 H. 263

H. 261 建议解决了 64kbit/s 以上中高码率图像编码问题,可以在 ISDN(综合业务数字网)上进行图像通信。但 PSTN(公用电话交换网)仍是当前最为普及的通信网络资源,其网络带宽却低于 64kbit/s。为此,ITU-T 推出了低码率图像压缩编码标准即 H. 263 建议。该建议不仅适用于 PSTN 作可视电话通信,其灵活多样的图像格式还可以应用于多媒体通信、移动通信及远程监控系统等领域。

H. 263 建议的视频编解码原理框图与 H. 261 建议基本相同,不同的只是输入有多种格式,而输出的是 H. 263 码流格式。H. 263 建议共有 5 种图像格式如表 10-7,其中 Sub-QCIF、QCIF、CIF 可用于可视电话和电视会议,4CIF 可用于常规电视(SDTV),16CIF 则可应用于高清晰度电视(HDTV)。

表 10-7 H. 263 标准图像格式

图像格式	亮度信号分量(Y)		色度信号分量	
	每行象素数	每帧行数	每行象素数	每帧行数
Sub-QCIF	128	96	64	48
QCIF	176	144	88	72
CIF	352	288	176	144
4CIF	704	576	352	288
16CIF	1408	1152	704	576

此外,H. 263 还提供了 17 种可选的编码模式,以适应不同的应用需求。更详细内容,可查 H. 263 文本。

10.2.4 MPEG 编码标准

1. 综述

MPEG(Moving Picture Expert Group)是运动图像专家组的简称,是国际标准化组织 ISO 建立的一个制订关于运动图像编码压缩标准的组织。最初目标是将数字化视频信息灌入激光盘,码速率为 1.416Mbit/s。为此,专家组规定了一个低分辨率的图像输入标准格式(SIF, Standard Input Format):NTSC 为 352×240;PAL 为 352×288,并且采用逐行扫描的帧处理。在解码时,将 SIF 格式扩展成全屏幕电视图像,获得相当于 VHS 的图像质量。这就是 1992 年推出的 MPEG-1 标准。由于 VCD 的风行,该标准的社会效果与经济效益也是巨大的。

不仅如此,广播电视方面的设备制造商立即认识到 MPEG 技术对提高卫星转发器和有线电视信道效率的潜力。但广播工业不能满足于 VHS 的图像质量,码率也不必像 MPEG-1 限制得那样低。于是 MPEG 专家组为广播方面的应用制定了 MPEG-2。MPEG-2 规定的图像格式符合 CCIR601 建议(NTSC 为 704×480,PAL 为 704×576),规定的码率为 4~8Mbit/s。另外,MPEG-2 中不仅有逐行扫描,也有隔行扫描,16:9 宽高比的显示屏,在一个系统码流中可以有多个视频信道。后来 MPEG-2 也包含了 HDTV 的标准。

MPEG-1 是 MPEG-2 的一个子集,任何 MPEG-2 的解码器要能够解 MPEG-1 的码流。

1994 年,MPEG 在新加坡举行的第 29 次会议批准了公布 MPEG-2 的决定。这对国际标准化来说具有重要的里程碑的意义,因为它建立了全世界范围内数字音频视频服务和应用的相互操作的可能性。

MPEG-2 不仅已经被国际上公认为 HDTV 信源压缩编码的标准,而且在多方面得到了实际的应用。中央电视台及各地方电视台的卫星频道都应用了 MPEG-2。原来传送一路电视信号的卫星信道可传 4 路经 MPEG-2 压缩的电视信号。国际上即将推向市场的 DVD,也是应用 MPEG-2 将 133min 的电影节目压缩在一张光盘中,清晰度达到每行 720 个像素。欧洲利用 MPEG-2 压缩普通格式的电视,称之为 DVB,用于电视的数字播放。

在 HDTV 方面,美国已采用 MPEG-2 作为它的标准,欧洲方面也是用 MPEG-2,只是倾向于用兼容方式(MPEG-2 中的一类),即 HDTV 和 SDTV 兼容,我国的 HDTV 制式研究正在进行。利用 MPEG-2 标准压缩的图像质量达到了令人满意的效果,因此,取消了原定为 HDTV 应用的 MPEG-3 的制定计划。更低码率的图像压缩编码标准 MPEG-4 与 JVT 相继于 1999 年与 2003 年推出。相信,在多媒体信息的存储与传输、电子影院等许多新的领域,MPEG 标准都会被广泛采用。

(1) MPEG 视频码流结构

MPEG 为更好地表示编码数据,规定了一个层次性的结构。与此相应,MPEG 所表示的图像序列也被解释为一种有结构的数据,如图 10-27 所示共分 6 层,最高层是图像序列(video sequence),其次是图像组(group of pictures)、图像(picture)、宏块条(slice)、宏块(macroblock),最低层便是块(block)。下面介绍各层的定义和作用。

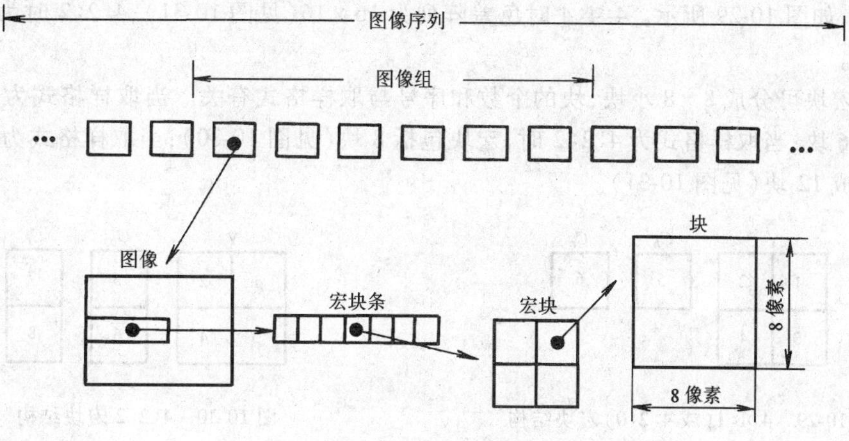

图 10-27 MPEG 码流层次

(2) 图像序列

图像序列是指整个一个被处理的连续图像。在 MPEG-2 中,图像序列可以是隔行扫描的也可以是逐行扫描的。在 MPEG-1 中,图像序列只能是逐行扫描的。

一个编码的图像序列由一个序列头(sequence header)开始,后面跟一个图像组的头,然后是一个或几个图像。图像序列由序列中一个图像终止码(sequence end-code)加以结束。

(3) 图像组

图像组是将一个图像序列中连续的几个图像组成一个组,它本是为方便随机存取和编辑而加的。在 MPEG-2 中,这一结构组成是可选的,也就是说,图像序列在 MPEG-2 中不一定要分组。这一点与 MPEG-1 不同,在 MPEG-1 中图像总是被分组的。

(4) 图像

图像是一个独立的显示单位,它可以作为一个整体被显示设备显示。在 MPEG-1 中,图像扫描是逐行的,因而图像总是帧格式的,这在 MPEG-2 中不同。MPEG-2 中,当图像序列是逐行扫描时,图像格式只能为帧格式的;但是当图像序列为隔行扫描时,图像可以是帧格式的,也可以是场格式的。

一个图像包含亮度阵列和色差阵列。在 MPEG-1 中,亮度和色差之间的格式是 4∶1∶1,(见图 10-28)而在 MPEG-2 中,除这一格式外,还允许有 4∶2∶2 及 4∶4∶4 的格式。

(5) 宏块条

在图像中，数据被分成包括若干个连续宏块的宏块条。这样处理的主要目的在于防止错误的扩散，即当一宏块条发现误码又不可纠正时，对它采取掩蔽措施，下一个宏块条不受其影响，仍能准确地找到并正常解码。

(6) 宏块

图像以亮度数据阵列为基准被分为若干个 16×16 像素的单位，称作宏块。宏块是进行运动补偿的基本单位。运动矢量的确定以宏块在参考图像上匹配作为依据。宏块其实不仅包括一个亮度阵列还包括两个色差阵列。色差阵列的大小取决于取样格式。4:1:1 时色差阵列为 8×8，如图 10-29 所示。4:4:4 时色差阵列为 16×16（见图 10-31），4:2:2 时为 8×16（见图 10-30）。

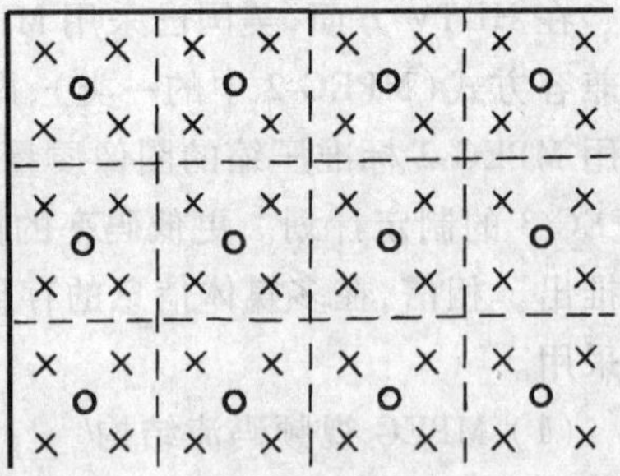

C_r、C_b 在水平和垂直方向都是一半，Y 行、列都是偶数（×— 亮度像素，○— 色差像素）

图 10-28　4:1:1 格式的像素分布图

一个宏块可分成 8×8 小块，块的个数和序号与取样格式有关。当取样格式为 4:1:1 时，宏块包括 6 块；当取样格式为 4:2:2 时，宏块包括 8 块（见图 10-30）；当取样格式为 4:4:4 时，宏块被分成 12 块（见图 10-31）。

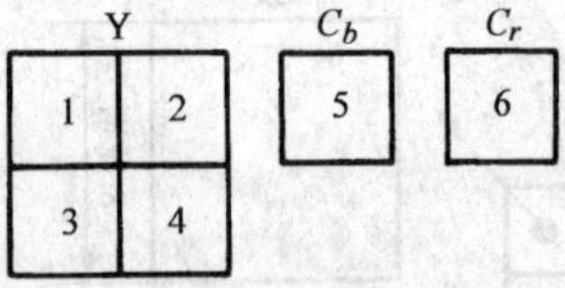

图 10-29　4:1:1（或 4:2:0）宏块结构

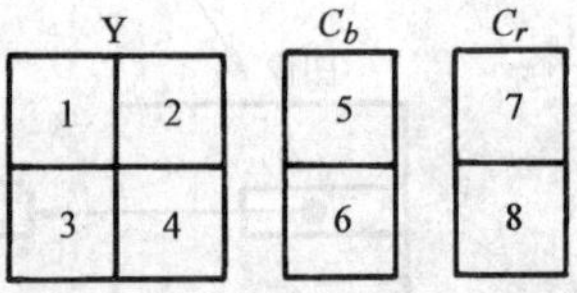

图 10-30　4:2:2 宏块结构

(7) 块

块是一个 8×8 像素的数据阵列。与宏块不一样，块只包含一种信号元素，即它或者是亮度数据阵列，或者是某种色差数据阵列。块是进行 DCT 的单位，宏块在进行 DCT 处理之前被分成若干块。

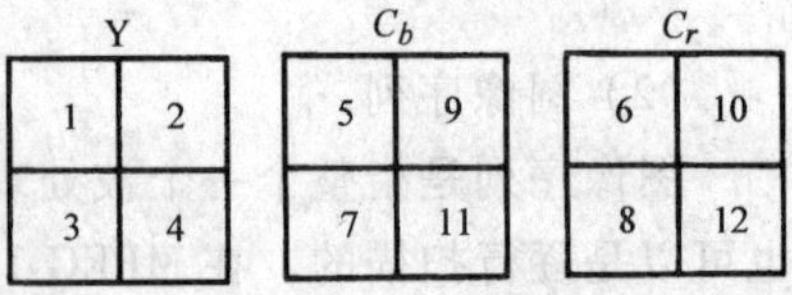

图 10-31　4:4:4 宏块结构

(8) 三种类型图像（I，P，B）

MPEG 标准所规定的算法达到了很高的压缩比，但仍保持了很好的图像质量（当然这个算法不是无损的，编码时并未保持精确的像素值）。MPEG 标准的制订是基于高质量的图像和高压缩比之间平衡的考虑，并且要满足能够随机存取的要求。由于单靠帧内编码不可能在高的压缩比下获得好的图像，所以必须有帧间编码，但要能随机存取，则用帧内编码最易满足。这就要在帧间和帧内编码之间仔细地平衡。不仅如此，该算法在利用块匹配运动补偿来减小时间冗余度时，不仅用前面帧的图像预测当前图像（这是因果预测），而且也用后面帧图像预测当前图像（非因果预测），即内插预测。这是和 H.261 标准有重要区别的地方。这两种预测方法虽然都是为了减小时间冗余度，但也需要仔细加以平衡。

下面分别介绍以上三种类型的图像，图 10-32 是具有这三种类型的图像序列的例子。

I 帧图像

即帧内编码图像，是仅利用该帧图像本身的信息进行编码，由于 I 帧只用变换编码，所以

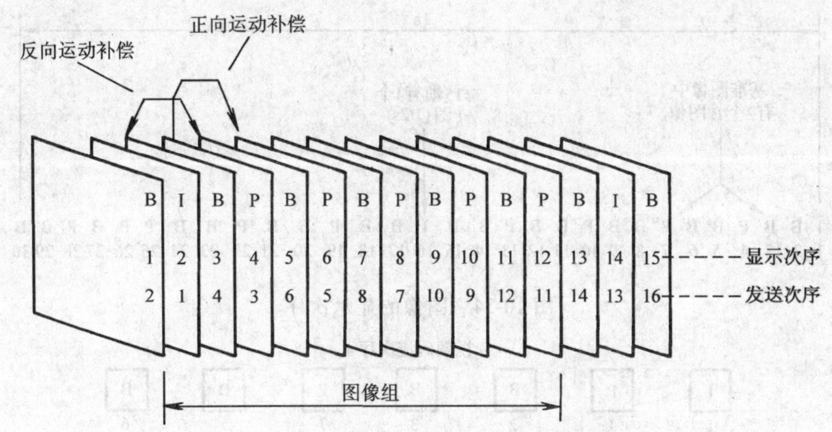

图 10-32　利用 P 帧和 B 帧的编码视频序列的例子

提供的是中等压缩。I 帧提供了进入压缩过的图像数据中的随机存取点。

P 帧图像即预测编码图像，如图 10-33a 所示。P 帧是根据前面最靠近的 I 图或另一个 P 图进行预测，这叫正向预测。预测图像由于使用运动补偿，比 I 帧要提供更多的压缩并可作 B 帧和后面的 P 帧的基准。P 帧会使误码传下去，因为 P 帧可能是从前面的已经有了误码的 P 帧预测得来。

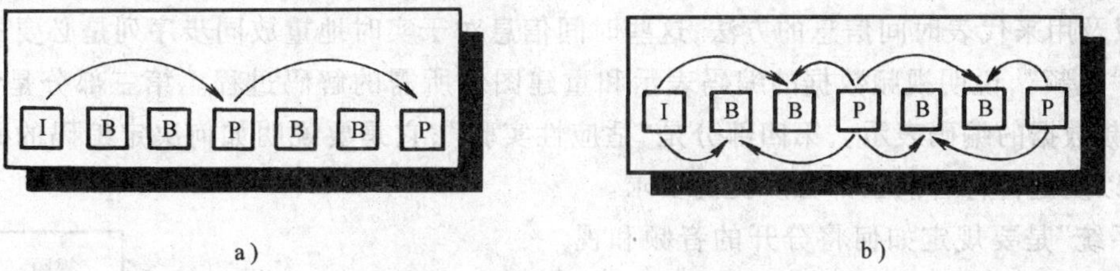

图 10-33　正向和双向预测

a）正向预测　b）反向预测

B 帧图像即双向图像，如图 10-33b 所示。它是既用过去的帧又用在它后面的帧作基准，（在处理之前存储所有的帧，包括“未来”的帧），通过内插重建的帧，也就是双向预测。B 帧提供最大的压缩而且不传播误码，因为它不会被用作基准，所以压缩比可以比较高。另外后面帧可以提供关于场景变化的信息，这种变化可能尚未在过去帧内出现过。

在视频编码中，这三种类型图像的运用与排序对恢复图像质量是有影响的。MPEG 算法可以让编码器选择 I 帧出现的频率和位置。这个选择是根据满足图像序列中随机存取和景物切换的需要而定的。随机存取在实际应用中是重要的，典型的应用是每秒用 2 次 I 帧。

编码时也要对每一对基准（I 或 P）之间的 B 图的数目作选择；这个选择是基于编码器中存贮器的数量和正在编码的对象性质而定的。对于大多数景物可以这样安排：在连续两个基准图像中安排两幅 B 帧。图 10-34 所画的是典型例子。

视频码流的传送要考虑有利于解码器的解码，为此不能按显示次序（也就是自然次序）传送，必须重新排序。要在 B 帧传送之前先送它的基准图像 I 帧和 P 帧。图 10-35 表示了视频码流的次序和显示次序不同。

以上介绍的是 MPEG-1 和 MPEG-2 共性的内容，下面分别介绍 MPEG-1 和 MPEG-2。

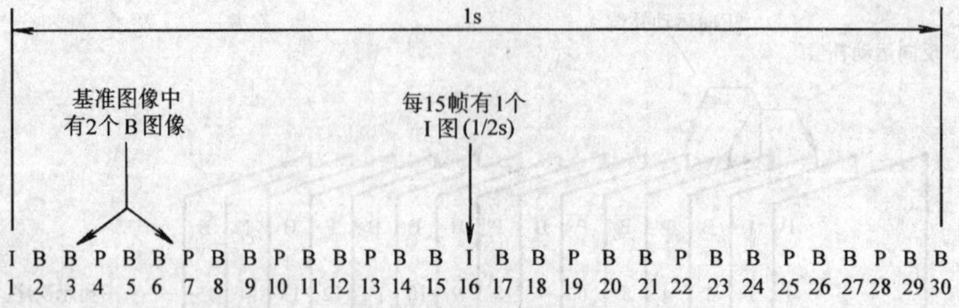

图 10-34　图像的显示次序

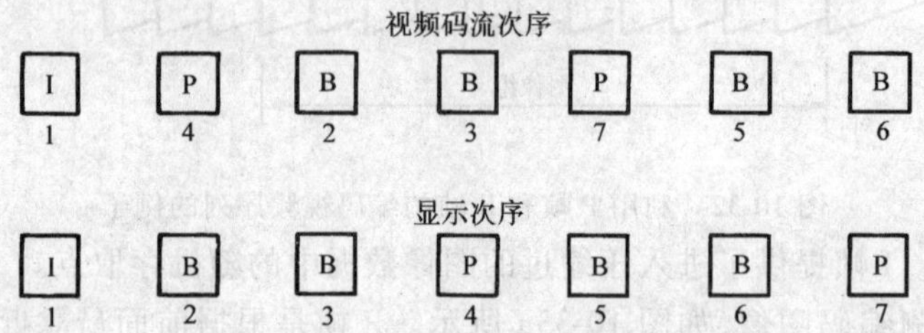

图 10-35　视频码流的传送次序和图像显示次序

2. MPEG-1 介绍

MPEG-1 标准有四个部分。第一部分是“系统”,规定了如何组合视频和音频数据的复接结构,以及用来代表时间信息的方法,这些时间信息对于实时地重放同步序列是必要的。第二部分是“视频”,说明视频数据的编码表示和重建图像所需的解码过程。第三部分是“音频”,说明音频数据的编码表示。第四部分是“适应性实验”,它是要说明如何决定编码的码流性质的过程以及是否符合前三部分所提的要求。

“系统”是要规定如何将分开的音频和视频流合成一个单一的码流,这样才能方便地存储和传输。“系统”还规定向解码器提供音频和视频同步的机理。

为了说明“系统”的作用,我们通过图 10-36 作解释。图 10-36 所示为一个通用的 MPEG 解码系统。该系统通过解复用从 MPEG 码流中提取时间信息,并将它送到其他系统部件。系统解复用也将视频和音频码流解出来,并送到各自的解码器。视频解码器将视频码流解压缩,音频解码器将音频码流解压缩。

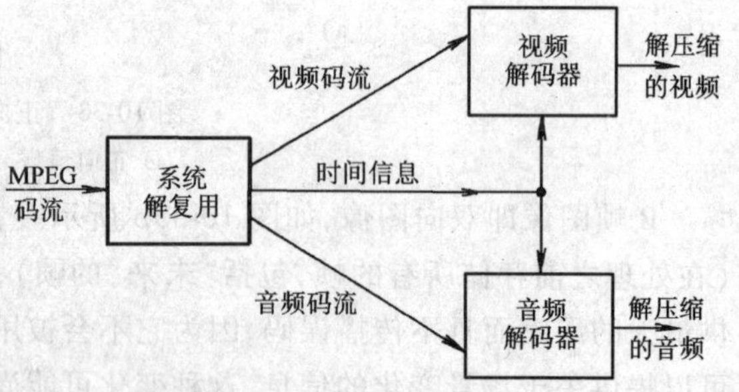

图 10-36　通用的 MPEG 解码系统

MPEG 算法标准并没有规定编码过程,它规定的是码流的结构以及解码器中的信号处理,所以制作编码器时可以在成本、速度和图像质量、编码效率之间作折衷选择。但从上节关于数据流结构来看,其实现原理基本上类同于 H. 261 的混合编码模型,包括帧内、帧间编码模式、DCT、量化、VLC、运动估计等功能模块,而且更精细、更复杂。MPEG 算法的编码和解码过程是一种非对称算法,其步骤与时间花费都不相同。解码过程比编码过程简单,从而使硬件成本相差甚大。这是符合社会消费需求的,也给生产编解码器厂商留有很大的竞争余地。具体的编解码框图,只能从某种具体产品说明书或技术文件中看到,不再列出。

3. MPEG-2 介绍

前一章提到 MPEG-1 是 MPEG-2 的一个子集,任何 MPEG-2 的解码器都应该能够解 MPEG-1 的视频和音频。MPEG-2 虽然有和 MPEG-1 相同的图像结构,但在许多方面有重大的区别,因此,MPEG-2 是一个独立的标准。这个标准包含以下四个文件:

System(系统)——叫作"MPEG-2 系统",这是涉及多路音频、视频和数据的复用和同步标准。也是电视分配、视频通信和多媒体应用中传递音频和视频信息的基础。

Video(视频)——这部分标准用于各种比特率的数字视频编码,从 1.5Mbit/s 到超过 60Mbit/s,适用于从家用娱乐质量的活动图像到高清晰度电视等多种应用。

Audio(音频)——这部分标准扩充了 MPEG-1 的音频标准 11172-3,使之成为多通道音频编码系统,达到了 5.1 个通道之多。它将 MPEG-1 的音频压缩标准向较低的取样频率和较低的码率方向扩展。

Conformance(一致性)——说明测试编码码率的过程,检验是否符合关于系统,视频及音频的规定。

MPEG-2 标准覆盖一个广泛的应用范围,因此有较强的通用性,也就是说充分考虑各种应用的不同要求。在实现的时候,如果要求解码器全面满足各种应用的算法,那么解码器就会很复杂,这又是很不经济的,这就要求针对不同的应用有其特殊的算法。

为了解决通用性和特殊性的矛盾,针对不同的应用,标准规定了若干个子集,这样的子集就是 Profile。"Profile"应该译成界定子集比较恰当,这里把它译作"类",实际还是"子集"的意思。MPEG-2 共有 5 类,如表 10-8 所示。

表 10-8 MPEG-2 的类和级

Profile / Level	Simple	Main	SNR Scalable	Spatial Scalable	High
High 1920×1080×30 或 1920×1152×25		MP@ HL			HP@ HL
High-1440 1440×1080×30 或 1440×1152×25		MP@ H1440		SSP@ H1440	HP@ H1440
Main 720×480×29.97 或 720×576×25	SP@ ML	MP@ ML	SNR@ MP		HP@ ML
Low 352×288×29.97		MP@ LL	SNP@ LL		

即使在同一子集,即同一类中需要处理的图像的参数(如图像的格式大小)有很大的不同,MPEG-2 标准也还规定了若干 Level(级)加以区别对待,从表 10-8 可见,共有 4 个级。

实际应用中,有些组合不大可能出现,因而未予规定,如 High Profile,Low Level 就不会出现。

在表示组合中常用缩写，如 HP@ HL，表示 High Profile 与 High Level 的组合。

表 10-8 中 5 个 Profile（类）是按压缩比安排的，“High”压缩比最高，“Simple”压缩比最小。SNR Scalable 是图像的信噪比可分级，Spatial Scalable 是空间可分级，这是适用于 HDTV 和 SDTV 可兼容的情况，即 CCIR 601 格式的图像可从接收到的 HDTV 信号中提取。目前用得最多的还是 Main Profile。

下面对 Main Profile 的 4 个 Level 的指标作进一步的介绍，如表 10-9 所示。

表 10-9 Main Profile 的四个级

Profile / Level	Main Profile	
	编码码率(Mbit/s)	缓冲容量/Mbit
High(ATV 用)	80	大约 0.33
High-1440(HDTV 用)	60	7
Main(用于 CCIR 601)	15	1.75
Low(会议电视，电视电话)	4	大约 0.47

其中 MP@ ML（Main Profile @ Main Level）是最早有集成电路的解码器，应用于多种不同的场合，图像质量超过现有的电视信号。美国的 150 个信道的卫星直播就是采用 MP@ ML，它也被用于数字视频光盘等。

数字有线电视采用 SP@ ML（Simple Profile @ Main Level）比较合适，因为安装在家庭中的解码器应比 MP @ ML 便宜。它不采用 B 帧，使用的存储容量仅为 MP@ ML 的一半。

美国的 HDTV 大联盟组织是采用 MP@ ML 的指标，而欧洲国家采用 SSP@ H1440 作为他们的 HDTV 系统，因为这种指标有兼容功能。

（1）MPEG-2 解码器

MPEG-2 并没有详细规定编码器的构造，但是对解码器的组成作了具体的规定。

解码器框图如图 10-37 所示，由图可以看出解码的过程可分为下面五步。

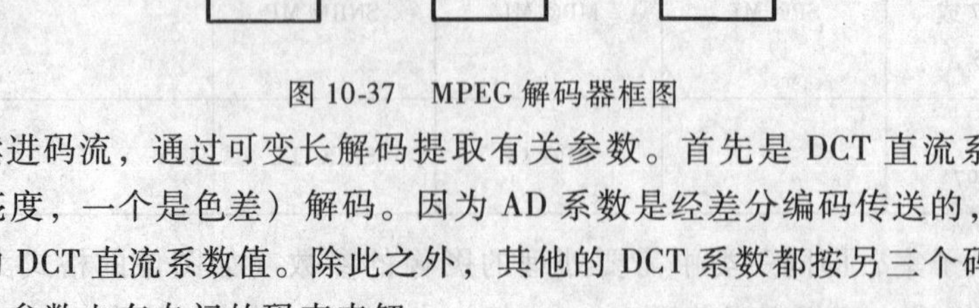

图 10-37 MPEG 解码器框图

第一步：读进码流，通过可变长解码提取有关参数。首先是 DCT 直流系数，按照两个码表（一个是亮度，一个是色差）解码。因为 AD 系数是经差分编码传送的，所以需要预测器来恢复原来的 DCT 直流系数值。除此之外，其他的 DCT 系数都按另三个码表来解。运动矢量等若干其他参数也有专门的码表来解。

第二步：将解出的块系数作“逆扫描”（inverse scan），即重新排序，这一方面是要将进来的一维 $QFS\ [n]$（其中 n 是 0 到 63）转换成二维数组 $QF\ [u,\ v]$（v、u 都是在 0 ~ 7 的范围内）。另一方面因为编码时用了 Zig-Zag 扫描，所以在 VLC 的解码后要考虑按同样次序来恢复 DCT 原来的矩阵，这叫逆扫描。

第三步：对生成的块状系数实行“逆量化”即对 $QF[u, v]$ 这个系数阵列作逆量化来重建 DC 系数。这个过程就是对 $QF[u, v]$ 乘上步长。但步长的大小是受两方面的因素控制的，如图 10-38 所示。

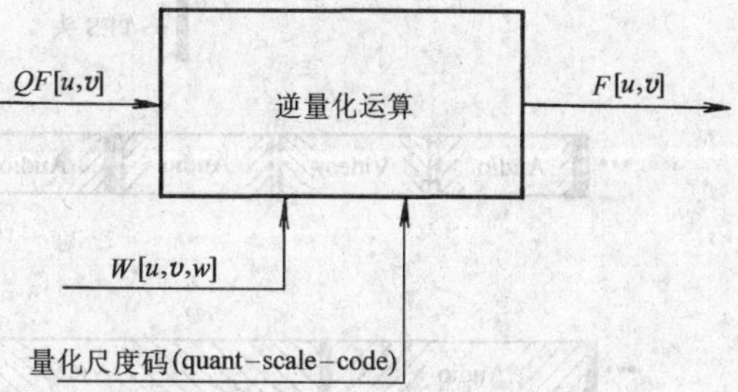

图 10-38　MPEG 逆量化运算示意图

一个是加权矩阵，$W[u, v, w]$，它是在一个块内各系数的对步长作不同的变化。另一个是量化尺度因子，是对整个矩阵作调整，这也就是量化参数，是控制码率的主要参数。

第四步：进行逆 DCT 变换，从而生成数据 $f(x, y)$。

第五步：根据解出的运动矢量 $d(x, y)$ 从帧存提取相应的图像块的数据，这就是运动补偿。将 $f(x, y)$ 加上去就生成重建图像，也就是解码的图像数据。

（2）节目码流和传送码流

在 MPEG-2 标准中有两种不同类型的码流输出到信道去，一种叫节目码流（Program Stream），另一种叫传送码流（transport stream）。如图 10-39 所示。

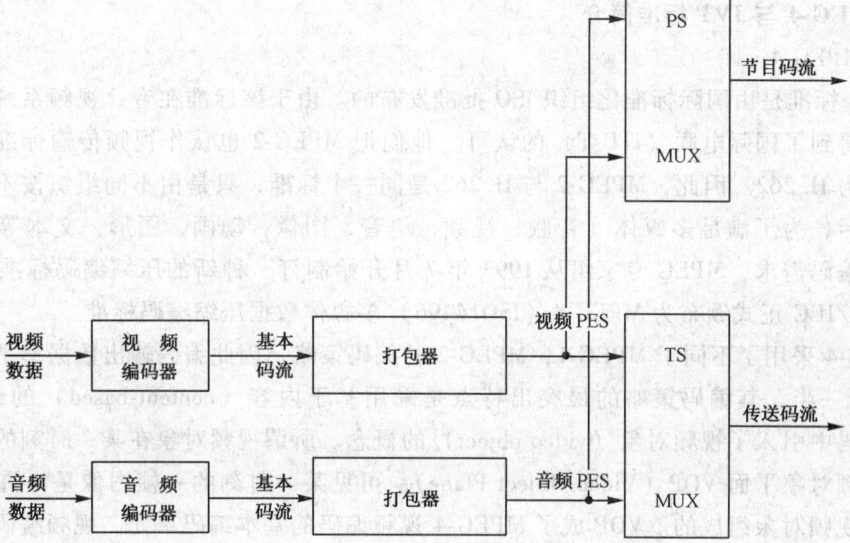

图 10-39　系统运输层的结构

节目码流类似于 MPEG-1 中的系统复用方法，它是将一个或几个具有公共时间基准的 PES（Packet Elementary Stream）组合成单一的码流，所有的基本码流就像单个的节目码流那样用同步来解码。节目码流比较适用于相对无噪声的环境，如用在交互式多媒体中，因为涉及的是系统信息的软件处理。节目码流中小包的长度相对比较长，并且是可变的，它的结构形式如图 10-40b 所示。

传送码流也是将一个或几个 PES 组合成单一的码流，但这些 PES 可以是有一个公共的

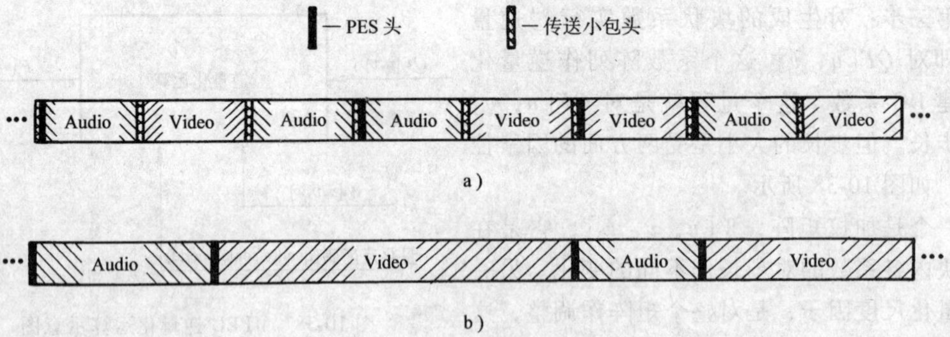

图 10-40　传送码流和节目码流

a）传送码流　b）节目码流

时间基准，也可以是几个独立的时间基准。如果其中几个基本码流有公共的时间基准，那么这几个基本码流先组合成一组，这叫节目（Program）复用。然后由若干个节目复用后再进行传送复用。形成的传送码流是适合于有误差发生的环境，例如在噪声或有损耗介质中的存储或传送。传送码流中的小包长度是固定的，总是 188 个字节，这对于处理误码很有好处，而且能适应 ATM 信元结构，它的结构如图 10-40a 所示。

4. MPEG-4 与 JVT 标准简介

（1）MPEG-4

MPEG 标准是由国际标准化组织 ISO 批准发布的。由于该标准在音、视频系统中的成功应用，也得到了国际电联（ITU-T）的认可，他们把 MPEG-2 也认作视频传输标准并编入其 H 系列，为 H. 262。因此，MPEG-2 与 H. 262 是同一个标准，只是由不同组织按不同的系列编号。此后，为了满足多媒体（音频，视频，语音，图像，动画，图形，文本等）数据的高效压缩编码需求，MPEG 专家组从 1993 年 7 月开始制订一种新的压缩编码标准。1999 年 1 月由 ISO/IEC 正式颁布为 MPEG-4（ISO14496）多媒体数据压缩编码标准。

MPEG-4 采用了不同于 MPEG-1，MPEG-2 的编码策略，因此编码输出数据率平均地要比 MPEG-2 低一半。其编码策略的最突出特点是采用基于内容（content-based）的编码策略。在视频编码中引入了视频对象（video object）的概念。所谓视频对象在某一时刻的具体图像称之为视频对象平面 VOP（Video Object Plane）。可见某一时刻的一帧图像是由许多以 VOP 为代表的视频对象组成的。VOP 成了 MPEG-4 视频编码的基本编码单元。视频编码器的原理框图如图 10-41 所示，从图可见，实际上该编码器是由几个相同的 VOP 编码器所组成。各编码器的输出由复用器复合成 MPEG 数据流作为编码器的输出。接收端经过解复用及 VOP 解码，再将 VOP 组合成视频输出。

MPEG-4 这种基于对象的视频编码策略，不仅在传输过程中有助于码流的控制，而且用户在输入、输出终端可以对 VOP 进行交互控制，改变显示场景等，适合于多媒体节目的应用。为了适应各种多媒体业务对图像质量及传输信道带宽的不同需求，MPEG-4 也划定了类似于 MPEG-2 的“类”（Profile）和“级”（Level），用 profile@ Level 的组合形式来代表图像编码的综合效果。

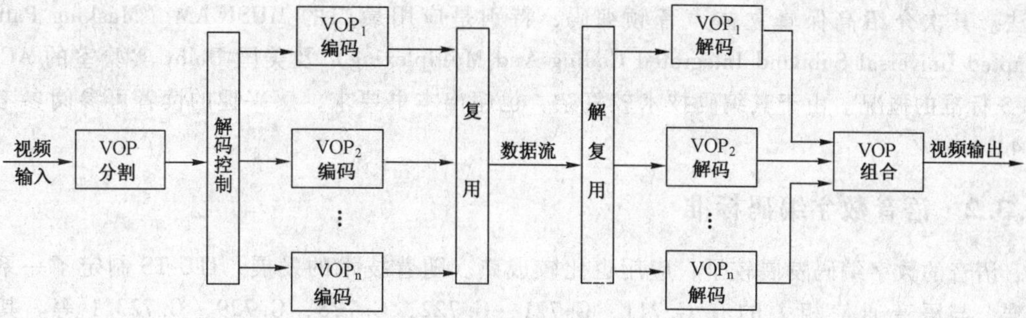

图 10-41　基于内容的 MPEG-4 视频解码器

（2）JVT

JVT 是 Joint Video Team 的缩写，是由国际电联（ITU-T）和 IEC（International Electrotechnical Commission）及 ISO 的一个联合工作组于 2003 年推出的以其组织名称（JVT）命名的一个新的视频编码标准的名称。该标准在 ITU-T 的 H 系列中称作 H. 264；在 ISO/IEC 系列中称作 ISO/IEC14496—10/MPEG-4AVC，或简称 MPEG-4 Part10，即是 MPEG-4 的改进版。因此，系统的原理框图与 MPEG-4 相同，如图 10-41 所示。但每一个编码框及输出视频流的格式等都有很大的改进，以致于 JVT 标准的数码率又要比 MPEG-4 节省 50%。详细地讨论改进技术将超出本书的范围。现只比对 MPEG-2 举出几项能节省编码比特的技术措施，如下：对某给定的像块编码，可以在其以前的多个参考帧中寻找匹配像块，找到后，给出相应的运动矢量并以此作为编码和解码的参考像块，然后对当前像块与参考像块的差值进行变换、量化与编码；应用整数 DCT 变换，消除了在反变换中因为取舍而产生的误差；增加了帧间预测模式的数量和精度，有 7 种不同的宏块分割方法，形成 7 种不同的帧间预测模式；除了 MPEG 中的 I，P，B 帧以外，还引入一种码流间可转换的 SP 帧，在内容类似但有不同码率的码流之间可利用 SP 帧进行快速切换，并同时支持随机接入和快速回放模式；在无失真熵编码方面采用以内容为基础的自适应二进制算术编码（contex-based adaptive binary arithmetic coding），即通过一种称之为内容建模的过程，使基本概率模型能适应随视频帧而改变的统计特性，从而提高了算术编码的效率；…等。这些技术措施综合支持 50% 数据率的节省。

10. 3　音频编码实践

10. 3. 1　引言

数字音频压缩编码是数字通信及多媒体通信的关键技术之一。从信源编码原理出发，各种编码方法还是属于 10. 1 节所述的时域波形编码、频域波形编码及基于模型的参数编码或它们的混合应用的一种成功实例，并且已有相应的国际标准。近十几年来，在应用人耳听觉特性编码方面取得了巨大进展，以致于在不高的数码率下可获得高保真立体环绕声的效果。并且由数字声广播（DAB），家庭影院组合音箱等进入家庭，产生了巨大的社会与经济效益。本节首先介绍语音数字编码的一些由 ITU-TS（原 CCITT）制定的国际标准情况。由于其编码的基本原理已讨论过，而其细节及特殊技术又超出本书范围，因此我们不再讨论编码方法。其次介绍高保真立体声音频编码，特别是应用最广的 MUSICAM（Masking Pattern Adapted Universal Subband Integrated Coding And Multiplexing）及美国 Dolby 实验室的 AC-2，AC-3 标准的概况。由于其编码技术较复杂，也超出本书要求，感兴趣的读者可参阅参考文献 4。

10.3.2 语音数字编码标准

语音的数字编码发展较早，应用也比较成熟。随着技术的发展，ITU-TS 制定了一系列标准，与语音通信相关的有 G.711，G.721，G.722，G.728，G.729，G.723.1 等。其中 G.711 是最为熟知的 PCM 标准，码率为 64kbit/s。语音信号的 PCM 数据流，除了作为数字电话应用外，还常常被作为其他的语音处理的原始数据。符合该标准的芯片也很便宜。G.721 标准采用 ADPCM（自适应差值 PCM）算法，码率降到 32kbit/s，而语音质量高于电话质量，还可达到调幅广播质量。

G.722 标准采用子带编码和 ADPCM 相结合的编码方法，音频带宽拓展到 5~7kHz，能将 PCM 的 224kbit/s（16kHz 取样，14bit 量化）码率压缩到 64kbit/s，而语音质量达到广播质量。

低码率的编码技术，多数是基于线性预测（LP）模型参数编码。G.728 标准是基于短延时码激励线性预测（CELP）编码算法，码率为 16kbit/s，语音质量与 G.721 标准相当。而标准的 CS-ACELP（使用共轭结构代数码激励线性预测）算法，使码率降低到 8kbit/s，而 G.729 语音质量仍与 G.721 标准的质量相当，适用于个人移动通信等。更低码率的 G.723.1 标准是 5.3kbit/s 与 6.3kbit/s 的双速率语音编码标准，为低码率实时多媒体通信所应用。进一步降低码率的语音编码算法，比如 600bit/s 码率的编码算法已有报道，不久将会有相应的产品及标准出现。

10.3.3 高保真立体声音频编码标准

1. MPEG 音频编码体系

MPEG 编码系统中都包含有音频编码标准，称为 MPEG-1 Audio 与 MPEG-2 Audio，它们不仅采用了子带编码，变换域编码等频域编码措施，而且在量化比特分配等环节还充分利用了人耳的听觉特性，如听觉阈值（即低于该值的声音便听不到），听觉掩蔽效应（即在一个强音附近区，即使超过听觉阈值的声音也听不到）等声心理学因素，这就是称为自适应掩蔽模型的通用子带综合编码和复用（MUSICAM）的音频压缩编码算法标准。欧洲的数字声广播及高清晰度电视都采用此标准。

高保真立体声音频编码的取样速率为 32kHz，44.1kHz 与 48kHz 三档；采用 16bit 均匀量化；数码率：单音为 32kbit/s，64kbit/s，96kbit/s，128kbit/s，192kbit/s 五档；立体声为 128kbit/s，192kbit/s，256kbit/s，384kbit/s 四档，比只采用 PCM 编码的激光唱片数据率 1.4Mbit/s 要低得多。

针对不同的应用，MUSICAM 有三个不同的层次，称为 Layer Ⅰ、Layer Ⅱ和 Layer Ⅲ。层次越高，性能越好，复杂度也越高。

Layer Ⅰ是 MUSICAM 编码方案的简化形式，最适合于消费者应用，例如用于家庭数字记录、温切斯特盘等场合。可提供 192kbit/s 的强度立体声。

LayerⅡ比 LayerⅠ有进一步压缩。它既可用于消费者也可作专业用，如音频广播、电视、记录、通信和多媒体，可提供 128kbit/s 高质量声音和 96kbit/s 的强度立体声。

LayerⅢ通过使用非均匀量化，自适应分割和量化后值的熵编码来提高编码效率。这一层主要用于通信，尤其是需要很低码率的窄带 ISDN。可提供 96kbit/s 的单通道声编码或高质量的 64kbit/s 立体声编码，既包含有强度立体声，也有 L－R，L＋R 立体声。

关于立体声的形式，ITU-R，SMPTE，EBU 的专家组建议用一个中心信道 C 和两个环绕声信道 L_s、R_s 加上基本的左和右立体声信道 L 和 R 作为基准的声音格式。这叫“3/2 立体声”（3 前向/2 环绕信道），共需 5 个信道如图 10-42 所示。

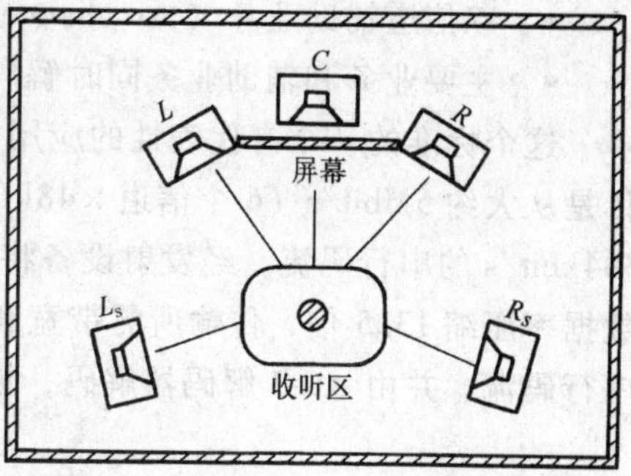

图 10-42　3/2 立体声扬声器的安排

在用作图像的伴音时，三个前向的信道保证足够稳定的方向性和正面图像相配的清晰度，即使对于单独使用声音，应用 3/2 立体声格式也是双信道立体声的最佳折衷和充分的改进。MPEG-2 音频编码系统是满足多信道环绕声要求的方案之一。

但是一个新的多信道环绕声系统应该和双信道立体声兼容，称之为向下兼容，因为现在已经开发了许多 ISO/MPEG 音频和视频芯片。这些音频解码器只能处理双信道音频信号，然而由于所建议的 MPEG 多信道音频编码标准向下兼容，一个双信道解码器会传送一个正确的基本立体声信号，由来自多信道音频码流中的前向、左和右信道组成。

MPEG-2 音频标准（ISO/IEC13818-3）也以 64kbit/s 的码率或低于这个码率提供较高质量的单音和通常的立体声信号。这个目标可以通过将取样频率减低到 16kHz、22.05kHz 和 24kHz 来达到，提供的带宽达到 7.5kHz、10.5kHz 和 11.5kHz，与 MPEG-1（采用 MUSICAM 的 ISO/IEC11172-3）相比较只是比特率和比特分配要改变。MPEG-1 音频 LayerⅠ，Ⅱ和Ⅲ的编码和解码原理全部保持。

多信道声音编码器可用于两种模式。一种用于从多信道音频信息通过解矩阵（Dematrix）得到左、右信道组成的立体声；另一种是从只有左、右信道的结构中获得立体声。两者的选择可通过开关来实现。

2. Dolby AC-3 介绍

美国高级电视系统委员会（ATSC）规定电视伴音压缩标准为 Dolby 实验室开发的 AC-3 系统。该系统的音响效果为高保真立体环绕声。目前市场流行的称为“家庭影院”的音响系统多数采用此标准，当然有级别差异。

Dolby AC-3 规定的取样频率为 48kHz，它锁定于 27MHz 的系统时钟。

音频系统接受的基带音频输入可做到每个音频节目的码流多达 6 个音频信道。这 6 个信道是：中心、左（left）、右（right）、左环绕（left surround）、右环绕（right surround）和低频增强（LFE，Low Frequency Enhencement）。

LFE 信道的带宽限于 120Hz，另外主信道的带宽限于 20kHz。美国的 HDTV 标准中 AC-3 可以对 1 到 5.1 信道的音频源编码。所谓 0.1 信道是指用来传送 LFE 的信道。动态范围可达到 100dB。

音频节目有两类：主要业务（main service）和辅助业务（associated service）。主要业务包含除了对话外所有音频节目的内容。辅助业务是指定要和主要业务一起使用的，可以包括对话和解说词等。

经 AC-3 压缩以后的码率根据用途不同有以下四种：

- 主要音频业务（main audio service）≤384kbit/s；
- 单信道辅助业务（single channel associated service）≤128kbit/s；
- 双信道辅助业务（two channel associated service）≤192kbit/s；
- 主要业务和辅助业务同时解码的组合码率≤572kbit/s。

这个标准的一个有代表性的应用如图 10-43 所示。在这个例子中，一个 5.1 信道音频节目是从大约 5Mbit/s（6 个信道 ×48kHz×18bit=5.184Mbit/s）的 PCM，经 AC-3 编码器转为 384kbit/s 的串行码流。经发射设备将这个码流转成射频发射。由于 AC-3 数字压缩编码，使数据率压缩 13.5 倍，传输所需带宽和功率也得到相应的减小。接收的信号解调出 384kbit/s 串行码流，并由 AC-3 解码器解码，恢复原始的 5.1 信道音频节目。

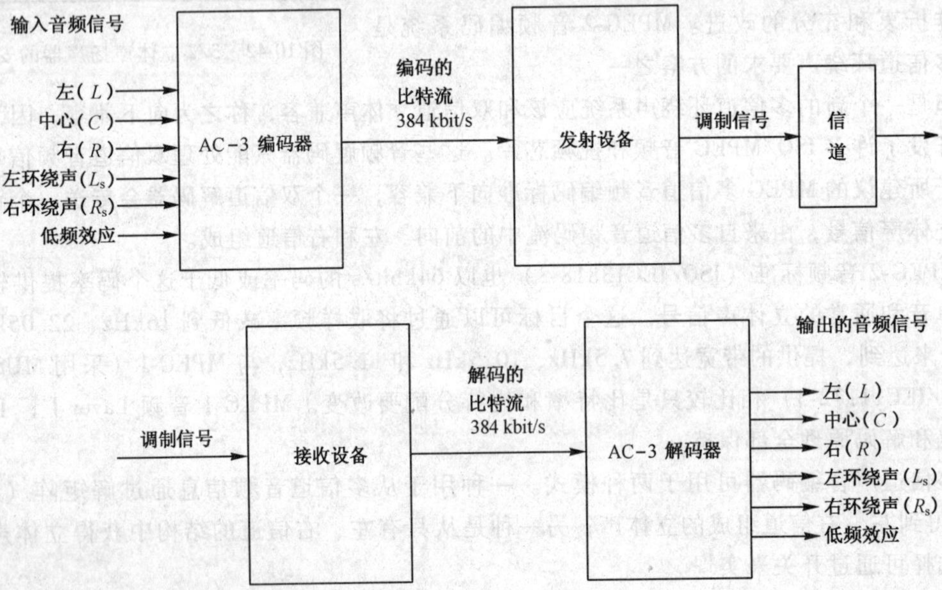

图 10-43 AC-3 应用于卫星音频发射的例子

AC-3 串行编码的音频码流是由一个同步帧的序列组成的，见图 10-44 各个同步帧包含 6 个编码的音频块（AB），各代表 256 个音频取样。在各帧的开始有同步信息（SI）头，它包含获取和保持同步的信息。在 SI 之后是码流信息（BSI）头，它包含着描述编码的音频服务的参数。编码音频块可后跟一个辅助数据（Aux）字段。在每一帧的末端是一个误码检测字段，它包括用于误码检测的 CRC 码字。

各个块是一个可解码的实体，要解某个块时并不要求解码所需的信息都在这个块中。如果对块解码所需的信息可以被许多块共享，那么仅在第一块中传送所用的信息，并在后面的块解码时重复使用这个信息，这个块是 AB0。这会使解码器很快捕获所需信息并开始解码。由于各个块并不包含全部所需信息，于是在音频帧中的各个块大小各异，但所有块的总和必

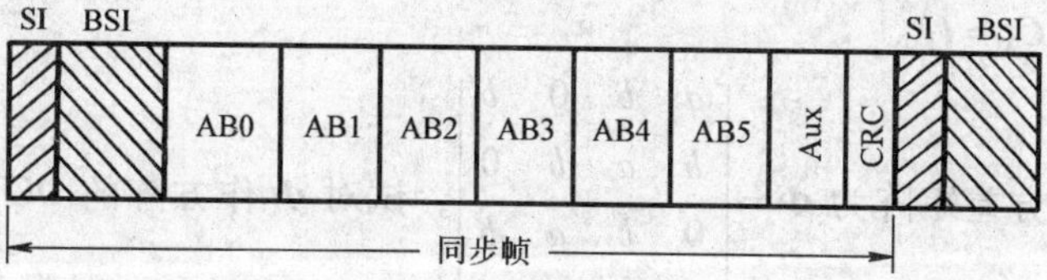

图 10-44　AC-3 同步帧

须装进固定大小的帧。个别块可以分配较多的比特，相应的其他块要减少比特，在第 5 块后面余下的任何信息可以作辅助数据（即 Aux）。

10.4　小结

本章目的是以典型媒体的压缩编码实例，说明信源编码理论的实践与应用，从而体会理论对实践的指导作用以及实践对理论的牵引与促进作用。因此，并未对具体的压缩编码算法细节展开讨论。对于这些算法的详细方案及算法讨论需另立专著，而算法的细节只能参考相应的文本。

第一节介绍的限失真信源编码关键技术，它们各自都有很强的理论支撑，而信源编码只利用其某些部分以及某些特性。比如频域波形编码，利用函数正交变换理论中的去相关与能量集中特性，以及逆变换的惟一存在性。又从性能与实现复杂性折衷考虑，本节介绍的 DCT 便成为优选对象。就变换的可分层及边缘提取性能而言，小波变换又具有特殊的优势，近几年在低码率图像编码系统中也得到很多应用。限于篇幅本书就不作介绍了。

预测域技术主要用来消除空间（帧内预测）与时间（帧间预测）相关性，实现差值编码。线性预测的背景是时间序列分析理论和滤波理论。

至于掩蔽效应的应用，仅是利用人类感知特性的一小部分。已开发的，如利用听觉模型的语声编解码器、利用视觉特性的第二代图像编解码器、…等。从人类感知特性出发的信源编解码器已有些报导，虽未在本节介绍，也应引起更多的关注。因为根据人类生理、心理学特性开发人类潜能，正是 21 世纪信息界的努力目标之一。

以 MPEG 为代表的音视频编码标准及相应的产品的出现，是 20 世纪末与 Internet 和移动手机一起改变人类物质文化生活的重要因素。VCD，DVD，VOD，卫星电视，高清晰度电视，数码相机，数码电影，以致数字港，数字城，…，其中的“数码”都来自 MPEG（包括 JPEG）等编码。在本书中只能作简要的原理的介绍，其目的也只是从中理解 MPEG 等标准所包含的基本功能原理并看到信源编码理论的实践成果。

10.5　习题

1. 设语言信号的频率范围为 60～4000Hz，按 Nyquist 准则数字化，对每个样值作 256 级量化，试计算数字电话的数据速率。

2. 黑白电视图像信号的带宽约为 5MHz，如果也按 256 级量化，计算按 Nyquist 准则取样时的数据速率。如果电视节目按 25 帧/s 发送，则存储一帧黑白电视节目的数字化数据需多大存储容量？

3. 验证 $C_4^{\mathrm{T}} \cdot C_4 = I_4$。

4. 设某信源协方差矩阵为 $\boldsymbol{\Phi} = \begin{bmatrix} a & b & 0 & b \\ b & a & b & 0 \\ 0 & b & a & b \\ b & 0 & b & a \end{bmatrix}$，试对 $\boldsymbol{\Phi}$ 作方阵的 DCT 变换。

5. Hadamard 变换矩阵为 $\boldsymbol{H}_4 = \begin{bmatrix} 1 & 1 & 1 & 1 \\ 1 & -1 & 1 & -1 \\ 1 & 1 & -1 & -1 \\ 1 & -1 & -1 & 1 \end{bmatrix}$，试对习题 4 的协方差矩阵 $\boldsymbol{\Phi}$ 作 Hadamard 变换，并与 DCT 变换结果作比较。

6. 设 $a=4$，$b=2$，并取允许失真 $D=0.5$，对习题 4，习题 5 变换系数按 Gaussian 分布作出量化比特分配。

第4篇 网络篇

网络通信的全球性发展是20世纪90年代的一件大事。其中Internet的出现与普及应用，几乎改变了整个信息社会的态势布局。数字化、宽带化、网络化以致个性化已成为媒体与用户共同追求的目标。网络已成为信息传输、交换的主要载体，而对在网络上传输、交换的信息的效率、可靠性与安全性也越来越受到关注。这就促进了网络信息论与信息安全等相关学科与技术的发展。本篇两章将分别介绍网络信息论与密码学基础。由于这两门学科都是正在发展中，且其理论涉及到较深的数学知识，因此本篇着重介绍基本结果以及成熟的一些技术应用。其中网络信息论将包括具有边信息的相关编码以及有代表性的两种信道，即多址接入信道与广播信道。密码学基础将包括密码学基本概念、信息的保密性、信息的完整性及密码管理与分配的基本概念等。

第11章 网络信息论初步

11.1 引言

11.1.1 网络信息论的发展概况

网络信息论又称多用户信息论。本章以前所有各章涉及的都是一个信源与一个信宿（即用户或终端）之间的单路通信的信息理论，或称单用户信息论。而实际通信系统，如电话交换网、广播系统都是网络通信系统。该系统的输入端涉及到两个或两个以上的信源，输出端也涉及到两个或两个以上的信宿。近年来，随着以计算机为中心的互联网迅速发展以及卫星通信、光纤通信和移动通信的发展，使通信网络的范围扩大成全国性，甚至全球性的通信网络。这些通信网络形成一个复杂的信息流通系统，信息是在众多用户和多方向中流通的。在如此复杂的网络通信系统中，能有效和可靠地传输信息，就是网络信息论研究的目的。

网络信息论的研究最早仍由Shannon提出。1961年Shannon发表了“双路通信信道”(Two-Wag Communication Channels)一文，研究了双端双路通信系统，为网络信息论奠定了基础。1971年Ahlswede和Van der Meulen引入了多元接入信道模型，而“多元接入信道”这个术语却由Liao首先提出（1972年），特别是Ahlswede和Liao给出了多元接入信道的信道容量区域。广播信道容量问题最早是由Cover（1972年）提出的。他引入了研究广播信道的一种退化广播信道和编码方法。相关信源编码的最早结论是由Slepian-Wolf给出，它是相关信源编码中最基本的结果。20世纪末期，网络应用的大发展刺激网络信息理论蓬勃发展，针对各种具体的信源和信道，发表了许多文献，得出许多重要结论。多元接入信道在理论上研究较多，但具有反馈的多元接入信道的容量问题尚没有解决。广播信道中对退化和确定性广播信道的研究较深入，基本解决了容量问题，而一般广播信道的容量问题尚未解决。中继信道容量问题和一般双向信道容量问题也未解决。串扰信道的研究才开始。相关信源编码方面也有许多问题没有解决，如一般网络的相关信源编码、限失真下相关信源编码问题等。总之，网络信息论尚在发展之中。正如 2002 年 2 月美国 MIT 网络信息论研究组的一篇综述文章（Network Information Theory Summary）指出："至今虽已建立一些研究多用户信息论问题方面的工具（定理、结论）。但必须清醒地看到，基本问题还是尚待验证这些结论是否正确有效。"，这就是网络信息论的发展现状。

11.1.2 网络信息论研究的问题与信道模型

与单用户信息论类似，网络信息论研究的是网络通信的有效性与可靠性，而不是网络结构及通信技术问题。总体来说，仍然可归结为三大类问题，即相关信源编码问题、网络信道容量问题以及信道编码问题。具体地分析，却与单用户信息论有较大差别。比如信源编码表现出相关信源及提供边信息协同编码等特点、信道容量区域概念、信道编码与信源编码的关联性等等。

多用户通信网络的一般性结构应该是多个用户（或终端）共用一个频带，有多个通道同时有多个发送源、多个接收端，如图 11-1 所示，其中 $p(y_1, y_2, \cdots y_T \mid x_1, x_2, \cdots, x_T)$ 是信道转移概率，代表了网络中所有噪声与串扰的综合影响结果。S_1、S_2 表示一种交换组合，网络中的信源与信宿没有固定的结构联系。所以，对这种结构的网络模型进行研究很困难，尚未见有关成果。目前，只是从一些简单的具有代表性的典型模型出发来研究。

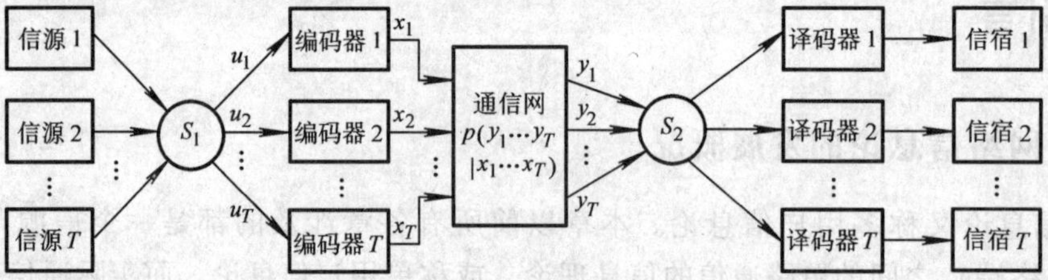

图 11-1 一般多用户通信系统模型

由于信息论研究内容不涉及通信网络的拓朴结构与技术细节，因此只用信道转移概率来代表信道特征，而整个通信系统只由发送端（包括信源与编码器）、信道（包括发送器、接收器与通道）和接收端（包括译码器与信宿）三部分来表征。比较典型的有以下几种模型。

1. 多址接入信道

多个不同信源的信息经过几个编码器编码后，送入同一信道传送。接收端仅仅由一个译码器译出不同信源的信息，送给不同的信宿。从信道来看，它是多输入单输出信道，如图 11-2 所示。

卫星通信系统中 M 个地面站同时与一个公用卫星进行通信的上行线路就是多址接入信道的实例，如图 11-3a 所示。

2. 广播信道

它的特点是单一输入和多个输出，如图 11-4 所示。多个不同信源的信息经过一个公用

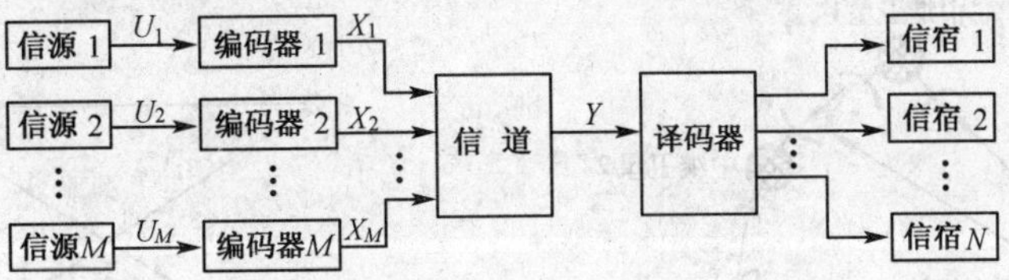

图 11-2　多址接入信道

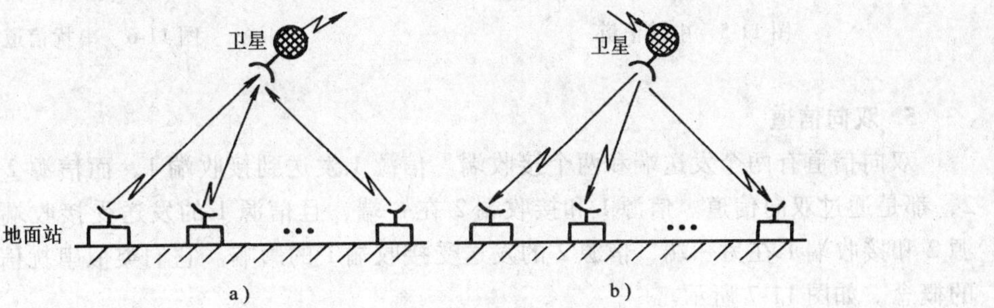

图 11-3　卫星转播信道

a）卫星通信的上行线路　b）卫星通信的下行线路

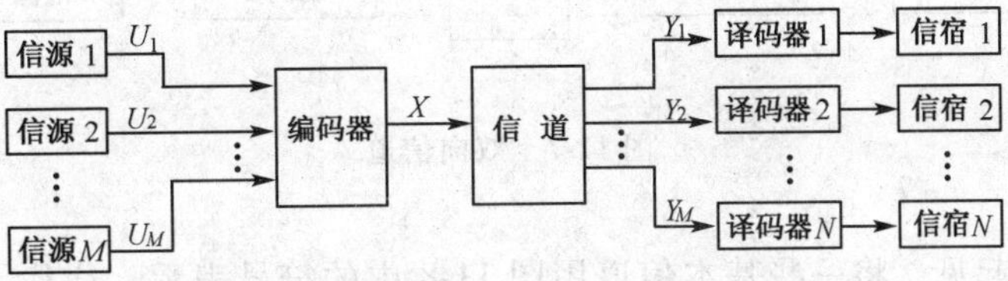

图 11-4　广播信道

的编码器送入信道，而信道输出通过不同的译码器译码后送给不同的信宿。

卫星与多个地面站的下行通信系统可看成广播信道。中转卫星将来自各地面站的信息经过编码后统一发向地面，各地面站经过各自的译码器译出所需信息，如图 11-3b 所示。此以外，电视发射台到各个电视接收机或中转站的电视系统以及其他广播通信系统都属于这类信道。

3. 中继信道

中继微波接力通信系统就属于这类模型。它是一对用户之间经过多种途经中转所进行的单向通信，如图 11-5 所示。图中一对地面站，可经过一个或多个卫星中转或者经地面通信转接而实现单向通信。

4. 串扰信道

串扰信道有两个发送端和两个接收端，它们通过一个公共信道传送信息。信源 1 希望传送信息给接收端 1，信源 2 传送信息给接收端 2，然而它们收到的却是相互干扰信号，如图 11-6 所示。其中 $y_1 = x_1 + a_1 x_2 + z_1$，$y_2 = x_2 + a_2 x_1 + z_2$。

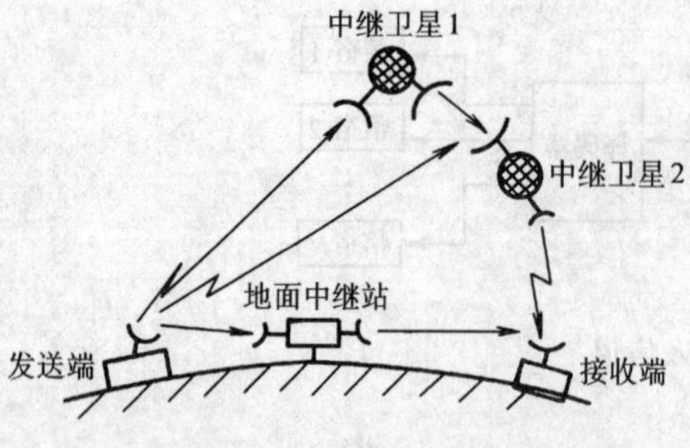

图 11-5　中继信道

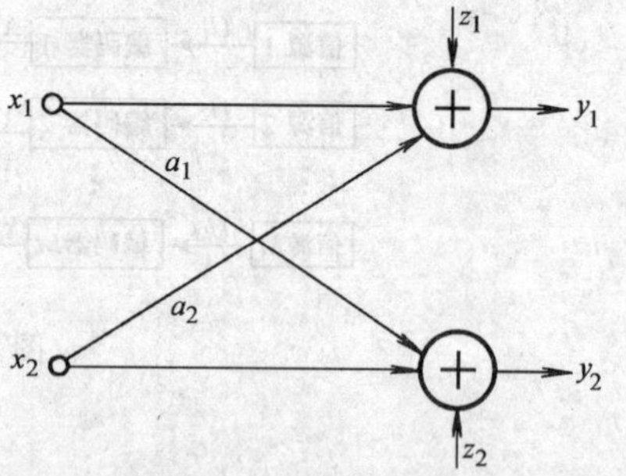

图 11-6　串扰信道

5. 双向信道

双向信道有两个发送端和两个接收端。信源 1 发送到接收端 1，而信源 2 发送到接收端 2，都是通过双向信道。信源 1 和接收端 2 在一端，且信源 1 的发送受接收端 2 的影响。信源 2 和接收端 1 在另一端，信源 2 的发送受接收端 1 的影响。它们类似串扰信道，也有反馈的概念。如图 11-7 所示。

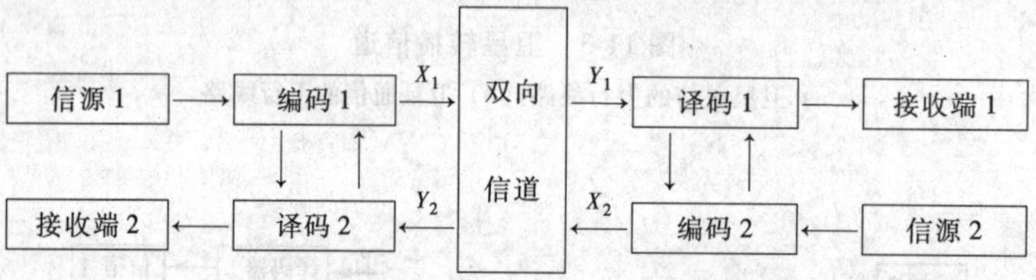

图 11-7　双向信道

为了分析简单起见，将一些基本信道用图 11-8 中的符号表示。往往一个复杂的通信网可分解为几个基本信道的组合，如卫星通信网就可用图 11-9 中的几个基本信道的组合来表示。

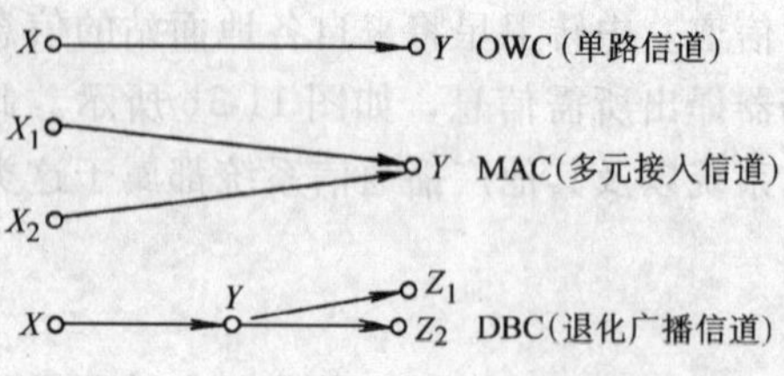

图 11-8　基本信道

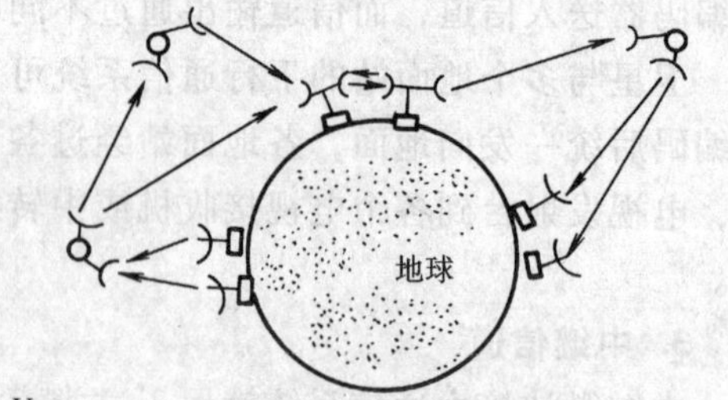

图 11-9　卫星通信网的基本信道组合图

以上这些模型中，以多址接入信道和广播信道更具典型性。一个是多个发送器与单个接收器通信，故称之为多址接入；另一个则正好相反，是一个发送器与多个接收器通信，故称之为广播。这也是研究得比较多的两种信道，因此我们也将主要讨论这两种信道。

11.2 相关信源编码

11.2.1 Slepian-Wolf 定理

本节主要研究多个相关信源的编码问题。在实际通信中，某个信宿收到来自不同信源的编码消息。各信源所产生的消息可能是独立的，也可能是相关的。当信源是彼此独立时，就可分别处理，多个信源编码问题就简化成几个单信源通信情况的信源编码问题。当信源彼此相关时，由于各个信源所处的作用不同，从而出现了各种相关信源编码模型。图 11-10 是两个相关信源和两个信宿的模型。图中信源 S_1 产生信息序列 s_1，信源 s_2 产生信息序列 s_2，分别送入编码器 1 和 2 进行编码，而 R_{ij}（$i=1$，2，$j=1$，2）是编码器到译码器的信息传输率，$\hat{s}_1'$，$\hat{s}_2'$，$\hat{s}_1''$，$\hat{s}_2''$分别为译码器输出的估值。图中信源之间有联系，编码器对两个信源产生的消息协同地进行编码。两个信源与两个译码器之间可有 16 种连接方式，Slepain 和 Wolf 曾研究了这些情况，提出其中一种连接方式，如图 11-11 所示，它是最有意义的一种，也是多用户信源研究中最早得到结果的一种结构。图 11-11 中对两个相关信源输出消息 s_1 和 s_2 分别独立进行编码、独立传输，而通过一个共用译码器联合译码，分别译出消息的估计值 $\hat{s}_1$ 和 $\hat{s}_2$。

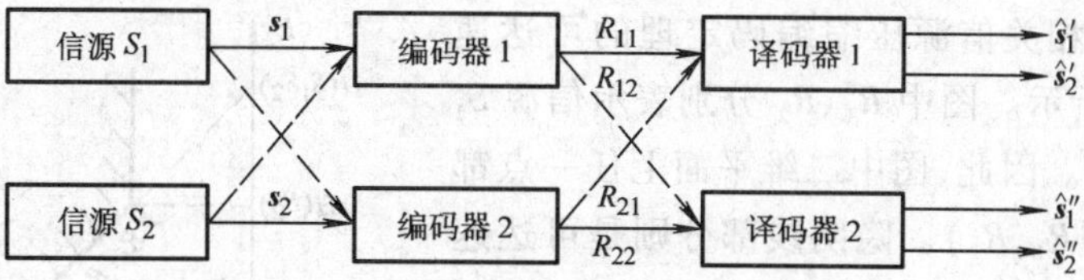

图 11-10　两个相关信源和信宿的模型

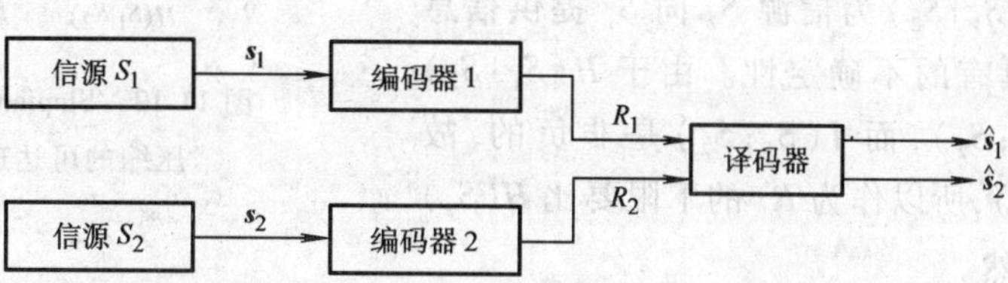

图 11-11　两个相关信源编码的最基本结构

实际上，这也是多元接入信道的一个最基本结构，信源是属于具有联合概率分布的 i. i. d. 信源，即分别独立地与各自的发送器相连，且每个结点发出的消息 R_1 与 R_2 也是被独立编码的。但信源却是相关的，以联合概率密度 $p(S_1S_2)$ 分布。实际系统比如传感器测量网络，在一个环境中有两个不同的传感器，通过网络监控同一质量。显然，两个传感器发出的消息也是相关的，所以在接收端用同一个译码器联合译码，如图 11-11 所示。这就是最早被研究的称为 Slepian-Wolf 分布的信源编码问题。其研究结论用定理表述如下：

定理：一个联合概率分布为 $p(S_1S_2)$ 的 i. i. d. 信源 (S_1, S_2)，对信源符号 s_1、s_2 分别独立编码发送，在接收端联合译码，则其可达速率域为

$$\left.\begin{aligned} &R_1 \geqslant H(S_1|S_2) \\ &R_2 \geqslant H(S_2|S_1) \\ &R = R_1 + R_2 \geqslant H(S_1S_2) \end{aligned}\right\} \qquad (11\text{-}1)$$

定理的证明是采用联合典型序列性质得到的。我们关心的是对该定理的理解并举例说明其应用。

在单路信源编码定理的讨论中，已经知道，对信源 S，只要每个信源的符号比特率 $R > H(S)$，就存在一种编码方法，保证译码错误概率可任意小。对图 11-11 中相关信源 S_1、S_2，如果采用联合编码，则只要联合速率（符号比特率）$R \geqslant H(S_1S_2)$，就能保证译码器以任意小的错误概率恢复 S_1、S_2，这也是编码定理的结论，并在 Markov 信源中讨论过。若分别单独编码，采用 $R_1 \geqslant H(S_1) R_2 \geqslant H(S_2), R = R_1 + R_2 \geqslant H(S_1) + H(S_2)$，可以保证在接收端以任意小错误概率恢复出 S_1、S_2，显然其联合速率 R 低限 $H(S_1) + H(S_2) > H(S_1S_2)$。现在 Slepian-Wolf 证明：对相关信源 S_1、S_2，即使分别单独编码，并在接收端联合译码，则只要联合编码速率 $R \geqslant H(S_1S_2)$，就能保证以任意小的错误概率恢复出 S_1、S_2。

在网络信息论中，定义任意小的错误概率恢复出信源的信息速率 R 为可达速率，(R_1, R_2) 为可达速率对，而所有的可达速率对的集合为可达速率域，记作 R

$$R \triangleq \{(R_1, R_2): (R_1, R_2)\text{是可达的}\}$$

Slepian-Wolf 相关信源压缩编码定理的可达速率域如图 11-12 所示。图中 R_1、R_2 分别表示信源 S_1 与 S_2 的编码速率。因此，图中二维平面上任一点都表示一个速率对 (R_1, R_2)。隐阴线部分则是可达速率对的集合域，该域的边界为 $R_1 = H(S_1|S_2)$、$R_2 = H(S_2|S_1)$ 及 $R_1 + R_2 = H(S_1S_2)$，都有明确的物理意义。建议读者根据已学的知识去分析其含义。要特别提醒的是 $H(S_1|S_2)$ 为信源 S_2 向 S_1 提供信息量条件下，S_1 仍具有的不确定性。由于 $H(S_1|S_2) = H(S_1) - I(S_1; S_2)$，而 $I(S_1; S_2)$ 是非负的，故 $H(S_1|S_2) \leqslant H(S_1)$，所以作为 R_1 的下限要比 $H(S_1)$ 小。$H(S_2|S_1)$ 亦然。

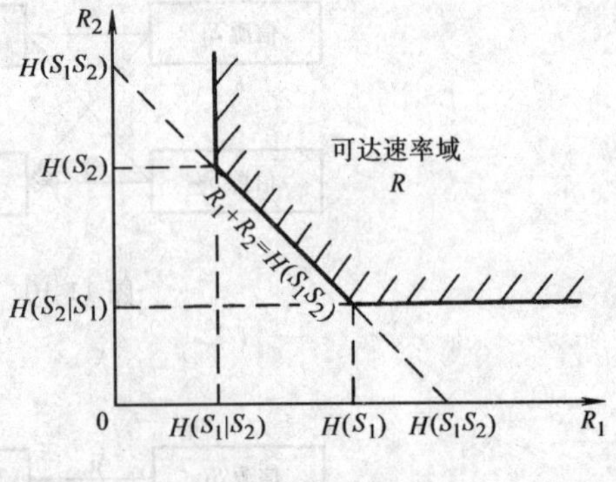

图 11-12 Slepian-Wolf 信源压缩的可达速率域

现在的问题是如何对给出的信源确定其可达速率域以及寻找相应的编码结构。

【例 11-1】 i. i. d. 二元相关信源 S_1、S_2，其联合分布概率为

$p(S_1、S_2)$	0	1
0	0.445	0.055
1	0.055	0.445

若每个信源各发送 100 个信源符号，试比较单路编码与 Slepian-Wolf 编码所需的比特数。

解：如果已知信源 S_1 为等概分布，则可以从 $p(S_1S_2)$ 计算出 S_2 也为等概分布。计算如下：

因概率公式 $p(S_1S_2)=p(S_1)\cdot p(S_2|S_1)$，即

$$p(S_2|S_1)=\frac{p(S_1S_2)}{p(S_1)} \tag{11-2}$$

得到

$$p(S_2=0|S_1=0)=\frac{p(0\,0)}{p(S_1=0)}=\frac{0.445}{0.5}=0.89 \text{ 及 } p(S_2=1|S_1=0)=\frac{0.055}{0.5}=0.11$$

同样计算可得 $p(S_2=0|S_1=1)=0.11$ 及 $p(S_2=1|S_1=1)=0.89$

又

$$p(S_2)=p(S_1=0)\cdot p(S_2|S_1=0)+p(S_1=1)\cdot p(S_2|S_1=1)$$

若 S_1 为等概分布，即 $p(S_1=0)=p(S_1=1)=0.5$，代入可得 S_2 的分布为

$$p(S_2=0)=p(S_2=1)=0.5\times0.89+0.5\times0.11=0.5$$

因此，如果信源按单路单独编码，因为 $H(S)=1\text{bit}/$符号，由编码定理，每个信源需要至少 100bit，$R_1+R_2\geqslant 200\text{bit}$。

如果采用 Slepian-Wolf 编码定理，$R_1+R_2\geqslant H(S_1S_2)$，只要计算

$$H(S_1S_2)=\sum_{S_1}\sum_{S_2}p(S_1S_2)\cdot\log\frac{1}{p(S_1S_2)} \tag{11-3}$$

$H(S_1S_2)=[(-0.445\log_2 0.445)\times2+(-0.055)\log_2 0.055)\times2]\text{bit}/$符号 $=1.5\text{bit}/$符号

可知现在 $R_1+R\geqslant150$ 比特即可，能节省 50 比特。

11.2.2 应用校正子的相关信源编码(DTSCUS)

Slepian-Wolf 定理给出了分布式信源编码速率限，例 11-1 也验证了这一点。现在的问题是如何在实践中实现它？由于定理的证明（本书略）是非结构性的，并未给出实现方法。1999 年 S. S. Pradhan 和 K. Ramchandran 提出应用校正子的相关信源编码（Distributed Source Coding Using Syndromes，DTSCUS 方法：Design and Construction）方法，它应用信道编码的概念用于相关信源进行编码，并给出例子，说明 Slepian-Wolf 界的可实现性。本节介绍该例子。

设 X 和 Y 两个信源，其符号集合共有 8 种符号，分别由等概分布的 3bit 序列来代表。X 和 Y 相关形式为 x 与 y 符号之间的 Hamming 距离不超过 1。其联合分布概率如表 11-1 所示。

表 11-1 联合分布概率

$p\ (xy)$	000	001	010	011	100	101	110	111
000	1/32	1/32	1/32	0	1/32	0	0	0
001	1/32	1/32	0	1/32	0	1/32	0	0
010	1/32	0	1/32	1/32	0	0	1/32	0
011	0	1/32	1/32	1/32	0	0	0	1/32
100	1/32	0	0	0	1/32	1/32	1/32	0
101	0	1/32	0	0	1/32	1/32	0	1/32
110	0	0	1/32	0	1/32	0	1/32	1/32
111	0	0	0	1/32	0	1/32	1/32	1/32

应用式(11-2)，由 $p(x)=1/8$ 及 $p(xy)$ 得出所有条件概率为

$$p(Y|X=x)\in\{1/4,1/4,1/4,1/4,0,0,0,0\}$$

比如令 $x=010$,则 $p(000|010)=1/32\div 1/8=1/4$,同理有 $p(001|010)=0$,$p(010|010)=1/4$,$p(011|010)=0$,$p(100|010)=0$,$p(101|010)=0$,$p(110|010)=1/4$,$p(111|010)=0$。然后可以应用 $H(XY)=H(X)+H(Y|X)$ 或直接应用 $p(xy)$ 表及式(11-3),计算出联合熵

$$H(XY)=-32\times\frac{1}{32}\log_2\frac{1}{32}\text{bit}=5\text{bit}$$

根据 Slepian-Wolf 定理，上述信源编码的速率限为 5bit，问题是如何去实现。以下是一种设计方案，即 DTSCUS 方案。

1）设 Y 在编码端与译码端都是可知的。

引入一个变量 $Z=X\oplus Y$,（$\oplus$ 为模 2 加），由于 x 与 y 的 Hamming 距离不超过 1，则 x 与 y 要么相同，要么有一位不同。因此 $Z\in\{000, 001, 010, 100\}$，即每个 z 只可能有 Z 集合中 4 种可能值，可知对 Z 只需 2bit 编码。用 Z 来代替 X 编码发送。加上 Y 需要 3bit 编码，就达到 5bit 编码输出的目的。在接收端联合译码器译出 Y、Z，然后由 $X=Z\oplus Y$ 恢复出 X。

2）设在编码端 Y 是不可知的。

这也是实际中常遇到的情况，即两个编码器相距很远又不互相通信的情况。现在需作一些处理：将 3bit 序列分成 4 组序列对，每组两个序列的 Hamming 距离为 3，即

$$\{000,\ 111\},\ \{001,\ 110\},\ \{010,\ 101\},\ \{100,\ 011\}$$

这 4 组序列对只需 2-bit 编码就可区分，而 $\boldsymbol{x}$ 必居其中之一组。于是可以用序列对的编码代替 $\boldsymbol{x}$ 编码发送，加上 $\boldsymbol{y}$ 的 3 比特，达到 5 比特速率目标。在译码端由译出的 y 便可确定在同时刻接收到的 $\boldsymbol{x}$ 序列对中，哪一个为与 $\boldsymbol{y}$ 同时发送的 $\boldsymbol{x}$。因为按约定，同时刻发送的 $\boldsymbol{x}$ 与 $\boldsymbol{y}$ 其 Hamming 距离不会超过 1，这就决定了接收到的 $\boldsymbol{y}$ 只能与同时刻接收到的 x 序列对中的一个相近（相同或距离为 1），而与另一个序列的距离 >1。

这样就完全验证了 Slepian-Wolf 定理的编码限是可以达到的，只要知道两个信源的相关特征，即使互相独立进行编码，只在接收端联合译码也可以达到 $R=R_1+R_2=H(XY)$ 速率。

如何针对 $\boldsymbol{x}$ 编出 2-bit 码字，使它正好代表 $\boldsymbol{x}$ 所属的序列对。方案采用校正子编码方法，实际上是应用了信道分组编码概念。以上 4 组序列对都是（n、k、d）分组码的陪集，每一组都可以用它的校正子（syndrome）来表征。这里 n 是码字长度，k 是信息比特数而 d 是码的最小 Hamming 距离。现在是（3，1，3）分组码。因为分组码的校验矩阵为 $(n-k)\times n$ 阶矩阵，对以上的（3，1，3）码，其校验矩阵为

$$\boldsymbol{H}=\begin{bmatrix}1&1&0\\1&0&1\end{bmatrix}$$

校正子为

$$\boldsymbol{S}=\boldsymbol{H}\boldsymbol{x} \tag{11-4}$$

这里 $\boldsymbol{S}$，$\boldsymbol{x}$ 都是列矢量，而 $\boldsymbol{x}$ 就是信源符号的代码。可以发现每一个陪集的两个码字的校正子都是一样的，可作为该陪集的表征。

比如第一组 $\quad \boldsymbol{S}=\begin{bmatrix}1&1&0\\1&0&1\end{bmatrix}\begin{bmatrix}0\\0\\0\end{bmatrix}=\begin{bmatrix}0\\0\end{bmatrix}\quad \boldsymbol{S}=\begin{bmatrix}1&1&0\\1&0&1\end{bmatrix}\begin{bmatrix}1\\1\\1\end{bmatrix}=\begin{bmatrix}0\\0\end{bmatrix}$

其他 3 组的校正子分别为$\begin{bmatrix}0\\1\end{bmatrix}$，$\begin{bmatrix}1\\0\end{bmatrix}$，$\begin{bmatrix}1\\1\end{bmatrix}$。

这四个校正子就是 **x** 编码输出的所有可能的码字。

在接收端，译码器译出校正子并结合同时译出的 **y** 码字，就可以正确地恢复出所发送的 **x** 码。

11.3 相关信源协同编码

上节讨论了相关信源的独立编码，即编码器之间没有信息传送关系。现在讨论相关信源协同编码，即编码器之间有信息互通关系。若两个信源 S_1 和 S_2 之间统计相关，且两个源之间有相互通信联络。编码器 1 对信源 1 输出进行编码时可参考由信源 2 送来的信息。编码器 2 对信源 2 的输出进行编码时可参考信源 1 送来的信息，定义信源之间互相提供的信息为边信息。不难想象，协同编码应比独立编码更有效些。为简单起见，我们只讨论单向协同，例如只有信源 1 到信源 2 的信息传送，而无反向信息传递。而且我们着眼于信源 1 输出在接收端的恢复问题，这由图 11-13 表示。编码器 1 独立地对信源 1 的输出进行编码，而编码器 2 参照信源 1 送来的附加信息或称边信息对信源 2 的输出进行编码。接收端利用两个编码器的输出只恢复信源 1 的输出（而不是两个信源的输出）。图 11-13 适用于某些多用户系统。例如在气象数据网中，某地的气象处理中心将主要依靠本地的观测站提供的数据，同时参照其他地区的观测站（可能不止一个）提供的数据（附加信息）对本地的天气作出判断。

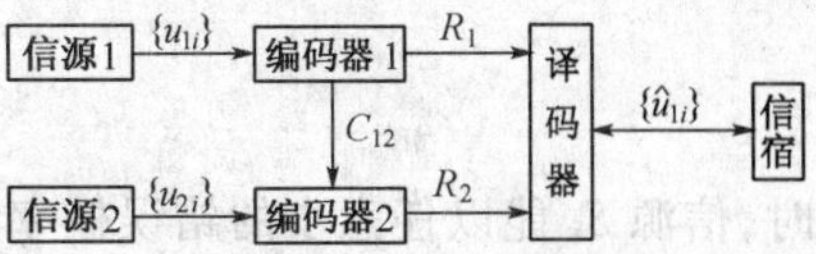

图 11-13 只有一个信宿的多用户系统

现在对图 11-13 框图作原理性分析。

当 $C_{12}=0$，就是上一节讨论的信源单独编码情况。

设 $R_2 \geqslant H(S_2)$ 速率，则译码器可以获得全部 $H(S_2)$ 信息，从而可以无失真地译出 S_2 发送序列。此时，根据式(11-1)，S_1 只需以 $R_1 \geqslant H(S_1|S_2)$ 信息速率，就可以任意小的错误概率恢复出 S_1 发的序列。

设 $H(S_2|S_1) \leqslant R_2 \leqslant H(S_2)$，则式（11-1）表明只要 $R_1 \geqslant H(S_1|S_2) - R_2$ 译码器也可以无失真地恢复出 S_1，S_2 发的信息序列，即准确译码。

当 $C_{12}>0$，若不要求对信源 S_2 发的码流译码输出，只利用 S_2 码流作为边信息，使 S_1 信源发的信息流能无失真的恢复。此时 R_1，R_2 的可达区域又如何变化？为此，将图 11-13 改造成图 11-14 形式。该图是将 C_{12} 的作用以一个概率分布 $p(z)$ 的辅助随机变量 Z 来代表，将 Z 通过转移概率为 $p(s_2 \mid z)$ 的离散无记忆虚拟信道变换为 S_2 并有概率关系为

$$p(s_2) = \sum_{Z} p(z)p(s_2 \mid z) \tag{11-5}$$

从无记忆源 Z 到 S_2 的编码速率为 $R_z = I\ (s_2 \in S_2)$，它限制了 S_2 的速率 R_2，使 $R_2 = R_z$。

图 11-14 类似于图 11-12，但有两点区别。一是接收端译码输出只有一个 S_1，不需要 S_2。因此，对 R_2 要求可以比式（11-1）低一些；其次引入信源 Z 反映了原信源 S_1，S_2 的相关

性，因为用 Z 与虚拟信道代替 S_2 以后，信源 Z 与 S_1 就不相关了。因此，也就成了独立编码传输的两个信源了，但如何引入 Z 尚待明确。现在用定理形式回答这两个问题。

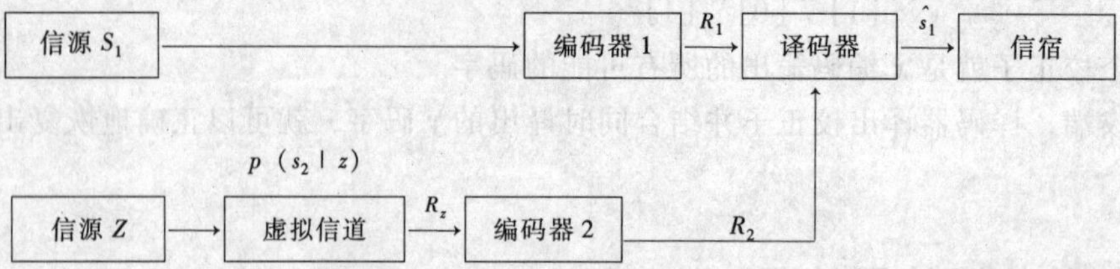

图 11-14　具有边信息的无失真信源编码

定理：设具有联合分布概率 $p\ (S_1S_2)$ 的信源 S_1，S_2。信源 S_1 由速率 R_1 编码输出，信源 S_2 由辅助信源 Z 经信道 $p\ (s_2 \mid z)$ 以速率 R_2 编码并以边信息送到译码器。当且仅当满足不等式

$$R_1 \geqslant H(S_1 \mid Z) \tag{11-6}$$

$$R_2 \geqslant I(S_2;Z) \tag{11-7}$$

时，信源 S_1 能以任意小的错误概率被译码恢复。其中随机变量 Z 与 S_1，S_2 构成 Markov 链 $S_1 \to S_2 \to Z$，且具有联合概率

$$p(s_1s_2z) = p(s_1s_2)p(z \mid s_2) = p(s_1)p(s_2 \mid s_1)p(z \mid s_2) \tag{11-8}$$

我们不对定理作严格证明，只对定理作一些分析理解。首先来讨论定理所指定可达速率区域，如图 11-15 所示。图中双斜线区（网格线）为两个编码器独立工作时所要求的速率区，这是上节式（11-1）的结果，与图 11-12 类似。斜线区域是为恢复信源 S_1 输出所必须提供的编码速率区域。显然，R_1 轴上点 $R_1 \geqslant H(S_1)$，$R_2 = 0$ 是可达点，能无失真恢复 S_1；$R_2 = H(S_2)$ 与 $R \geqslant H(S_1 \mid S_2)$ 点也是可达的，因为该速率能无失真恢复出 S_1 及 S_2。这就给出了本区域的两个边界点，也是由以前的信息论知识所能理解的。至于 $R_2 < H(S_2)$ 与 $H(S_1 \mid S_2) < R_1 < H(S_1)$ 范围内曲线的形状就需要新的概念来说明了。

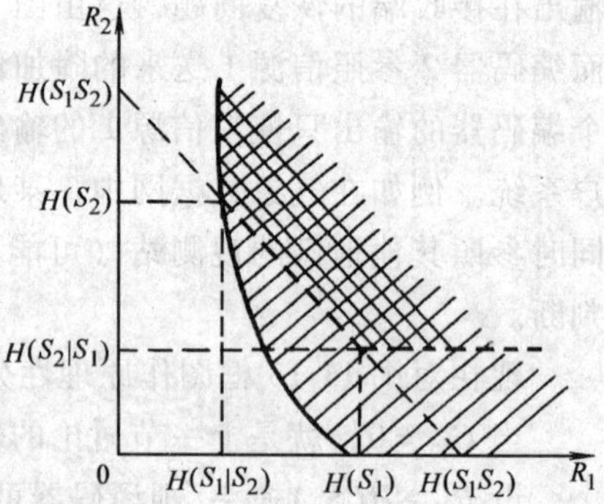

图 11-15　相关信息协同编码的可达速率区域

由于 $R_2 < H(S_2)$，不可能有无失真编码。这是因为速率 R_2 所提供的信息不够，不能完全解除信源 S_2 的不确定性。如果有另外一个信源 Z 能与它互相提供信息，即有 $I(S_2;Z) = H(S_2) - H(S_2 \mid Z)$，只要 $H(S_2 \mid Z) \neq 0$，则有 $I(S_2;Z) < H(S_2)$。这就表明，如果不用速率 $R_2 \leqslant H(S_2)$ 对 S_2 编码输出，而用来表示 Z 与 S_2 之间互相提供的信息量 $I(S_2;Z)$，就能使 $R_2 \geqslant I(S_2;Z)$，而保证 $I(S_2;Z)$ 会无失真地传送。若设计该辅助信源 Z 与 S_1 有确定关系，则将 $I(S_2;Z)$ 传至译码器，就能帮助 S_1 恢复，于是也可以使 S_1 编码速率降低。这就是相关信源协同编码在编码速率与信息量之间的均衡。

辅助信源 Z 在图 11-14 中已取代了信源 S_2，该信源的分布服从式（11-5）给出的关系，并不直接与 S_1 发生关系。而式（11-8）也表明在 S_2 给定条件下，信源 Z 与信源 S_1 是彼此独立的。

因为根据联合分布的链律，应该有 $p(s_1s_2z)=p(s_1)p(s_2|s_1)p(z|s_1s_2)$，只有当 S_1 与 Z 独立时，才有 $p(z|s_1s_2)=p(z|s_2)$。又根据 Markov 链的对称性，应有 $S_1 \to S_2 \to Z \Leftrightarrow Z \to S_2 \to S_1$。在式(11-8)条件下又可写成

$$p(zs_2s_1)=p(z)p(s_2|z)p(s_1|z) \tag{11-9}$$

其中第3项本应为 $p(s_1|zs_2)$，由于给定 Z 条件下，s_1 与 s_2 独立而改写为 $p(s_1|z)$，故式(11-9)也同样表示 S_1 与 S_2 的一种有条件独立。此时 S_1 与 Z 有联合分布

$$\begin{aligned} p(s_1z) &= \sum_{S_2} p(zs_2s_1) = \sum_{S_2} p(z)p(s_2 \mid z)p(s_1 \mid z) \\ &= p(z)\sum_{S_2} p(s_2 \mid z)p(s_1 \mid z) \end{aligned} \tag{11-10}$$

式(11-10)为已知 Z 条件下的信源 S_1 与 Z 的联合分布概率表达式。可以证明由式(11-10)给出的速率区(Z 以 R_2 编码发送)是下凸的，就是如图 11-15 的 $H(S_1|S_2)\leqslant R_1 \leqslant H(S_1)$ 与 $0\leqslant R_2 \leqslant H(S_2)$ 所表示的一段曲线。

至此，自信源 S_1 到 S_2 的单向协同编码就可以按图 11-14，由信源 S_1 与辅助信源 Z，以联合分布 $p(s_1z)$ 进行独立编码发送，联合译码能无失真地恢复出信源 S_1。

自信源 S_2 到 S_1 的单向协向编码，完全类同处理。

推广至 T 个信源情况，对信源 S_1 到 $S_2, S_3, \cdots, S_T$ 有单向协同关系，则是对所有 $0\leqslant t\leqslant T$ 信源，选择最大 $H(S_1|Z_t)$，其可达速率区域为

$R=\{(R_1,R_2,\cdots,R_T)$：对 $0\leqslant t\leqslant T$，存在一个辅助离散信源 Z_t，使 $S_1 \to S_t \to Z_t$ 为 Markov 链，且 $R_t \geqslant I(S_1;Z_t)$；$R_1 \geqslant \max\limits_t H(S_1 \mid Z_t)\}$ 这是 1977 年由 Sgarro 得到的结果。

11.4 多址接入信道(MAC)

11.4.1 离散多址接入信道

最早研究的网络信道是如图 11-2 所示的多址接入信道。这是理论上研究较完善的一类网络信道。这类信道最典型的例子就是卫星通信的上行线路。许多彼此独立的地面站同时将各自的消息发送到一个卫星转发器。因此，为了可靠传输，各发送者不但要考虑克服信道噪声，而且还要考虑克服各发送端彼此之间的串扰。

首先讨论离散的多址接入信道，对于信道，讨论的主题仍然是信道容量，即所能传输的最大速率。由于网络信道有多个相关联的容量存在，因此是一个容量域的问题。

具有两个发送端，一个接收端的离散多址接入信道，如图 11-16 所示。

该信道有二个输入信源的概率空间，分别为$[X_1,P_1]$与$[X_2,P_2]$，有一个输出信源概率空间$[Y,Q]$。它的输入端有两个随机变量序列 $\boldsymbol{x}_1,\boldsymbol{x}_2$，输出端是一个随机变量序列 $\boldsymbol{y}$，它们都是 n 维随机矢量。多址接入信道可用传递概率 $P(\boldsymbol{y}|\boldsymbol{x}_1\boldsymbol{x}_2)$ 来描述。当信道是离散无记忆时，则满足

$$P(\boldsymbol{y} \mid \boldsymbol{x}_1\boldsymbol{x}_2) = \prod_{i=1}^{n} P(y_i \mid x_{1i}x_{2i})$$

因此，任意两个发送端的离散无记忆多元-接入信道(简记为 d. m. MAC)可用$[X_1 \times X_2, P(\boldsymbol{y}|\boldsymbol{x}_1\boldsymbol{x}_2), Y]$来表示。

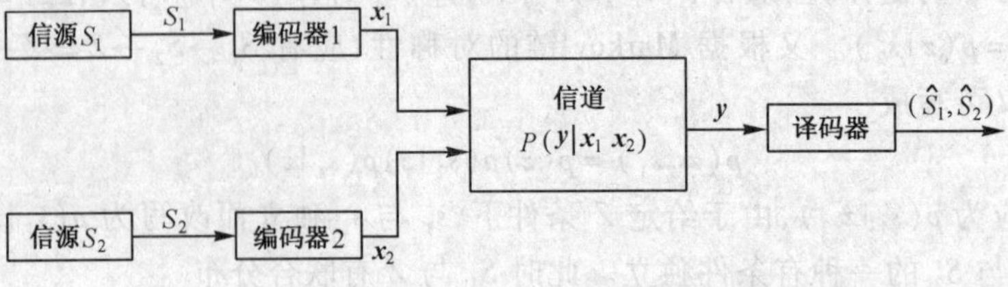

图 11-16 典型的离散无记忆多址接入信道

对含有 n 个分量相互独立的序列 $\boldsymbol{x}_1,\boldsymbol{x}_2$，若分别存在以 R_1 与 R_2 比特/符号的编码，当 $n\to\infty$ 时，可使平均译码错误概率 $\boldsymbol{Pe}\to 0$，称此(R_1,R_2)为可达速率对，可达速率对(R_1,R_2)的集合的闭包定义为多址接入信道的容量区域。

定理：具有两个发端的多址接入信道$[X_1\times X_2,P(\boldsymbol{y}|\boldsymbol{x}_1\boldsymbol{x}_2),Y]$的容量区域，由满足下述条件的速率对$(R_1,R_2)$组成的凸壳闭包给定

$$C(P_1,P_2)=\{(R_1,R_2):\ 0\leqslant R_1\leqslant I(X_1;Y|X_2)$$
$$0\leqslant R_2\leqslant I(X_2;Y|X_1)$$
$$R_1+R_2\leqslant I(X_1X_2;Y) \qquad (11\text{-}11)$$

$\boldsymbol{x}_1,\boldsymbol{x}_2$ 的联合分布概率为 $P(\boldsymbol{x}_1\boldsymbol{x}_2)=P(\boldsymbol{x}_1)P(\boldsymbol{x}_2)\}$

$C(P_1,P_2)$是在乘积空间 $X_1\times X_2$ 上，对所有可能满足条件的输入概率分布求得的可达速率对(R_1,R_2)的集合，其中 $P_1=P(x_1)$，$P_2=P(x_2)$。

我们不对定理作严格证明，只对定理所给出的容量区域的意义进行分析讨论。先来看两个最简单的例子，所谓凸壳闭包在这里只是一个凸多边形。

【例 11-2】 两个独立的二元对称信道，两个信源独立地发送，X_1 和 X_2 都发送二元符号 0 和 1，一个接收端为 Y，如图 11-17 所示。由于这两个信道是独立地传送，互不干扰。虽然在接收端只有一个 Y，但也是各自独立译码。因此 R_1 与 R_2 也是各自独立的，此时式(11-11)的 $I(X_1;Y|X_2)=I(X_1;Y)$，$I(X_2;Y|X_1)=I(X_2;Y)$，它们的最大值，即各自的信道容量，根据第 4 章的结果分别为 $C_1=1-H(P_1)$ 及 $C_2=1-H(P_2)$，作为联合信道，只要 R_1+R_2 的值在图中阴影线范围内，都可以作无失真的传输，R_1+R_2 的边界点也就是 C_1 与 C_2 以及 C 点。而超出此范围就不可能有无失真的编码传输。

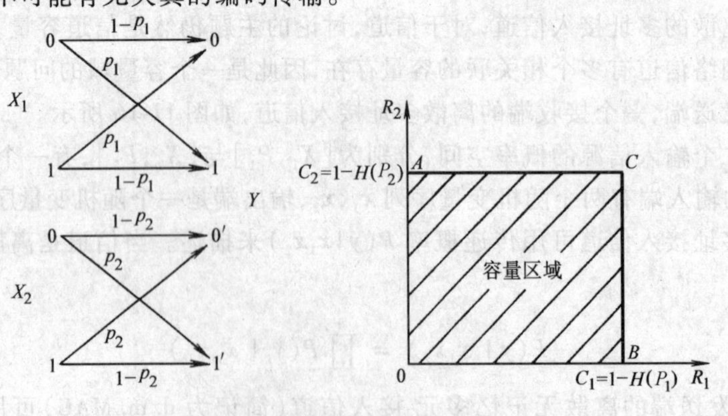

图 11-17 二个独立的二元对称信道及其容量区

在容量区图中特别关注的是几个角点。A 点表示 $R_1=0$，R_2 达到信道 2 容量的点，根据信道容量的定义，该点代表 $\max\limits_{p(x_2)} I(X_2;Y)$。同理，$B$ 点代表了 $\max\limits_{p(x_1)} I(X_1;Y)$，$C$ 点则是 $\max\limits_{p(x_1)p(x_2)} I(X_1X_2;Y)$。

【例 11-3】 二址接入二元乘积信道。设一个二址接入信道，其输入 X_1，X_2 和输出 Y 都是二元符号，并满足笛卡儿乘积关系 $Y=X_1X_2$。与组合乘积信道不同之处是组合信道是两个信道分别独立传送信息，接收为两个 Y 的积，即 $Y=Y_1\times Y_2$。因而信道容量 $C=C_1+C_2$。而二址接入信道则是一个信道，接收为一个 Y，如图 11-18 所示。图中 X_1X_2 组合共有 4 种，凡包含 0 的组合在接收端都译为 0，只有两个 1 的组合被译为 1。可见该信道相当于一个"逻辑与"的转换关系。从这个逻辑关系出发，显然当 $X_2=1$ 时 Y 与 X_1 之间提供全部信息量，因为已知 $X_2=1$，则接收 $Y=0$ 便可判 $X_1=0$；$Y=1$，$X_1=1$。可知 $I(X_1;Y\mid X_2=1)$ 为最大值，若信源 X_1 又是等概分布，则根据第 4 章，结论 R_1 达到信道容量 $C_1=1$ 比特/符号。

同理当 $X_1=1$ 时，Y 与 X_2 之间互信息量也是最大，若 X_2 为等概分布，则 R_2 达到信道容量 $C_2=1$ 比特/符号。

再来看 $R_1+R_2\leqslant I(X_1X_2;Y)$，按互信息定义 $I(X_1X_2;Y)\leqslant H(Y)-H(Y\mid X_1X_2)\leqslant H(Y)\leqslant 1$ 比特/符号。这是因为 Y 也是二元符号。由此可见 $R_1+R_2\leqslant 1$ 比特/符号，这就使式（11-11）具体化为图 11-18 的容量区为一个 45°角的等腰三角形，AB 直线上任一点对应的 R_1+R_2 都为 1 比特/符号。

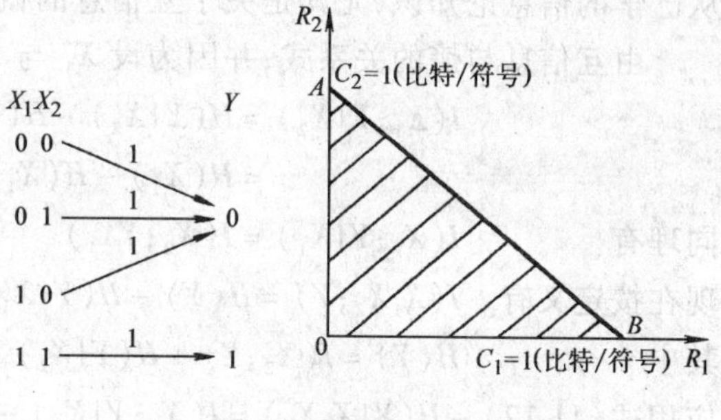

图 11-18 二元乘积信道及其容量区

从本例知，若进一步将 X_1 与 X_2 的发送过程视作一种时分操作，而接收 Y 输出二元码流（二元序列）。可见时分多址接入其容量区表现为一个三角形面积。45°斜线边界的物理意义是联合信源与译码输出 Y 之间的互信息量，实质上相当于每一个时隙其中一个信源 X_i 与 Y 之间的互信息量。以后还会进一步说明，时分信道并未充分发挥网络信道的潜力。

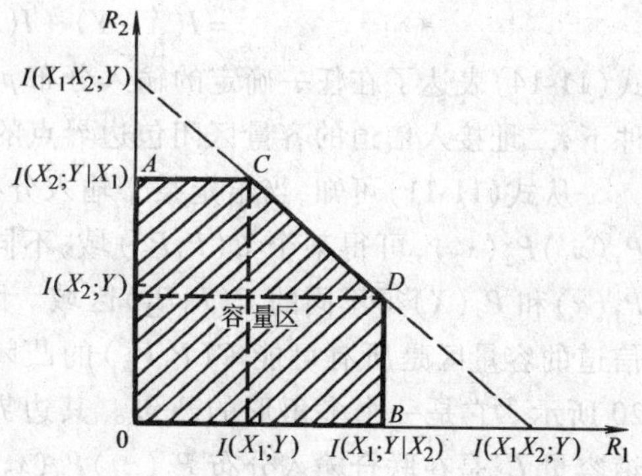

图 11-19 二址接入信道的可达速率区

现在来看一般情况的二址接入信道的容量区，如图 11-19。从图中看出，阴影区（容量区）与前面两个例子都不一样。比图 11-17 要少一个角，比图 11-18 又多出一块梯形面积。这是因为现在的信道既不是完全独立的两个信道，也不是实质上只相当于一个信道的时分情况，而是两个信道是时间共享（time sharing）的，即每时每刻都在共同使用的。

在分析容量区边界点情况时，再一次强调所谓容量区即在该区域内各点所对应的坐标值（R_1，R_2），就是输入信源能实现无失真编解码的所有速率对，它由 OA，OB，AC，CD 及 DB 边界围成。因此，对这些边界的理解就是理解容量区的关键。图 11-19 的坐标值都用互信息量而不是信道容量 C，因为该图是表征某一确定的输入分布 $p(x_1)$ 和 $p(x_2)$ 时二址输入信道的容量区。一般情况下不可能是可达信息速率的最大值，即边界点不一定是信道容量点。其容量区的边界就是由式（11-11）所确定。

1）图中45°斜线上的所有点，都满足 $R_1+R_2=I(X_1X_2;Y)$，由式(11-11)可知，对某一具体的联合分布的容量区应该在该直线以下；而线上的 C、D 两点又分别对应于 $R_2=I(X_2;Y|X_1)$ 与 $R_1=I(X_1;Y|X_2)$，由式(11-11)知该两点应该是容量区的边界角点。

2）B 点是对应于 $R_2=0$，$R_1=I(X_1;Y|X_2)$ 的点，是当发送者2不发送任何信息时，发送者1可达速率的最大值，也是为使 X_1 能无失真解码，接收 Y 需要向信源 X_1 提供的最大互信息。BD 直线则满足 $R_1=I(X_1;Y|X_2)$ 及 $R_2\leqslant I(X_1X_2;Y)-R_1$。$A$ 点及 AC 的意义则与 B 点与 BD 类同，只是 R_1 与 R_2 互换。

以上表述就是式(11-11)的图形表示，其合理性是需要严格证明的。若放松数学严格性，从已学的信息论知识，尤其是关于互信息的概念出发，可作如下理解。

由互信息与熵的关系式，并因为设 X_1 与 X_2 互相统计独立，可知

$$
\begin{aligned}
I(X_1;Y|X_2) &= H(Y|X_2)-H(Y|X_2X_1)\\
&= H(X_1)-H(X_1|YX_2)=I(X_1;YX_2)
\end{aligned}
\tag{11-12}
$$

同理有 $$I(X_2;Y|X_1)=I(X_2;YX_1) \tag{11-13}$$

现在按定义有 $I(X_1X_2;Y)=H(Y)-H(Y|X_1X_2)$

其中 $H(Y)=I(X_2;Y)+H(Y|X_2)$

应用式(11-12) $-H(Y|X_1X_2)=I(X_1;Y|X_2)-H(Y|X_2)$

便可求出信道的输入与输出之间的互信息

$$
\begin{aligned}
I(X_1X_2;Y) &= I(X_2;Y)+I(X_1;Y|X_2)\\
&= I(X_1;Y)+I(X_2;Y|X_1)
\end{aligned}
\tag{11-14}
$$

式(11-14)表达了在任一确定的输入分布 $p(x_1)p(x_2)$ 条件下，二址接入信道的容量区闭包边界点的坐标关系。

从式(11-11)可知，当给定某个输入分布 $P(x_1x_2)=P_1(x_1)P_2(x_2)$，可得某个 $C(P_1P_2)$ 域；不同的输入分布 $P_1(x)$ 和 $P_2(X)$ 得不同的 $C(P_1P_2)$ 区域。因此二址接入信道的容量区是所有可能 $C(P_1P_2)$ 的凸闭包，如图 11-20 所示。它是一个多角形的凸包。其边界点都代表信道容量 C，是在联合输入分布 $P_1(x_1)P_2(x_2)$ 中求信息速率的极大值。

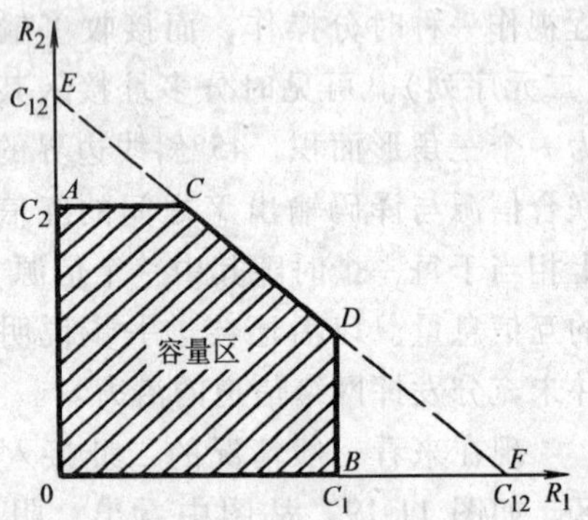

图 11-20　二址接入信道的容量区

图中

$$
\begin{aligned}
C_1 &= \max_{P_1(x)P_2(x)} I(X_1;Y|X_2)\\
C_2 &= \max_{P_1(x)P_2(x)} I(X_2;Y|X_1)\\
C_{12} &= \max_{P_1(x)P_2(x)} I(X_1X_2;Y)
\end{aligned}
\tag{11-15}
$$

上述结论很容易推广到 T 个独立发送端的一般情况。已知条件概率 $P(y|x_1x_2\cdots x_T)$，此时各发送端可达速率范围为

$$R_t \leqslant C_t = \max_{P_1(x),\cdots,P_T(x)} I(X_t;Y|X_1\cdots X_{t-1}X_{t+1}\cdots X_T) \qquad (t=1,2,\cdots,T)$$

且对于任意子集 $S\in\{1,2,\cdots,T\}$，有

$$\sum_{i\in S} R_i \leqslant C_s = \max_{P_1(x),\cdots,P_T(x)} I\left[\prod_{i\in S} X_i;Y\middle|\prod_{i\in \bar{S}} X_i\right]$$

所以可达速率区域是一个去角的 T 维多面体，而容量区域是这些多面体所形成的凸包。

【例 11-4】 离散无记忆二址接入二元删除信道（简记 d. m. BEMAC）。设信道输入端 $X_1=\{0,1\}$，$X_2=\{0,1\}$；而信道输出端 $Y=\{0,1,2\}$，即信道输出符号 $Y=X_1+X_2$，其中“+”为代数和。所以这种信道也称二址接入二元和信道。一般它可用图 11-21 表示。信道的传递概率 $P(y|x_1x_2)$ 如图 11-22 所示。从图 11-22 可知这个信道等价于一个有四个输入端，三个输出端的无扰有损信道。

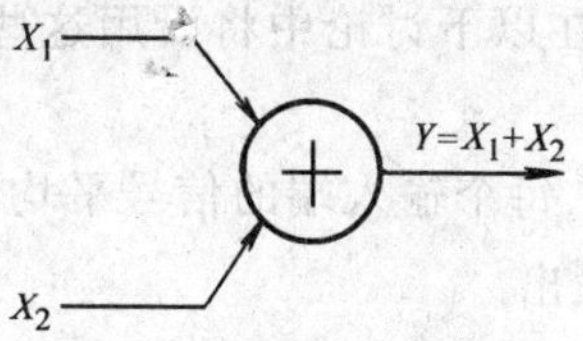

图 11-21　二元和信道

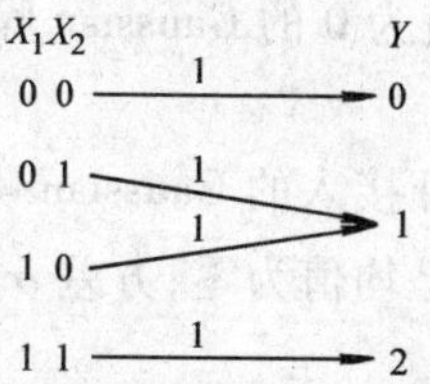

图 11-22　无扰二元和信道

由图 11-22 所示，信道传递概率 $P(y|x_1x_2)$ 是 0,1 分布，对所有 x_1,x_2，输出 y 没有不确定性。因此，对任何输入概率分布都有 $H(Y|X_1X_2)=0$，又当 X_2 确定时，X_1 与 Y 是一一确定对应的传递，如图 11-23 所示；当 Y 与 X_2 确定时，X_1 也确定无疑，所以 $H(X_1|X_2Y)=0$。同理 $H(X_2|X_1Y)=0$。于是由式（11-11）确定的速率对 (R_1R_2) 的可达区域可改为

$$C(P_1P_2)=\{(R_1R_2):0\leqslant R_1\leqslant H(X_1),0\leqslant R_2\leqslant H(X_2),0\leqslant R_1+R_2\leqslant H(Y)\}$$

并可计算得

$$C_1=\max_{P_1(x_1)} H(X_1)=1\ \text{bit}$$

$$C_2=\max_{P_2(x_2)} H(X_2)=1\ \text{bit}$$

$$C_{12}=\max_{P_1(x_1)P_2(x_2)} I(X_1X_2;Y)=\max_{P_1(x_1)P_2(x_2)} H(Y)$$

可由 $P_1(x_1=0)=P_1(x_1=1)=P_2(x_2=0)=P_2(x_2=1)=\dfrac{1}{2}$ 时为最佳分布计算得 $C_{12}=1.5\text{bit}$。注意这是 X_1 和 X_2 统计独立情况下求最大值的。因此得 d. m. BEMAC 的容量区如图 11-24 所示的阴影部分。

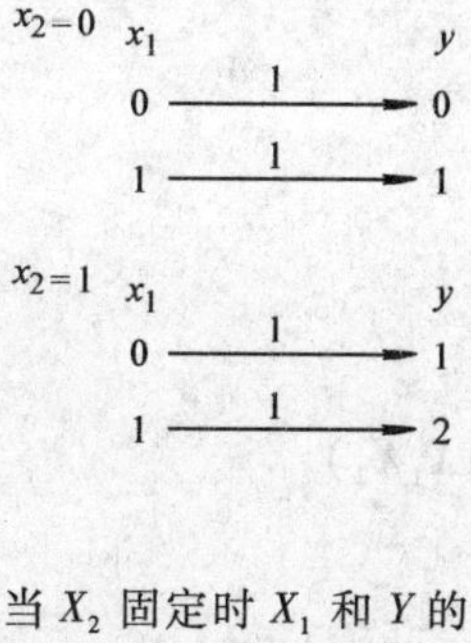

图 11-23　当 X_2 固定时 X_1 和 Y 的对应关系

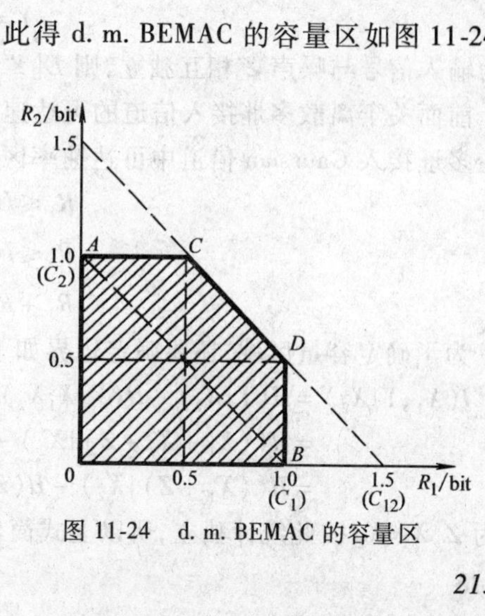

图 11-24　d. m. BEMAC 的容量区

11.4.2 多址接入 Gaussian 噪声信道

前面讨论的多址接入信道是在无噪声条件下进行的，本节讨论在 Gaussian 加性噪声条件下的多址接入信道的容量区域问题。单端 Gaussian 噪声信道的一些结果将是本节讨论的基础，为了简单，定义信道容量函数

$$C(x)=\frac{1}{2}\log(1+x) \tag{11-16}$$

x 的实际函义为信噪比，于是第 4 章的式(4-57)可表示为 $C\left(\frac{S}{\sigma_n^2}\right)$，其中 S 是输入平均功率的上限，σ_n^2 是均值为 0 的 Gaussian 噪声的方差，即噪声功率。在以下讨论中将沿用这些符号与结果。

对于多址接入的 Gaussian 噪声信道，设有 m 个发送端，每个输入端的信号平均功率为 S_i，而信道干扰是均值为零，方差 σ_n^2 的 Gaussian 噪声。信道输出

$$Y=\sum_{i=1}^{m}X_i+Z \tag{11-17}$$

信道模型如图 11-25 所示。

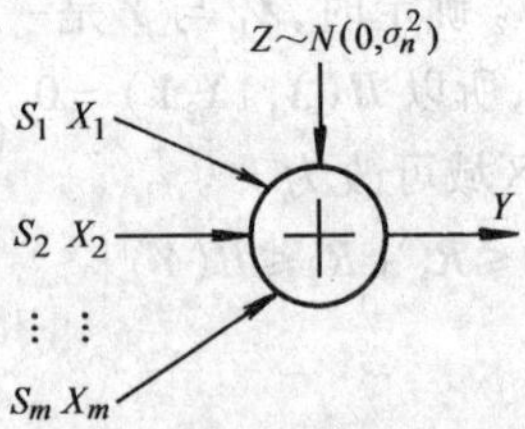

图 11-25 多址接入 Gaussian 信道

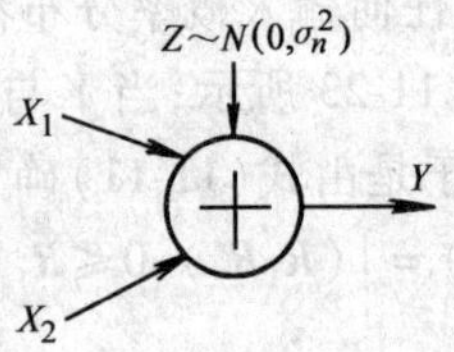

图 11-26 二址接入 Gaussian 信道

当 $m=2$ 时，设 X_1 和 X_2 都是取值于$(-\infty,+\infty)$的随机变量，概率密度分别为 $p(x_1)$，$p(x_2)$，并且信号平均功率受限，分别为 S_1 和 S_2，信道干扰为 Gaussian 白噪声，其均值为零，方差为 σ_n^2。则信道输出

$$Y=X_1+X_2+Z \tag{11-18}$$

因为输入信号与噪声 Z 相互独立，则 $E[Y^2]=S_1+S_2+\sigma_n^2$。如图 11-26 所示。

前面关于离散多址接入信道的可达速率区，同样可以推广到多址接入 Gaussian 信道中，因此在多址接入 Gaussian 信道中可达速率区是满足下式的凸闭包

$$\left.\begin{aligned}&R_1\leqslant I(X_1;Y|X_2)\\&R_2\leqslant I(X_2;Y|X_1)\\&R_1+R_2\leqslant I(X_1X_2;Y)\end{aligned}\right\} \tag{11-19}$$

为了确定容量区域，还要确定边界如下，因为

$$\begin{aligned}I(X_1;Y|X_2)&=H(Y|X_2)-H(Y|X_1X_2)\\&=H((X_1+X_2+Z)|X_2)-H((X_1+X_2+Z)|X_1X_2)\\&=H((X_1+Z)|X_2)-H(Z|X_1X_2)\end{aligned}$$

因为 Z,X_1、X_2 彼此统计独立，所以上式简化为

$$I(X_1;Y|X_2)=H(X_1+Z)-H(Z)$$

又因为 Z 为正态分布，所以 $H(Z)=\frac{1}{2}\log 2\pi e\sigma_n^2$，再因为平均功率受限正态分布的熵最大，所以只有当输入 X_1 分布为 $N(0,S_1)$ 和 X_2 分布为 $N(0,S_2)$，并互相统计独立时有

$$I(X_1;Y|X_2)=\frac{1}{2}\log 2\pi e(S_1+\sigma_n^2)-\frac{1}{2}\log 2\pi e\sigma_n^2$$

$$=\frac{1}{2}\log\left(1+\frac{S_1}{\sigma_n^2}\right)\triangleq C\left(\frac{S_1}{\sigma_n^2}\right) \tag{11-20}$$

因此由(11-19)式得

$$R_1\leqslant C_1=\max_{p(x_1)p(x_2)} I(X_1;Y|X_2)=\frac{1}{2}\log\left(1+\frac{S_1}{\sigma_n^2}\right)\triangleq C\left(\frac{S_1}{\sigma_n^2}\right)$$

同理

$$R_2\leqslant C_2=\max_{p(x_1)p(x_2)} I(X_2;Y|X_1)=\frac{1}{2}\log\left(1+\frac{S_2}{\sigma_n^2}\right)\triangleq C\left(\frac{S_2}{\sigma_n^2}\right)$$

$$R_1+R_2\leqslant C_{12}=\max_{p(x_1)p(x_2)} I(X_1X_2;Y)=\frac{1}{2}\log\left(1+\frac{S_1+S_2}{\sigma_n^2}\right)\triangleq C\left(\frac{S_1+S_2}{\sigma_n^2}\right) \tag{11-21}$$

由此得图 11-27 所示的容量区域。由（11-21）式可知，两发送端的信息传输率之和（R_1+R_2）可达到 $C\left(\frac{S_1+S_2}{\sigma_n^2}\right)$ 这样大小。这数值相当于在单个 Gaussian 噪声信道中，发送的信号功率等于各发送端的信号功率之和时的信息传输率。

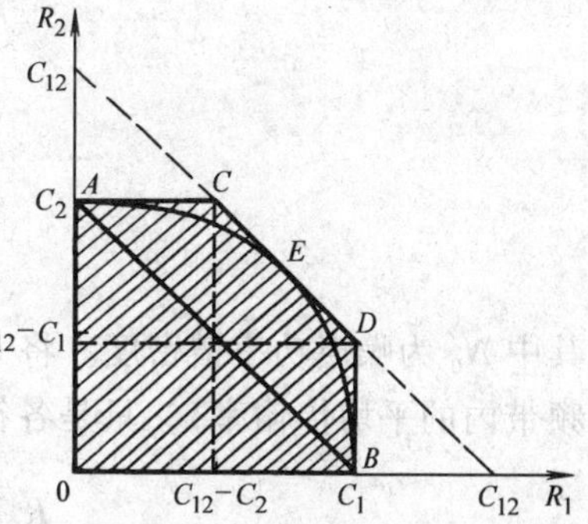

图 11-27　二址接入 Gaussian 信道的容量区域

容量区域中，各角点的物理含义与固定输入分布时离散多址接入信道中各角点的物理含义相似。B 点是发送者 1 能传送的最大信息传输率。而 D 点是发送者 1 传送最大信息率情况下，发送者 2 所能传送的最大信息传输率，它应该等于 $C_{12}-C_1=\frac{1}{2}\log\left(1+\frac{S_2}{S_1+\sigma_n^2}\right)\triangleq C\left(\frac{S_2}{S_1+\sigma_n^2}\right)$。这可解释为发送者 1 被看成噪声源情况下，计算输出端 Y 与 X_2 之间的互信息。A，C 点解释类同。

从以上解释中得到启发，可以把译码考虑成两步：第一步，接收端将发送端 1 看成噪声的一部分，先将发送端 2 的码字评码出来。若 $R_2<C\left(\frac{S_2}{S_1+\sigma_n^2}\right)$，译码错误概率能任意小。然后第二步，将已成功译出的发送端 2"减"去，若 $R_1<C\left(\frac{S_1}{\sigma_n^2}\right)$，则发送端 1 的码字能成功地被译出。所以，容量区域中各个角点的速率对都是可达的。

在例 11-3 中已提到时分通信方式不是最佳方式，在多址接入 Gaussian 信道中，可进一步分析时分方式不是最佳方案。时分方式可表述如下：引入参数 Q（$0\leqslant Q\leqslant 1$），在总传送时间 T 内，QT 用来传送 X_1，$(1-Q)\,T$ 用来传送 X_2，即在传送 X_1 时，$X_2\equiv 0$；在传送 X_2 时 $X_1\equiv 0$。若保持平均功率不变，则 X_1 传送时功率可以提高到 $\frac{S_1}{Q}$，而 X_2 功率可提高到 $\frac{S_2}{1-Q}$。

由式（11-18）可得

$$\left.\begin{aligned}R_1 &\leqslant \frac{Q}{2}\log\left(1+\frac{S_1}{Q\sigma_n^2}\right)\\ R_2 &\leqslant \frac{(1-Q)}{2}\log\left(1+\frac{S_2}{(1-Q)\ \sigma_n^2}\right)\end{aligned}\right\} \tag{11-22}$$

Q 不同便得到不同的（R_1R_2），式（11-22）给出的可达速率区是图 11-27 中曲线 $\overset{\frown}{AEB}$ 所决定的区域。显然，除了 $Q=1$，$Q=0$ 和 $Q=S_1/（S_1+S_2）$ 即 B、A、E 三点外，其他情况都在容量界线（截角矩形）之下。可见，在时分方式下，C，D 对应的速率对是达不到的。这说明对于连续多址接入信道，时分方式也不是最佳的。

对于频分多路通信，每个发送者的传输速率依赖于所允许传输的带宽。考虑二个发送端，其信号功率分别为 S_1 和 S_2，所占带宽为 W_1 和 W_2。这两带宽不重叠，且总带宽 $W=W_1+W_2$。令 $Q=\frac{W_1}{W}$，是发送者 1 所占带宽比，$(1-Q)=\frac{W_2}{W}$ 是发送者 2 所占带宽比。现在，采用频带受限时单用户 Gaussian 白噪声信道的信道容量。于是，可达速率对是

$$\left.\begin{aligned}R_1 &\leqslant \frac{W_1}{2}\log\left(1+\frac{S_1}{N_0W_1}\right)\\ R_2 &\leqslant \frac{W_2}{2}\log\left(1+\frac{S_2}{N_0W_2}\right)\end{aligned}\right\} \tag{11-23}$$

其中 N_0 为噪声功率谱密度。将 Q 和（$1-Q$）代入，可得与式（11-22）相同的公式（单位频带内的平均传输率），只是各符号定义有所区别。

$$\left.\begin{aligned}R_1 &\leqslant \frac{Q}{2}\log\left(1+\frac{S_1}{Q\sigma_n^2}\right)\\ R_2 &\leqslant \frac{(1-Q)}{2}\log\left(1+\frac{S_2}{(1-Q)\ \sigma_n^2}\right)\end{aligned}\right\} \tag{11-24}$$

其中 $\sigma_n^2=N_0W$ 为总频带内的平均噪声功率。

因此，改变 W_1 和 W_2（即 Q 不同时），式（11-24）给出的可达速率区也为图 11-27 中曲线 $\overset{\frown}{AEB}$ 所决定的区域。显然，此曲线与式（11-21）给出的可达容量区的边界交点为 A、B、E。而 C、D 点对应的速率对在频分方式下也是达不到的。

多址接入信道的容量区之所以能超过时分或频分所达到的速率区，这是因为在接收端采用一个共用的译码器。这也说明，多个发送端采用码分多址（CDMA）的方法在同一信道中同时进行传送，并共用译码器，其性能要优于时分与频分方式。其可达速率对区域可达到最大，多址接入信道可被充分利用。这就是在网络通信中，CDMA 受到重视的原因之一。此外需要考虑的因素很多，比如复杂性与成本等。事实上 CDMA 技术在 20 世纪 60 年代已经提出，就是因为功率控制、同步等问题而未能实用。因此，信道的信息传输率与系统的复杂度是综合考虑的因素。

式（11-21）的结论可推广到 $m>2$ 的情况。此时若各输入端平均功率相等，均为 S，则

可达速率组应满足

$$\left.\begin{aligned} R_i &\leqslant C(S/\sigma_n^2) \\ R_i + R_j &\leqslant C(2S/\sigma_n^2) \\ R_i + R_j + R_k &\leqslant C(3S/\sigma_n^2) \\ &\vdots \\ \sum_{i=1}^{m} R_i &\leqslant C(mS/\sigma_n^2) \end{aligned}\right\} \tag{11-25}$$

其中
$$C(x) = \frac{1}{2}\log(1+x)$$

由式（11-25）也可看出，当 m 增大时，总传输率 $C\left(\frac{mS}{\sigma_n^2}\right)$ 也将随之增大。当 m 很大时，总传输率也很大。任一路信道受其他各路的干扰也随之增大。但此时仍能保证每个发送端以 R_i 的速率传输信息。

11.4.3 相关信源的多址接入信道

我们已经分别讨论了相关信源编码的可达速率区与相关信道的容量区域。所谓分别讨论是因为在讨论相关信源编码时，假设信道是独立传输的；而讨论信道容量区时，又假设信源是独立不相关的。这种在研究复杂问题时突出主要矛盾的方法是可取的，但应用到实际问题时，就需要同时考虑相关的情况了。Cover，El Gamal 和 Salehi 等研究了这个问题，并于1980 年提出了基于保留相关信息情况下，相关信源在多址接入信道中的可达传输区域的研究结果。实际上在网络的信源信道编码中，分别进行信源编码和信道编码的这种方法并不是最佳的方法。因为，在多址接入信道中要使信道容量最大化时，保留了信道输入之间的相关性，而在相关信源编码时去除了它们之间的相关性。所以，在信源和信道分别进行编码时，随机变量 S_1（或 S_2）所包含的另一变量 S_2（或 S_1）的那部分信息被丢弃了。

下面介绍在 S_1 和 S_2 之间无公共部分情况下，相关信源的多址接入信道可达的传输区域。

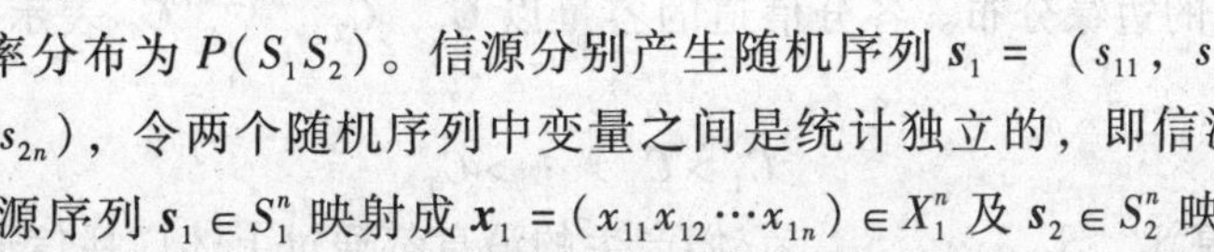

图 11-28 相关信源的多址接入信道模型

相关信源的多址接入信道模型如图 11-28 所示。图中相关信源是一对离散随机变量 s_1 和 s_2，已知它们的概率分布为 $P(S_1S_2)$。信源分别产生随机序列 $\boldsymbol{s}_1 = (s_{11}, s_{12}, \cdots, s_{1n})$ 和 $\boldsymbol{s}_2 = (s_{21}, s_{22}, \cdots, s_{2n})$，令两个随机序列中变量之间是统计独立的，即信源是无记忆的。两个编码器分别将信源序列 $\boldsymbol{s}_1 \in S_1^n$ 映射成 $\boldsymbol{x}_1 = (x_{11}x_{12}\cdots x_{1n}) \in X_1^n$ 及 $\boldsymbol{s}_2 \in S_2^n$ 映射成 $\boldsymbol{x}_2 = (x_{21}x_{22}\cdots x_{2n}) \in X_2^n$。这里的 S_i^n 与 X_i^n 相当于第 3 章讨论的 n 次扩展信源的概念。

我们用 $\{\boldsymbol{x}_1(\boldsymbol{s}_1), \boldsymbol{x}_2(\boldsymbol{s}_2)\}$ 表示编码的码字。经过转移频率为 $P(\boldsymbol{y}|\boldsymbol{x}_1\boldsymbol{x}_2)$ 的 MAC 信道，输出为 $y \in Y^n$ 且由译码函数 g 完成译码映射 $g: Y^n \to S_1^n \times S_2^n$ 从而完成译码输出 $\hat{\boldsymbol{s}}_1$ 与 $\hat{\boldsymbol{s}}_2$。并且其

联合概率 $P(\boldsymbol{s}_1\boldsymbol{s}_2\boldsymbol{y})$ 是已知的。即

$$P(\boldsymbol{s}_1\boldsymbol{s}_2\boldsymbol{y}) = \prod_{i=1}^{n} P(s_{1i}s_{2i})P(y_i \mid x_{1i}(\boldsymbol{s}_1)x_{2i}(\boldsymbol{s}_2)) \tag{11-26}$$

若存在码 $(\boldsymbol{x}_1(\boldsymbol{s}_1),\boldsymbol{x}_2(\boldsymbol{s}_2),g(\boldsymbol{y}))$ 使译码的错误概率能任意地小，则称信源 (S_1,S_2) 能在多元接入信道 $[X_1\times X_2,Y,P(y|x_1x_2)]$ 中进行可靠传输。所有能够在给定的二元接入信道中可靠传输的相关信源（S_1S_2）组合成一集合。这个相关信源（S_1S_2）集与二元接入信道之间应满足的条件，由下述定理表述。

定理：设相关信源 $[S_1\times S_2,P(s_1s_2)]$，经离散无记忆二元接入信道 $[X_1\times X_2,P(y|x_1x_2),Y]$ 传输，若存在概率函数 $P(x_1|s_1)$ 和 $P(x_2|s_2)$ 满足

$$\left.\begin{aligned} H(S_1|S_2) &< I(X_1;Y|X_2,S_2) \\ H(S_2|S_1) &< I(X_2;Y|X_1,S_1) \\ H(S_1S_2) &< I(X_1X_2;Y) \end{aligned}\right\} \tag{11-27}$$

其中 $P(\boldsymbol{s}_1\boldsymbol{s}_2\boldsymbol{x}_1\boldsymbol{x}_2\boldsymbol{y})=P(\boldsymbol{s}_1\boldsymbol{s}_2)P(\boldsymbol{x}_1|\boldsymbol{s}_1)\boldsymbol{P}(\boldsymbol{x}_2|\boldsymbol{s}_2)P(\boldsymbol{y}|\boldsymbol{x}_1\boldsymbol{x}_2)$ 则信源 (S_1S_2) 可在离散无记忆多址接入信道(d. m. MAC)中可靠传输。

对于定理的证明可在相关的文献中找到，关于达到定理速率对的码结构或编码方法，正是近期研究的目标之一。其实，关于信源与信道联合编码以达到总体最佳传输的思想，一直伴随着信息传输理论发展，即使在单信道传输时也是如此。到了网络通信成为主导形式的当今，无论是需求的牵引还是实现的条件都已逐渐趋于成熟。尽管，当前的研究工作无论在理论上还是实践上都有较大的难度。但相信适应网络应用发展的编码技术，不久将来必将有重大突破。

11.5 广播信道

11.5.1 离散无记忆广播信道（DMBC）

广播信道（简记为 BC）是有一个发端和多个收端的信道，最早由 Cover［1972］引入，如图 11-3 所示。实际广播信道中，各接收端彼此之间没有协同关系。这使我们可以将广播信道分解成 T 个不相关的分信道 K_1，K_2，…，K_T，各分信道的转移概率 $p(y_1|x_1),p(y_2|x_2),\cdots,p(y_T|x_T)$ 是 $p(y_1,\cdots,y_T\mid \boldsymbol{x})$ 的边缘分布。各分信道的容量以 C_1，C_2，…，C_T 表示，不失一般性可以假定

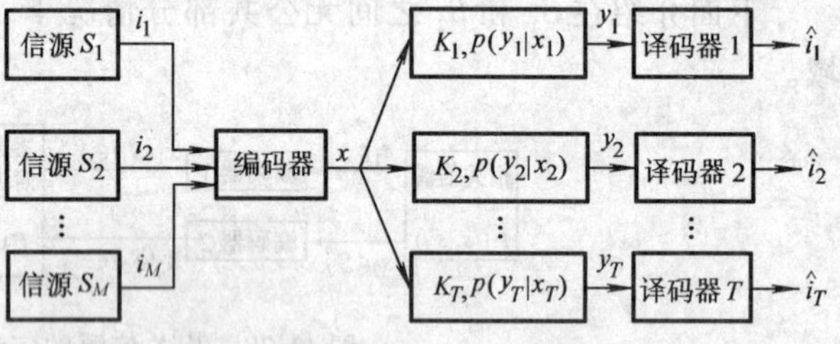

图 11-29　广播信道的分信道系统模型

$$C_1>C_2>\cdots>C_T$$

若发端有 M 个信源 S_1，S_2，…，S_M，它们产生的消息都通过上述广播信道传送，此时图 11-4 就可以具体化成图 11-29 所示系统。

下面研究有两个接收端的情况。一个离散无记忆广播信道可由 $(X,p(yz|x),YZ)$ 表示，它由一个输入符号集 X 和另外两个符号集 Y 与 Z，以及一个概率转移函数 p（$y^nz^n\mid x^n$）组成。

如果有如下关系成立，则称之为无记忆广播信道

$$p(y^n z^n \mid x^n) = \prod_{i=1}^{n} p(y_i z_i \mid x_i) \tag{11-28}$$

这个 BC 可看作是两个单向信道的组合。一个是由 X 到 Y 的信道（X，$p(y \mid x)$，Y），以 K_1 表示；另一个是由 X 到 Z 的信道（X，$p(z \mid x)$，Z），以 K_2 表示。根据进入编码器的信源个数和收端各译码器译码对象的不同，目前主要研究图 11-30 所给的三种情况，分别以 K_{12} Ⅰ、K_{12} Ⅱ和 K_{12} Ⅲ表示。图中将信源分别以 S_1，S_2 和 S_0 表示，其输出消息以 i，j 和 k 表示。接收机 1 和 2 分别只对 S_1，S_2 发的信息感兴趣，S_1 和 S_2 分别称作接收机 1 和 2 的私信源。S_0 表示的信息将为两个接收机共享，称作公信源。K_{12} Ⅰ是 K_{12} Ⅲ的公信源 S_0 不存在时的特例，而 K_{12} Ⅱ是 K_{12} Ⅲ只有一个私信源时的特例。

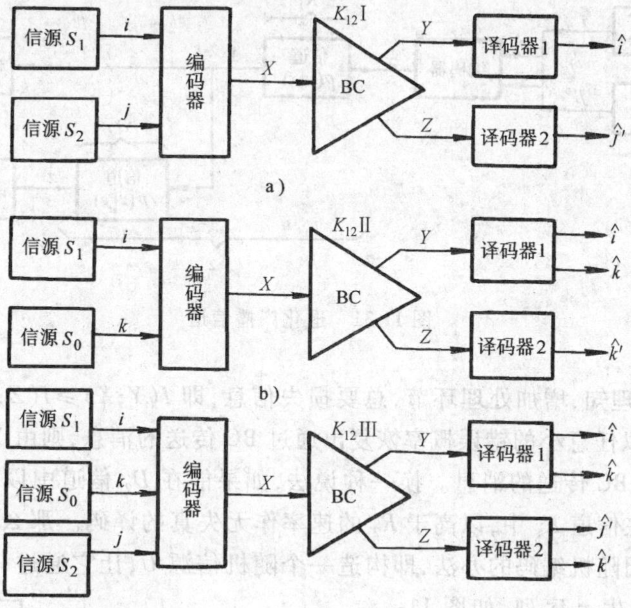

图 11-30　两个接收端的三种情况

定义：对于给定的 BC，若存在码 $C(N, R_1, R_2, R_0)$ 能使平均译码错误概率 $\boldsymbol{p}_{e1}$ 和 $\boldsymbol{p}_{e2}$ 趋于 0，就称（R_0，R_1，R_2）为可实现速率组。所有可实现速率组的闭包定义为给定 BC 的容量区。

像 MAC 一样，对 BC 也可采用时分方式，即选 $\theta \in [0,1]$，若(R_1', R_2', R_0')和(R_1'', R_2'', R_0'')都是可达速率组，则 $R_i = \theta R_i' + (1-\theta) R_i''$，$(i=1,2)$，也必是可达的。因此，BC 的容量区是三维空间的非负凸域。研究的基本问题是寻求 BC 的容量区域，研究工作的难度很大，进展很慢。对任意的离散无记忆 BC 的容量区域问题正在研究中。目前只得到某些特殊子类的容量区域及其计算公式，如本节将要介绍的退化类，都是 20 世纪 70 年代的结果，至今尚未看到有突破性进展。

11.5.2　退化广播信道

实际的广播信道不仅相互之间不存在协同关系，而且还存在差异。为了反映这个差异，

引入一个辅助信道 D_2，使信道传输从 $X\to Y$ 变成 $X\to Z$，且其传输速率要低一些，这就是退化（Degraded）的含义。下面给出退化广播信道的定义及其容量区。

定义：若存在有转移概率矩阵 $p(z\mid y)$ 使对所有 $z\in Z$ 和 $x\in X$ 有

$$p(z\mid x)=\sum_{y\in Y}p(y,z\mid x)=\sum_{y\in Y}p(z\mid y)p(y\mid x) \tag{11-29}$$

就称为 BC（X，$p(yz|x)$，$Y\times Z$）是退化的，简记 DBC。

在退化广播信道情况下，x,y,z 之间为 $X\to Y\to Z$ 的 Markov 链，即引入一个辅助信道 D_2，使信道 K_1 与 D_2 相关且为 Markov 记忆关系。$X\to Y$ 的信道 K_1：$\{X,p_1(y|x),Y\}$ 比 $X\to Z$ 的信道 K_2：$\{X,p_2(z|x),Z\}$ 的干扰小。第二个信道较第一个信道变坏的程度依赖于辅助信道 D_2：$\{Y,p(z|y),Z\}$。一般称 K_2 是 K_1 的退化形式。退化广播信道如图 11-31 所示。

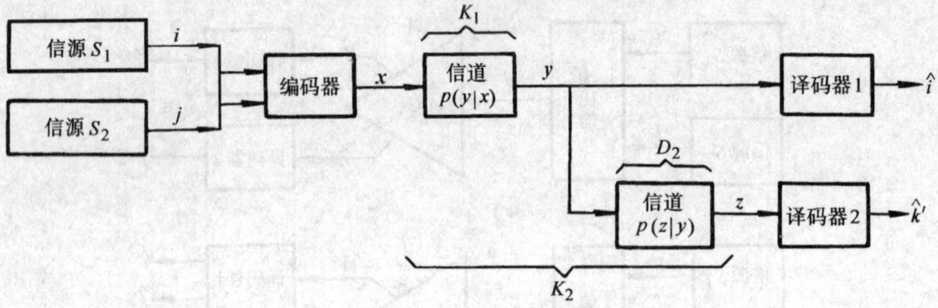

图 11-31　退化广播信道

由数据处理定理知，增加处理环节，总要损失信息，即 $I(Y;X)\geqslant I(Z;X)$。从直观上不难想象，若由 Z 可以以任意小的错误概率恢复出通过 BC 传送的消息，则由 Y 必能以任意小的错误概率恢复出通过 BC 传送的消息。换一种说法，如果能在 D_2 信道中以较低的速率 R_2 作无失真译码，则就能在信道 K_1 中，以高于 R_2 的速率作无失真的译码。那么如何来确定 R_2 速率呢？Cover 等人采用随机编码的办法，即构造一个随机信源 U，让它通过一个虚拟的辅助信道 $(U,p_0(x\mid u),X)$ 产生 $\boldsymbol{x}$ 序列，如图 11-32 所示，其中转移概率 $p_0(x\mid u)$ 是由具体的广播信道情况而定。在引入辅助信道之后，退化广播信道的容量已由以下定理表述。

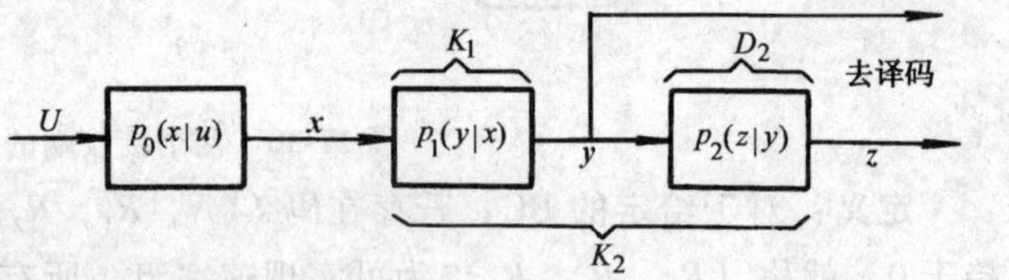

图 11-32　辅助信道

定理：离散无记忆退化广播信道的容量区由满足以下不等式的概率对 (R_1,R_2) 给定

$$\begin{aligned}R_2&<I(U;Z)\\R_1&<I(X;Y\mid U)\end{aligned} \tag{11-30}$$

略去定理的严格证明，而由例子来进一步理解定理。

【例 11-5】 二元对称广播信道。即广播信道中每个分信道都是 BSC 的情况。在此情况下，对任何两个信道，容量小的 BSC 都可看成是容量大的 BSC 的退化形式。因而这类广播信道可表示成有限个 BSC 的级连形式，如图 11-33a 所示。而且由对称性知道，达到速率边界，即信道容量的最佳输入分布必为(1/2,1/2)。对于两个接收机的情况，参看图 11-33b，由图可知，第二分信道 K_2 也是 BSC，它的转移概率矩阵是第一分信道 K_1 的转移概率矩阵和辅助信道

D_2 的转移概率矩阵之积，即

$$\begin{bmatrix} 1-p_2 & p_2 \\ p_2 & 1-p_2 \end{bmatrix} = \begin{bmatrix} 1-p_1 & p_1 \\ p_1 & 1-p_1 \end{bmatrix} \begin{bmatrix} 1-q & q \\ q & 1-q \end{bmatrix}$$

$$= \begin{bmatrix} (1-p_1)(1-q)+p_1 q & (1-p_1)q+p_1(1-q) \\ (1-p_1)q+p_1(1-q) & p_1 q+(1-p_1)(1-q) \end{bmatrix}$$

$$= \begin{bmatrix} 1-p_1 * q & p_1 * q \\ p_1 * q & 1-p_1 * q \end{bmatrix}$$

称 $p_1 * q = p_1 + q - 2p_1 q$ 为 p_1 与 q 的卷积。有如下性质：

1）$p_1 * q = q * p_1$；

2）若 p_1 或 q 有一个为 $\frac{1}{2}$，则 $p_2 = p_1 * q = \frac{1}{2}$；

3）若 $p_1 < \frac{1}{2}, q < \frac{1}{2}$ 则必有 $p_2 > p_1$；若 $p_1 > \frac{1}{2}, q > \frac{1}{2}$ 则 $p_2 < p_1$。

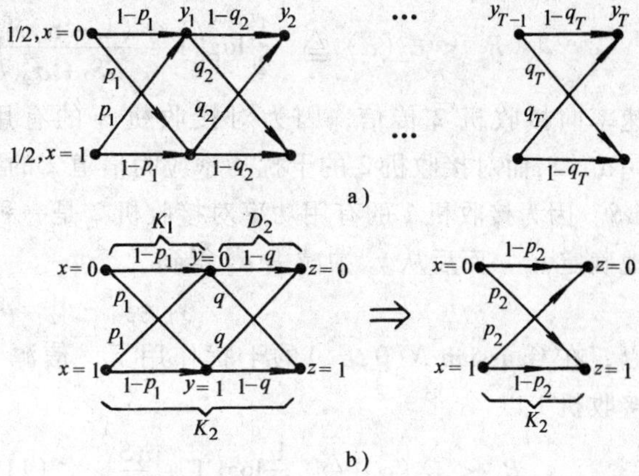

图 11-33　BSC 级连形式

随机信源 U 也应是一个二元信源，虚拟信道也为 BSC，且其转移概率为 p_0，则

$$I(U;Z) = H(Z) - H(Z|U) = 1 - H(p_0 * p_1 * q) = 1 - H(p_0 * p_2)$$

而

$$I(X;Y|U) = H(Y|U) - H(Y|XU) = H(Y|U) - H(Y|X)$$
$$= H(p_0 * p_1) - H(p_1)$$

根据定理，容量区的速率对为

$$R_1 < I(X;Y|U) = H(p_0 * p_1) - H(p_1)$$
$$R_2 < I(U;Z) = 1 - H(p_0 * p_2)$$

显然，当 $p_0 = 0, p_0 * p_1 = p_1, I(X;Y|U) = 0$，即 Y 与 X 之间无信息提供，$R_1 = 0$，而 $R_2 = 1 - H(p_2)$。此时，经辅助信道传至 Z 的信息最大；

当 $p_0 = \frac{1}{2}$，则由性质 2），$p_0 * p_1 = \frac{1}{2}, p_0 * p_2 = \frac{1}{2}$。而 $H\left(\frac{1}{2}\right) = 1$，因此 $R_2 = 0, R_1 = 1 - H(p_1)$。此时，传到 Y 的信息最大，而没有信息传至 Z，即性能较差的信道将没有信息接收，这就得到二元对称广播信道的容量区域边界，如图 11-34。

图 11-34　二元对称广播信道的容量区

【例 11-6】　Gaussian 广播信道。设只有两个收端情况如图 11-35 所示。

假定发送信号的平均功率为 S，两个分信道的噪声为 Gaussian 分布，其均值为 0，方差分别为 σ_1^2 和 σ_2^2。不失一般性，可令 $\sigma_1^2 < \sigma_2^2$，即第一个接收机的接收条件优于第二个。分信道输出

分别为 $\boldsymbol{y}_1=\boldsymbol{x}+z_1, \boldsymbol{y}_2=\boldsymbol{x}+z_2$。发端希望通过此信道分别送出速率为 R_1 和 R_2 的独立消息。不难看出，所有 Gaussian 广播信道都可当作退化广播信道处理。

现将信号功率 S 划分为两部分，用 αS 和 $(1-\alpha)S$ 表示，其中 $0<a<1$。令信源 1 的输出序列 $\boldsymbol{u}_1$ 的平均功率为 αS，信源 2 的输出序列 $\boldsymbol{u}_2$ 的平均功率为 $(1-\alpha)S$，则

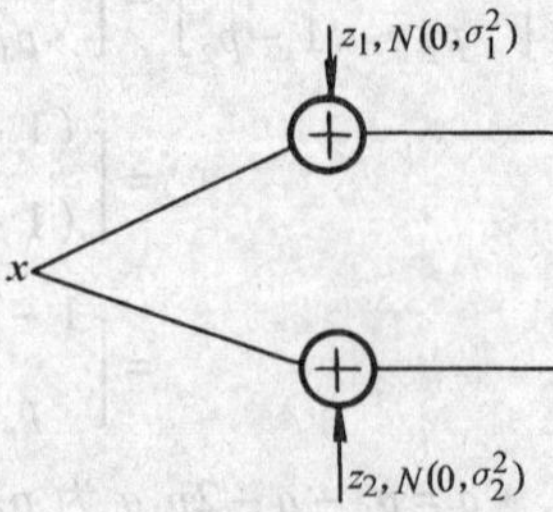

图 11-35　两个接入端的 Gaussian 广播信道

$$\boldsymbol{y}_1=\boldsymbol{u}_1+\boldsymbol{u}_2+z_1$$

$$\boldsymbol{y}_2=\boldsymbol{u}_1+\boldsymbol{u}_2+z_2$$

在平均功率受限条件下，发端可以按

$$R_2 < C_2(\alpha) \triangleq \frac{1}{2}\log\left(1+\frac{(1-\alpha)S}{\alpha S+\sigma_2^2}\right) \qquad (11\text{-}31)$$

的速率向接收机 2 传信，因为对接收机 2 的有用信号功率为 $(1-\alpha)S$，而对接收机 2 的干扰功率应为信道 2 的噪声功率加上对于接收机 1 的有用信号功率 αS。因为接收机 1 的有用功率对接收机 2 是一种干扰，又因为 $\sigma_1^2<\sigma_2^2$，接收机 1 可以精确地确定 $\boldsymbol{u}_2$，而后从 $\boldsymbol{y}_1$ 中减去 $\boldsymbol{u}_2$ 得到

$$\hat{\boldsymbol{y}}_1=\boldsymbol{y}_1-\boldsymbol{u}_2=\boldsymbol{u}_1+z_1$$

所以，在 Gaussian $N(0,\sigma_1^2)$ 的干扰作用下，信源 1 可向接收机 1 以

$$R_1 < C_1(\alpha) \triangleq \frac{1}{2}\log\left(1+\frac{\alpha S}{\sigma_1^2}\right) \qquad (11\text{-}32)$$

的速率传信。于是其速率区域为：

$$R_1 < C\left(\frac{\alpha S}{\sigma_1^2}\right)$$

$$R_2 < C\left(\frac{(1-\alpha)S}{\alpha S+\sigma_2^2}\right)$$

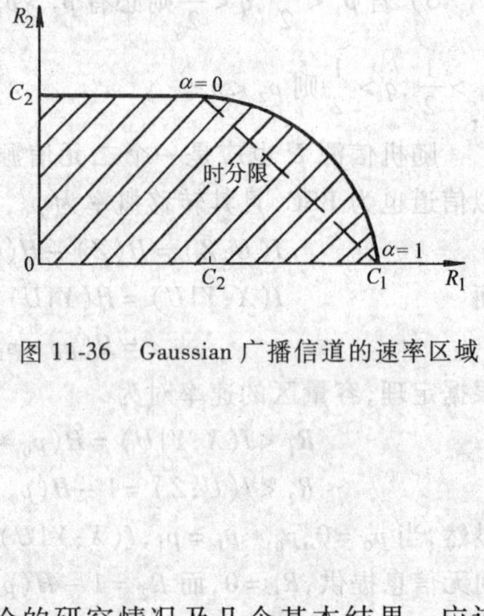

图 11-36　Gaussian 广播信道的速率区域

如图 11-36 所示。

11.6　小结

本章介绍了近几十年来备受关注的关于网络信息论的研究情况及几个基本结果。应该说，最早研究并给出许多基本思想的还是 Shannon 于 1961 年提出的“Two-Way Communication Channels”。其后，于 1973 年由 Slepain 和 Wolf 给出无记忆相关源独立编码定理；1972 年 Liao 等人解决了多址接入信道的容量区域问题。同期，Cover 等提出广播信道的容量问题，并对退化广播信道及 Gaussian 广播信道等一些特殊情况的容量区域给出了解决结果。这些结果大多是在 20 世纪 70 年代获得的，此后的十几年，并无大的建树。特别是关于网络的一般信息理论尚未建立起来，至今所得到的结果都是针对受某些条件限定的具体的信源与信道问题的。本章所介绍的也就是这些比较成熟的结果。

相关信源无失真编码主要是 Slepian-Wolf 定理，其限定条件是无记忆（对时间轴而言）相关源（两信源之间）独立编码（独立编码与传输），但有一个共同的译码器。由于相关性及共同译码器，便有编码增益，使信源 S_1 与 S_2 分别以 R_1 与 R_2 编码的可达速率对(R_1,R_2)边

界为 $R_1 \geqslant H(S_1|S_2)$；$R_2 \geqslant H(S_2|S_1)$ 以及 $R_1+R_2 \geqslant H(S_1S_2)$，比两个信源不相关独立编码的信息速率要低。

相关信源编码的另一种限定条件是，信源 S_1 和信源 S_2 分别以 R_1 与 R_2 速率编码。但信源 S_2 并不要求在接收端恢复，只是以边信息的形式送至译码器，帮助信源 S_1 以无失真恢复出发送的码字。故又称为具有边信息的信源编码。直观地，可以想像出信源速率可以减少。其结果是可达速率区边界为 $R_1 \geqslant H(S_1|Z)$；$R_2 \geqslant I(S_2;Z)$，其中 Z 是引入的辅助随机变量，使 $S_1 \to S_2 \to Z$ 为 Markov 链。

关于信道容量区的研究，目前最有成果的是多址接入信道模型。具有两个发送端的多址接入信道 $[X_1 \times X_2, P(y|x_1x_2), Y]$ 的容量区，由满足下述凸壳的闭包给定：$C(P_1P_2)=\{(R_1R_2): 0 \leqslant R_1 \leqslant I(X_1;Y|X_2); 0 \leqslant R_2 \leqslant I(X_2;Y|X_1); R_1+R_2 \leqslant I(X_1X_2;Y)$，其中 $P(x_1x_2)=P(x_1)P(x_2)\}$。这里 $C(P_1P_2)$ 表示对所有可能的输入概率分布求得的可达速率对 (R_1R_2) 的集合。由于信道容量的概念是在已知信道条件下，能无失真传输的最大信息速率。因此，对上述的速率限的互信息 I 取最大值就是信道容量区域界，两端接入 Gaussian 噪声信道的信道容量区就是 $R_1 \leqslant C\left(\frac{S_1}{\sigma_n^2}\right)$；$R_2 \leqslant C\left(\frac{S_2}{\sigma_n^2}\right)$；$R_1+R_2 \leqslant C\left(\frac{S_1+S_2}{\sigma_n^2}\right)$，其中 $C(x) \triangleq \frac{1}{2}\log(1+x)$，是信道容量。

从信道容量区域的研究得出一个重要结论，即常用的时分、频分多路传输，其容量区要小于码分多址体制，可见从提高信道频谱利用率考虑，CDMA 是比较优越的。

信道容量方面另一个有结果的是退化广播信道。所谓退化广播信道是指不同的接收端所拥有的信道衰减量各不相同，于是对“差”信道能无失真译码的编码速率，对“好”信道来说当然可以达到无失真译码，而且可以更提高一些编码速率，其结论为：离散无记忆退化广播信道的容量区的速率对 (R_1, R_2) 应满足 $R_2 < I(U;Z)$；$R_1 < I(X;Y|U)$，其中 $X \to Y \to Z$ 信源形成 Markov 链，而 U 是一个辅助的随机变量源。R_2 为差信道信息速率，R_1 为好信道信息速率。一般的广播信道及 Gaussian 噪声信道，只要有差别，就可以按退化信道来处理。至于一般的广播信道容量问题，尚未解决。

总之，网络信息论正在发展中，与高速发展的网络技术与网络应用相比较，很不相称。从 20 世纪 80 年代至今虽有不少研究成果，但未见有巨大突破，可见研究工作的难度很高。相信在网络技术与普及应用的推动下，必将出现相应的信息理论的突破。

11.7 习题

1. 设有相关离散无记忆信源 $S_1=S_2=\{0, 1\}$，且

$$p(s_1s_2)=\begin{cases}\dfrac{\alpha}{2} & s_1 \neq s_2\\[2mm] \dfrac{1-\alpha}{2} & s_1=s_2\end{cases}$$

其中，$\alpha \in \{0, 0.3, 0.5, 0.7, 1\}$。对各 α 值求出速率对的界限，并说明参数 α 的作用。

2. 设 U_1，U_2，U_3 三个相关 DMS，其概率为 $p(u_1u_2u_3)$，试证明速率 R_1，R_2，R_3 满足

$R_1 \geqslant H(U_1|U_2U_3), R_2 \geqslant H(U_2|U_1U_3), R_3 \geqslant H(U_3|U_1U_2)$,

$R_1 + R_2 \geqslant H(U_1U_2|U_3), R_1 + R_3 \geqslant H(U_1U_3|U_2), R_2 + R_3 \geqslant H(U_2U_3|U_1)$,

$R_1 + R_2 + R_3 \geqslant H(U_1U_2U_3)$

3. 设有一信源编码系统如图 11-37 所示，U_1，U_2，U_3 为 DMS 且联合概率分布为 $p(u_1u_2u_3)$，收端要恢复消息 $\boldsymbol{u}_1$，$\boldsymbol{u}_2$，试证明可达速率区域为

$R_1 \geqslant H(U_1 | U_2U_0), R_2 \geqslant H(U_2 | U_1U_0)$

$R_1 + R_2 \geqslant H(U_1U_2 | U_0), R_3 \geqslant I(U_3;U_0)$

其中 $U_1U_2U_3U_0$ 有关系式 $P(u_1u_2u_3u_0) = p(u_1u_2|u_3) \cdot p(u_3|u_0)p(u_0)$

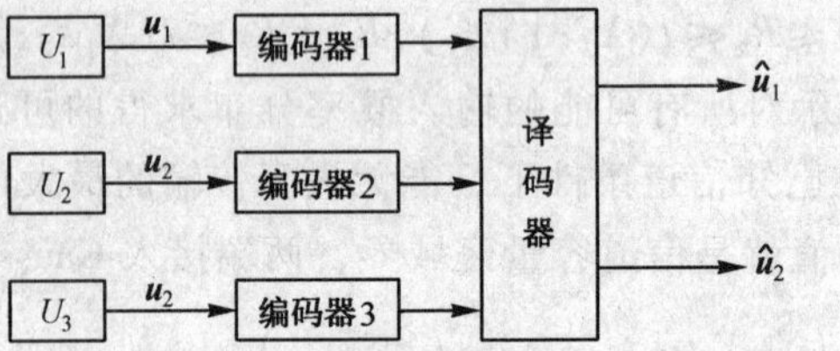

图 11-37

4. 已知一离散无记忆信道，其输入为 $X_1 \in \{0,1\}$，$X_2 \in \{0,1\}$，输出 $Y = \{0,1\}$ 且 $Y = X_1 \vee X_2$（逻辑或），其传递概率 $P(y|x_1x_2)$，如图 11-38 所示。

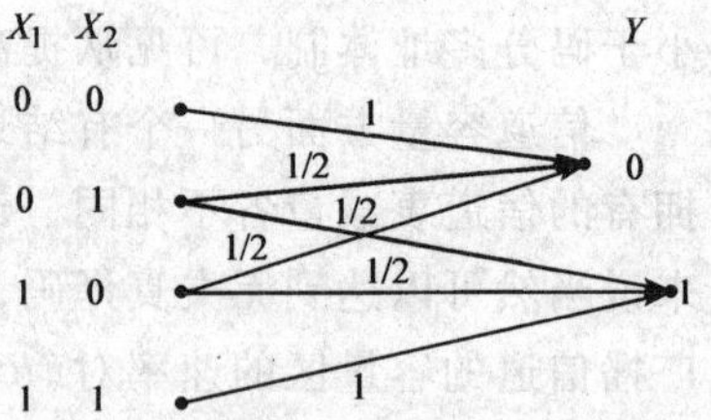

图 11-38

(1) 证明 $R_1 + R_2 \leqslant 1$。

(2) 证明 $R_1 + R_2 \leqslant 0.5$

$R_1 \leqslant H(0.25) - 0.5 \approx 0.311$

$R_2 \leqslant H(0.25) - 0.5 \approx 0.311$

(3) 求达到最大速率对时的输入分布 $P(x_1)$ 和 $P(x_2)$。

5. 已知二元接入信道的输入为 X_1 和 X_2，输出为 Y，信道转移概率如表 11-2，试给出该信道容量区的下限。

6. 设有三址接入连续信道，其转移概率密度为

$$p(y \mid x_1x_2x_3) = \frac{1}{\sqrt{2\pi\sigma}}\exp\left\{-\frac{(y - x_1 - x_2 - x_3)^2}{2\sigma^2}\right\}$$

表 11-2

X_1X_2 \ Y	0	1
0 0	p	$1-p$
0 1	1/2	1/2
1 0	1/2	1/2
1 1	$1-p$	p

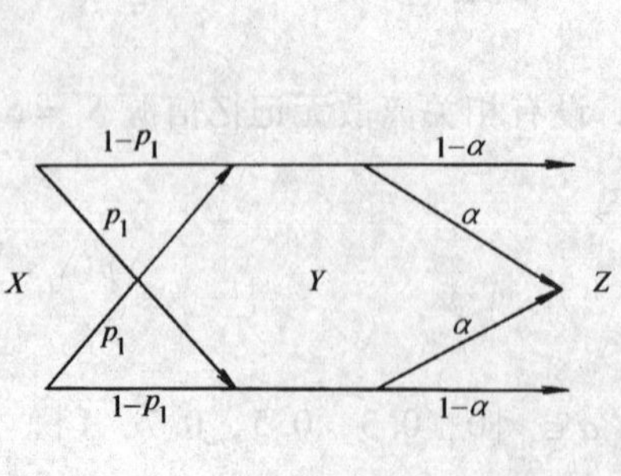

图 11-39

其中 σ^2 为噪声方差，并已知输入 X_1X_2 和 X_3 的均值为零，平均功率分别为 P_1，P_2 和 P_3。试求其容量区域的界限。

7. 试求图 11-39 中的退化广播信道的信道容量。其中 $X \to Y$ 是二元对称信道，$Y \to Z$ 是二元删除信道。

8. 已知一离散广播信道，其条件概率如下表。

$X \backslash Y_1$	0	1
0	$1-p_1$	p_1
1	p_1	$1-p_1$

$X \backslash Y_2$	0	1
0	$1-p_2$	p_2
1	p_2	$1-p_2$

其中 $p_1<\dfrac{1}{2}$，$p_2<\dfrac{1}{2}$。

证明它是退化的，并计算其容量区域限。

第12章　信息安全中的密码技术

12.1　信息安全与密码学

网络技术已经广泛渗透于人类社会的各个领域，尤其在政治经济领域中的应用，既提高了工作效率，又为人们带来了极大的方便。然而，网络安全问题也随之而产生。网络安全包罗了整个信息网络的各个方面，从物理网络线路，网络管理到信息安全。当前在网络安全方面的各个环节都有相应的设备与技术措施。本章只涉及信息安全中的密码技术。包括两个基本方面，即信息保密性和信息完整性。

保密性是防止信息被窃性攻击（passive attack）的能力。它是通过对信息内容的加密变换或称保密编码，使未授权者不能理解信息内容的真实含义，以防止信息内容被窃取或泄露。密码学是加密变换的基础。

完整性则是防止信息被篡改、破坏性攻击（active attack）的能力。它保证信息在传输或存储过程中未被篡改或假冒。它是通过对数据来源与数据本身的认证来实现的。认证技术的基础同样也是密码学，应用密码体制来实现认证机制。

以密码学为基础的信息保密与信息认证是信息系统安全的两项重要技术，代表了信息安全的两个重要方面。它们的功能不可互相取代，认证不能同时提供密码性，因为它只验证发信者不是假冒的以及信息是完整无损的，而不能保证不被窃取；保密也不能提供认证机制，它只保证收信者是真的，却不能辨别发信者及信息体的真伪，尤其是公共密钥体制，任何人都可以发出任何密件给私钥持有者。本章将分别介绍这两种技术。在介绍保密与认证技术之前，作为理论基础，先介绍 Shannon 关于密码学的理论基础以及早期的一些代表性的加密方法，以加深理解。

12.2　Shannon 的保密系统理论

12.2.1　密码学的基本概念

密码是一门古老的技术，它已有几千年的历史，自人类社会有了战争就出现了密码，但 1949 年以前的密码只是一种艺术而不是科学，那时的密码专家常常凭直觉和经验来设计和分析密码，而不是靠严格的理论证明。1949 年，Shannon 发表了题为“保密系统的通信理论”一文，引起了密码学的一场革命。在这篇文章中，他把密码分析与设计建立在严格的理论推导基础上，从而使得密码真正成为一门科学。

网络时代的密码学更显现出其空前的活力。一方面保密与认证已成为许多网络应用的必要前提，特别是军事、经济、安全等领域，信息安全已形成一条无形的战线，密码学无疑是一个有力的武器。另一方面密码工作原本属于少数技术专家及相关人员所关心与研究的事情，而为大众所不关心，甚至可以说是不应该接触的东西。而现在由于网络的大众化，几乎可以说，任何地点，任何时刻，人们都在接触不同领域的网络信息，而这个领域与信息种类正在迅速地扩展。于是，网络信息的安全问题出现在每个网络应用者的面前，这就使密码学成为大众所关注的一门学问，无疑会促进这门学科的发展与普及。

密码学按目的来分类，可分为密码编码学和密码分析学。密码编码学的目的是伪装信息，就是对给定的、有意义的数据进行可逆数学变换，将其变为表面上杂乱无章的数据，使得只有合法的接收者才能恢复原有意义的数据，而其余任何人都不能恢复原来的数据；密码分析学的基本任务是研究如何破译加密的消息或者伪装的消息。

12.2.2 理想保密性（perfect secrecy）

保密设计的基本思想是伪装信息，使未授权者不能理解它的真实含义，未隐藏的信息称为明文 P（Plaintext），伪装后的信息称为密文 C（Cipbertext）。构成一个密码体制的两个基本要素是密码算法和密钥 K(Key)。现代密码学的一个基本原则是："一切秘密寓于密钥之中"。在设计密码系统时，总是假定密码算法是公开的，真正需要保密的是密钥。

一个密码系统可以用数学符号描述如下：

$$S = \{P, C, K, E, D\} \tag{12-1}$$

其中，P 是明文空间，表示全体可能出现的明文集合；C 是密文空间，表示全体可能出现的密文集合；K 是密钥或密钥空间；E（Encryption）是加密算法；D（Decryption）是解密算法。设 k_e，$k_d \in K$ 分别是加密密钥和解密密钥。各符号之间有如下关系：

$$C = E(P, k_e) = \{y = e_k(x) : x \in P\} \tag{12-2}$$

$$P = D(C, k_d) = D(E(P, k_c), k_d) \tag{12-3}$$

分别表示用加密算法 E 对明文 P 加密得到密文 C；用解密算法 D 对密文解密得到明文 P。如用 E^{-1} 表示 E 的逆函数，则有

$$D = E^{-1} \text{ 且 } E = D^{-1} \tag{12-4}$$

图 12-1 给出了加解密的示意图。

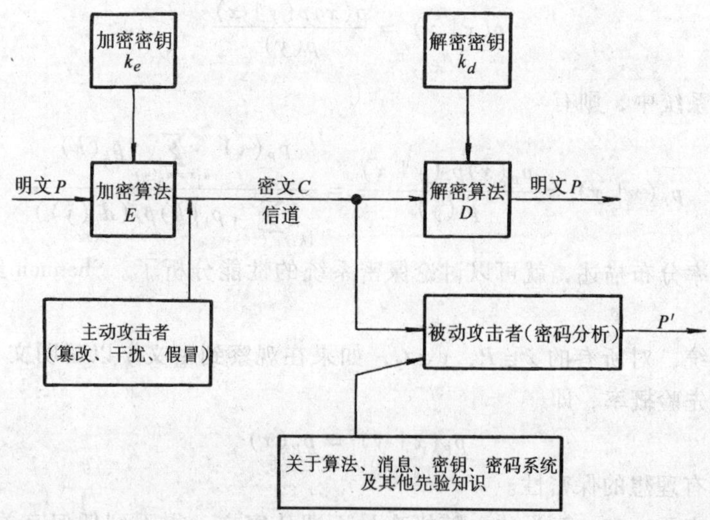

图 12-1 加、解密模型

如何来描述一个加解密系统的保密性能呢？

一种描述方法是从计算量衡量，称为计算上的保密性（computational security）。称一个保密系统具有计算上的保密性，是指一个保密系统，即使用最好的算法，至少也要 N 次操作才能被破译，其中 N 是一个特别大的数。这种描述方法，从概念上能反映人们对保密的意向，但缺乏可行的标准来说明 N 要大到什么程度，更困难的是对一个实际的系统如何去评估。

另一种描述方法是所谓无条件保密性（unconditional security），无条件是指对破译者在计算上无任何限制，即如果使用了无限制的计算资源仍无法破译的保密系统，就称之为无条件保密的。由于这里允许计算是无限的，当然就不能从计算复杂性角度去研究了。Shannon 仍然从概率理论及信息熵出发来作定量的研究。为此，对密码系统的一些随机变量作出概率分布描述。明文 $x \in P$ 的发生概率记作 $P_P(x)$ 称之为先验概率；密钥 $k \in K$ 被选择用来加密 x 的概率为 $P_k(k)$；密文 $y \in C$ 的概率分布应为所有密钥 k 与明文 x 加密能得到密文 y 的概率之和，即

$$p_C(y) = \sum_{\{k: y \in C(k)\}} p_K(k) p_P(d_k(y)) \tag{12-5}$$

其中 $d_k(y)$ 表示用密钥 k 对密文 y 解密能得明文 x，而求和范围也应该是所有产生密文 y 的密钥 k 的集合；给定明文 x 能得到密文 y 的条件概率，则由具有这样加密功能的所有 k 的概率之和表示，即

$$p_c(y \mid x) = \sum_{\{k: x = d_k(y)\}} P_K(k) \tag{12-6}$$

但当加密是 $y = e_k(x)$ 唯一的函数关系时，实际上只有一个 k；当给定密文 y，明文为 x 的条件概率 $P_P(x|y)$ 被称之为后验概率，需要用概率论中的 Bayes 公式来计算。该公式是基于两个随机变量的联合概率分布 $p(x,y) = p(x|y)p(y) = p(y|x) \cdot p(x)$ 而得出

$$p(x \mid y) = \frac{p(x)p(y \mid x)}{p(y)}$$

应用于密码系统中，则有

$$p_P(x \mid y) = \frac{p_P(x)p_c(y \mid x)}{p_c(y)} = \frac{p_P(x) \sum_{\{k: x = d_k(y)\}} p_k(k)}{\sum_{\{k: y \in C(k)\}} p_k(k) p_P(d_k(y))} \tag{12-7}$$

有了这些概率分布描述，就可以讨论保密系统的性能分析了。Shannon 给出的理想保密性的定义如下：

一个保密系统，对所有的 $x \in P$，$y \in C$，如果在观察到密文 y 以后明文 x 的后验概率仍等于该明文 x 的先验概率，即

$$p_P(x \mid y) = p_P(x) \tag{12-8}$$

则该保密系统具有理想的保密性。

式（12-8）表示 x 与 y 互为独立随机变量，即从密文 y 得不到任何有关明文 x 的信息，达到完全保密的效果。现在举例来说明上述的一些概率分布计算。

【例 12-1】 设一个密码系统，明文字符为 $P=\{a,b\}$，且 $p_P(a)=\frac{1}{4}, p_P(b)=\frac{3}{4}$；密钥 $K=\{K_1,K_2,K_3\}, p(K_1)=\frac{1}{2}, p(K_2)=p(K_3)=\frac{1}{4}$；密文字符为 $C=\{1,2,3,4\}$，并定义加密函数为 $e_{K1}(a)=1, e_{K1}(b)=2; e_{K2}(a)=2, e_{K2}(b)=3; e_{K3}(a)=3, e_{K3}(b)=4$。试考察其保密性能。

解：该加密系统可用加密矩阵表示为

	a	b
K_1	1	2
K_2	2	3
K_3	3	4

由式（12-5）计算密文 C 的概率分布为

$$p_c(1)=p_P(a)\cdot p_K(K_1)=\frac{1}{8}$$

$$p_c(2)=p_P(b)\cdot p_K(K_1)+p_P(a)\cdot p_P(K_2)=\frac{3}{8}+\frac{1}{16}=\frac{7}{16}$$

$$p_c(3)=p_P(b)\cdot p_K(K_2)+p_P(a)\cdot p_K(K_3)=\frac{3}{16}+\frac{1}{16}=\frac{1}{4}$$

$$p_c(4)=p_P(b)\cdot p_K(K_3)=\frac{3}{16}$$

由式(12-6)计算已知明文 x，出现密文 y 的条件概率：

$$p_c(1|a)=P(K_1)=\frac{1}{2}, \qquad p_c(1|b)=0$$

$$p_c(2|a)=P(K_2)=\frac{1}{4}, \qquad p_c(2|b)=P(K_1)=\frac{1}{2}$$

$$p_c(3|a)=P(K_3)=\frac{1}{4}, \qquad p_c(3|b)=P(K_2)=\frac{1}{4}$$

$$p_c(4|a)=0, \qquad p_c(4|b)=P(K_3)=\frac{1}{4}$$

再应用式（12-7）计算，从观察密文而得出的关于明文的条件概率分布，或称明文的后验概率为

$$p_P(a|1)=\frac{\frac{1}{4}\cdot\frac{1}{2}}{\frac{1}{8}}=1, \quad p_P(b|1)=\frac{\frac{3}{4}\cdot 0}{\frac{1}{8}}=0$$

$$p_P(a|2)=\frac{\frac{1}{4}\cdot\frac{1}{4}}{\frac{7}{16}}=\frac{1}{7}, \quad p_P(b|2)=\frac{\frac{3}{4}\cdot\frac{1}{2}}{\frac{7}{16}}=\frac{6}{7}$$

$$p_P(a|3)=\frac{\frac{1}{4}\cdot\frac{1}{4}}{\frac{1}{4}}=\frac{1}{4}, \quad p_P(b|3)=\frac{\frac{3}{4}\cdot\frac{1}{4}}{\frac{1}{4}}=\frac{3}{4}$$

$$p_P(a|4)=\frac{\frac{1}{4}\cdot 0}{\frac{3}{16}}=0,\qquad p_P(b|4)=\frac{\frac{3}{4}\cdot\frac{1}{4}}{\frac{3}{16}}=1$$

从此结果可以看到，只有密文 3 是理想的密码，因为 $p_P(a|3)=p_P(a)=\frac{1}{4}$，$p_P(b|3)=p_P(b)=\frac{3}{4}$。其他密文的保密作用较差，比如密文 1，4 就很容易猜出其明文为 a 与 b。

以下举几个曾被实用的保密系统的例子。

【例 12-2】 替换密文（shift cipher）

替换加密算法为集合 $P=C=K=Z_{26}$（Z_{26}表示 26 元字符表），即明文，密文与密钥都取自 26 个字母表。加密算法为 $e_k(x)=x+k \bmod 26(x\in P=Z_{26})$，其中 $x,k\in[0,25]$。对应于字母表次序。设明文"shift"用密钥"cipher"加密，应用 $y=x+k \bmod 26$ 可得 $y_1=18+2 \bmod 26=20(u)$；$y_2=15(p)$；$y_3=23(x)$；$y_4=12(m)$；$y_5=10(k)$，故得密文为upxmk。

可以证明，shift 加密算法是一种理想保密系统。

首先，由式（12-5）计算密文概率 $p_c(y)$。设 26 个密钥为等概选择，则

$$p_c(y)=\sum_{k\in Z_{26}}p_K(k)p_P(d_k(y))=\sum_{k\in Z_{26}}\frac{1}{26}p_P(y-k)$$

其中 p_P（$y-k$）表示明文 $x=y-k$ 的概率，对某一确定的 y 而言，实际上是随机变量 k 的概率，这个概率对所有 $k\in Z_{26}$相加应为 1，故

$$p_c(y)=\frac{1}{26}\sum_{k\in Z_{26}}p_P(y-k)=\frac{1}{26}$$

其次，由式（12-6）有 $p_c(y|x)=p_K(k)=p_K(y-x \bmod 26)=\frac{1}{26}$，这是由于假设 K 是均匀分布（等概）的，对所有 x，y 都一样。

最后，应用 Bayes 公式得到

$$p_P(x\mid y)=\frac{p_P(x)p_c(y\mid x)}{p_c(y)}=\frac{p_P(x)\frac{1}{26}}{\frac{1}{26}}=p_P(x)$$

这就是关于 shift 加密算法的性能，x 与 y 互相统计独立，因此是一个理想保密码。

事实上，因为密钥取自 26 个字母的所有排列，共26！种。如果完全不知道密钥内情，采取全搜索办法，设计算机平均用 1μs 解答一种排列计算，也要花费 26！$\times 1\mu s\approx 4\times 10^{26}\mu s\approx 10^{13}$年，即约 10 万亿年才能完成，这就是不可破译性。

下面是 Shannon 关于理想保密性的定理：

设（P，C，K，E，D）代表一个加密系统，其中$|K|=|C|=|P|$（这里$|\cdot|$代表·的个数），该系统提供理想保密性的充分必要条件是每个密钥 $k\in K$ 被等概率$\frac{1}{|K|}$使用，且对每一个 $x\in P$ 与 $y\in C$，必有唯一的一个 k 与之相对应，使 $C_k(x)=y$。

该定理的证明，只要将例 12-2 的证明过程，推广至一般情况即可，留给读者完成。

【例 12-3】 理想保密性的实用系统早在 1917 年就出现了。Gilbert Vernam 发明了一种

为电报自动加解密的所谓“Vernam One-time Pad”算法，极类似于 shift 系统：

设 $n\geqslant 1$ 为一个整数，取 $P=C=K=(Z_2)^n$（Z_2 表示 2 元字符表）。对于任何 $k\in(Z_2)^n$，如果 $\boldsymbol{x}=(x_1,x_2,\cdots,x_n)\in P$，$\boldsymbol{k}=(k_1,k_2,\cdots,k_n)\in K$，则加密算法为

$$\boldsymbol{e}_k(x) = (x_1+k_1,x_2+k_2,\cdots,x_n+k_n)\bmod 2 \tag{12-9}$$

解密算法为：如果有 $\boldsymbol{y}=(y_1,y_2,\cdots,y_n)\in C$，则

$$\boldsymbol{d}_k(y) = (y_1+k_1,y_2+k_2,\cdots,y_n+k_n)\bmod 2 \tag{12-10}$$

当时就认为这是一种不可破译的加密算法，但直到 30 年之后的 1949 年 Shannon 的理想保密性定理才得以证明。

算法虽好，并且申请了专利，但却难以推广应用，其原因是 1 个密钥 k 只能对一个字符 x 加密（one-time 之意），密钥数至少要等于明文字符数，而且还要保密地传给对方。因此，只能在军事及外交事务电报中应用。

该系统的理想保密性证明，也留作练习完成。

12.2.3 乘积加密系统

Shannon 理论的另一个贡献是关于由乘积形式构成组合加密系统的设想，即乘积加密系统（product cryptosystems）。这个设想在现今的保密系统设计中，例如由美国国家标准局（NBS）于 1977 年公布的 DES（Date Encryption Standard），获得了有效的应用。

1. 定义

为了简单，设明文与密文所用的符号表一样，即 $C=P$，称此类加密系统为序号变换加密（Endomorphic）系统。现在有两个加密系统 $S_1=(P,P,K_1,E_1,D_1)$和 $P_2=(P,P,K_2,E_2,D_2)$，它们的明文与密文字符表一样，S_1 和 S_2 的“乘积”用 $S_1\times S_2$ 表示，且定义如下：

$$S_1\times S_2 = (P,P,K_1\times K_2,E,D) \tag{12-11}$$

密钥集合 $K_1\times K_2$ 中任一个密钥为 $k=(k_1,k_2)$，其中 $k_1\in K_1$，$k_2\in K_2$，即乘积密码系统中的密钥是由密钥空间 K_1 与 K_2 各元素的笛卡儿积组成的。对每一个 $k=(k_1,k_2)$，其加密(E_k)与解密(D_k)算法定义如下：

$$e_{(k_1,k_2)}(x) = e_{k_2}(e_{k_1}(x)) \tag{12-12}$$

与

$$d_{(k_1,k_2)}(y) = d_{k_1}(d_{k_2}(y)) \tag{12-13}$$

也就是在加密时，先用 k_1 后用 k_2，但在解密时次序要相反，先用 k_2 后用 k_1。将 $y=e_{(k_1,k_2)}(x)$代入式（12-13），有

$$\begin{aligned} d_{(k_1,k_2)}(e_{(k_1,k_2)}(x)) &= d_{(k_1,k_2)}(e_{k_2}(e_{k_1}(x))) \\ &= d_{k_1}(d_{k_2}(e_{k_2}(e_{k_1}(x)))) \\ &= d_{k_1}(e_{k_1}(x)) = x \end{aligned}$$

由于两个密钥空间是互相统计独立的，因此，乘积加密系统的密钥空间 K 的概率分布可简单地定义为

$$p_K(k_1,k_2) = p_{K_1}(k_1)\times p_{K_2}(k_2) \tag{12-14}$$

2. 乘积加密系统的对易性

先来看两个例子。

【例 12-4】 乘积加密器（multiplicative cipher）

设 $P=C=Z_{26}$及密钥空间

$$K = \{a \in Z_{26}: \gcd(a,26) = 1\} \tag{12-15}$$

使用密钥 $a \in K$，加密算法为

$$e_a(x) = ax \bmod 26, (x \in Z_{26}) \tag{12-16}$$

解密算法为

$$d_a(y) = a^{-1}y \bmod 26 (y \in Z_{26}) \tag{12-17}$$

其中 gcd（greatest common divisor）表示最大公约数，$\gcd(a,26)=1$ 就是 a 与 26 的最大公约数为 1，说明 a 与 26 之间除了 1 以外没有别的共同因子。在整数域［0，25］中，除 13 以外的所有奇数（即 1，3，5，7，9，11，15，17，19，21，23，25）都可以选作 a。

a^{-1}是 a 的乘法逆元素（multiplicative inverse），其定义为 $aa^{-1} \equiv 1(\bmod P)$，本例 $P=26$，比如 $a=7$，则 $a^{-1}=15$，因为 $7 \times 15 \equiv 1 \bmod 26$。若用密钥 $a=7$ 对明文“hot”加密。由于在字符表中 h，o，t 的序号分别为 7、14、19，则密文 y 可分别应用式（12-16）计算为 23，20 与 3，于是与 hot 对应的密文输出为“xud”。用解密算法式（12-17），将 $a^{-1}=15$ 代入可得

$$x_1 = a^{-1}y_1 = 15 \times 23 \bmod 26 = 7$$

同理，可得 $x_2=14$，$x_3=19$。从而解出 hot 与原明文一致。与前面 shift 算法等不同，这里只用一个密钥 a。

【例 12-5】 Affine 加密器。设 M 代表乘法加密算法，S 代表替换算法，它们都属于序号变换加密系统即 $P=C=Z_{26}$，讨论此两种算法的乘积加密算法。

解：先列出两个算法及密钥。

M 算法：$e_a(x)=ax \bmod 26$，密钥空间为 K_1，每个密钥 $a \in Z_{26}$，且

$$\gcd(a,26)=1$$

S 算法：$e_k(x)=x+k \bmod 26$，密钥空间为 K_2，每个密钥 $k \in Z_{26}$。

1）根据乘积加密算法的定义式（12-11）

$$\mathrm{M} \times \mathrm{S} = (P, P, K_1 \times K_2, E, D)$$

密钥为$(a,k) \in K_1 \times K_2$;加密算法

$$e_{(a,k)}(x) = e_k(e_a(x)) = ax + k \bmod 26 \tag{12-18}$$

密钥空间 K 的概率分布，由式（12-14），每个密钥发生概率为

$$p_K(k_1,k_2) = p_{K_1}(a) \times p_{K_2}(k) = \frac{1}{12} \times \frac{1}{26} = \frac{1}{312}$$

这是因为满足式（12-15）条件的 a 一共有 12 个，等概率分布概率 $p_{K_1}(a)=\frac{1}{12}$。

由式（12-18）定义的加密算法，又称为 Affine 加密器。

2）如果改变乘积次序，看看 $S \times M$ 的结果如何？

可以看到 $S \times M$ 的密钥为（$k \cdot a$）$\in K_2 \times K_1$，其加密算法为

$$e_{(k,a)} = e_a(e_k(x)) = a(x+k) = ax + ak \bmod 26 \tag{12-19}$$

由此可见，$S \times M$ 加密器实际上等同于密钥为（a，ak）的 Affine 加密器。这里所谓等同并不是表示对同一个明文加密结果有相同的密文，而是表示其算法与保密性能一样。因为

若 $k_1 = ak$，而 a 的选择条件保证了 a^{-1} 的存在，故有 $k = a^{-1}k_1$，说明 k 与 k_1 是一一对应的，即 k_1 的概率分布与 k 的概率分布一样。每个密钥 k_1 等概发生的概率为$\frac{1}{312}$。

以上说明的等同关系可记为 $M \times S = S \times M$，又称作两个保密系统有对易性（commute），应该说，并不是所有由乘积形式构成的组合加密对都具有对易性。对易性需要论证。

3）使用 Affine 加密器对明文“hot”加密结果。

仍取 $a = 7$，再任意取 $k = 3$，用式（12-18）加密，分别算出

$y_1 = 7 \times 7 + 3 \bmod 26 = 0$，对应字母为 a

$y_2 = 7 \times 14 + 3 \bmod 26 = 23$，对应字母为 x

$y_3 = 7 \times 19 + 3 \bmod 26 = 6$，对应字母为 g

故输出密文为 axg。

用式（12-19）加密，则又可算出

$y_1 = 7 \times 7 + 21 \bmod 26 = 18$，对应字母为 s

$y_2 = 7 \times 14 + 21 \bmod 26 = 15$，对应字母为 p

$y_3 = 7 \times 19 + 21 \bmod 26 = 3$，对应字母为 d

此时输出密文为 spd。

两者保密性能是一样的，仅仅相当于同一算法而取不同的密钥。

3. 迭代的加密系统（iterated cryptosystem）

现在来讨论序号变换加密系统 S 的自乘积，而 $S \times S \triangleq S^2$（$\triangleq$ 表示记作）作 n 次累乘记作 S^n，并称 S^n 为迭代加密系统。

如果 S 自乘结果仍然等同于 S，即 $S^2 = S$，则称之为幂等的（idempotent）。前面讨论过的 shift，Affine 等保密系统都是幂等的。显然对于幂等保密系统，采用迭代组合是没有意义的，因为它并不增强保密特性。但是如果一个加密系统不是幂等的，作多次迭代会增强保密特性，是一个比较方便的保密系统设计方案。因为一种算法反复使用的成本总是较低的。事实上，美国 1977 年推出的 DES 系统中就采用了 16 次迭代的设计方案，效果很好，以致原设计使用 10 年期限，延期至今仍在使用。问题是如何来构建一个非幂等加密系统。应用乘积形式构成组合的保密系统仍然是一个解决办法。

设两个幂等的加密器 S_1 与 S_2，如果它们还具有对易性，即 $S_1 \times S_2 = S_2 \times S_1$，则它们的乘积仍是幂等的。因为

$$
\begin{aligned}
(S_1 \times S_2) \times (S_1 \times S_2) &= S_1 \times (S_2 \times S_1) \times S_2 \\
&= S_1 \times (S_1 \times S_2) \times S_2 \\
&= (S_1 \times S_1) \times (S_2 \times S_2) = S_1 \times S_2
\end{aligned}
$$

其中，乘法运算的结合律总是成立的，以上运算中两次应用结合律，一次应用了对易性，从而证明了 $S_1 \times S_2$ 仍是幂等的。由此可见，若 $S_1 \times S_2$ 不具对易性，则上述结论也不再成立。因此，可得出结论：对于幂等的两个加密系统 S_1 与 S_2，只要其乘积 $S_1 \times S_2$ 不是对易的，就可以构建迭代的加密系统。

这个结论有利于设计实用的加密系统。

12.3 信息加密技术

12.3.1 对称密码体制

1. DES 概述

由于密码技术从军事迅速转向民用，刺激了它本身的发展，美国国家标准局（NBS）于1977年公布了由IBM公司提出的一种加密算法作为非机密部门使用的数据加密标准，即DES，使用期限为10年，经1983年，1988年，1993年再审定，目前还在超期使用。DES是一种对称密钥体制。

对称密钥体制的特征是加密密钥和解密密钥是相同的，即 $k_e = k_d$。上一节讨论的几种加密方法都是对称密钥方法，而DES是适应计算机环境的近代对称密钥体制的一个典型。它使用一种分组密码，首先将明文分成相同长度的比特（bit）块；然后分别对每个比特块加密产生一串密文块；解密时，对每一个密文块进行解密得到相应的明文比特块；最后将所有收到的明文比特块合并起来即得明文。DES的总体结构如图12-2所示，输入明文为64比特，输出为64比特密文。DES的基本设计思想是通过循环移位，乘积迭代，置换变换等简单的运算操作，完成数据流的准非线性变换，即加密变换和解密变换。DES算法的数据流程基本框架是固定的，而且加密和解密的密钥和流程是完全相同的，区别仅在于子密钥序列的施加顺序正相反。

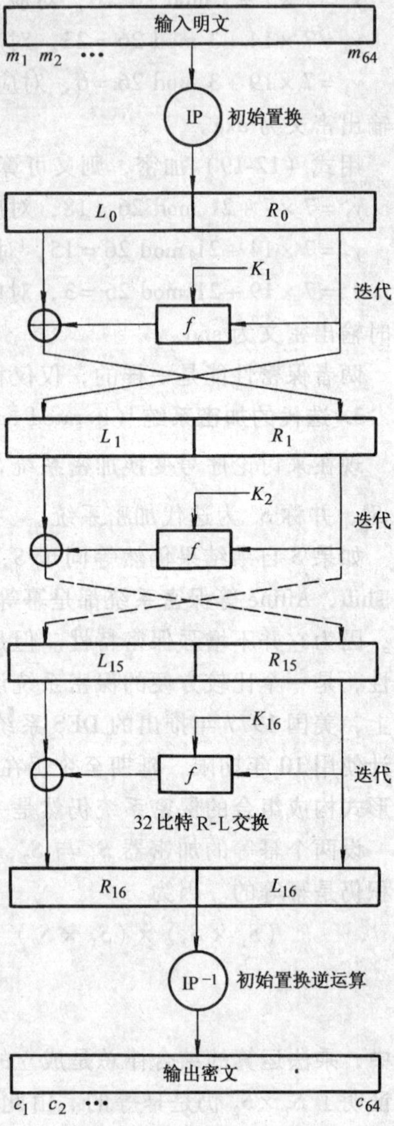

图 12-2　DES 总体结构

2. 加密过程

(1) 总体结构

明文需经过三个阶段的处理，首先64比特明文传递到初始置换函数IP（Initial Permutation），IP将输入的64比特进行重新排列产生一个置换输出，即

$$P \longrightarrow \boxed{\text{初始置换}} \longrightarrow P'$$

其中，$P = m_1 m_2 \cdots m_{64}$；$P' = m_{58} m_{50} m_{42} m_{34} \cdots m_{23} m_{15} m_7$，$P'$的具体下标如表12-1。

第二步，通过同样函数的16次迭代产生明文和密文组合的64比特输出，DES算法的迭代流程如图12-2所示。

通过初始置换的64比特明文或每次迭代后的64比特中间值在迭代过程中作为两个单独

表 12-1　明文置换输出下标列表

58	50	42	34	26	18	10	2
60	52	44	36	28	20	12	4
62	54	46	38	30	22	14	6
64	56	48	40	32	24	16	8
57	49	41	33	25	17	9	1
59	51	43	35	27	19	11	3
61	53	45	37	29	21	13	5
63	55	47	39	31	23	15	7

的输入，分别记为 L（左边 32 比特分量）和 R（右边 32 比特分量），如图 12-2 所示。设 L_{i-1} 和 R_{i-1} 是第 i 次迭代的输入，则迭代输出为

$$\begin{cases} L_i = R_{i-1} \\ R_i = L_{i-1} \oplus f(R_{i-1}, K_i), \ i = 1, 2, \cdots, 16 \end{cases} \tag{12-20}$$

其中，$\oplus$ 表示异或运算符；

（2）f 函数操作

加密函数 f 定义为：$f(R_{i-1}, K_i) = P(S(E(R_{i-1}) \oplus K_i))$。这里 $E(\cdot)$ 表示扩展操作，$S(\cdot)$ 表示查 S 表，$P(\cdot)$ 则是置换操作，通过级连的 3 次操作完成一次迭代。操作流程如图 12-3。

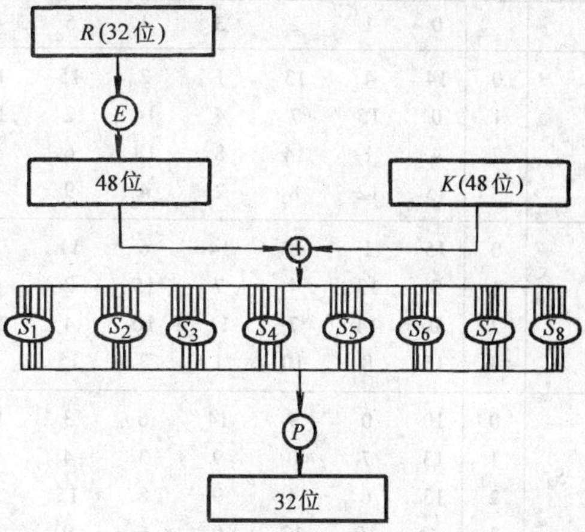

图 12-3　f 函数操作流程

扩展是为了使输入 1 个比特可以对更多比特发生作用，其方法是将右边 32 比特扩展为 48 比特，如图 12-4，其中 1，4，5，8，9…等 16 比特都重复输出。由于扩展作用，在 5 次循环迭代以后，加密器输出的每一个比特都由明文和密钥的每一个比特所决定。经扩展后的数据与经过循环输出的密钥作异或运算后输出 48 比特数据去作 S 操作。

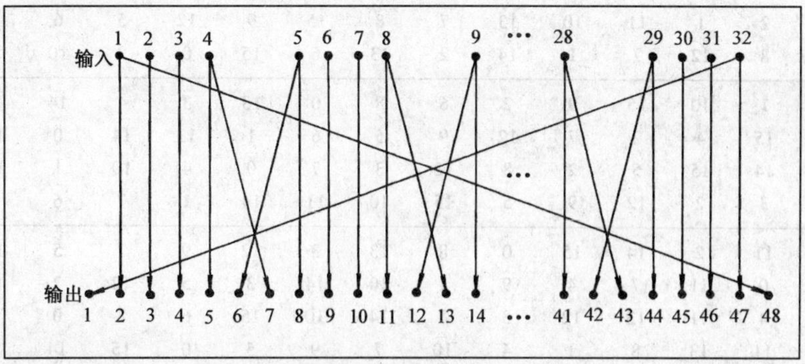

图 12-4　扩展操作 E

S 盒的设置体现了 DES 系统的复杂性，共设置了 8 个盒，为 S_1，S_2，…，S_8，每个盒由 4 行 16 列的 4 比特数（表示 0 ~ 15）组成，典型的盒结构如表 12-2。

S 操作接受从 E 操作与 K 异或运算输出的 48 比特数据，将此分成 8 组，分别输出到 8 个 S 盒。每组共 6 比特，设为 b_1，b_2，…，b_6，其中 b_1b_6 代表的十进制数（0 ~ 3）选择盒中的行，$b_2b_3b_3b_5$ 代表的数（0 ~ 15）选择盒中的列，两者的交叉点就是在 S 盒中选取的输出比特（4 比特数）。例如 S_6 盒接受 6 比特为 110011，则 $b_1b_6 = 11$ 代表第 3 行，$b_2b_3b_4b_5 = 1001$ 代表第 9 列，则 S_6 选择的输出为 14，即二进数 1110。所有 8 个 S 盒的输出 32 比特数据，再去作 P 操作。

P 操作是一种置换，DES 标准给出的置换表如表 12-3。意即将输入的 32 比特中第 16 比特作为输出的第 1 比特。如此完成置换操作并作为 f 函数的最后结果输出，32 比特数再与 L_{i-1} 进行异或运算而完成一次迭代操作。

表 12-2 S 盒的结构

		0	1	2	3	4	5	6	7	8	9	10	11	12	13	14	15
S_1	0	14	4	13	1	2	15	11	8	3	10	6	12	5	9	0	7
	1	0	15	7	4	14	2	13	1	10	6	12	11	9	5	3	8
	2	4	1	14	8	13	6	2	11	15	12	9	7	3	10	5	0
	3	15	12	8	2	4	9	1	7	5	11	3	14	10	0	6	13
S_2	0	15	1	8	14	6	11	3	4	9	7	2	13	12	0	5	10
	1	3	13	4	7	15	2	8	14	12	0	1	10	6	9	11	5
	2	0	14	7	11	10	4	13	1	5	8	12	6	9	3	2	15
	3	13	8	10	1	3	15	4	2	11	6	7	12	0	5	14	9
S_3	0	10	0	9	14	6	3	15	5	1	13	12	7	11	4	2	8
	1	13	7	0	9	3	4	6	10	2	8	5	14	12	11	15	1
	2	13	6	4	9	8	15	3	0	11	1	2	12	5	10	14	7
	3	1	10	13	0	6	9	8	7	4	15	14	3	11	5	2	12
S_4	0	7	13	14	3	0	6	9	10	1	2	8	5	11	12	4	15
	1	13	8	11	5	6	15	0	3	4	7	2	12	1	10	14	9
	2	10	6	9	0	12	11	7	13	15	1	3	14	5	2	8	4
	3	3	15	0	6	10	1	13	8	9	4	5	11	12	7	2	14
S_5	0	2	12	4	1	7	10	11	6	8	5	3	15	13	0	14	9
	1	14	11	2	12	4	7	13	1	5	0	15	10	3	9	8	6
	2	4	2	1	11	10	13	7	8	15	9	12	5	6	3	0	14
	3	11	8	12	7	1	14	2	13	6	15	0	9	10	4	5	3
S_6	0	12	1	10	15	9	2	6	8	0	13	3	4	14	7	5	11
	1	10	15	4	2	7	12	9	5	6	1	13	14	0	11	3	8
	2	9	14	15	5	2	8	12	3	7	0	4	10	1	13	11	6
	3	4	3	2	12	9	5	15	10	11	14	1	7	6	0	8	13
S_7	0	4	11	2	14	15	0	8	13	3	12	9	7	5	10	6	1
	1	13	0	11	7	4	9	1	10	14	3	5	12	2	15	8	6
	2	1	4	11	13	12	3	7	14	10	15	6	8	0	5	9	2
	3	6	11	13	8	1	4	10	7	9	5	0	15	14	2	3	12
S_8	0	13	2	8	4	6	15	11	1	10	9	3	14	5	0	12	7
	1	1	15	13	8	10	3	7	4	12	5	6	11	0	14	9	2
	2	7	11	4	1	9	12	14	2	0	6	10	13	15	3	5	8
	3	2	1	14	7	4	10	8	13	15	12	9	0	3	5	6	11

表 12-3　置换 P

16	7	20	21
29	12	28	17
1	15	23	26
5	18	31	10
2	8	24	14
32	27	3	9
19	13	30	6
22	11	4	25

（3）密钥产生与密文输出

K_i 子密钥的生成也是通过置换、循环移位方法，首先通过置换产生一个排列，即 $K = k_1 k_2 k_3 \cdots k_{62} k_{63}$（共 56 比特，其中不出现校验位 8，16，24，32，40，48，56，64）置换为 $K' = k_{57} k_{49} k_{41} \cdots k_{12} k_4$。$K'$的具体下标如表 12-4。

表 12-4　密钥置换输出表

57	49	41	33	25	17	9
1	58	50	42	34	26	18
10	2	59	51	43	35	27
19	11	3	60	52	44	36
63	55	47	39	31	23	15
7	62	54	46	38	30	22
14	6	61	53	45	37	29
21	13	5	28	20	12	4

把置换输出的密钥分成两部分，上部 4 行（57…36）比特作为 C_{i-1}（左边 28 位）和另 4 行（63…4）作为 D_{i-1}（右边 28 位）并分别进行循环左移，然后送入置换 2/收缩模块输出 48 比特的子密钥 K_i，如图 12-5。产生每个子密钥所需的循环左移位如表 12-5 所示。置换 2/收缩是指将输入的 56 位密钥映象成特殊的 48 位模型。它从 C_i 和 D_i 中选择出一个 48 位子密钥 K，其中 K_i 中的各位依次是 C_i 和 D_i 中的 14、17、…、29、32 位，具体见表 12-6。

表 12-5　循环左移位数表

迭代顺序 i	左移位数
1	1
2	1
3	2
4	2
5	2
6	2
7	2
8	2
9	1
10	2
11	2
12	2
13	2
14	2
15	2
16	1

图 12-2 中的“32 比特 R-L 交换”是最后一次迭代结果，左、右各 32 比特互相交换，即将 R_{16} 置于高位，L_{16} 置于低位。然后，经过初始位置置换的逆运算 IP^{-1}，如表 12-7，最后输出 64 比特的密文。

表 12-6　置换 2/收缩表

14	17	11	24	1	5
3	28	15	6	21	10
23	19	12	4	26	8
16	7	27	20	13	2
41	52	31	37	47	55
30	40	51	45	33	48
44	49	39	56	34	53
46	42	50	36	29	32

（4）解密

从原理上讲，解密过程仅仅是加密过程的逆运算，但在实际操作中仍有许多值得提醒之处。

解密的公式也是式（12-20）的逆，但形式也有所改变，即

表 12-7　IP^{-1} 表

40	8	48	16	56	24	64	32
39	7	47	15	55	23	63	31
38	6	46	14	54	22	62	30
37	5	45	13	53	21	61	29
36	4	44	12	52	20	60	28
35	3	43	11	51	19	59	27
34	2	42	10	50	18	58	26
33	1	41	9	49	17	57	25

$$\begin{cases} R_{i-1} = L_i \\ L_{i-1} = R_i \oplus f(L_i, K_i) \quad i = 1, 2, \cdots, 16 \end{cases} \tag{12-21}$$

而 R_{16}，L_{16} 作为置换输入，L_0，R_0 是置换的输出组。子密钥 K_{16} 是应用于第一次迭代，K_{15} 是第二次，…，K_1 是第 16 次迭代的密钥。

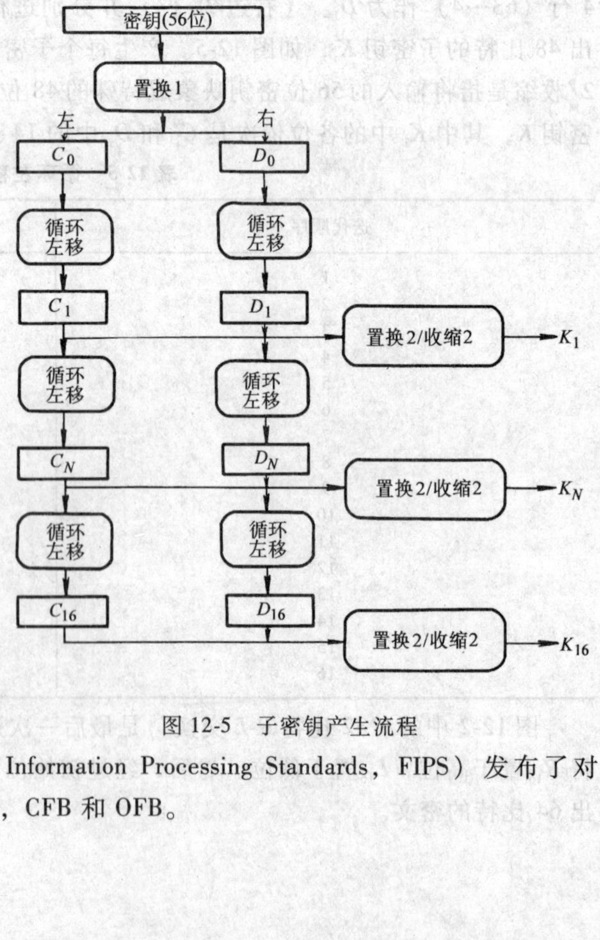

图 12-5　子密钥产生流程

3. DES 的其他形式

DES 是到目前为止最成功和使用最广泛的对称密码方案，它的一个非常重要的应用是银行交易，在银行交易中使用了美国银行协会开发的标准。DES 用于加密个人身份识别号（PIN）和通过自动取款机（ATM）进行记帐交易等。但同时也不可避免地存在着一些弱点和不足，这其中包括：被认为太短的 56 位密钥；存在一些弱密钥和半弱密钥；算法中存在着互补对称性等等。在保密强度要求较高的应用中，往往通过采用分组链接（CBC）、密文反馈（CFB）、DES 串联等模式将多重 DES 算法链接起来。美国联邦信息处理标准局（Federal Information Processing Standards，FIPS）发布了对 DES 的 4 种操作模式，这就是 ECB，CBC，CFB 和 OFB。

ECB（Electronic Cood Book）是直接应用 DES 的一种模式。CBC（Cipher Block Chaining）算法是 ECB 的加强模式，将密文链接在一起，主要解决 DES 中存在的信息的加密过程是每 64 位一组，前后每组的加密简单这一重要的弱点。它通过把 64 位明文与前一组的密文异或产生分组链接的效果，使得信息中同样的一组明文加密成不同的密文。设明文信息 $P = m_0 m_1 \cdots m_n$，其中 m_i 为信息流中的 64 位一组，它的处理过程如图 12-6 所示。

密文反馈（Cipher FeedBack，CFB）与上述两种方式的主要区别是以字节为单位加密（CBC 和一般 DES 是 64 比特为单位加密），加密过程如图 12-7 所示。

图中假设明文 0～9 字节已经被加密和送出，当第 10 字节明文 m_{10} 到达时，把 64 比特移位寄存器的历史密文信息加密后，选择最左边的一个字节异或明文 m_{10} 作为 m_{10} 的加密输出 C_{10}，同时 C_{10} 移入寄存器右端（C_2 移出）。

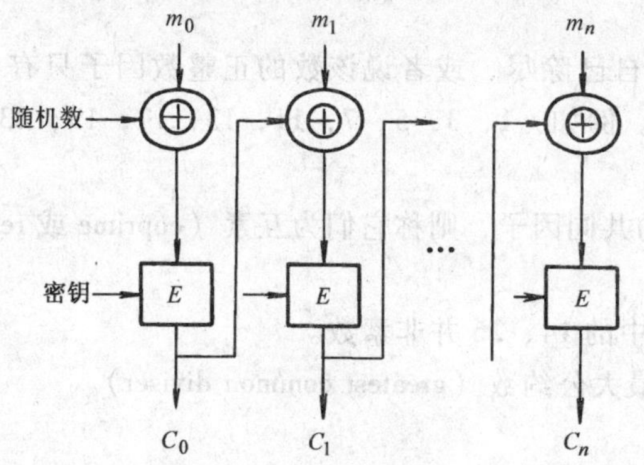

图 12-6　CBC 示意图

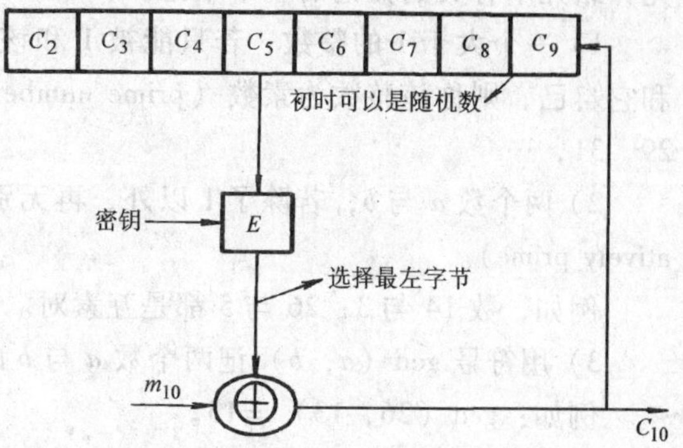

图 12-7　CFB 加密流程

DES 串联方式中获得广泛使用的是三重 DES，三重 DES 使用两个密钥和三次 DES 加密，即：$C = E_{k_1}(D_{k_2}(E_{k_1}(P)))$，加密过程如图 12-8 所示。

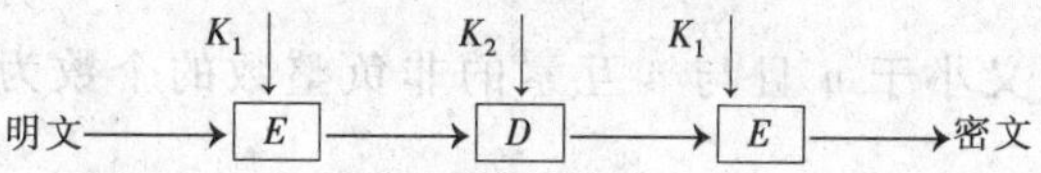

图 12-8　三重 DES

1990 年 Xuejia Lai 和 J. Massey 提出的 IDEA（International Data Encryption Algorithm，国际数据加密算法），是目前已公开的可用算法中最快且安全性最强的分组密码算法。它是基于 64 位二进制的明文块运算，密钥长度可由用户选择（64 位或 128 位），同一个算法可用于加密，也可用于解密。该算法依据的设计原则是一种来自不同代数群的混合运算，IDEA 算法无论用硬件还是软件都易于实现。

IDEA 算法的结构与 DES 相似，它把 64 比特明文用 8 次不同子密钥迭代，产生 64 位密文输出。加密过程中 128 位密钥产生 52 个 16 位的子密钥，其中 48 个分别为 8 次迭代的密钥（每次迭代使用 6 个子密钥），其余 4 个子密钥为最后变换时使用。

有兴趣的读者请参阅有关参考书了解详细的算法。

12.3.2　公钥（非对称）密码体制

1. 数论的几个基本结论

公钥密码体制的最大特点是：每个用户的密钥由两部分组成，即公开的加密密钥 k_e 和保

密的解密密钥 K_d，$K_e \neq K_d$，而且即使算法公开，也很难从其中一个密钥推出另一个。这样任何人都可以使用其他用户的公开密钥来对数据加密，但是只有拥有解密密钥的用户才能对加过密的数据进行解密。这样互不相识的人也可以进行保密通信。公钥密码体制加密过程如下：

- 网络中每一端系统产生一对密钥，加密密钥和解密密钥；
- 每一系统公布它的加密密钥（公钥），相关的解密密钥保持机密；
- 如果 A 系统希望送信息给 B 系统，则它用 B 的公钥加密传输的信息；
- B 收到信息时，用 B 的解密密钥（不公开的）进行解密。

由美国麻省理工学院（MIT）Rivest、Shamir 和 Adleman 于 1978 年提出的公钥密码体制（简称 RSA 算法）是公钥密码算法的典型。它不再是迭代分组运算，是利用在具有大素数因子的合数，其因子分解困难的特点，即它的保密强度是建立在计算复杂度基础上的。为此，先介绍几个有关的数论的基本结论。

1）一个大于 1 的整数，若只能被 1 和该数自己除尽，或者说该数的正整数因子只有 1 和它自己，则称该整数为素数（prime number）。例如：1，3，5，7，11，13，17，19，23，29，31，…

2）两个数 a 与 b，若除了 1 以外，再无别的共同因子，则称它们为互素（coprime 或 relatively prime）。

例如，数 14 与 3；26 与 5 都是互素对。其中的 14、26 并非素数。

3）用符号 gcd（a，b）记两个数 a 与 b 的最大公约数（greatest common diviser）。

例如：gcd（26，13）=13。

4）如果 gcd（a，b）=1，则 a 与 b 互素，反之，若 a 与 b 互素，则 gcd（a，b）=1；此时必有整数 x，y 存在使 $ax+by=1$。

例如：gcd（14，3）=1，则当 $x=2$，$y=-9$ 时 $28-27=1$。$x=5$，$y=-23$ 时，亦有 $70-69=1$。

5）对一个数 n，定义小于 n 且与 n 互素的非负整数的个数为欧拉 φ 函数（Euler phi function），记作 $\varphi(n)$。

例如：$n=26$，上节中已看到与 26 互素的小于 26 的数是除了 13 以外的所有奇数，1，3，5，7，9，11，15，…，25 共 12 个，故 $\varphi(26)=12$。

6）任何一个素数 p，其 $\varphi(p)=p-1$。

这是因为小于素数 p 的（$p-1$）个正整数总是与 p 互素的。

7）符号 $n \mid a$ 表示 n 整除 a，或叫 a 可被 n 除尽，此时，必有整数 d 使 $a=nd$。

8）符号 $a \equiv b$（mod n）表示 a 与 b 被 n 除的余数相等，称为 a 与 b 模 n 同余（congruence）。

例如，$8 \equiv 29$（mod7）以及常常把星期 1 戏说成星期八，星期天说成星期七就是 7 的同余关系的一种表述。

由同余关系 $a \equiv b$（mod n）可导出一系列关系式如 $n \mid a-b$ 或 $n \mid b-a$，即表示 $a-b$ 或 $b-a$ 能被 n 除尽（上例 $7 \mid 29-8=3$）；$a-b=nk$ 或 $b-a=nk$；$a=b+nk$ 或 $b=a+nk$ 等。

9）如果 $a \equiv b$（mod n），$c \equiv d$（mod n）则 $a \pm c \equiv b \pm d$（mod n）和 $ac \equiv bd$（mod n）。

应用代数中因子分解知识很容易理解这些关系。例如，$8 \equiv 29$(mod7)余数为 1；$13 \equiv 41$(mod7)余数为 6；则 $21 \equiv 70$(mod7)余数为 0，或 $5 \equiv 12$(mod7)余数为 5，读者可以验证一

下 $ac \equiv bd \pmod 7$ 关系。

10）若 m，n 互素，且 $m \mid a$ 与 $n \mid a$，则 $mn \mid a$。

例如，最简单的 $m=3$，$n=4$，$a=24$，就可以验证。

11）若 m，n 互素，则 $\varphi(m)\varphi(n)=\varphi(mn)$。

例如，$m=3$，$n=7$，则 $\varphi(3)\varphi(7)=2\times6=12$，则 $\varphi(21)=12$，因为小于 21 且与 21 互为互素的非负整数为 1，2，4，5，8，10，11，13，16，17，19，20 共 12 个。若选 $n=4$，也可验证 $\varphi(3)\varphi(4)=2\times2=4=\varphi(12)$。

12）若 m，n 互素，且 $a\equiv b \pmod m$ 和 $a\equiv b \pmod n$，则 $a\equiv b \pmod{mn}$。

例如，$m=5$，$n=3$，选 $a=16$，$b=31$ 就满足上述关系，因为 16 与 31 被 5 或 3 除，余数都为 1 而被 15 除余数也为 1，都有同余关系。若取 $m=4$，$n=3$ 为互素，选 $a=14$，$b=16$ 也可验证。

13）对任何整数 x 和任一个素数 p，满足 $x^p\equiv x \pmod p$，如果 x 与 p 还是互素，即满足 $\gcd(x, p)=1$，则 $x^{p-1}\equiv 1 \pmod p$。

例如，取 $x=4$，$p=3$，满足 $4^3\equiv 4 \pmod 3$ 且 3 与 4 为互素，即 $\gcd(4, 3)=1$，显然有 $4^2\equiv 1 \pmod 3$。

14）若 a 与 n 是互素，则 $a^{\varphi(n)}\equiv 1 \pmod n$。称此为 Fermat-Euler 定理。

例如上例，$a=4$，$n=3$，$\varphi(3)=2$，显然有 $4^2=1 \pmod 3$。

2. 加密和解密算法

加密和解密具有的数学形式：

加密：用 m 表示明文，C 表示密文，则

$$C=m^e \bmod n \tag{12-22}$$

解密：$m=C^d \bmod n=(m^e)^d \bmod n=m^{ed} \bmod n$ （12-23）

其中，n 是一个整数，称为模数，发送者和接收者除了都知道 n 外，发送者知道 e（称为加密指数或公钥指数）。接收者知道 d（称为解密指数或私钥指数）。即公钥加密算法具有公钥 $KU=(e, n)$ 和私钥 $KR=(d, n)$。

密钥产生算法：

1）找出两个很大的素数 p 和 q，使其乘积 $n=pq$ 满足要求的长度，比如 1024 比特。

2）计算 $n=pq$ 和 φ 函数 $\varphi(n)=(p-1)(q-1)$。

3）选取一个整数 e，使 $1<e<\varphi(n)$ 并使 $\gcd(e, \varphi(n))=1$。e 不必为素数，但必须为奇数。实际应用中常选 $e=3$，17 或 65537 即 $(2^{16}+1)$，因为这几个数在运算中方便。

4）计算私密指数 d，$1<d<\varphi(n)$，并使 $ed\equiv 1 \pmod{\varphi(n)}$。这意味着 d 为 e 的乘法逆元素，只要简单地选取一个整数 x 使 $d=(x\varphi(n)+1)/e$ 为整数即可。

5）得出私钥 $KR=(d, n)$ 和公钥 $KU=(e, n)$。同时，p、q 与 $\varphi(n)$ 也需保密。只有 (e, n) 是公开的。

加密过程：设 A 要送一个密文给 B，

1）从公开信息中得知 B 的公钥为 (e, n)。

2）将明文信息用一个正整数 $m<n$ 表示。

3）计算密文 $C=m^e \bmod n$。

4）将密文 C 送给 B。

解密过程：B 接到密文以后，

1）应用私钥（d，n）计算 $m = C^d \bmod n$

2）从 m 提取明文。

【例 12-6】　本例用最简单的数字来说明以上的过程。

设明文 $m = 19$

密钥产生如下：

取 $p = 3$，$q = 11$

计算　$n = pq = 33$ 及 $\varphi(n) = (p-1)(q-1) = 20$

选 $e = 3$　（$1 < 3 < 20$，且 $\gcd(3, 20) = 1$）

选 $x = 1$ 计算　$d = e^{-1} \pmod{20} = (20+1)/3 = 7$

于是得到公钥 $KU = (3, 33)$；私钥 $KR = (7, 33)$；

密文产生：

$C = m^e \bmod n = 19^3 \bmod 33 = 28$

解密文得到明文：

$m = C^d \bmod n = 28^7 \bmod 33 = 19$

本例可以说是 RSA 算法中最小的一个 n 值，实际上并无实用意义，因为公钥告知 $n = 33$，因子分解只有 3，11 能为 p 与 q 的值，从而得到 $\varphi = 20$，并从 $d = e^{-1} \pmod{20}$ 私钥就很容易被猜出来。但由于数字简单，常常被用来作为示例。

进一步的演示还会发现用此公钥加密明文，有一些密文与明文一样，如下例。

【例 12-7】　试用上例的公钥对明文 10 与 11 加密。

解：因为 $n = 33$，$e = 3$，所以

$C_{10} = 10^3 \bmod 33 = 10$

同理，有

$C_{11} = 11^3 \bmod 33 = 11$

如果对所有从 0 ~ 32 明文计算密文 C，结果为：

m:	0	1	2	3	4	5	6	7	8	9	10	11	12	13	14	15	16	17	18	19	20	21	22	23	24	25	26	27	28	29	30	31	32
C:	0	1	8	27	31	26	18	13	17	3	10	11	12	19	5	9	4	29	24	28	14	21	22	23	30	16	20	15	7	2	6	25	32

共有 9 个密文与明文是一样的，这些明文被称为无法保密消息（unconcealed messages）。尤其是 $m = 0$ 和 1，不管 n 取多大，总是无法保密的，而其他 7 个明文，只要取 n 足够大，仍可被加密。因此，实用中常常不用 0 和 1 来代表明文。特别是 26 个英文字母，在公钥保密系统中，不再从 0 开始排序，而是从 2 开始，以致于 $A = 2$，$B = 3$，$C = 4$，…，$Z = 27$。比如明文消息“HELLOWORLD”的数字表示为：“9，6，13，13，16，24，16，19，13，5”。应用本例公钥（3，33）加密的密文对应地为“3，18，19，19，4，30，4，28，19，26”。

以下的例子说明高幂次指数的简化运算。

【例 12-8】　一个 RSA 算法的实际例子。

设要传送的明文为 123，使用公钥系统设计如下：

选 $p = 61$，$q = 53$；计算 $n = pq = 3233$ 及 $\varphi(n) = (p-1)(q-1) = 3120$。

选 $e = 17$ 使 $\gcd(17, 3120) = 1$；任选 $x = 15$，计算 $a = (15 \times 3120 + 1)/17 = 2753$。得到公钥为（17，3233），私钥为（2753，3233）。

对明文加密得：

$$
\begin{aligned}
C_{123} &= 123^{17} \bmod 3233 \\
&= 337587917446653715596592958817679803 \quad \bmod 3233 \\
&= 855
\end{aligned}
$$

这里的指数 17 运算已很麻烦，而解密算法中需要指数 2753，运算真可谓是“天文数”了，用大型计算机直接运算输出，要打印 2 页 A4 纸。请参阅参考文献 13。现在采用简化算法：

由于 2753 的二进数表示为 101011000001，故

$$2753 = 1 + 2^6 + 2^7 + 2^9 + 2^{11} = 1 + 64 + 128 + 512 + 2048$$

应用 $x \wedge y$ 记 x^y，则

$$
\begin{aligned}
m &= 855 \wedge 2753 \pmod{3233} \\
&= 855 \wedge (1 + 64 + 128 + 512 + 2048) \quad \pmod{3233} \\
&= 855 \wedge 1 \times 855 \wedge 64 \times 855 \wedge 128 \times 855 \wedge 512 \times 855 \wedge 2048 \quad \pmod{3233}
\end{aligned}
$$

其中幂次计算可按以下递推算法：

$855 \wedge 1 = 855 \pmod{3233}$

$855 \wedge 2 = 367 \pmod{3233}$

$855 \wedge 4 = 367 \wedge 2 \pmod{3233} = 2136 \pmod{3233}$

$855 \wedge 8 = 2136 \wedge 2 \pmod{3233} = 733 \pmod{3233}$

$855 \wedge 16 = 733 \wedge 2 \pmod{3233} = 611 \pmod{3233}$

$855 \wedge 32 = 611 \wedge 2 \pmod{3233} = 1526 \pmod{3233}$

$855 \wedge 64 = 1526 \wedge 2 \pmod{3233} = 916 \pmod{3233}$

$855 \wedge 128 = 916 \wedge 2 \pmod{3233} = 1709 \pmod{3233}$

$855 \wedge 256 = 1709 \wedge 2 \pmod{3233} = 1282 \pmod{3233}$

$855 \wedge 512 = 1282 \wedge 2 \pmod{3233} = 1160 \pmod{3233}$

$855 \wedge 1024 = 1160 \wedge 2 \pmod{3233} = 672 \pmod{3233}$

$855 \wedge 2048 = 672 \wedge 2 \pmod{3233} = 2197 \pmod{3233}$

这是根据上一节介绍的数论基本结论 a）推出，若 $a \equiv b \pmod{n}$，则 $a^2 \equiv b^2 \pmod{n}$；并且乘积项同余计算可以逐项作同余计算如下：

$$
\begin{aligned}
m &= 855 \times 916 \times 1709 \times 1160 \times 2197 \pmod{3233} \\
&= 794 \times 1709 \times 1160 \times 2197 \pmod{3233} \\
&= 2319 \times 1160 \times 2197 \pmod{3233} \\
&= 184 \times 2197 \pmod{3233} \\
&= 123 \pmod{3233} = 123
\end{aligned}
$$

3. 加密和解密算法的证明

在经过以上几个例题演示之后，再从理论上证明按以上算法必能解出唯一存在的明文 m。

已知条件为：

用不同的素数 p 与 q 产生 $n = p \cdot q$ (A)

公钥 e 与 $\varphi(n)$ 互素，即 $\gcd(e, \varphi(n)) = 1$ (B)

对明文 m 产生密码 $C = m^e \pmod n$，$0 \leqslant m < n$ (C)

公钥 e 与私钥 d 模 $\varphi(n)$ 互逆，即 $ed \equiv 1 \pmod{\varphi(n)}$ (D)

求证：明文 $m = C^d \pmod n$。

证：由于 $ed \equiv 1 \pmod{\varphi(n)}$，所以 $\varphi(n) \mid (ed-1)$。又因为

$$\varphi(n) = \varphi(pq) = (p-1)(q-1) = \varphi(p)\varphi(q)$$

因此有 $\varphi(p) \mid (ed-1)$ 和 $\varphi(q) \mid (ed-1)$ (E)

式（E）表明，必有整数 K 存在使

$$ed - 1 = K\varphi(p) = K(p-1) \tag{F}$$

因此对所有整数 x，有

$$x^{ed} \equiv x^{ed-1+1} \equiv x^{K(p-1)+1} \pmod p \tag{G}$$

但 Fermat-Euler 定理说，若 $\gcd(x, p) = 1$，则 $x^{p-1} \equiv 1 \pmod p$，应用基本结论（9），就有

$$x^{k(p-1)} \equiv 1 \pmod p \tag{H}$$

将式（F）代入得

$$x^{ed-1} \equiv 1 \pmod p \text{ 或 } x^{ed} \equiv x \pmod p \tag{I}$$

同样，从式（E）可得

$$x^{ed} \equiv x \pmod q \tag{J}$$

由基本结论 12），因为 p，q 必定互素，故根据式（I）与式（J）就应有

$$x^{ed} \equiv x \pmod{pq} \text{ 或 } x^{ed} \equiv x \pmod n \tag{K}$$

从条件式（C）有 $C^d \equiv (m^e)^d \equiv m^{ed} \pmod n$

根据式（K），令 $x = m$ $m^{ed} \equiv m \pmod n$

因此

$$C^d \equiv m \pmod n \tag{L}$$

又因为条件式（C） $0 \leqslant m \leqslant n$，只有唯一的一个整数 m 满足同余式（L）

这就证明了 $C^d \pmod n = m$ 证毕。

RSA 是公钥密码体制中最成功的一种，其他几种著名的公钥密码体制包括：W. Deffie 和 M. E. Hellman 提出的基于求解离散对象问题困难性的密钥交换体制、Rabin 的基于整数分解困难的 RSA 体制的变形、Merkle-Hellman 背包体制、基于线性纠错码的 McEliece 体制等，有兴趣的读者请参阅有关参考书，例如文献［7］。

12.4 信息认证技术

12.4.1 信息认证算法

信息系统安全的另一个重要方面是防止攻击者对系统的主动攻击，例如，伪装、篡改信息等，这就需要对信息进行论证。认证技术的应用主要有两个方面，一是指对数据产生者的身份进行验证，即验证信息的发送者是真正的，而非假冒的，有时我们把这种方法又称之为数据来源验证；另一方面认证也能验证数据的完整性，保证信息在传输或存储过程中未被篡改、重现或延迟等。具体地说，消息认证是使通信中的消息接收者能确定：消息来源于被指

定的发送者；消息是发送给预期的接收者；消息的内容是完整可信的（即在传输过程中没有被修改或替换）及消息的序号和时间的有效性等四项内容。

其中第二项是公钥密码体制本身的特性（用预期接收者的公钥加密的信息只有预期接收者才能解密），而第一项和第四项要利用公钥密码体制或对称密码体制进行数字签名来实现。为实现消息内容的完整性，确保任何对数据的非法篡改都将被检测出来，需要采取消息认证码 MAC（Message Authentication Code），本节介绍消息认证算法（Message Authentication Algorithm）下节介绍数字签名（digital signature）。

1. MAC

所谓消息认证码，就是附加在消息后面的经过加密的一个消息摘要，记作 MD（Message Digest），即

$$\mathrm{MAC}=\mathrm{MD}=f_K(M) \tag{12-24}$$

其中 f_K 表示采用密钥 K 加密的一个单向函数。所谓单向函数是指该函数只能由 M 计算出 MD，而不能从 MD 反推出 M。由于加密的功能要求，f_K 常常将原消息 M“搅乱”（hash）得面目全非，故常称之为 Hash 单向函数。

接收端接收到 M'（以“′”表示可能与发送信号不同）和相应的 MAC 后，对 M' 也用相同的密钥 K 进行相同的加密运算而产生 $\mathrm{MD}'=f_K(M')$。如果消息 $M'\neq M$ 或 MAC 被改动，则必定是 $\mathrm{MD}\neq\mathrm{MD}'$，接收端就会作出拒收的决定。只有当 $M'=M$ 及 MAC 未被改动情况下，$\mathrm{MD}=\mathrm{MD}'$，这就完成了消息认证的功能。

作为消息认证码的 MD，有三个重要的特征：

- 对任意给定的消息 M 要容易计算出 $\mathrm{MD}=f_K(M)$；
- 不可能从 MD 反推出消息 M；
- 任意两个消息 M_1，M_2，不能产生相同的 MD，即 $\mathrm{MD}_1\neq\mathrm{MD}_2$。

以上特征，要由 Hash 函数 f_K 来保证。为了满足第三个条件，MD 至少要有 128 比特长。现在流行的典型的 MD 算法有 MD2，MD4，MD5 和 SHA-1（Secure Hash Algorithm-1）等，都是由美国 NIST（National Institute of Standard and Technology）公布的联帮信息处理标准（FIPS，Federal Information Processing Standards）。其中 MD2 是 1989 年公布的适用于 8-bit 计算机的算法，其余都适用于 32-bit 计算机应用。从密码体制上看，只是上几节介绍过的对称密钥体制，非对称密钥体制的一种应用扩展。因此，只以 MD5 为例来介绍算法的概貌，更具体的算法程序，只能参考各种标准的文本。

2. MD5 算法概要

MD5 消息摘要是近年来广泛得到使用的算法，它接收任意长度的消息，产生定长的 128 比特的消息摘要 MD。算法的处理由以下步骤组成：

（1）附加填充比特

输入的消息通过填充使其长度≡448 mod 512（即与 448 mod 512 同余），即填充后的消息的长度被 512 除其余数为 448。值得注意的是，不管消息是否已经是期望的长度，填充总是要进行的，例如，输入的消息为 448 比特，它还需要填充 512 比特，使其长度达 960 比特（960 mod 512 和 448 mod 512 同余）。为此可知，填充比特数范围是 1～512。而填充比特模型为 100…0（第一位为 1，其他都为 0）

（2）附加长度

用 64 比特二进制数表示原始消息长度 K，并将该 64 比特附加到步骤 1 的结果上（如果原始消息长度 K 大于 2^{64}，则就取它的低 64 比特）。

以上两个步骤输出的信息长度是 512 比特的整数倍（原始消息 K 比特 + 附加填充比特 + 附加 64 比特），分别可表示为 $Y_0Y_1\cdots Y_{L-1}$，即整个扩展以后的消息长度为 $L\times 512$ 比特，其中 Y_i 是 512 比特一组。

（3）建立初始缓冲区

算法中使用 128 比特的缓冲区保存 Hash 函数产生的中间值或最后结果，缓冲区可用 A、B、C、D 四个 32 位寄存器表示，它们的初始值为（16 进制表示）：

A = 01234567

B = 89ABCDEF

C = FEDCBA98

D = 76543210

（4）以 512 比特（16 个 32 位字）为一组处理消息

算法的核心是 $Y_0Y_1\cdots Y_{L-1}$ 通过级联方式进行 H_{MD5} 处理，如图 12-9 所示。

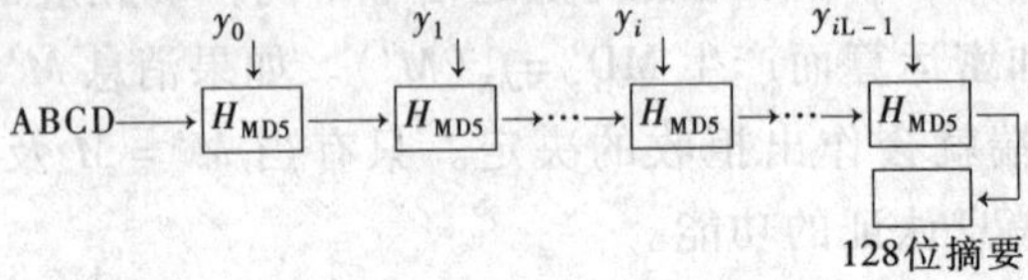

图 12-9　MD5 消息摘要示意图

H_{MD5} 有两个输入：初始 MD 缓冲区的 ABCD 或者前一个 H_{MD5} 输出的 128 比特和 Y_i，H_{MD5} 是有四个循环链接的 f 函数组成，每一个模块中 f 是相同的，但是它们分别使用 F. G. H. I 四种不同的基本逻辑函数，其结构如图 12-10。

每一个基本逻辑函数接收 3 个 32 位字，产生一个 32 位字的输出，其数学表达式分别为：

$$F(X,Y,Z)=(X\wedge Y)\vee(\overline{X}\wedge Z)$$
$$G(X,Y,Z)=(X\wedge Z)\vee(Y\wedge\overline{Z})$$
$$H(X,Y,Z)=X\oplus Y\oplus Z$$
$$I(X,Y,Z)=Y\oplus(X\vee\overline{Z})$$

表达式中的逻辑操作符 ∧（与）、∨（或）和 $\overline{X}$ 均是按位逻辑操作符。在图 12-10 中每一模块除了图 12-9 所示的两个输入外，还使用了 T［1…64］表中的元素，每一模块取 T 表的四分之一内容参加运算；即 T［1…16］、T［17…32］、T［32…48］和 T［49…64］，T 表中第 i 个元素 $T[i]=INT(2^{32}\times \mathrm{abs}(\sin(I')))$，其中 I' 为 i 的弧度值，即 abs（sin（I'））是一个 0 ~ 1 之间的一个数值。提供 T 表的目的是通过随机化的 32 位模型集合强化输出的随机性，图中算法接收 Y_i 和 MD 缓冲区的中间值 MD_i，从 T 表中任取一个 32 位字，通过四次计算把输出的结果加到 MD 缓冲区（更新），产生 MD_{i+1}，加法的过程是 MD_i 中的 ABCD 和输出的 4 个 32 位字分别进行模 32 加法。

（5）输出

所有 L 个 512 比特组通过级联处理完以后，最后输出所需的 128 比特的消息摘要 MD。

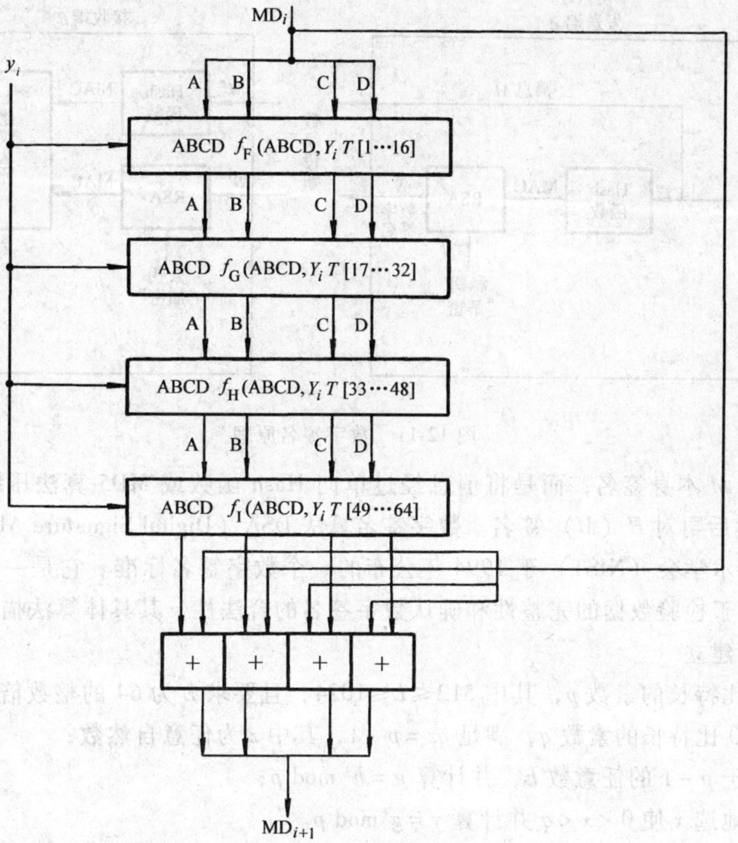

图 12-10 H_{MD5} 处理结构

12.4.2 数字签名

数字签名用来实现上节提到的第一、四项功能，主要解决三个问题：接收方能确认信息确实来自指定的发送者；发送者不能否认所发信息的内容；接收者不能伪造信息内容。

公开的密钥算法和对称密钥算法都可以获得数字签名，但公钥密码体制更适合于数字签名。图 12-11 是利用公钥密码体制进行数字签名的原理过程，对消息 M 并未加密也可以不经 Hash 函数变成 MAC。当消息发送者 A 只对消息 M 进行签名时，他先用自己私有密钥对 M 进行“解密”得到 $S=(M, K_d)$，这样任何人，包括接收者在内，由于不知道发送者的私有密钥，所以不能伪造发送者的签名。消息接收者 B 收到 S 后进行如下操作以验证签名：在公开的签名信息文件中查出 A 的公开的加密密钥 K_e，并用 K_e 对 S 进行一次“加密”运算，得到 $M'=E(S,K_e)$，检查 M' 是否正确。

如果 M' 是正确的，那么 B 就可以断定 M' 确实是 A 发来的数据。因为只有 A 才知道 K_d（保密的），该方法保证在 K_e 公开的前提下，任何人无法通过计算得到 K_d。如果 M' 不正确，那么 B 就拒收报文。

在数字签名和验证过程中，接收方无法伪造消息，因为他得不到 K_d。发送方也无法抵赖他所发送过的消息，因为只有他才知道正确的 K_d。

由于运算速度的关系，人们实际很少用公钥算法加密，即使使用公钥算法签名，也往往

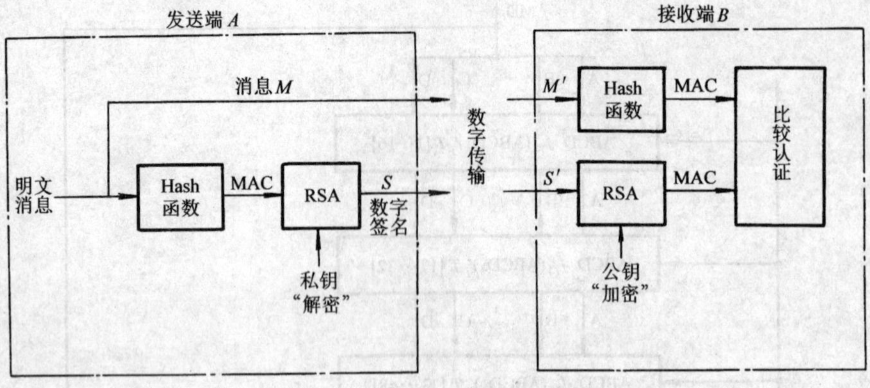

图 12-11 数字签名原理

不直接对消息 M 本身签名，而是将消息经过单向 Hash 函数或 MD5 算法压缩成数据量较小的 $H(M)$，然后再对 $H(M)$ 签名。数字签名算法 DSA（Digital Signature Algorithm）是美国国家标准与技术学会（NIST）于 1994 年公布的一个数字签名标准。它是一个公开密钥数字签名算法，用于检验数据的完整性和确认数字签名的合法性，其具体算法描述如下：

(1) 密钥建立

- 选 L 比特长的素数 p，其中 $512 \leqslant L \leqslant 1024$，且要求 L 为 64 的整数倍；
- 选 160 比特长的素数 q，满足 $qz = p-1$，其中 z 为任意自然数；
- 选小于 $p-1$ 的任意数 h，并计算 $g = h^z \bmod p$；
- 随机地选 x 使 $0 < x < q$ 并计算 $y = g^x \bmod p$。

则建立起的公钥为 (p, q, g, y)，其中 y 为公开密钥，私钥为 x，且 p，q 和 g 是公开的，可以由一组网络用户共享，每个用户都可据此建立自己的私钥和公钥。

(2) 签名过程

- 发送者为每一个需签名的信息选一个被称为“nonce”（即只用一次的数）的随机数 K，且 $1 < K < q$；
- 计算 $r = (g^K \bmod p) \bmod q$ 及 $s = (K^{-1}(H(M) + xr)) \bmod q$。

因为 M 实际上是由明文转换成的一个数，比如用 ASCⅡ码代表字母，将所有 ASCⅡ码字连成的二进符号串看成一个很大的数代表明文。因此，被签名的是用 Hash 函数压缩过的摘要 MD，$H(M)$ 就表示这个过程。将发送者签名 r 和 s 附加于消息 M 就完成了数字签名。

(3) 签名认证

接收者接到 r 和 s 后作如下的计算：

- 计算 $w = s^{-1} \bmod q$；
- 用 w 和 r 分别计算 $U_1 = (H(M) \times w)) \bmod q$ 和 $U_2 = (r \times W) \bmod q$；
- 计算 $V = ((g^{U_1} \times y^{U_2}) \bmod p) \bmod q$；
- 验算 $V = r$，签名被证实。

12.5 网络通信的信息安全技术

12.5.1 密码管理和分配

1. 密钥分配概念

在网络通信系统中，如果仅有两个用户进行点对点信息的交流，用户之间更换密钥是一个相对简单的问题，它只需要双方约定使用相同的密钥或同时更换就可以了，不牵涉到第三方。当增加一个用户，并要求三用户之间必须使用两个不同的密钥对信息进行加密保护时，情况就复杂一些，每一个用户都要记忆另外两个用户的密钥，并且要同时对应地使用和更换。推广到一个拥有 N 个用户的信息系统中，如果也要求系统内用户两两之间都必须使用互不相同的密钥对信息进行加密保护时，每一个用户都要记忆其余 $N-1$ 个用户的密钥，并且要同时对应地使用和更换，此时网内使用的密钥量可高达 $N(N-1)/2$。另外为了防止攻击者学习密钥后导致信息的泄漏，频繁的密钥更新是必须的。因此密码系统的安全程度与密钥分配技术密切相关。设 A、B 是收、发双方，密钥分配一般有以下四种方法：

1）由 A、B 各自选择自己的密钥，通过人工方法传递给对方。

2）由可信任的第三方选择密钥，通过人工方法分别传送给 A 和 B。

3）如果 A 和 B 已拥有一个密钥，则可以通过用旧密钥加密新密钥进行密钥的传递。

4）如果 A 和 B 与可信任的第三方 C 有一个秘密通道，C 通过秘密通道把密钥分别传递给 A 和 B。

在实际通信网络中，这四种方式的使用与加密“设备”所处位置有很密切的关系。目前网上一般使用两种基本结构：链路加密和端到端加密。

链路加密是在通信线路的两端装上加密机，这样在该线路上传输的信息都是安全的。链路加密方法的缺点是：大型网络中需要多个加密机；在分组交换网络中报文经过交换机或路由器必须进行解密（为了分析路由信息，例如目的地址），这样在交换机中信息是不安全的。

端到端加密是两个端系统进行加密处理（软件或硬件），发送方首先加密数据，然后毫无改变地穿越网络送到接收方，接收方用解密密钥对接收信息进行解密。但是为了使加密报文能通过公众交换网，报文的头信息是不能加密的（只有接收方能进行解密，中间路由器无法解密分析），所以使用此方法后数据部分是安全的，但流量模型是不安全的（头信息以明文方式传输）。

由于链路加密方法中加密机在链路两端成对出现，即每一个加密机仅仅与链路的另一端加密机通信，所以比较适宜采用第一、二种手工传递密钥方法。

第三种方式可以用在链路加密和端到端加密，其缺点是一旦攻击者破译一个密钥，则后续密钥不攻自破。例如使用挑战/响应的双向认证就是采用此方法，如图 12-12。图中假设 A 和 B 拥有一个共享的密钥 K_{AB}，A 送出 B 能理解的 A 身份，但 B 不知道该消息是来自真正的 A 还是攻击者。为验证其真实性，B 以明文形式送给 A 一个大的随机数 R_B 作为挑战，A 使双方共享的密钥 K_{AB} 加密 $R_B(E(K_{AB}, R_B))$，由于只有 A、B 拥有该密钥，所以 B 能确认消息来自 A，至此 B 已确认 A 的身份，图中 4、5 是一个反向过程，它用于 A 确认 B 的真实身份。如果双方现在需要建立一个会话密钥，A 选取一个 K_S 并用 K_{AB} 加密（$E(K_{AB}$、$K_B)$）送给 B，然后双方可用会话密钥 K_S 加密传输的消息。

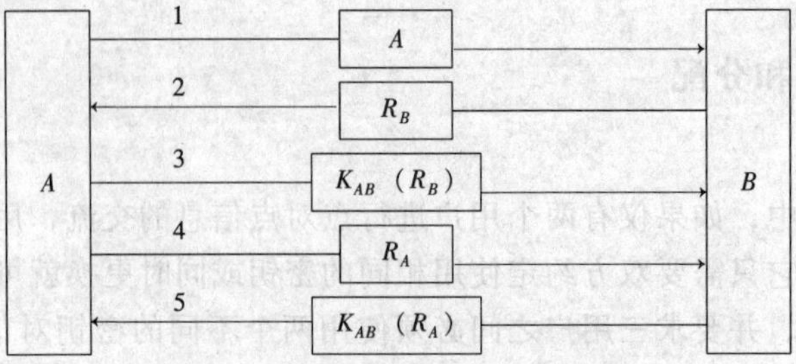

图 12-12　挑战/响应双向认证示意图

第四种方式最适合于端对端的加密，该方法使用一个可信任的密钥分配中心 KDC，由 KDC 决定密钥的分配和确定网络系统中一个系统是否允许与另一个系统通信。

2. 密钥分配中心（KDC）

KDC 结构中定义了两种密钥：会话密钥（session）用于两个端系统（主机、终端）进行一次会话连接时的一次性密钥。当会话结束时，会话密钥变成无效；永久性密钥（permanent key）是网络系统中每一个端系统和 KDC 共享的密钥，它用于分配会话密钥，其结构如图 12-13。

图 12-13　KDC 结构

当端系统 A 希望和端系统 B 建立连接时，KDC 首先获取两用户的地址并产生一对相同的会话密钥 K_S，分别用两用户的永久性密钥 K_A 和 K_B 对 K_S 加密，然后通过公开信道传送给两用户。两用户接收到该信息后，分别用自己的加密密钥 K_A 和 K_B 进行解密，获得一个相同的会话密钥来进行一次性会话通信。

【例 12-9】　Needham-Schroeder 认证协议

Needham-Schroeder 协议提供建立端-端通信认证，最简单的应用实现是利用双方的公钥互相发一个“NONCE”确认。利用 KDC 来建立端到端保密通信的过程也是使用 KDC 的一种典型例子。其认证过程如图 12-14，如果 A 希望与 B 进行通信，则按以下步骤进行：

1）A 首先送给 KDC 一个大的随机数 R_A 和 A、B 的标识（如用户名）。

2）KDC 接收到该请求后，用永久性密钥 K_A 加密收到的 R_A、B 标识、K_S（一次性会话密钥）和用永久密钥 K_B 加密 A 标识及 K_S 形成的 $K_B(A,K_S)$ 并发回给 A。$K_B(A,K_S)$ 又称为许可证（Ticket），它作为 A 向 B 提出通信连接时的证明，R_A 和 B 使 A 确信接到的消息是对应最近一次请求而不是攻击者重现或伪装的。

3）A 利用接收到的许可证和一个用会话密钥 K_S 加密的新随机数 $K_S(R_{A2})$ 和 B 进行连接认证。

4）B 送回 $K_S(R_{A2}-1)$ 和一个大的随机数 R_B，$K_S(R_{A2}-1)$ 使 A 确信 B 的身份（由于 $K_S(R_{A2})$）可能被攻击者截取，所以减 1。

5）A 通过回送 $K_S(R_B-1)$ 使 B 确认 A 的身份。

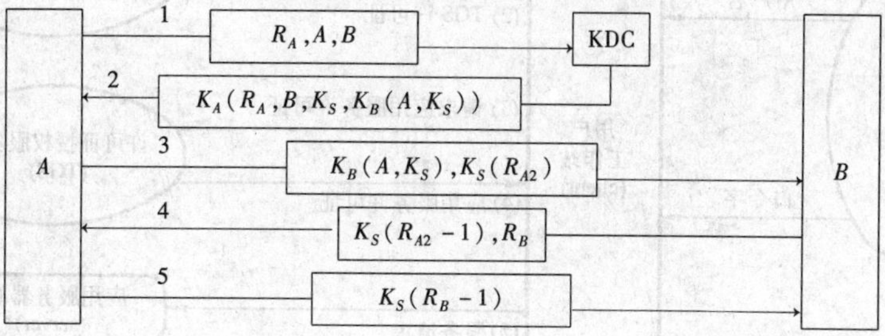

图 12-14　Needham-Schroeder 认证协议

【例 12-10】　Kerberos 认证协议

Kerberos 是 MIT 的 Athena 计划中为分布式 Client/server 计算环境设计的，在网络环境中，向用户提供安全服务的认证机制。为了使用户工作站能使用任何服务器，需要设置一个许可证。许可证包括用户名，服务器名，使用有效时间及时间标记（time stamp），会话密钥等信息）。为此，专门建立一个向用户发放许可证明的服务器，即 TGS（Ticket Granting Server）。而 TGS 的发放工作又根据认证服务器 AS（Authentication Server）对用户“审查”结果，如果审查结构合格，AS 发出一个“发放许可证的许可证”TGT（Ticket Granting Ticket）给用户，用户再用 TGT 向 TGS 申请许可证。而所有这些认证与授权都是基于 Kerberos KDC 库。因此，KDC 库是 Kerberos 的核心，系统中的每个服务器和用户都要在 KDC 库中登记。所以，AS、TGS 和 KDC 库是 Kerberos KDC 的 3 个组成部分，其结构关系如图 12-15 所示。

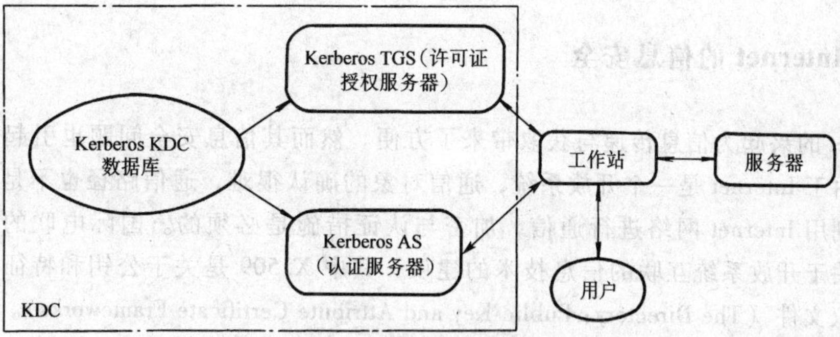

图 12-15　Kerberos 结构关系

Kerberos 的安全服务认证过程也因此可分为三个阶段，如图 12-16 所示。第一阶段为向认证服务器 AS 申请许可证；第二阶段则向许可证服务器 TGS 领取服务证；第三阶段是最后一个阶段，向指定服务器申请服务。具体过程为：

1）用户在工作站输入用户名，通过工作站向 AS 申请 TGS 服务。Kerberos AS 通过查询

KDC 库验证用户合法性，对合法用户使用该用户的私有密钥对 TGS 许可证 TGT 和会话密钥（session Key）加密。

2）用户输入口令字（Password）获取并用自己的私有密钥解密 TGT 和会话密钥。

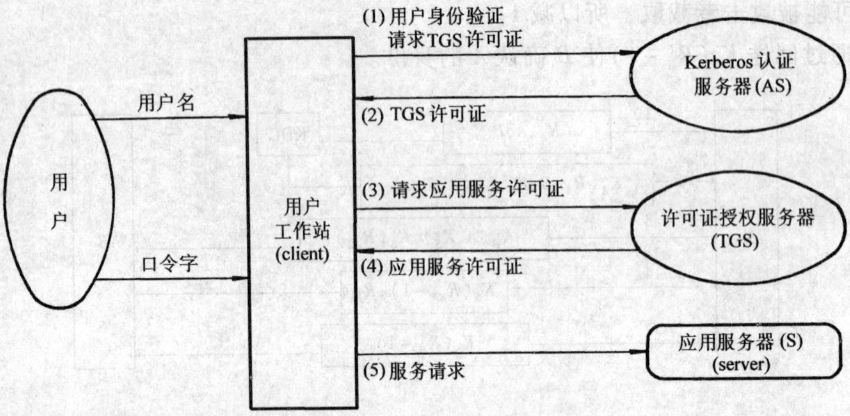

图 12-16　Kerberos 服务过程

以上属第一阶段。

3）用户以 TGT 向 TGS 申请应用服务许可证（ticket），该申请主要包括 TGT 和请求服务的服务器名。

4）TGS 向用户工作站发回与具体服务器进行通信的应用许可证和与该服务器共享的 DES 密钥。

第二阶段工作到此结束，以下就是请求服务与服务的过程。

5）现在用户可以直接与请求服务的服务器进行通信，并请求服务。

必要时，用户还可以进行服务器认证，以防止攻击者假冒服务器。此时，用户可要求服务器发回一个消息，该消息中应含有来自用户的时间标记减去 1，并用共享的会话密钥加密。如果服务器是假冒的，就不可能有这些信息。

12.5.2　Internet 的信息安全

Internet 的兴起为信息传递与获取带来了方便。然而其信息安全问题也引起了广泛的关注。这是由于 Internet 是一个开放系统，通信对象的确认很难，通信路径也不是确定的。因此，若要利用 Internet 网络进行通信，加密与认证措施是必须的。国际电联的 ITU-T 建议 X.5XX是关于开放系统互联的信息技术的建议，其中 X.509 是关于公钥和特征认证框架的指导性建议文件（The Directory：Public-Key and Attribute Certificate Frameworks）。各种不同的应用系统都有其相应的不同协议与方法，比如在电子邮件应用中的 PGP 协议，在 WWW 网中的 SSL（Secure Socket Layer）和 SHTTP 协议等。这些协议从技术上都是前面已介绍过的对称密钥，非对称密钥（公钥系统）和认证技术等的综合应用。本节只代表性地介绍其综合思路与结构，不讨论其实现细节。

1. PGP 与 E-mail 通信安全

PGP（Pretty Good Privacy）是由美国 Philp Zimmermann 设计的一种电子邮件安全软件，

目前已在 Internet 网上广泛传播，拥有众多的用户。PGP 是一个免费软件，并且其设计思想和程序员代码都公开，经过不断的改进，其安全性逐渐为人们所信赖。

PGP 在电子邮件发送之前对文本进行加密，由于它一般是离线工作的，所以也可以对文件等其他信息进行加密。PGP 中采用了公钥、对称密码技术和单向 Hash 函数，它实现的安全机制有：数字签名、密钥管理、加密和完整性。它主要为电子邮件提供以下安全服务：保密性、信息来源证明、消息完整性和信息来源的无法否认。

PGP 采用密文反馈（CFB）模式的 IDEA 对信息进行加密，每次加密都产生一个临时 128 比特的随机加密密钥，用这个随机密钥和 IDEA 算法加密信息，然后 PGP 还要利用 RSA 算法和收信人的公开密钥对该随机加密密钥进行加密保护。收信人在收到加密过的电子邮件后，首先用自己的 RSA 私有密钥解密出 IDEA 随机加密密钥，再用这个 IDEA 密钥对电子邮件的内容进行解密。密钥长度为 128 位的 IDEA 算法在加密速度和保密强度方面都比 56 位密钥的 DES 算法要好，而且 PGP 采用的 CFB 模式的 IDEA 更增强了它的抗密码分析能力。另外由于每次加密邮件内容的密钥是临时随机产生的，即使破译了一个邮件，也不会对其他邮件造成威胁。PGP 的基本操作模式是用 IDEA 作为信息加密算法，它可以提高加密、解密速度和增强保密性，同时对较短的随机密钥用较慢的 RSA 算法进行保护，以方便密钥管理。

PGP 数字签名采用了 MD5 单向 Hash 函数和 RSA 公钥密码算法。要创造一个数字签名，首先要用 MD5 算法生成信息的认证码（MAC），再用发信人的 RSA 私有密钥对此 MAC 进行加密，最后将加密过的 MAC 附在信息后面。MAC 值的产生和检查就是 PGP 的完整性保护机制。

PGP 采用分散的认证管理，每个用户的 ID、RSA 公开密钥和此公开密钥生成的时间标记（time stamp）构成了这个用户的身份证书。如果一个用户获得了一份被他信任的朋友或机构签过名的证书，他就可以信任这个证书并使用其中的公开密钥与此证书的主人进行加密通信。如果愿意，他也可以对这份证书签名，使信任他的朋友也能信任和使用这份证书。PGP 就是采用这种分散模式的公证机构传递对这份证书的信任，以实现信息来源的不可否认服务。

PGP 的密钥管理也是分散的，每个人产生自己的 RSA 公开密钥和私有密钥对。目前 PGP 的 RSA 密钥的长度有三种：普通级（384 位）、商用级（512 位）、军用级（1024 位）。长度越长，保密性越强，但加/解密速度也就越慢。

2. WWW 信息安全协议

采用超文本链接和超文本传输协议（HTTP）技术的 WWW 是 Internet 上发展最为迅速的网络信息服务技术。各种实际的 Internet 应用，如电子商务等大多数是以 WWW 技术为平台。但是 WWW 上的信息安全问题也是非常严重的。目前 WWW 信息安全的代表性协议为：安全套接字层 SSL（Secure Socket Layer）和安全 HTTP（SHTTP）协议。

（1）SSL

SSL 是 Netscape 公司提出的建立在 TCP/IP 协议之上的提供客户机和服务器（Client/Server）双方网络应用通信的开放协议，它由 SSL 记录协议和 SSL 握手协议组成，建立在应用层和传输层之间且独立于应用层协议，如图 12-17 所示。

SSL 握手协议在 SSL 记录协议发送数据之前建立安全机制，包括认证、数据加密和数据完整性。SSL 握手协议开始的起点是客户机知道服务器的公钥，它通过服务器的公钥加密向服务器传送一个主密钥，公钥加密算法可以是 RSA、Diffie-Hellman 或 Fortezza-KEA。客户机和服务器分别根据这个主密钥计算出它们之间进行加密通信的一次性会话密钥，这样会话密钥就永远不需要在通信信道上传输。客户机和服务器使用这对会话密钥在一个连接中按 DES、RC2/RC4 或 IDEA 算法进行数据加密，此连接用 CONNECTION-ID 来标识。连接断开后，本 CONNECTION-ID 和与此相关的会话密钥作废。所以每个连接都有不同的 CONNECTION-ID 和会话密钥。由于主密钥不直接参与加密数据，只在客户机与服务器建立第一次连接时传送（同时产生一个 SESSION-ID），它的生存期与 SESSON-ID 有关。推荐的 SESSION-ID 在通信双方的 Cache（高速缓冲区）中保存的时间不大于100s，这样主密钥被泄漏的机会就很小。

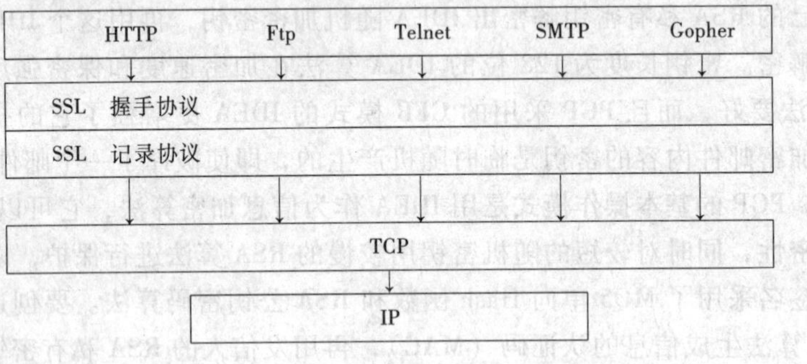

图 12-17 SSL 在网络层次结构模型中的位置

SSL 握手协议规定每次连接必须进行服务器认证，方法是客户机向服务器发送一个挑战数据，而服务器用本次连接双方所共享的会话密钥加密这个挑战数据后送回客户机。服务器也可以请求对客户机的认证，方法与服务器认证一样。

SSL 记录协议定义了 SSL 握手协议和应用层协议数据传送的格式，并用 MD2/MD5 算法产生被封装数据的 MAC，以保证数据的完整性。

总之，SSL 协议针对网络连接的安全性，利用数据加密、完整性交换认证、公证机构等机制，实现了对等实体认证、连接的保密性、数据完整性、数据源的认证等安全服务。

（2）SHTTP

SHTTP 是由 EIT 公司提出的增强 HTTP 安全的协议，成为 IETF 的一个标准（RFC）。SHTTP 定义了一个 Sccure 和几个报文头如 Content-Privacy-Domain、Content-Transfer-Encoding、Prearranged-Key-Info、Content-Type、Mac-info 等。HTTP 报文则以 PKCS-7 或 PEM 报文格式成为 SHTTP 的报文体，从而获得了这两种安全增强式报文标准在数据加密、数字签名、完整性等方面的保护。

SHTTP 所保护的是一次 HTTP 请求/应答协议的报文，而 HTTP 连接是一种无状态的连接，所以 SHTTP 采用 PKCS-7 或 PEM 作为增强报文安全的主要手段。在数据加密方面，SHTTP 支持的对称加密算法有 DES、DESX（RSA 公司设计）、CDMF（IBM 公司设计的弱密钥性 DES）、IDEA 和 RC2。数字签名算法有 RSA 和 NIST 的数字签名标准（DSS），数据完整性保护采用 RSA 的 MD2/MD5 和 NIST 的安全 Hash 标准（SHS）。支持的认证类型为 X. 509，从而为 HTTP 的安全提供了对等实体认证、选择字段的保密性、数据完整性、数据来源认证和防止否认等服务。

12.6 小结

本章的主题是信息安全，这是作为基础信息论的一部分来介绍的。在讨论中特别关注网络通信中的信息安全技术问题，这是因为在网络通信应用中信息的安全保密问题特别突出。但本章又不可能涉及整个网络安全问题，因为网络安全的许多技术已不属于基础信息论范畴，它们需要有专门课题讨论。本章的讨论是基于密码学基础的，但又不是全部密码学内容。因为密码学已是一门独立的学科，它应包含密码编码学和密码分析学两大部分，与本章相关的只是编码学部分而全然不涉及密码分析问题。基于上述特点，本章主要安排了基础理论，加密机制、认证机制和网络信息安全四部分内容。

在第一部分中，主要介绍 Shannon 的保密通信理论。首先，定义了理想保密（perfect secrecy）及其判别准则 $p(x|y)=p(x)$。这里，x 代表明文符号，y 代表密文符号，这是 Shannon 对保密性能的定量描述的基础。

其次，讨论了乘积保密系统的概念。讨论指出，并不是所有加密算法的多次迭代都有利于加强保密性能，只有非幂等的保密算法才具有利用迭代方法增加保密性能的潜力。这个概念被应用在实用的数据加密标准（DES）中，DES 算法包含了 16 次迭代。

第二部分讨论了对称密钥和非对称密钥（公开密钥）加密体制。对称密钥体制以 DES 算法为代表，演示了用置换、移位、迭代等手段实现非线性函数变换。体现 Shannon 关于保密通信的基本理论。

非对称密钥或称公开密钥加密体制的发展，突破了 Shannon 的基本理论。其保密性不是以条件概率 $p(x|y)$ 来衡量，而是以素数因子计算的复杂性来体现。本章在不加证明地介绍数论有关结论的基础上，以 RSA 算法为代表，详述了公钥算法的具体过程。

第三部分认证机制是网络信息应用的必要手段。本章主要介绍基于消息摘要算法 MD5 的消息确认与数字签名原理。从原理上说，对称密钥与公钥体制都能应用，但实际上在消息确认的 MAC（消息认证码）算法中多应用对称密钥，而在数字签名算法中，则应用公钥体制比较方便。

第四部分网络信息安全实际上只是加密与认证算法在网络环境中的应用。密钥管理与分配是在网络环境中有效密钥应用的中心问题，KDC（密钥分配中心）又是行之有效的一种密钥管理与分配实现方案。Internet 网上通信的信息安全尤为重要。PGP、SSL 和 SHTTP 等协议的介绍仅作为一种代表性的实例。由于 ISO、ITU 及 IETF 等国际组织正在努力制订相关标准，现行的一些方案，只能说是一种“实际上”的标准，并非正式标准。

12.7 习题

1. 如果一个加密系统对某一概率分布 p_0 的明文有理想加密，证明该系统对任意概率分布的明文都有理想加密性能。

2. 如果一个加密系统有理想保密性能，且 $|K|=|C|=|P|$（这里 $|x|$ 表示 x 的“个数”），证明其每个密文是等概率分布的。

3. 证明 Shift 加密器 S 是幂等的，即 $S^2=S$（Shift 加密器定义见例 12-2）。

4. 设 S_1，S_2 都是 Shift 加密器，其中 S_1 的密钥是等概分布的，而 S_2 的密钥选定一种概率分布 p_K（不一定等概），证明 $S_1 \times S_2 = S_1$。

5. 完成例 12-3 的理想保密性证明。

6. 试对数论的基本结论中的结论 13)，14）各举一个具体的数字例子。

7. 试用 $p = 11$，$q = 7$ 给出公钥与私钥。

8. 试设计一个兼有加密和签名的数字传输系统框图。

参 考 文 献

1 王育民，梁传甲．信息与编码理论．西安：西北电讯工程学院出版社，1986

2 王新梅，肖国镇．纠错码——原理与方法．修订版．西安：西安电子科技大学出版社，2001

3 戴善荣．数据压缩．西安：西安电子科技大学出版社，1992

4 郑志航．全数字高清晰度电视和 DVB. 北京：中国广播电视出版社，1997

5 （美）Richard. B. Wells. Applied Coding and Information Theory for Engineers. Prentice-Hall, Inc. 1999 北京：机械工业出版社，2002

6 （美）R. W. Hamming. 编码和信息论．朱雪龙译．北京：科学出版社，1984

7 王育民，何大可．保密学—基础与应用．西安：西安电子科技大学出版社，1990

8 D. A. Lelewer and D. S. Hirschberg. Data Compression. http：//WWW. ics. uci. edu/ ~ dan/pubs/Data Compression html, 2003

9 Julius Kusuma and C. Caramanis. Network Information Theory Summary：Multi-Access and Broadcast Channels. MIT Lab For Information and Decision Systems. 2002

10 C. E. Shannon. Communication Theory of Secrecy Systems. Bell System Technical Journal, 1949, 28

11 Su San Landau. Starding the Test of Time：The Data Encryption Standard. Notices of the AMS, 2000, 47 (3)

12 DI Management：RSA Theory, http：//WWW. di-mgt. Com. au/rsa_theory. html
RSA Algorithm, http：//WWW. di-mgt. Com. au/rsa_alg. html, 2003

13 Francis Litterio. An Example of the RSA Algorithm. http：//world. std. com/ ~ franl/crypto/rsa-example. html, 2003

14 The Keyed-Hash Message Authentication Code (HMAC). Federal Information Processing Standards Publication, 2002

15 Chris Heegard and Stephen B. Wicker, Turbo Coding. Kluwer Academic Publishers, 1999

16 C. Berrou, A. Glavieux, and P. Thitimajshima. Near Shannon Limit Error-Correcting Coding and Decoding：Turbo-Codes. Proc. of ICC'93, 1993：1064 ~ 1070